A história do corpo humano

Daniel E. Lieberman

A história do corpo humano

Evolução, saúde e doença

Tradução:
Maria Luiza X. de A. Borges

Revisão técnica:
Denise Sasaki

4ª reimpressão

A meus pais

Tradução autorizada da primeira edição, publicada em 2013 por Pantheon Books, uma divisão de Random House, LCC, de Nova York, Estados Unidos.

Grafia atualizada segundo o Acordo Ortográfico da Língua Portuguesa de 1990, que entrou em vigor no Brasil em 2009.

Título original
The Story of the Human Body: Evolution, Health, and Disease

Capa
Sérgio Campante

Imagens da capa
© Alasdair Thomson / iStock.com
t_kimura / iStock.com
Webeye / iStock.com

Preparação
Lígia Azevedo

Indexação
Nelly Praça

Revisão
Tamara Sender
Eduardo Farias

CIP-Brasil. Catalogação na publicação
Sindicato Nacional dos Editores de Livros, RJ

L681h Lieberman, Daniel E.
A história do corpo humano: evolução, saúde e doença / Daniel E. Lieberman; tradução Maria Luiza X. de A. Borges. – 1ª ed. – Rio de Janeiro: Zahar, 2015.
il.

Tradução de: The Story of the Human Body: Evolution, Health, and Disease.
Inclui índice
ISBN 978-85-378-1420-8

1. Corpo e mente. 2. Corpo humano. I. Título.

CDD: 128
15-20200 CDU: 128

EDITORA SCHWARCZ S.A.
Praça Floriano, 19, sala 3001 — Cinelândia
20031-050 — Rio de Janeiro — RJ
Telefone: (21) 3993-7510
www.companhiadasletras.com.br
www.blogdacompanhia.com.br
facebook.com / editorazahar
instagram.com / editorazahar
twitter.com / editorazahar

Sumário

Prefácio

Como a maior parte das pessoas, sou fascinado pelo corpo humano, mas, ao contrário da maioria, que relega de modo sensato esse interesse às noites e aos fins de semana, fiz do corpo humano o foco de minha carreira. Na verdade, tenho a grande sorte de ser professor na Universidade Harvard, onde ensino e estudo como e por que nosso corpo é como é. Meu trabalho e meus interesses permitem-me fazer de tudo. Além de trabalhar com alunos, estudo fósseis, viajo para cantos interessantes do mundo para ver como as pessoas usam o corpo e faço experimentos em laboratório para investigar como funcionam os corpos de pessoas e de animais.

Como a maioria dos professores, gosto muito de falar, e gosto de perguntas. Mas, de todas as que em geral me fazem, a que eu costumava mais temer era: "Que aparência os seres humanos terão no futuro?" Eu detestava essa pergunta! Sou professor de biologia *evolutiva* humana, o que significa que estudo o passado, não o que está à frente. Não sou um adivinho, e a questão me fazia pensar em filmes baratos de ficção científica que retratam o ser humano do futuro distante com cérebro enorme, corpo pequenino e pálido e roupas brilhantes. Minha resposta automática era sempre algo como: "Os seres humanos não estão evoluindo muito por causa da cultura." É uma variante da resposta que muitos de meus colegas dão quando lhes fazem a mesma pergunta.

Mudei de ideia desde então e agora considero que o futuro do corpo humano é uma das questões mais importantes sobre as quais podemos pensar. Vivemos em tempos paradoxais para nossos corpos. Por um lado, esta é provavelmente a era mais saudável na história humana. Quem vive num país desenvolvido espera que todos os seus filhos sobrevivam à infância, vivam até a senilidade, tornem-se pais e avós. Derrotamos ou mitigamos muitas doenças que matavam pessoas em grandes quantidades: varíola, sarampo, poliomielite e a peste. As pessoas são mais altas, enfermidades que antigamente ameaçavam a vida como apendicite, disenteria, uma perna quebrada ou anemia podem ser facilmente remediadas. Sem dúvida ainda há muita desnutrição e doença em alguns países, mas esses males são com frequência resultado de governos ruins e desigualdade social, não de falta de comida ou de conhecimento médico.

Por outro lado, poderíamos estar melhor, muito melhor. Uma onda de obesidade, doenças e incapacidades crônicas evitáveis varre o globo. Entre elas estão certos cânceres, diabetes tipo 2, osteoporose, doenças cardíacas, derrames cerebrais, doenças renais, algumas alergias, demência, depressão, ansiedade e insônia. Bilhões de pessoas sofrem de dores lombares, pés chatos, fascite plantar, miopia, artrite, prisão de ventre, refluxo e síndrome do intestino irritável. Alguns desses problemas são antigos, mas muitos são novos ou tiveram um forte aumento recentemente em prevalência e intensidade. Em certa medida, essas doenças estão se tornando mais comuns porque as pessoas vivem mais tempo, mas a maioria delas está se manifestando em pessoas de meia-idade. Essa transição epidemiológica causa não só sofrimento, mas também um problema econômico. À medida que a geração do *baby boom* se aposenta, suas doenças crônicas pressionam o sistema de saúde e sufocam a economia. Além disso, a imagem revelada pela bola de cristal parece ruim porque essas doenças entram em evidência à medida que o desenvolvimento se espalha pelo planeta.

Os desafios que enfrentamos no campo da saúde geram uma intensa conversa de âmbito mundial entre pais, médicos, pacientes, políticos, jornalistas, pesquisadores e outros. Grande parte do foco tem recaído sobre a obesidade. Por que as pessoas estão ficando mais gordas? Como podemos perder peso e mudar a alimentação? Como evitar que nossos filhos fiquem com excesso de peso? Como estimulá-los a fazer exercícios? Em razão da urgente necessidade de ajudar pessoas que estão doentes, há também um intenso foco em inventar novos tratamentos para doenças não infecciosas cada vez mais comuns. Como tratar e curar o câncer, doenças cardíacas, diabetes, osteoporose e outras com maior probabilidade de matar as pessoas que amamos e a nós mesmos?

Enquanto médicos, pacientes, pesquisadores e pais debatem e investigam estas questões, suspeito que poucos deles voltem seus pensamentos para as antigas florestas da África, onde nossos ancestrais divergiram dos macacos antropoides e ficaram de pé. Eles raramente pensam sobre Lucy ou os neandertais e, quando consideram a evolução, fazem-no em geral para reconhecer o fato óbvio de que fomos outrora homens da caverna (seja lá o que isso queira dizer), o que talvez signifique que nossos corpos não estão bem adaptados ao estilo de vida moderno. Um paciente que sofre um ataque cardíaco precisa de cuidados médicos imediatos, não de uma aula sobre evolução humana.

Se algum dia eu sofrer um ataque cardíaco, também quero que meu médico se concentre no tratamento, não na evolução humana. Este livro, no entanto, sustenta que o fracasso geral de nossa sociedade em pensar sobre a evolução humana é uma importante razão para nosso fracasso em evitar doenças evitáveis. Nossos corpos têm uma história – uma história evolutiva – de extrema importância. Para começar, a evolução explica por que nossos corpos são como são, e assim fornece pistas sobre como evitar adoecer. Por que somos tão propensos a engordar? Por que de vez em quando engasgamos com a comida? Por que temos arcos que se achatam nos pés? Por que nossas costas doem? Uma razão para considerar a história evolutiva do corpo humano é que ela pode nos ajudar a compreender a que nossos corpos estão e não estão adaptados. As respostas para estas perguntas são difíceis e imprevisíveis, mas têm profundas implicações para nossa compreensão do que promove saúde e doença e da razão por que nossos corpos por vezes adoecem naturalmente. Por fim, penso que a razão mais premente para estudar a história do corpo humano é que ela não terminou. Ainda estamos evoluindo. Neste exato momento, entretanto, a forma mais poderosa de evolução não é a evolução biológica do tipo descrito por Darwin, mas a evolução cultural, em que desenvolvemos e transmitimos nossas ideias e nossos comportamentos para nossos filhos, amigos e outros. Alguns desses novos comportamentos, especialmente os alimentos que comemos e as atividades que fazemos (ou não fazemos), nos deixam doentes.

A evolução humana é divertida, interessante e reveladora, e grande parte deste livro explora a extraordinária jornada que criou nossos corpos. Também procuro realçar o progresso alcançado pela agricultura, pela industrialização, pela ciência médica e por outras profissões que tornaram esta era a melhor de todos os tempos *até agora* para o ser humano. Mas não sou nenhum Pangloss e, como nosso desafio é fazer melhor, os últimos capítulos concentram-se em como e por que adoecemos. Se Tolstói fosse o autor deste livro, talvez pudesse escrever que "todos os corpos saudáveis são iguais, mas cada corpo doente é doente à sua própria maneira".

Os temas essenciais deste livro – evolução humana, saúde e doença – são vastíssimos e complexos. Fiz o possível para tentar manter fatos, explicações e argumentos simples e claros sem banalizá-los ou evitar questões essenciais, especialmente no que diz respeito a doenças graves como câncer de mama ou diabetes. Incluí também muitas referências, inclusive a sites, onde é possível investigar mais. Fiz um esforço para encontrar o equilíbrio certo entre extensão e profundidade. Por que nossos corpos são como são é um tópico vasto demais para se cobrir, tal é a complexidade deles. Por isso concentrei-me em apenas alguns aspectos da evolução, relacionados à dieta e à atividade física; para cada tópico que abordo, há dez que não abordo. A mesma advertência aplica-se aos capítulos finais, que focalizam apenas algumas doenças que escolhi como exemplares de problemas maiores. Além disso, as pesquisas nesses campos avançam com rapidez. Inevitavelmente algo do que incluí ficará desatualizado. Peço desculpas.

Por fim, concluí o livro de maneira temerária, com meus pensamentos sobre como aplicar as lições da história do corpo humano a seu futuro. Vou entregar o ouro agora mesmo e resumir o cerne do meu argumento. Não evoluímos para ser saudáveis; fomos selecionados para ter o maior número de filhos possível sob condições diversas, desafiadoras. Em consequência, nunca evoluímos para fazer escolhas racionais com relação ao que comer ou como nos exercitar em condições de abundância e conforto. Mais ainda, interações entre os corpos que herdamos, os ambientes que criamos e as decisões que por vezes tomamos puseram em movimento um insidioso circuito de retroalimentação. Contraímos doenças crônicas fazendo o que evoluímos para fazer, mas sob condições a que nossos corpos estão mal adaptados, e depois transmitimos essas mesmas condições a nossos filhos, que também adoecem. Se desejamos deter esse círculo vicioso, precisamos descobrir como nos cutucar, empurrar e por vezes obrigar, de maneira respeitosa e sensata, a comer alimentos saudáveis e ser mais ativos fisicamente. Isso, também, é aquilo que evoluímos para fazer.

1. Introdução

A que os seres humanos estão adaptados?

> Se iniciarmos uma disputa entre o passado e o presente, vamos descobrir que perdemos o futuro.
>
> WINSTON CHURCHILL

VOCÊ JÁ OUVIU FALAR do Mystery Monkey, que deu um espetáculo à parte na Convenção Nacional Republicana de 2012 em Tampa, na Flórida? O macaco em questão, um macaco-*rhesus* fugido, passara mais de três anos vivendo nas ruas da cidade, procurando comida em caçambas e latas de lixo, esquivando-se de carros e evitando habilmente ser capturado por frustrados funcionários do controle de animais selvagens. Tornou-se uma lenda local. Depois, quando hordas de políticos e jornalistas aportaram na cidade para a convenção, o Mystery Monkey ganhou súbita fama internacional. Políticos logo viram na história do macaco uma oportunidade para promover suas ideias. Libertários e liberais saudaram a persistente evasão da captura por parte do animal como simbólica do instinto de livrar-se de interferências injustas na liberdade das pessoas (e dos macacos). Conservadores interpretaram os anos de esforços fracassados para capturá-lo como simbólicos de um governo incompetente, esbanjador. Jornalistas não puderam resistir a contar a história do Mistery Monkey e seus pretensos captores como uma metáfora do circo político que estava acontecendo em outro lugar da cidade. Em sua maioria, as pessoas simplesmente perguntaram a si mesmas o que fazia um macaco solitário na Flórida suburbana, que obviamente não era seu lugar.

Como biólogo e antropólogo, vi o Mistery Monkey, e as reações que inspirou, através de uma lente distinta – como emblemático da maneira evolutivamente ingênua e incoerente com que os seres humanos veem nosso lugar na natureza. À primeira vista, o macaco sintetiza a maneira como alguns animais sobrevivem muito bem em condições para as quais não foram adaptados originalmente. Os macacos-*rhesus* evoluíram no sul da Ásia, onde sua habilidade para procurar muitos alimentos diferentes lhes permite habitar campos, florestas e até regiões montanhosas. Prosperam também em aldeias, vilas e cidades e são comumente usados em laboratórios. Nesse aspecto, o talento do Mistery Monkey para sobreviver de lixo em Tampa não surpreende. No entanto, a convicção geral de que uma cidade da Flórida não é o lugar para um macaco em liberdade revela quão mal aplicamos a mesma linha de raciocínio a nós mesmos. Quando considerada de uma perspectiva evolutiva, a presença do macaco em Tampa não era mais incongruente que a presença da vasta maioria dos seres humanos nas cidades, subúrbios e outros ambientes modernos em que vive.

Você e eu existimos mais ou menos tão longe de nosso ambiente natural quanto o Mistery Monkey. Mais de seiscentas gerações atrás, todo mundo em toda parte era caçador-coletor. Até relativamente pouco tempo atrás – um piscar de olhos no tempo evolutivo – nossos ancestrais viviam em pequenos bandos de menos de cinquenta pessoas. Eles se moviam regularmente de um acampamento para outro, e sobreviviam procurando plantas bem como caçando e pescando. Mesmo depois que a agricultura foi inventada, há cerca de 10 mil anos, a maioria dos agricultores ainda vivia em pequenas aldeias, labutava diariamente para produzir alimento suficiente para si e nunca imaginou uma existência agora comum em lugares como Tampa, na Flórida, onde as pessoas acham naturais coisas como carros, privadas, ares-condicionados, telefones celulares e uma abundância de comidas ricas em calorias e altamente processadas.

Lamento informar que o Mistery Monkey foi finalmente capturado em outubro de 2012, mas que grau de preocupação deveríamos ter com o fato de que a vasta maioria de nós, seres humanos de hoje, continua existindo, como o Mistery Monkey antes, em condições a que nossos corpos não estavam originalmente adaptados? Sob vários aspectos, a resposta é "pequeno", porque a vida no início do século XXI é bastante boa para o ser humano comum e, em geral, nossa espécie está prosperando, em grande parte graças ao progresso social, médico e tecnológico ao longo das últimas gerações. Há mais de 7 bilhões de pessoas, grande parte das quais espera que seus filhos e netos vivam, como eles mesmos viverão, até a casa dos setenta anos ou mais. Até países com pobreza generalizada alcançaram grande progresso: a expectativa de vida média na Índia era de menos de cinquenta anos em 1970, mas hoje é de mais de 65.[1] Bilhões de pessoas viverão mais tempo, ficarão mais altas e desfrutarão de mais conforto do que reis e rainhas do passado.

Contudo, ainda que as coisas estejam boas, poderiam estar muito melhores, e temos várias razões para nos preocupar com o futuro do corpo humano. Além da ameaça potencial representada pela mudança climática, também estamos nos confrontando com uma enorme explosão populacional e uma transição epidemiológica. À medida que mais pessoas estão vivendo mais e há menos gente morrendo jovem de doenças causadas por infecções ou comida insuficiente, um número exponencialmente maior de pessoas de meia-idade e idosas está sofrendo de doenças não infecciosas crônicas que costumavam ser raras ou desconhecidas.[2] Mimada por um excesso de opções, a maioria dos adultos em lugares desenvolvidos como os Estados Unidos e o Reino Unido está fora de forma e com excesso de peso, e a prevalência de obesidade na infância vem aumentando de maneira alarmante no mundo todo, anunciando outros milhões de pessoas fora de forma e obesas nas próximas décadas. A falta de preparo físico e o excesso de peso, por sua vez, são acompanhados por doenças cardíacas, derrames cerebrais e vários cânceres, bem como uma multidão de dispendiosas doenças crônicas como diabetes tipo 2 e osteoporose. Os padrões de deficiência estão mudando de maneira perturbadora à medida que mais pessoas em todo o globo sofrem de alergia, asma, miopia, insônia, pé chato e outros. Em poucas palavras, a mortalidade mais baixa está sendo substituída por maior morbidade (saúde ruim). Até certo ponto, essa mudança ocorre porque menos pessoas morrem jovens de doenças transmissíveis, mas não devemos confundir doenças que estão se tornando mais comuns em pessoas idosas com doenças causadas pelo envelhecimento normal.[3] A morbidade e a mortalidade em todas as idades são significativamente afetadas pelo estilo de vida. Homens e mulheres de 45 a 79 anos fisicamente ativos, que comem frutas e legumes em abundância, não fumam e consomem álcool moderadamente têm em média ¼ do risco de morrer que pessoas com hábitos pouco saudáveis.[4]

Essa elevada incidência de pessoas com doenças crônicas pressagia não só uma escalada de sofrimento, mas também contas médicas astronômicas. Nos Estados Unidos, mais de 8 mil dólares são gastos em assistência médica por pessoa a cada ano, perfazendo quase 18% do Produto Interno Bruto (PIB) da nação.[5] Grande porcentagem desse dinheiro é gasta no tratamento de doenças evitáveis, como diabetes tipo 2 e doenças cardíacas. Outros países gastam menos em assistência médica, mas os custos estão se elevando a taxas preocupantes à medida que as doenças crônicas aumentam (a França, por exemplo, gasta hoje cerca de 12% de seu PIB com assistência médica). Com a China, a Índia e outros países em desenvolvimento ficando mais ricos, como vão lidar com essas doenças e seus custos? Está claro que precisamos reduzir o custo da assistência médica e desenvolver tratamentos novos e baratos para os bilhões de pessoas doentes agora e no futuro. Não seria melhor evitar essas doenças, para início de conversa? Mas como?

Isto nos leva de volta à história do Mistery Monkey. Se pessoas consideraram necessário retirar o macaco dos subúrbios de Tampa, que não era seu lugar, talvez devêssemos também devolver seus ex-vizinhos humanos a um estado da natureza biologicamente mais normal. Ainda que seres humanos, como macacos-*rhesus*, possam sobreviver e se multiplicar numa ampla variedade de ambientes (inclusive subúrbios e laboratórios), não gozaríamos de melhor saúde se comêssemos alimentos que estamos adaptados a consumir e nos exercitássemos como faziam nossos ancestrais? A lógica de que a evolução adaptou os seres humanos principalmente para sobreviver e se reproduzir como caçadores-coletores, não como agricultores, operários de fábrica ou trabalhadores de colarinho-branco, inspira um crescente movimento de homens da caverna dos nossos dias. Adeptos dessa abordagem à saúde afirmam que seríamos mais saudáveis e felizes se comêssemos e nos exercitássemos de maneira mais parecida com a de nossos ancestrais da Idade da Pedra. Você pode começar adotando uma "paleodieta". Coma muita carne (de gado alimentado com capim, é claro), bem como castanhas, frutas, sementes e plantas folhosas, e evite todos os alimentos processados com açúcar e carboidratos simples. Se você for realmente sério, suplemente sua dieta com minhocas, e nunca coma grãos, laticínios nem coisa alguma frita. Você pode também incorporar mais atividades paleolíticas à sua rotina diária. Caminhe ou corra dez quilômetros por dia (descalço, é claro), suba em algumas árvores, cace esquilos no parque, jogue pedras, evite cadeiras e durma numa tábua, e não num colchão. Para ser justo, os defensores do estilo de vida primal não estão advogando que você largue seu emprego, mude-se para o deserto do Kalahari e abandone as comodidades da vida moderna como banheiro, carro e internet (essencial para você postar em seu blog textos sobre suas experiências na Idade da Pedra para outras pessoas de ideias semelhantes). Eles *estão* sugerindo que você repense o modo como usa seu corpo, especialmente o que come e a maneira como se exercita.

Será que têm razão? Se um estilo de vida mais paleolítico é obviamente mais saudável, por que um número maior de pessoas não vive desse modo? Quais são as desvantagens? Que alimentos e atividades deveríamos abandonar ou adotar? Embora seja óbvio que os seres humanos não estão adaptados a se empanturrar de junk food e passar o dia inteiro refestelados em cadeiras, nossos antepassados também não evoluíram para comer plantas e animais domesticados, ler livros, tomar antibióticos, beber café e correr descalços em ruas cheias de cacos de vidro.

Estas e outras indagações suscitam a questão fundamental que está no centro deste livro: *A que os seres humanos estão adaptados?*

É uma questão extremamente interessante e difícil de responder, que requer múltiplas abordagens, uma das quais é explorar a história evolutiva do corpo humano. Como e por que nossos corpos evoluíram para ser como são? Que comidas passamos a comer? Que atividades evoluímos para realizar? Por que temos cérebro grande, nenhum pelo, pés arqueados e outros traços distintivos? Como veremos, as respostas são fascinantes, com frequência hipotéticas, e por vezes opostas ao que parece óbvio. Antes de mais nada, porém, é preciso considerar a questão mais profunda e mais espinhosa do que significa "adaptação". Na verdade, esse conceito é notoriamente difícil de definir e aplicar. O simples fato de termos evoluído para comer certos alimentos ou fazer certas atividades não significa que sejam bons para nós, ou que outros alimentos e atividades não sejam melhores. Assim, antes de enfrentar a história do corpo humano, consideremos como o conceito de adaptação se origina da teoria da seleção natural, o que o termo realmente significa e como poderia ser relevante para nossos corpos hoje.

Como a seleção natural funciona

Tal como o sexo, a evolução suscita opiniões igualmente fortes de parte dos que a estudam profissionalmente e dos que a consideram tão errada e perigosa que o assunto não deveria ser ensinado a crianças. No entanto, apesar de muita controvérsia e ignorância apaixonada, a ideia de que a evolução ocorre não deveria dar margem a discussão. Evolução nada mais é que mudança ao longo do tempo. Até criacionistas intransigentes reconhecem que a Terra e suas espécies não foram sempre iguais. Quando Darwin publicou *A origem das espécies* em 1859, cientistas já haviam se dado conta de que porções anteriores do solo oceânico, repletas de conchas e fósseis marinhos, tinham de algum modo sido empurradas para cima a fim de formar maciços montanhosos. Descobertas de mamutes fósseis e outras criaturas extintas atestavam que o mundo havia se alterado de maneira profunda. O que a teoria de Darwin teve de radical foi sua explicação sensacionalmente abrangente para o modo como a evolução ocorre por meio de seleção natural, sem a interferência de nenhum agente.[6]

Seleção natural é um processo extraordinariamente simples que é resultado de três fenômenos comuns. O primeiro é a *variação*: todo organismo difere de outros membros de sua espécie. Sua família, seus vizinhos e outros seres humanos variam amplamente em peso, comprimento das pernas, forma do nariz, personalidade e assim por diante. O segundo fenômeno é a *hereditariedade genética*: algumas das variações presentes em todas as populações são herdadas porque pais transmitem seus genes aos filhos. Sua altura é muito mais herdada que sua personalidade, e que língua você fala não tem absolutamente nenhuma base de herança genética. O terceiro e último fenômeno é o *sucesso reprodutivo diferencial*: todos os organismos, inclusive os humanos, diferem na quantidade de crias que produzem, as quais, por sua vez, sobrevivem para reproduzir. Muitas vezes, diferenças em sucesso reprodutivo parecem pequenas e sem consequências (meu irmão tem um filho a mais que eu), mas podem ser enormes e significativas quando indivíduos têm de lutar ou competir para sobreviver e reproduzir. A cada inverno, cerca de 30% a 40% dos esquilos nas proximidades da minha casa morrem, como ocorria com proporções similares de seres humanos durante grandes fomes e epidemias. A peste negra exterminou pelo menos um terço da população da Europa entre 1348 e 1350.

Se você concorda que variação, hereditariedade e sucesso reprodutivo diferencial ocorrem, tem de aceitar que a seleção natural ocorre, porque ela é o resultado inevitável desses fenômenos combinados. Quer gostemos ou não, a seleção natural simplesmente acontece. Formalmente expressa, ela ocorre sempre que indivíduos com variações herdáveis diferem no número de crias sobreviventes que têm comparado a outros indivíduos na população (em outras palavras, diferem em sua *aptidão relativa*).[7] A seleção natural acontece de maneira mais comum e forte quando organismos herdam variações raras e perniciosas, como hemofilia (a incapacidade de formar coágulos sanguíneos), que prejudicam a capacidade de um indivíduo de sobreviver e se reproduzir. Traços desse tipo têm menor probabilidade de ser transmitidos à geração seguinte, o que faz com que sejam reduzidos ou eliminados da população. Esse tipo de filtro é chamado seleção negativa e muitas vezes leva a uma falta de mudança dentro de uma população ao longo do tempo, mantendo o *status quo*. Ocasionalmente, contudo, ocorre seleção positiva quando um organismo herda por acaso uma *adaptação*, um traço novo e herdável que o ajuda a sobreviver e se reproduzir melhor que seus competidores. Traços adaptativos, por sua própria natureza, tendem a crescer em frequência de uma geração para outra, causando mudança ao longo do tempo.

Adaptação parece ser um conceito simples, cuja aplicação a seres humanos, Mystery Monkey e outros seres vivos deveria ser igualmente simples. Se uma espécie evoluiu – estando portanto presumivelmente "adaptada" a uma dieta ou hábitat particular –, seus membros deveriam ser mais bem-sucedidos comendo esses alimentos e vivendo nessas circunstâncias. Temos pouca dificuldade em aceitar que leões, por exemplo, estão adaptados à savana africana, não a florestas temperadas, ilhas desertas ou jardins zoológicos. Pela mesma lógica, se os leões estão adaptados, e portanto mais ajustados, ao Serengeti, não estariam os seres humanos adaptados, e portanto otimamente ajustados, a viver como caçadores-coletores? Por muitas razões, a resposta é "não necessariamente", e considerar como e por que é assim tem profundas ramificações para se pensar de que maneira a história evolutiva do corpo humano é relevante para nosso presente e nosso futuro.

O difícil conceito de adaptação

Nosso corpo tem muitos milhares de adaptações óbvias. Nossas glândulas sudoríparas nos ajudam a permanecer frescos, nosso cérebro nos ajuda a pensar e as enzimas do nosso intestino nos ajudam a digerir. Esses atributos são adaptações porque são características úteis, herdadas, que foram moldadas por seleção natural e promovem sobrevivência e reprodução. Normalmente vemos essas adaptações como naturais, e seu valor adaptativo muitas vezes só se torna evidente quando elas deixam de funcionar da maneira apropriada. Por exemplo, talvez você considere a cera de ouvido um aborrecimento inútil, mas essas secreções são na realidade benéficas porque ajudam a evitar infecções do ouvido. No entanto, nem todas as características de nossos corpos são adaptações (não consigo atribuir nenhuma utilidade às minhas covinhas, aos pelos de minhas narinas ou à tendência a bocejar), e muitas adaptações funcionam de maneiras pouco plausíveis ou imprevisíveis. Reconhecer aquilo a que estamos adaptados requer que identifiquemos as verdadeiras adaptações e interpretemos sua relevância. Isso, no entanto, é mais fácil de ser dito do que feito.

Um primeiro problema é identificar que características são adaptações e por quê. Considere o genoma, que é uma sequência de cerca de 3 bilhões de pares de moléculas (conhecidas como pares de bases) que codificam pouco mais de 20 mil genes. A cada instante de nossa vida, milhares das células de nosso corpo estão replicando esses bilhões de pares de bases, com precisão quase perfeita. Seria lógico deduzir que esses bilhões de linhas de código são adaptações vitais, mas o que se verifica é que quase um terço de nosso genoma não tem nenhuma função aparente, só existe porque foi acrescentado de alguma maneira, ou perdeu sua função ao longo dos éons.[8] Nosso fenótipo (traços observáveis, como a cor dos olhos ou o tamanho do apêndice) está também repleto de características que talvez tivessem algum papel útil outrora, mas não têm mais, ou que são simplesmente subprodutos da maneira como nos desenvolvemos.[9] Os dentes do siso (se é que você ainda os tem) existem porque você os herdou, e não afetam sua capacidade de sobreviver e se reproduzir mais do que muitos outros traços que você pode ter, como polegar com dupla articulação, lobo inferior da orelha preso à pele da face, ou mamilos, se você é homem. É errôneo, portanto, supor que todas as características sejam adaptações. Além disso, embora seja fácil inventar histórias sobre o valor adaptativo de cada característica (um exemplo absurdo é a ideia de que o nariz evoluiu para sustentar óculos), a ciência cuidadosa exige que se teste se características particulares são realmente adaptações.[10]

Ainda que as adaptações não sejam tão difundidas e fáceis de identificar como você poderia supor, seu corpo não deixa por isso de estar cheio delas. No entanto, o que torna uma adaptação realmente *adaptativa* (isto é, capaz de melhorar a capacidade de um indivíduo de sobreviver e se reproduzir) depende muitas vezes do contexto. Esta compreensão foi, de fato, uma das descobertas decisivas de Darwin, feita a partir de sua célebre viagem de volta ao mundo no *Beagle*. Ele deduziu (após voltar para Londres) que variações na forma do bico entre os tentilhões das ilhas Galápagos são adaptações para comer diferentes alimentos. Durante a estação chuvosa, bicos mais longos e mais finos ajudam tentilhões a comer alimentos preferidos como frutos de cactos e carrapatos, mas durante os períodos secos, bicos mais curtos e mais grossos os ajudam a comer alimentos menos desejáveis como sementes, que são mais duras e menos nutritivas.[11] Formas de bico, que são geneticamente herdáveis e variam dentro de populações, estão portanto sujeitas a seleção natural entre os tentilhões de Galápagos. Como os padrões pluviométricos flutuam sazonalmente e anualmente, tentilhões com bicos mais longos têm relativamente menos crias durante períodos secos, e aqueles com bicos mais curtos têm relativamente menos crias durante períodos chuvosos, fazendo a porcentagem de bicos curtos e longos mudar. Os mesmos processos se aplicam a outras espécies, inclusive seres humanos. Muitas variações humanas como altura, forma do nariz e capacidade de digerir alimentos como leite são herdáveis e se desenvolveram entre certas populações em razão de circunstâncias ambientais específicas. Pele clara, por exemplo, não protege contra queimaduras de sol, mas é uma adaptação que ajuda células situadas abaixo da superfície da pele a sintetizar suficiente vitamina D em hábitats temperados, com baixos níveis de radiação ultravioleta durante o inverno.[12]

Se as adaptações são dependentes do contexto, que contextos têm maior importância? Aqui as coisas podem ficar consideravelmente difíceis. Como as adaptações são, por definição, traços que nos ajudam a ter mais filhos que outros na nossa população, ocorre que a seleção para adaptações será mais potente quando o número de descendentes sobreviventes que temos está mais propenso a variar. Trocando em miúdos, adaptações se desenvolvem com mais força quando a situação está difícil. Por exemplo, nossos ancestrais de cerca de 6 milhões de anos atrás consumiam sobretudo frutas, mas isso não significa que seus dentes só estavam adaptados a mastigar figos e uvas. Caso secas raras, mas severas, tornassem as frutas escassas, indivíduos com molares maiores e mais grossos que os ajudassem a mastigar outros alimentos menos preferidos, como folhas rijas, caules e raízes, teriam uma forte vantagem seletiva. Assim também, a tendência quase universal a ansiar por alimentos gordos como bolo e cheeseburger e armazenar calorias em excesso na forma de adiposidade não tem valor adaptativo nas condições atuais de contínua abundância, mas devia ser extremamente vantajosa no passado, quando os alimentos eram mais escassos e menos calóricos.

As adaptações têm também custos que equilibram seus benefícios. Toda vez que fazemos alguma coisa, não podemos fazer outra. Além disso, as condições mudam inevitavelmente, assim como os custos e benefícios relativos de variações, dependendo do contexto. Entre os tentilhões de Galápagos, bicos grossos são menos eficientes para comer cactos, bicos finos são menos eficientes para comer sementes duras e bicos intermediários são menos eficientes para comer ambos os tipos de comida. Entre seres humanos, ter pernas curtas é vantajoso para conservar calor em climas frios, mas desvantajoso para caminhar ou correr longas distâncias com eficiência. Uma consequência destas e de outras soluções de compromisso é que a seleção natural raramente, ou nunca, alcança a perfeição, porque os ambientes estão sempre mudando. Como índices pluviométricos, temperaturas, alimentos, predadores, presas e outros fatores mudam e variam sazonalmente, anualmente e a intervalos mais longos de tempo, o valor adaptativo de cada característica também muda. As adaptações de cada indivíduo são portanto o produto imperfeito de um série interminável de soluções de compromisso em constante alteração. A seleção natural empurra constantemente os organismos para a excelência, mas quase sempre é impossível alcançá-la.

A perfeição pode ser inatingível, mas os corpos funcionam notavelmente bem sob uma ampla variedade de circunstâncias graças à maneira como a evolução acumula adaptações em corpos, mais ou menos como você provavelmente continua acumulando utensílios de cozinha, livros e peças de roupa. Nosso corpo é um amontoado de adaptações que se acumularam ao longo de milhões de anos. Uma analogia para esse efeito de miscelânea é um palimpsesto, uma página de manuscrito antigo em que se escreveu mais de uma vez e contém assim múltiplas camadas de texto que começam a se misturar com o tempo à medida que os mais superficiais se apagam. Como um palimpsesto, um corpo tem múltiplas adaptações relacionadas que por vezes se chocam, mas outras vezes trabalham em combinação para nos ajudar a funcionar com eficiência numa ampla gama de condições. Considere nossa dieta. Os dentes humanos são esplendidamente adaptados para mastigar frutas porque evoluímos a partir de macacos antropoides que comiam sobretudo frutas, mas são extremamente ineficientes para mastigar carne crua, em especial caça dura. Mais tarde, desenvolvemos outras adaptações – como a capacidade de transformar pedras em ferramentas e cozinhar – que agora nos permitem mastigar carne, coco, urtiga e praticamente qualquer coisa que não seja venenosa. Múltiplas adaptações interativas, no entanto, por vezes levam a soluções conciliatórias. Como capítulos posteriores vão explorar, os seres humanos desenvolveram adaptações para andar e correr na posição ereta, mas essas coisas limitaram nossa capacidade de saltar com rapidez e escalar com grande agilidade.

O ponto final e mais importante sobre adaptação é realmente uma advertência crucial: nenhum organismo está fundamentalmente adaptado para ser saudável, longevo, feliz, ou para alcançar muitas outras metas que as pessoas se esforçam para alcançar. Como um lembrete, adaptações são características moldadas por seleção natural que promovem relativo sucesso reprodutivo (aptidão). Portanto, as adaptações *só evoluem para promover saúde, longevidade e felicidade na medida em que essas qualidades beneficiam a capacidade de um indivíduo de ter mais filhos sobreviventes*. Para retornar a um tópico anterior, os seres humanos evoluíram para ser propensos à obesidade não porque gordura em excesso nos torna saudáveis, mas porque ela aumenta a fertilidade. De maneira semelhante, as tendências a ser preocupado, ansioso ou estressado causam muito sofrimento e infelicidade, mas são antigas adaptações para evitar o perigo ou lidar com ele. E evoluímos não somente para cooperar, inovar, comunicar e cultivar, como também para trapacear, furtar, mentir e assassinar. A conclusão é que muitas adaptações humanas não evoluíram necessariamente para promover bem-estar físico ou mental.

No fim das contas, tentar responder à questão "A que os seres humanos estão adaptados?" é, paradoxalmente, ao mesmo tempo simples e quixotesco. Por um lado, a resposta mais fundamental é que os seres humanos estão adaptados para ter o maior número possível de filhos, netos e bisnetos! Por outro, a maneira como nossos corpos conseguem de fato transmitir-se à geração seguinte é tudo menos simples. Em razão de nossa história evolutiva complexa, não estamos adaptados a nenhuma dieta, hábitat, ambiente social ou regime de exercício únicos. De uma perspectiva evolutiva, saúde ótima é algo que não existe. Em consequência, os seres humanos – tal como nosso amigo Mistery Monkey – não só sobrevivem, mas por vezes também prosperam em condições novas para as quais não evoluíram (como os subúrbios da Flórida).

Se a evolução não fornece nenhuma norma fácil de seguir para otimizar a saúde ou evitar a doença, por que alguém interessado em seu bem-estar deveria refletir sobre o que aconteceu na evolução humana? De que maneira macacos antropoides, neandertais ou agricultores do início do Neolítico são relevantes para nosso corpo? Posso pensar em duas respostas muito importantes, uma envolvendo o passado evolutivo, outra envolvendo o presente e o futuro evolutivos.

Por que o passado evolutivo humano tem importância

Todo mundo e todo corpo têm uma história. Seu corpo na verdade tem várias histórias. Uma é a história de sua vida, sua biografia: quem são seus pais e como eles se conheceram, onde você cresceu e como seu corpo foi moldado pelas vicissitudes da vida. A outra história é evolutiva: a longa cadeia de eventos que transformou o corpo de seus ancestrais de geração em geração ao longo de milhões de anos, e que tornou seu corpo diferente do corpo de um *Homo erectus*, um peixe ou uma drosófila.[13] Vale a pena conhecer ambas as histórias, e elas compartilham certos elementos: personagens (inclusive supostos heróis e vilãos), cenários, casualidades, triunfos e adversidades.[14] É possível também abordar ambas as histórias usando o método científico, formulando-as como hipóteses cujos fatos e suposições podem ser questionados e rejeitados.

A história evolutiva do corpo humano é uma narrativa interessante. Uma de suas lições mais valiosas é que não somos uma espécie inevitável: tivessem as circunstâncias sido diferentes, mesmo ligeiramente, seríamos criaturas muito diferentes (muito provavelmente não existiríamos). Para muitas pessoas, porém, a principal razão para contar (e pôr à prova) a história do corpo humano é lançar luz sobre por que somos da maneira que somos. Por que temos cérebro grande, pernas compridas, umbigo visível e outras peculiaridades? Por que andamos só sobre duas pernas e usamos linguagem para nos comunicar? Por que cooperamos tanto e cozemos nossa comida? Uma razão relacionada, urgente e prática para considerar como o corpo humano evoluiu é ajudar a avaliar a que estamos ou não adaptados, e, assim, por que ficamos doentes. Por sua vez, avaliar por que adoecemos é essencial para prevenir e tratar doenças.

Para reconhecer essa lógica, considere o exemplo do diabetes tipo 2, uma doença quase inteiramente evitável cuja incidência está crescendo no mundo todo. Ela surge quando células no corpo inteiro cessam de responder à insulina, um hormônio que transporta açúcar para fora da corrente sanguínea e o armazena como gordura. Quando a incapacidade de responder à insulina se instala, o corpo começa a agir como um sistema de aquecimento quebrado, que não consegue distribuir o calor da fornalha pelo resto da casa, deixando a fornalha superaquecida enquanto a casa congela. Com o diabetes, os níveis de açúcar no sangue continuam se elevando, o que por sua vez estimula o pâncreas a produzir cada vez mais insulina, em vão. Após vários anos, o pâncreas fatigado não consegue produzir insulina suficiente, e os níveis de açúcar no sangue ficam permanentemente altos. Muito açúcar no sangue é tóxico – causa problemas terríveis de saúde e por fim a morte. Felizmente, a ciência médica tornou-se competente em reconhecer e tratar cedo os sintomas do diabetes, permitindo a milhões de diabéticos sobreviver por décadas.

À primeira vista, a história evolutiva do corpo humano parece irrelevante para o tratamento de pacientes com diabetes tipo 2. Como eles precisam de tratamento urgente, dispendioso, hoje milhares de cientistas estudam os mecanismos causais da doença, pesquisando como a obesidade torna certas células resistentes à insulina, como células produtoras de insulina sobrecarregadas no pâncreas param de funcionar e como certos genes predispõem algumas pessoas, mas não outras, para a doença. Esse tipo de pesquisa é essencial para um tratamento melhor. Mas que tal prevenir a doença em primeiro lugar? Para prevenir uma doença ou qualquer outro problema complexo, precisamos ter conhecimento não apenas de seus mecanismos causais mais próximos, mas também de suas raízes subjacentes mais profundas. Por que ocorre? No caso do diabetes tipo 2, *por que* os seres humanos são tão suscetíveis a essa doença? *Por que* nossos corpos por vezes lidam mal com estilos de vida modernos de maneiras que conduzem ao diabetes tipo 2? *Por que* algumas pessoas correm mais risco? *Por que* não somos melhores para estimular pessoas a comer alimentos mais saudáveis e ser fisicamente mais ativas para evitar a doença?

Esforços para responder a estas e outras perguntas nos impelem a considerar a história evolutiva do corpo humano. Ninguém jamais expressou esse imperativo melhor que o pioneiro geneticista Theodosius Dobzhansky, que escreveu esta frase famosa: "Nada em biologia faz sentido exceto à luz da evolução."[15] Por quê? Porque a vida é, da maneira mais essencial, o processo pelo qual coisas vivas usam energia para fazer outras coisas vivas. Por isso, se você quiser saber por que parece, funciona e adoece de maneira diferente de seus avós, seu vizinho ou o Mistery Monkey, precisa conhecer a história biológica – a longa cadeia de processos – pela qual você, seu vizinho e o macaco vieram a ser diferentes. Os detalhes importantes dessa história, ademais, remontam a muitas e muitas gerações. As várias adaptações de nosso corpo foram selecionadas para ajudar nossos ancestrais a sobreviver e reproduzir num número incalculável de encarnações distantes, não somente como caçadores-coletores, mas também como peixes, macacos, macacos antropoides, australopitecos e mais recentemente como agricultores. Essas adaptações explicam e determinam o modo como nosso corpo funciona normalmente em termos de como digerimos, pensamos, reproduzimos, dormimos, andamos, corremos etc. Assim, considerar a longa história evolutiva do nosso corpo ajuda a explicar por que nós e outros ficamos doentes ou feridos quando nos comportamos de maneiras a que estamos mal ou insuficientemente adaptados.

Retornando ao problema de por que seres humanos desenvolvem diabetes tipo 2: a resposta não reside apenas nos mecanismos celulares e genéticos que precipitam a doença. Aprofundando, o diabetes é um problema crescente porque os corpos humanos, como os dos primatas cativos, foram adaptados originalmente a condições muito distintas que nos tornam inadequadamente adaptados para lidar com dietas modernas e inatividade física.[16] Milhões de anos de evolução favoreceram ancestrais que ansiavam por comidas muito calóricas, inclusive carboidratos simples como açúcar, que costumava ser raro, e que armazenavam calorias em excesso como gordura. Além disso, poucos ou nenhum de nossos ancestrais distantes tinham a oportunidade de ficar diabéticos sendo fisicamente inativos e ingerindo grande quantidade de refrigerantes e doces. Evidentemente, nossos ancestrais não experimentaram forte seleção para se adaptar às causas de outras doenças e deficiências recentes como arteriosclerose, osteoporose e miopia. O motivo fundamental para o fato de tantos seres humanos terem hoje doenças anteriormente raras é que muitas das características do corpo eram adaptativas no ambiente para o qual evoluímos, mas tornaram-se mal adaptativas nos ambientes modernos que criamos. Esta ideia, conhecida como hipótese do desajuste, é o cerne de um campo emergente da medicina que aplica biologia evolutiva a saúde e doença.[17]

A hipótese do desajuste é o foco da segunda parte deste livro, mas descobrir quais doenças são ou não causadas por desajustes evolutivos exige mais do que uma consideração superficial da evolução humana. Algumas aplicações simplistas da hipótese do desajuste propõem que, como os seres humanos evoluíram para ser caçadores-coletores, estamos otimamente adaptados a um modo de vida caçador-coletor. Esse tipo de pensamento pode levar a prescrições ingênuas baseadas no que se observou que boxímanes do Kalahari, ou os inuítes do Alasca, comem e fazem. Um problema é que os próprios caçadores-coletores nem sempre são saudáveis, e são extremamente variáveis, em boa parte porque habitam uma grande amplitude de ambientes, inclusive desertos, florestas pluviais, matas e a tundra ártica. Não existe um modo de vida caçador-coletor essencial, ideal. Mais importante, como discutido acima, é o fato de que a seleção natural não adaptou necessariamente caçadores-coletores (ou qualquer criatura) para serem saudáveis, mas para ter tantos bebês quanto possível, que depois sobrevivessem para procriar também. Cabe ainda repetir que o corpo humano (inclusive os dos caçadores-coletores) é uma compilação de adaptações semelhantes a um palimpsesto, acumuladas e modificadas ao longo de incontáveis gerações. Antes de se tornar caçadores-coletores, nossos ancestrais foram bípedes semelhantes a macacos antropoides, e antes disso foram pequenos macacos, pequenos mamíferos, e assim por diante. Desde então, algumas populações desenvolveram novas adaptações para ser agricultores. Em consequência, não houve nenhum ambiente único para o qual o corpo humano tenha se desenvolvido, e ao qual, portanto, esteja adaptado. Assim, para responder à pergunta "A que estamos adaptados?" precisamos considerar não apenas caçadores-coletores realisticamente, mas também olhar para a longa cadeia de eventos que conduziu à evolução da caça e da coleta, bem como o que aconteceu desde que começamos a cultivar nosso alimento. Como uma analogia, tentar compreender a que o corpo humano está adaptado concentrando-nos apenas em caçadores-coletores é como tentar compreender o resultado de um jogo de futebol depois de ter assistido apenas à segunda metade do segundo tempo.

A conclusão é que, se desejamos compreender a que os seres humanos estão (e não estão) adaptados, teremos muito a ganhar a partir da consideração, com alguma profundidade, da história de como e por que o corpo humano evoluiu. Como ocorre com toda história de família, o esforço para aprender a história evolutiva de nossa espécie é recompensador, mas ela é confusa, desordenada e cheia de lacunas. Comparado à tentativa de descobrir a árvore genealógica dos ancestrais humanos, acompanhar os personagens de *Guerra e paz* parece brincadeira de criança. No entanto, mais de um século de intensa pesquisa produziu uma compreensão coerente e geralmente aceita de como nossa linhagem evoluiu de macacos antropoides na floresta africana até os seres humanos modernos que habitam a maior parte do globo. Deixando de lado os detalhes precisos da árvore genealógica (na essência, quem gerou quem), a história do ser humano pode ser reduzida a cinco grandes transformações. Nenhuma delas era inevitável, mas cada uma alterou os corpos de nossos ancestrais de maneiras diferentes, acrescentando novas adaptações e removendo outras.

TRANSIÇÃO UM: *Os ancestrais humanos mais remotos divergiram dos macacos antropoides e evoluíram para ser bípedes eretos.*

TRANSIÇÃO DOIS: *Os descendentes desses primeiros ancestrais, os australopitecos, desenvolveram adaptações para procurar e comer uma ampla variedade de alimentos, em vez de se restringir a frutas.*

TRANSIÇÃO TRÊS: *Cerca de 2 milhões de anos atrás, os primeiros membros do gênero humano desenvolveram corpo quase (embora não completamente) moderno e cérebro ligeiramente maior que lhes permitiram se tornar os primeiros caçadores-coletores.*

TRANSIÇÃO QUATRO: *À medida que floresceram e se espalharam por grande parte do Velho Mundo, os caçadores-coletores humanos arcaicos desenvolveram cérebro maior e corpo mais volumoso, de crescimento mais lento.*

TRANSIÇÃO CINCO: *Seres humanos modernos desenvolveram capacidades especiais para a linguagem, a cultura e a cooperação que permitiram que nos dispersássemos rapidamente pelo globo e fôssemos a única espécie sobrevivente de seres humanos no planeta.*

Por que a evolução tem importância para o presente, e para o futuro também

Você pensa que evolução é apenas o estudo do passado? Eu pensava assim, e o mesmo faz meu dicionário, que a define como "o processo pelo qual se pensa que diferentes tipos de organismos vivos se desenvolveram e se diversificaram a partir de formas anteriores durante a história da Terra". Sinto-me insatisfeito com esta definição porque evolução (que prefiro definir como mudança ao longo do tempo) é também um processo dinâmico que ainda está ocorrendo. Ao contrário do que certas pessoas supõem, o corpo humano não parou de evoluir depois que o Paleolítico terminou. A seleção natural continua a progredir de modo incansável e continuará enquanto pessoas herdarem variações que influenciam, ainda que de leve, o número de seus filhos que sobreviverão e depois procriarão. Em consequência, nossos corpos não são de todo iguais aos de nossos ancestrais algumas centenas de gerações atrás. Assim, nossos descendentes daqui a algumas centenas de gerações também serão diferentes de nós.

Além disso, a evolução não é apenas biológica. A maneira como genes e corpos mudam através do tempo é incrivelmente importante, mas outra dinâmica decisiva a enfrentar é a *evolução cultural*, hoje a mais notável força de mudança no planeta e que está transformando nossos corpos de maneira radical. Cultura é essencialmente o que as pessoas aprendem, e portanto a cultura evolui. Uma diferença determinante entre evolução cultural e biológica, no entanto, é que a cultura não muda apenas por meio do acaso, mas também por meio de intenção, e a fonte dessa mudança pode ser qualquer pessoa, não apenas nossos pais. A evolução da cultura pode portanto ser espantosa tanto em rapidez quanto em grau. A evolução cultural humana começou milhões de anos atrás, mas acelerou enormemente depois que surgiram os seres humanos modernos, por volta de 200 mil anos atrás, e agora alcançou velocidades vertiginosas. Voltando os olhos para as últimas centenas de gerações, vemos que duas transformações culturais foram de importância vital para o corpo humano e precisam ser acrescentadas à lista de transformações evolutivas já citadas:

TRANSIÇÃO SEIS: *A Revolução Agrícola, quando pessoas começaram a cultivar seu alimento em vez de caçar e coletar.*

TRANSIÇÃO SETE: *A Revolução Industrial, que teve início quando começamos a usar máquinas para substituir trabalho humano.*

Embora estas duas últimas transformações não tenham gerado novas espécies, é difícil exagerar sua importância para a história do corpo humano, porque elas alteraram radicalmente o que comemos e o modo como trabalhamos, dormimos, regulamos a temperatura do corpo, interagimos e até defecamos. Ainda que estas e outras mudanças no ambiente tenham estimulado alguma seleção natural, elas interagiram com os corpos que herdamos sobretudo de maneiras que ainda temos de compreender. Algumas dessas interações foram benéficas, em especial por nos permitir ter mais filhos. Outras, contudo, foram deletérias, incluindo uma grande quantidade de doenças de desajuste causadas por contágio, desnutrição e inatividade física. Ao longo das últimas gerações, aprendemos a derrotar ou refrear muitas dessas doenças, mas outras não infecciosas, crônicas – muitas ligadas à obesidade –, estão agora crescendo rapidamente em prevalência e intensidade. Por qualquer padrão, a evolução do corpo humano está longe de haver terminado, graças à rápida mudança cultural.

Eu sustentaria portanto que, quando aplicada a seres humanos, a brilhante declaração de Dobzhansky de que "nada em biologia faz sentido exceto à luz da evolução" aplica-se não apenas à evolução por seleção natural, *mas também à evolução cultural*. Para dar um passo adiante, como a evolução cultural é agora a força dominante de mudança evolutiva em ação no corpo humano, podemos compreender melhor por que mais pessoas estão contraindo doenças de desajuste não infecciosas crônicas e como prevenir essas doenças considerando interações entre evolução cultural e nossos corpos herdados, ainda em evolução. Essas interações por vezes põem em movimento uma lamentável dinâmica que funciona tipicamente da seguinte maneira: primeiro, apresentamos doenças de desajuste não infecciosas causadas pelo fato de nossos corpos estarem mal ou inadequadamente adaptados aos novos ambientes que criamos por meio da cultura. Depois, por várias razões, somos por vezes incapazes de prevenir essas doenças de desajuste. Em alguns casos, não compreendemos as causas delas bem o suficiente para isso. Muitas vezes, esforços de prevenção fracassam porque é difícil ou impossível mudar os fatores do novo ambiente responsáveis pelo desajuste. Ocasionalmente, até promovemos doenças de desajuste ao tratar seus sintomas de maneira tão eficaz que perpetuamos suas causas de forma inadvertida. Em todos os casos, no entanto, ao não tratar das novas causas ambientais de doenças de desajuste, deixamos que se instale um círculo vicioso que permite à doença continuar prevalente ou por vezes tornar-se mais comum ou severa. Esse circuito de retroalimentação não é uma forma de evolução biológica porque não transmitimos doenças de desajuste diretamente aos nossos filhos. Ele é, isto sim, uma forma de evolução cultural, porque transmitimos os ambientes e comportamentos que os causam.

Mas estou me antecipando a mim mesmo e à história do corpo humano. Antes de pensarmos sobre como a evolução biológica e a evolução cultural interagem, precisamos considerar a longa trajetória da história evolutiva, como desenvolvemos a capacidade para a cultura e a que o corpo humano está realmente adaptado. Essa exploração requer que atrasemos o relógio cerca de 6 milhões de anos e retornemos a uma floresta em algum lugar da África…

PARTE I

Macacos antropoides e seres humanos

2. Macacos antropoides eretos

Como nos tornamos bípedes

> Tuas mãos são mais rápidas que as minhas para bater,
> Mas minhas pernas são mais compridas para correr.
>
> SHAKESPEARE, *Sonho de uma noite de verão*

A FLORESTA, como de costume, estaria silenciosa não fossem os sons suaves do farfalhar das folhas, o zumbir dos insetos e alguns chilreios de aves. De repente, inicia-se um pandemônio quando três chimpanzés irrompem através das copas das árvores muito acima do solo, saltando espetacularmente de galho em galho, o pelo eriçado, soltando gritos estridentes, furiosos, enquanto perseguem um grupo de macacos colobos a toda a velocidade. Em menos de um minuto, um experiente chimpanzé mais velho dá um magnífico salto, agarra um aterrorizado macaco que vem na sua direção e espatifa seus miolos contra uma árvore. A caça termina tão depressa quanto começou. Enquanto o vitorioso rasga sua presa em pedaços e começa a consumir a carne, outros chimpanzés guincham de excitação. Se algum ser humano estivesse olhando, provavelmente ficaria chocado. Observar chimpanzés caçando pode ser perturbador, não apenas por causa da violência, mas porque preferimos pensar neles como nossos primos gentis, inteligentes. Por vezes eles parecem espelhos de nossos melhores eus, mas quando estão caçando refletem as mais negras tendências da humanidade em sua ânsia por carne, sua capacidade de violência e até seu uso letal de trabalho de equipe e estratégia.

A cena realça também contrastes fundamentais entre corpos humanos e de chimpanzés. Além das diferenças anatômicas óbvias como o pelo, o focinho e o andar de quatro, as espetaculares habilidades dos chimpanzés para caçar sublinham como, do ponto de vista atlético, seres humanos são patéticos em muitos aspectos. Os seres humanos quase sempre caçam com armas porque nenhuma pessoa viva poderia se igualar a um chimpanzé em velocidade, força e agilidade, especialmente nas árvores. Apesar de meu desejo de ser como Tarzan, subo em árvores de maneira desajeitada, e mesmo os que têm prática nessa atividade precisam subir e descer com cautela. A habilidade de escalar um tronco num instante como se ele fosse uma escada, saltar entre galhos precários e voar pelos ares na tentativa de agarrar um macaco em fuga, conseguindo pousar em segurança num tronco ou num galho, está muito além da competência do ginasta humano mais treinado. Embora seja perturbador observar uma caçada de chimpanzés, parece-me impossível não admirar as habilidades acrobáticas desumanas desses animais com que compartilhamos mais de 98% de código genético.

Comparativamente, os seres humanos são atletas deficientes em terra também. Os mais rápidos do mundo conseguem correr à velocidade de cerca de 37 quilômetros por hora por menos de meio minuto. Para a maioria de nós, que nos arrastamos, essas velocidades parecem super-humanas, mas numerosos mamíferos, inclusive chimpanzés e bodes, correm facilmente nessa velocidade durante vários minutos sem a ajuda de técnico ou anos de treinamento intenso. Não consigo sequer ultrapassar um esquilo. Corredores humanos são desajeitados e instáveis, incapazes de fazer viradas rápidas. Até o mais leve encontrão ou cotovelada pode fazê-los desabar no chão. Por fim, carecemos de força. Embora um chimpanzé macho adulto pese de quinze a vinte quilos menos que a maioria dos homens adultos, as estimativas são de que um chimpanzé típico pode exibir uma força muscular mais de duas vezes maior que a dos mais vigorosos atletas de elite humanos.[1]

Quando começamos nossa exploração da história do corpo humano para perguntar a que os seres humanos estão adaptados, uma primeira questão decisiva é: por que e como os seres humanos tornaram-se tão mal adaptados à vida em árvores, bem como tão débeis, lentos e desajeitados?

A resposta começa com "tornando-se eretos", ao que tudo indica a primeira grande transformação ocorrida na evolução humana. Se houve apenas uma adaptação-chave inicial, uma centelha que lançou a linhagem humana num caminho evolutivo separado daquele traçado por outros primatas, foi provavelmente o bipedalismo, a capacidade de postar-se e caminhar sobre dois pés. À sua maneira tipicamente presciente, Darwin foi o primeiro a sugerir essa ideia em 1871. Não possuindo nenhum registro fóssil, fez essa conjectura raciocinando que os primeiros ancestrais humanos evoluíram a partir de macacos antropoides; ao se tornar eretos, eles emanciparam suas mãos da locomoção, libertando-as para fazer ferramentas e usá-las, o que depois favoreceu a evolução de cérebros maiores, da linguagem e de outras características humanas distintivas.

> Somente o homem tornou-se um bípede; e podemos, penso, ver em parte como ele chegou a assumir essa postura ereta, que forma uma de suas mais conspícuas características. O homem não poderia ter alcançado sua atual posição proeminente no mundo sem o uso de suas mãos, que são tão admiravelmente adaptadas a agir em obediência à sua vontade. ... Mas as mãos e os braços dificilmente poderiam ter se tornado perfeitos o bastante para manufaturar armas, ou arremessar pedras e lanças com verdadeira pontaria, enquanto fossem habitualmente usados para locomoção e para sustentar todo o peso do corpo, ou, como se observou antes, enquanto eram especialmente apropriados para trepar em árvores. ... Se é uma vantagem para o homem manter-se firmemente sobre seus pés e ter as mãos e braços livres, coisa de que, a partir de seu preeminente sucesso na batalha da vida, não pode haver nenhuma dúvida, então não vejo nenhuma razão pela qual não deveria ter sido vantajoso para os progenitores do homem ter-se tornado cada vez mais eretos ou bípedes. Eles teriam dessa maneira sido mais capazes de se defender com pedras ou porretes, de atacar suas presas ou de obter alimento de outra maneira. Os indivíduos mais bem-conformados teriam tido mais sucesso no longo prazo, e teriam sobrevivido em maiores números.[2]

Um século e meio mais tarde, temos agora evidências suficientes para sugerir que Darwin provavelmente estava certo. Graças a um conjunto peculiar de circunstâncias contingentes – muitas das quais iniciadas pela mudança climática –, os membros conhecidos mais antigos da linhagem humana desenvolveram várias adaptações para se manter e andar sobre apenas duas pernas com mais facilidade e mais frequência que macacos antropoides. Hoje, estamos tão completamente adaptados a ser bípedes que raramente dedicamos muita reflexão à nossa maneira incomum de nos postar, andar e correr. Mas olhe à sua volta: quantas outras criaturas, com exceção de aves (ou cangurus, caso você viva na Austrália), você vê cambaleando ou pulando por aí sobre apenas duas pernas? As evidências sugerem que, de todas as grandes transformações por que passou o corpo humano ao longo dos últimos milhões de anos, essa mudança adaptativa foi uma das mais importantes, não só em razão de suas vantagens, mas também em razão de suas desvantagens. Por isso, aprender sobre como nossos mais antigos ancestrais tornaram-se adaptados a ficar eretos é um ponto de partida capital para o relato da jornada do corpo humano. Como um primeiro passo, conheçamos esses ancestrais primordiais, a começar pelo último ancestral que compartilhamos com os macacos antropoides.

O impreciso elo perdido

A expressão "elo perdido", que remonta à era vitoriana, é uma designação com frequência mal empregada que se refere em geral a espécies transicionais decisivas na história da vida. Embora muitos fósseis sejam superficialmente chamados de elos perdidos, há uma espécie fundamental no registro da evolução humana que está verdadeiramente faltando: o último ancestral comum (LCA, na sigla em inglês) dos seres humanos e dos outros macacos antropoides. Para nossa grande frustração, essa importante espécie continua até agora inteiramente desconhecida. Como os chimpanzés e os gorilas, o LCA viveu muito provavelmente, como Darwin deduziu, numa floresta pluvial africana, um ambiente pouco propício à preservação de ossos, e portanto à criação de um registro fóssil. Ossos que caem no solo da floresta apodrecem rapidamente e em seguida se dissolvem. Por esta razão, há poucos resquícios fósseis informativos das linhagens dos chimpanzés e dos gorilas, e são escassas as chances de virmos a encontrar resquícios fósseis do LCA.[3]

Embora ausência de evidência não seja evidência de ausência, isso sem dúvida dá margem a especulações desenfreadas. A falta de fósseis da árvore genealógica a que o LCA pertence gerou muita conjectura e debate com relação a esse elo perdido. Ainda assim, podemos fazer algumas deduções sobre quando e onde o LCA viveu e como era sua aparência em comparações cuidadosas das semelhanças e diferenças entre seres humanos e macacos antropoides em conjunção com o que sabemos sobre nossa árvore evolutiva. Essa árvore, ilustrada na figura 1, mostra que há três espécies vivas de macacos antropoides africanos, e que os seres humanos estão mais estreitamente relacionados com as duas espécies de chimpanzés, chimpanzés comuns e chimpanzés-pigmeus (também conhecidos como bonobos), do que com gorilas. A figura 1, que se baseia em amplos dados genéticos, também mostra que as linhagens humana e chimpanzé divergiram cerca de 8 a 5 milhões de anos atrás (a data exata continua sendo tema de debate). Estritamente falando, os seres humanos são um subconjunto especial da família de macacos antropoides denominada *hominíneos*, definidos como todas as espécies mais estreitamente relacionadas a seres humanos vivos que a chimpanzés ou outros macacos antropoides.[4]

Nossa relação evolutiva especialmente estreita com chimpanzés constituiu uma surpresa para os cientistas no final dos anos 1980, quando as evidências moleculares necessárias para resolver essa árvore tornaram-se disponíveis. Antes disso, a maioria dos especialistas supunha que chimpanzés e gorilas estavam mais estreitamente relacionados uns com os outros do que com seres humanos, por serem ambos tão parecidos. No entanto, o fato implausível de sermos, evolutivamente, primos em primeiro grau dos chimpanzés, mas não dos gorilas, fornece pistas valiosas para a reconstrução do LCA, porque ainda que seres humanos e chimpanzés compartilhem um LCA exclusivo, chimpanzés, bonobos e gorilas são muito mais parecidos entre si do que com seres humanos. Embora gorilas pesem duas a quatro vezes mais que chimpanzés, se aumentássemos um chimpanzé até lhe dar o tamanho de um gorila, obteríamos algo que de certo modo (embora não completamente) parece com um gorila.[5] Bonobos adultos são também conformados e até se comportam como chimpanzés adolescentes.[6] Além disso, gorilas e

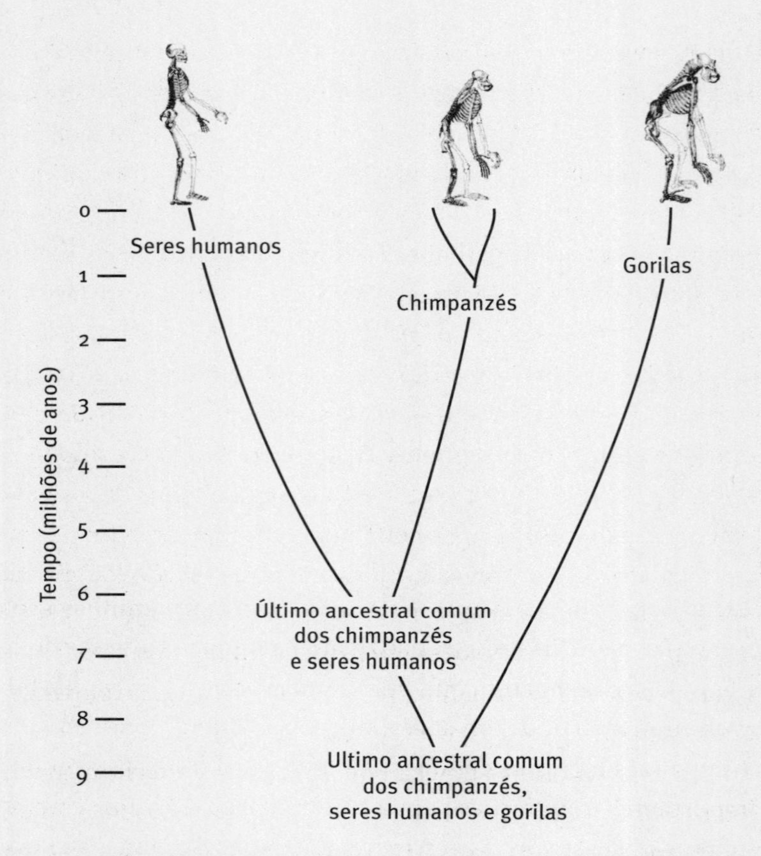

FIGURA 1. Árvore evolutiva de seres humanos, chimpanzés e gorilas. Mostra as duas espécies de chimpanzés (bonobos e chimpanzés comuns); alguns especialistas dividem os gorilas em mais de uma espécie.

chimpanzés andam e correm da mesma maneira peculiar conhecida como *nodopedalia*, em que repousam seus membros anteriores sobre os nós dos dedos. Portanto, a menos que as muitas semelhanças entre as várias espécies de grandes macacos africanos tenham se desenvolvido de maneira independente, o que é extremamente improvável, o LCA de chimpanzés e gorilas deve ter sido um tanto assemelhado aos chimpanzés ou aos gorilas em termos de anatomia. Pela mesma lógica, o LCA de chimpanzés e seres humanos provavelmente se assemelhava em termos de anatomia a um chimpanzé ou a um gorila em muitos aspectos.

Trocando em miúdos, quando você olha para um chimpanzé ou um gorila, é provável que esteja vendo um animal que se assemelha vagamente ao seu ancestral distante de várias centenas de gerações atrás – aquela espécie desaparecida de fundamental importância. Devo enfatizar, contudo, que é impossível comprovar essa hipótese de modo definitivo sem evidências fósseis diretas, deixando muita margem para opiniões divergentes. Alguns paleontologistas pensam que a maneira como os seres humanos se mantêm e andam eretos lembra a maneira como os gibões, macacos antropoides mais distantemente aparentados a nós, balançam sob os galhos e se deslocam sobre eles. De fato, durante mais de cem anos, quando se pensava que chimpanzés e gorilas eram primos em primeiro grau, muitos estudiosos raciocinavam que os seres humanos tinham se desenvolvido a partir de uma espécie desconhecida mais ou menos assemelhada aos gibões.[7] Alternativamente, alguns paleoantropólogos especulam que o LCA era uma criatura com aparência de macaco que caminhava sobre os galhos e trepava em árvores usando quatro membros.[8] Apesar destas opiniões, as evidências sugerem que a primeira espécie na linhagem humana desenvolveu-se a partir de um ancestral que não diferia consideravelmente dos chimpanzés e gorilas de hoje. O que se verifica é que essa dedução tem importantes implicações para a compreensão de como e por que os hominíneos se desenvolveram para ser eretos. Felizmente, ao contrário do que ocorre com o ainda desaparecido LCA, temos evidências tangíveis desses ancestrais muito antigos.

Quem foram os primeiros hominíneos?

Quando eu era estudante, não havia nenhum fóssil útil para registrar o que aconteceu durante os primeiros milhões de anos da evolução humana. Na falta de dados, muitos especialistas não tinham escolha senão supor (por vezes levianamente) que os fósseis mais antigos então conhecidos, como Lucy, que viveu há cerca de 3 milhões de anos, eram bons substitutos para os hominíneos anteriores desaparecidos. Desde meados dos anos 1990, porém, temos sido abençoados pela descoberta de muitos fósseis dos primeiros milhões de anos da linhagem humana. Com nomes abstrusos, malsonantes, esses hominíneos primordiais nos levaram a repensar como era o LCA, e, mais importante, revelaram muito sobre a origem do bipedalismo e outras características que tornaram os primeiros primitivos diferentes dos outros macacos antropoides. Até o momento, foram encontradas quatro espécies de hominíneos primitivos, duas das quais são mostradas na figura 2. Antes de discutir como eram essas espécies, a que elas estavam adaptadas e sua relevância para eventos posteriores na evolução humana, aqui estão alguns fatos básicos sobre quem eram e de onde vinham.

A mais antiga espécie de hominíneo conhecida é *Sahelanthropus tchadensis*, descoberta no Chade em 2001 por uma intrépida equipe francesa sob a liderança de Michel Brunet. A recuperação de fósseis dessa espécie exigiu anos de extenuante e perigoso trabalho de campo, porque foi preciso desenterrá-los das areias da parte sul do deserto do Saara. Hoje, essa área é um lugar estéril, inóspito, mas milhões de anos atrás era um hábitat parcialmente florestado próximo de um lago gigantesco. *Sahelanthropus* é conhecido principalmente por um único crânio quase completo (apelidado Toumaï, que significa "esperança de vida" na linguagem da região em que foi encontrado), mostrado na figura 2, bem como por alguns dentes, fragmentos de maxilar e outros ossos.[9] Segundo Brunet e colegas, *Sahelanthropus* tem pelo menos 6 milhões de anos e talvez tenha até 7,2 milhões.[10]

Outra espécie proposta de hominíneo primitivo do Quênia, chamada *Orrorin tugenensis*, tem cerca de 6 milhões de anos.[11] Lamentavelmente, existem apenas alguns restos dessa enigmática espécie: um único fragmento de maxilar, alguns dentes e fragmentos de osso de um membro. Ainda sabemos pouco sobre *Orrorin*, em parte por não haver muito o que estudar, em parte porque os fósseis ainda não foram analisados de maneira abrangente.

O mais rico tesouro de fósseis de hominíneos foi descoberto na Etiópia por uma equipe internacional liderada por Tim White e seus colegas da Universidade da Califórnia, em Berkeley. Esses fósseis foram atribuídos a duas diferentes espécies de um terceiro gênero, *Ardipithecus*. A espécie mais antiga, *Ardipithecus kadabba*, foi datada entre 5,8 e 5,2 milhões de anos atrás e é conhecida até agora por um punhado de ossos e dentes.[12] A espécie

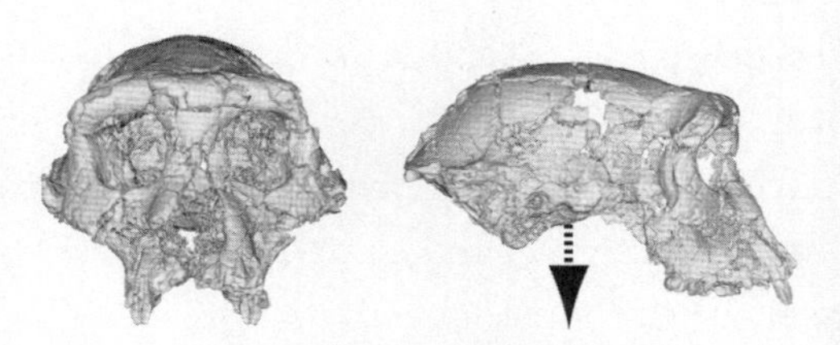

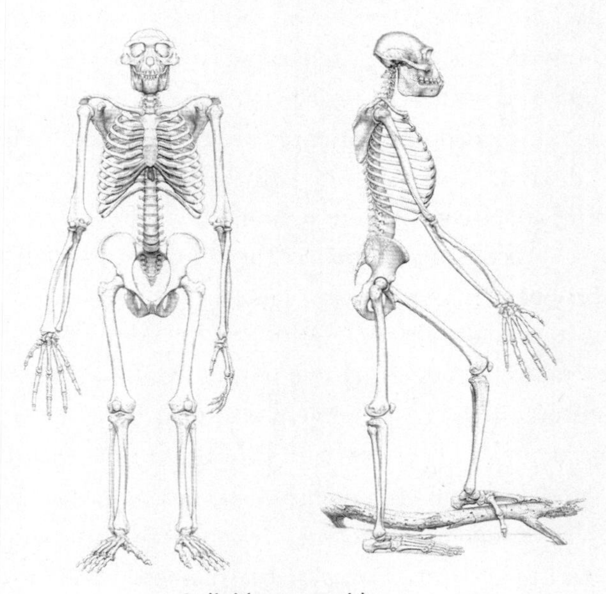

FIGURA 2. Dois hominíneos primitivos. No alto, crânio de *Sahelanthropus tchadensis* (apelidado Toumaï); embaixo, uma reconstrução de *Ardipithecus ramidus* (apelidada Ardi). O ângulo do forâmen magno em Toumaï indica um pescoço superior verticalmente orientado, um claro sinal de bipedalismo. A reconstrução do esqueleto de *Ardipithecus* parcial sugere que ela estava adaptada para o andar bípede bem como para trepar em árvores. Imagem de *Sahelanthropus* cortesia de Michel Brunet; desenho de *Ardipithecus* copyright © 2009 Jay Matterns.

mais jovem, *Ardipithecus ramidus*, datada de 4,5 a 4,3 milhões de anos atrás, é representada por uma coleção muito maior de fósseis, incluindo um notável esqueleto parcial de uma mulher apelidada Ardi, mostrada na figura 2.[13] Essa espécie está também representada por numerosos fragmentos (principalmente dentes) de mais de uma dezena de outros indivíduos. O esqueleto de Ardi é foco de intensa pesquisa porque nos proporciona uma rara e empolgante oportunidade de descobrir como ela e outros hominíneos primitivos se mantinham em pé, andavam e trepavam em árvores.

Todos os fósseis de *Ardipithecus*, *Sahelanthropus* e *Orrorin* poderiam caber numa única sacola de compras. Apesar disso, permitem vislumbres concretos das primeiras fases da evolução humana durante os primeiros milhões de anos depois que nos separamos do LCA. Uma revelação nada surpreendente é que esses hominíneos primitivos são em geral parecidos com macacos antropoides. Como previsto por nosso estreito parentesco com os grandes macacos antropoides africanos, eles têm muitas semelhanças com chimpanzés e gorilas em detalhes de dentes, crânio e maxilares, bem como em braços, pernas, mãos e pés.[14] Por exemplo, seus crânios indicam cérebros pequenos, na mesma faixa de tamanho que o dos chimpanzés, uma substancial arcada supraciliar, grandes dentes frontais e focinhos longos, projetados. Muitos traços de pés, braços, mãos e pernas de Ardi são também semelhantes ao que vemos em macacos antropoides africanos, especialmente chimpanzés. De fato, alguns especialistas sugeriram que essas espécies antigas são demasiado simiescas para serem realmente hominíneos.[15] Penso, no entanto, que são genuínos hominíneos por várias razões, a mais importante das quais é que dão indicações de que estavam adaptadas a caminhar eretas sobre duas pernas.

Os primeiros hominíneos podem se levantar, por favor?

Criaturas egocêntricas que somos, nós seres humanos muitas vezes consideramos erroneamente que nossas características essenciais são especiais, quando de fato são apenas incomuns. O bipedalismo não é exceção. Como muitos pais, recordo afetuosamente o momento em que minha filha deu seus primeiros passos triunfantes, que subitamente a fizeram parecer tão mais humana que nosso cachorro. Uma crença comum (em especial entre pais orgulhosos) é que andar ereto é particularmente desafiador e difícil, talvez porque as crianças humanas levam muitos anos para aprender a andar bem, e porque poucos outros animais são bípedes habituais. Na verdade, a razão por que as crianças só começam a dar passos vacilantes quando têm cerca de um ano e depois passam mais alguns anos andando e correndo desajeitadamente é que muitas de suas habilidades neuromusculares também requerem considerável tempo para amadurecer.[16] Assim como levam anos para aprender a andar apropriadamente, nossas crianças de cérebro grande levam anos para falar em vez de balbuciar, controlar o intestino e manipular ferramentas com habilidade. Ademais, embora o bipedalismo habitual seja raro, o bipedalismo ocasional é banal. Macacos antropoides por vezes se levantam e andam sobre duas pernas, como fazem muitos outros mamíferos (inclusive meu cachorro). Contudo, o bipedalismo é diferente do que macacos antropoides fazem em um aspecto decisivo: habitualmente ficamos parados e andamos com muita eficiência porque renunciamos à habilidade de ser quadrúpedes. Sempre que chimpanzés e outros macacos antropoides andam eretos, eles cambaleiam para cá e para lá com um andar desajeitado e energeticamente dispendioso porque lhes faltam algumas adaptações decisivas, mostradas na figura 3, que permitem a você e a mim andar bem. O que há de especialmente empolgante com relação aos hominíneos primitivos é que eles também possuem algumas dessas adaptações, indicando que eram bípedes eretos de algum tipo. No entanto, se Ardi for representativa desses hominíneos, eles ainda conservavam muitos traços ancestrais úteis para trepar em árvores. Embora estejamos nos esforçando para reconstruir precisamente como Ardi e outros hominíneos primitivos andavam quando não estavam escalando, não há dúvida de que andavam de maneira muito diferente de você e de mim, e de uma maneira muito mais simiesca. Esse tipo de bipedalismo primitivo era provavelmente uma forma intermediária crítica de locomoção ereta que armou o palco para modos de andar posteriores, mais modernos, e isso foi possível graças a várias adaptações que conservamos até hoje em nossos corpos.

A primeira dessas adaptações é a forma dos quadris. Se você vir um chimpanzé andando ereto, observe que ele mantém as pernas bem separadas e balança o tronco para lá e para cá como um bêbado instável. Seres

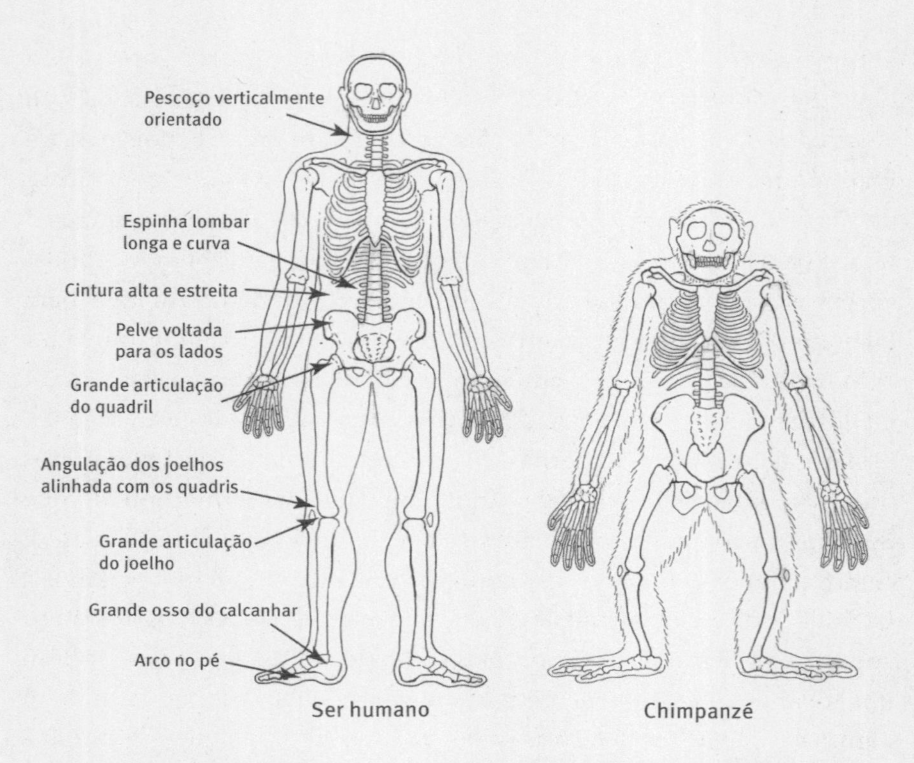

FIGURA 3. Comparação de um ser humano e um chimpanzé realçando algumas das adaptações para a postura e o andar eretos em seres humanos. Figura adaptada de D.M. Bramble e D.E. Lieberman. "Endurance running and the evolution of *Homo*", *Nature*, n.432, 2004, p.345-52.

humanos sóbrios, em contraposição, oscilam o tronco quase imperceptivelmente, o que significa que podemos gastar a maior parte de nossa energia indo para a frente, e não estabilizando o tronco. Nossa marcha mais estável é atribuível em grande parte a uma mudança simples na forma da pelve. Como a figura 3 mostra, o osso grande e largo que forma a parte superior da pelve (o ílio) é alto e está virado para trás em macacos antropoides, mas essa parte do quadril é baixa e voltada para os lados em seres humanos. Essa orientação lateral é uma adaptação decisiva para o bipedalismo porque permite aos músculos no lado do quadril (os glúteos mínimos) estabilizar o tronco sobre cada perna durante a marcha quando apenas uma está no chão. Você pode demonstrar essa adaptação para si mesmo ficando de pé sobre uma perna o maior tempo possível enquanto mantém o tronco ereto. (Vá em frente e tente!) Após um ou dois minutos, sentirá esse músculo se cansar. Chimpanzés não podem ficar de pé ou andar dessa maneira porque seus quadris estão voltados para trás, permitindo aos mesmos músculos apenas estender a perna atrás deles. A única maneira pela qual um chimpanzé pode evitar cair de lado quando só uma perna está no chão é inclinando acentuadamente seu tronco para o lado dessa perna. Não é o que acontece com Ardi. Embora sua pelve estivesse severamente distorcida e tenha precisado ser em grande parte reconstruída, ela parece ter um ílio encurtado e voltado para os lados, exatamente como um ser humano.[17] Além disso, o fêmur de *Orrorin* tem uma articulação com o quadril especialmente grande, um pescoço comprido e a parte superior do fêmur larga, traços que permitiam a seus músculos do quadril estabilizar o tronco com eficiência ao andar e suportar as elevadas forças flexoras de lado a lado que essa ação causa.[18] Esses traços nos informam que os hominíneos primitivos não tinham de cambalear de um lado para o outro ao caminhar.

Outra importante adaptação para ser um bípede é uma coluna vertebral em forma de S. Como outros quadrúpedes, os macacos antropoides têm coluna suavemente curvas (o lado dianteiro é ligeiramente côncavo), por isso, quando ficam eretos, seu tronco se inclina naturalmente para a frente. Uma das consequências disso é que o tronco do macaco antropoide fica instavelmente posicionado em frente a seus quadris. Em contraposição, a coluna vertebral humana tem dois pares de curvas. A curva inferior, lombar, torna-se possível graças à posse de mais vértebras lombares (os macacos antropoides em geral têm três ou quatro, ao passo que os seres humanos têm cinco), várias das quais têm forma de cunha, fazendo com que as superfícies superior e inferior não sejam paralelas. Assim como pedras em forma de cunha permitem a arquitetos construir estruturas em arco como pontes, vértebras em forma de cunha curvam a parte inferior da coluna para dentro, acima da pelve, posicionando o tronco de maneira estável sobre os quadris. O peito humano e as vértebras do pescoço criam mais uma curva, mais suave, no alto da espinha, que orienta a parte superior do pescoço para baixo e não para trás a partir do crânio. Embora ainda tenhamos de encontrar alguma vértebra lombar de hominíneo primitivo, a forma da pelve de Ardi sugere uma longa região lombar.[19] Uma pista ainda mais reveladora da posse de uma coluna em forma de S adaptada para o bipedalismo vem da forma do crânio de *Sahelanthropus*. O pescoço dos chimpanzés e outros macacos antropoides emerge de perto da parte posterior do crânio num ângulo ligeiramente horizontal, mas o crânio de Toumaï, mostrado na figura 2, está tão completo que podemos deduzir com segurança que a parte superior de seu pescoço era quase vertical quando ele estava de pé ou andando.[20] Essa configuração só poderia ser possível se a coluna de Toumaï tivesse uma curva para trás na região lombar, no pescoço ou em ambos.

Adaptações ainda mais decisivas para a locomoção ereta que aparecem em hominíneos primitivos estão na outra extremidade do corpo, no pé. Seres humanos que andam em geral pousam primeiro sobre o calcanhar e depois, quando o resto do pé faz contato com o chão, endurecem o arco do pé, o que permite empurrar o corpo para cima e para a frente no fim do apoio, sobretudo com o dedão. A forma do arco humano é criada pela forma dos ossos do pé, bem como por muitos ligamentos e músculos que mantêm os ossos no lugar como cabos numa ponte suspensa, e que ficam retesados (em vários graus) quando o calcanhar sai do chão. Além disso, as superfícies das articulações entre os dedos e o resto do pé em seres humanos são muito arredondadas e apontam ligeiramente para cima, ajudando-nos a curvar os dedos num ângulo extremo (hiperestender) quando tiramos o pé do chão. O pé dos chimpanzés e outros macacos antropoides não tem arco, o que os impede de se empurrar contra um pé retesado, e seus artelhos são incapazes de estender tanto quanto os humanos.

O pé de Ardi (e um pé parcial mais jovem que talvez pertença ao mesmo gênero) apresenta alguns indícios de que o meio estava parcialmente retesado, e tem juntas de dedos que eram capazes de se curvar para cima no fim do apoio.[21] Esses traços sugerem que ela, como os seres humanos, e diferentemente de chimpanzés, tinha pés capazes de gerar propulsão eficiente quando andava ereta.

As evidências que acabo de resumir para o bipedalismo nos primeiros hominíneos são sensacionais, mas reconhecidamente escassas. Há muita coisa que não sabemos sobre como essas três espécies ficavam de pé, andavam e corriam porque nos falta grande parte do esqueleto de Ardi, e não sabemos quase nada sobre os esqueletos de *Sahelanthropus* e *Orrorin*. Apesar disso, há evidências suficientes para indicar que essas três espécies antigas ficavam de pé e andavam de maneira diferente de você e de mim em grande medida porque conservavam numerosas adaptações antigas para trepar em árvores. O pé de Ardi, por exemplo, tinha um dedão extremamente musculoso e divergente que era muito capaz de se agarrar em volta de galhos ou troncos de árvore. Seus outros artelhos eram longos e bastante curvos, e seu tornozelo inclinava-se ligeiramente para dentro. Esses traços, úteis para trepar em árvores, faziam com que seu pé funcionasse de maneira diferente de pés modernos. Ao andar, ela provavelmente os usava mais como um chimpanzé, mantendo seu peso ao longo do lado de fora do pé, em vez de girá-lo para dentro (pronação) como um ser humano.[22] Ardi tinha também pernas curtas e, se andava apoiada no lado de fora dos pés, talvez fossem mais compridos que os nossos. Talvez ela tivesse joelhos ligeiramente encurvados também. Como seria de esperar, há muitas outras evidências de habilidades para trepar em árvores no tronco de Ardi, que tinha braços longos e musculosos e dedos compridos e curvos.[23]

Se deixarmos de lado os detalhes, o quadro geral dos primeiros hominíneos que emerge é que eles certamente não eram quadrúpedes quando estavam no chão, e sim bípedes ocasionais que andavam eretos de uma maneira tipicamente não humana quando não estavam trepando em árvores. Podiam não andar com passos largos tão eficientemente como seres humanos, mas eram provavelmente capazes de andar eretos com mais eficiência e estabilidade que um chimpanzé ou um gorila. Entretanto, esses antigos ancestrais eram também competentes trepadores que provavelmente passavam uma parte considerável de seu tempo no ar. Se pudéssemos observá-los trepando em árvores, ficaríamos maravilhados com sua habilidade para correr entre ramos e pular de galho em galho, mas talvez fossem menos ágeis que um chimpanzé. Se pudéssemos observá-los andando, pensaríamos que seu andar era ligeiramente estranho ao vê-los pisar nos lados de pés compridos, virados para dentro, dando passos curtos.

É tentador imaginá-los balançando por toda parte instavelmente sobre duas pernas como chimpanzés eretos (ou seres humanos bêbados), mas isso é pouco provável. Suspeito que eram competentes tanto para andar quanto para escalar, mas o faziam de uma maneira característica, diferente de qualquer criatura viva hoje.

Diferenças dietéticas

Os animais se movimentam por muitas razões, inclusive fugir de predadores e lutar, mas uma razão principal para andar e correr é comer. Assim, antes de considerar por que o bipedalismo se desenvolveu a princípio, precisamos destacar uma série adicional de traços, todos ligados à dieta, que distingue os primeiros hominíneos.

Via de regra, os hominíneos mais antigos, como Toumaï e Ardi, têm faces e dentes simiescos, sugerindo que mantinham uma dieta também bastante simiesca, dominada por frutas maduras. Por exemplo, eles têm dentes frontais grandes como espátulas, adequados para morder frutas, como quando cravamos os dentes numa maçã. Também têm molares com cúspides baixas, perfeitamente formados para esmagar a polpa de frutas fibrosas. Há, contudo, algumas indicações sutis de que esses antigos membros da linhagem humana eram ligeiramente mais bem adaptados que chimpanzés a comer alimentos de baixa qualidade além de frutas. Uma diferença é que seus molares são moderadamente maiores e mais grossos que os de macacos antropoides como chimpanzés e gorilas.[24] Molares maiores, mais grossos, teriam sido mais capazes de esmigalhar itens alimentícios mais duros e firmes como caules e folhas. Além disso, Ardi e Toumaï têm focinhos um pouco menores em razão de zigomas situados mais à frente e rostos mais verticais.[25] Essa configuração posiciona os músculos da mastigação de tal modo que eles produzem mais força de mordida para esmigalhar alimentos mais duros. Por fim, os caninos dos primeiros hominíneos machos são menores, mais curtos e têm menos forma de punhal que os dos chimpanzés machos.[26] Embora alguns pesquisadores acreditem que caninos masculinos menores sugerem que machos brigavam menos uns com os outros, uma explicação alternativa e mais convincente é que caninos menores eram adaptações para ajudá-los a mastigar alimentos mais rijos, mais fibrosos.[27]

Juntando as evidências, podemos conjecturar com alguma confiança que os primeiros hominíneos provavelmente se empanturravam de fruta tanto quanto podiam, mas a seleção natural favoreceu aqueles mais aptos a recorrer a comidas piores, a comer coisas mais fibrosas e duras, como caules, que exigem muita mastigação para ser quebradas. Essas diferenças relacionadas à dieta são muito sutis. No entanto, quando as consideramos em conjunto com o que sabemos sobre sua locomoção e o ambiente em que viviam, podemos começar a formular hipóteses tentando explicar por que os primeiros hominíneos assumiram o bipedalismo, colocando a linhagem humana num caminho evolutivo muito diferente daquele de seus primos.

Por que ser um bípede?

Platão definiu certa vez os seres humanos como bípedes sem penas, mas ele não tinha conhecimento de dinossauros, cangurus e suricatos. Na verdade, somos os únicos bípedes sem penas e sem cauda que andam. A habilidade de cambalear por aí sobre duas pernas só se desenvolveu algumas vezes, e não há nenhum outro bípede que se assemelhe ao ser humano, o que torna difícil avaliar as vantagens e desvantagens de ser um hominíneo habitualmente ereto. Se o bipedalismo hominíneo é tão excepcional, por que se desenvolveu? E como essa estranha maneira de ficar de pé e andar influencia mudanças evolutivas ocorridas ulteriormente no corpo humano?

Nunca saberemos com certeza por que a seleção natural favoreceu adaptações para o bipedalismo, mas penso que as evidências sustentam com mais força a ideia de que a posição e o andar ereto regulares foram selecionados para ajudar os primeiros hominíneos a procurar e obter alimento com mais eficiência em face da grande mudança climática que estava ocorrendo quando as linhagens humana e dos chimpanzés divergiram.

A mudança climática é um tópico de intenso interesse hoje por causa das evidências de que os seres humanos estão aquecendo a Terra ao queimar enormes quantidades de combustível fóssil, mas ela vem sendo há muito tempo um influente fator na evolução humana, inclusive durante a época em que nos separamos dos macacos antropoides. Os gráficos da figura 4 representam a temperatura dos oceanos ao longo dos últimos 10 milhões de anos.[28] Como você pode ver, entre 10 e 5 milhões de anos atrás, o clima de toda a Terra esfriou consideravelmente. Embora esse esfriamento tenha acontecido ao longo de milhões de anos e com intermináveis flutuações entre períodos mais quentes e mais frios, como efeito, as florestas pluviais na África encolheram e os hábitats mais esparsamente florestados se expandiram.[29] Agora imagine-se como o LCA – um macaco antropoide de corpo volumoso, comedor de frutas – durante esse período. Se vivesse no coração da floresta pluvial, provavelmente não teria notado muita diferença. Mas, se tivesse o infortúnio de viver nas margens da floresta, a mudança deve ter sido estressante. À medida que a floresta à sua volta encolhe e se transforma em florestas mais abertas, as frutas que você deseja comer tornam-se menos abundantes, mais dispersas e mais sazonais. Essas mudanças iam por vezes exigir que você fizesse viagens mais longas para obter a mesma quantidade de frutas, e recorresse com mais frequência ao consumo de alimentos alternativos, mais abundantes, embora de qualidade inferior às frutas maduras. Alimentos alternativos típicos para chimpanzés incluem caules e folhas fibrosas das plantas, bem como várias plantas herbáceas,[30] e evidências de mudança climática sugerem que os primeiros hominíneos precisaram encontrar e comer esses alimentos com mais frequência e maior intensidade que chimpanzés. Talvez eles se assemelhassem mais a orangotangos, cujos hábitats não são tão continuamente abundantes quanto os dos chimpanzés, exigindo que comam caules muito rijos e até cascas de árvore quando não há frutas disponíveis.[31]

Não é durante os tempos de abundância que a seleção natural age com mais força, mas nos tempos de estresse e escassez. Se, como pensamos, o LCA era um macaco antropoide que se alimentava principalmente de frutas, a seleção natural teria favorecido as duas maiores transformações que vemos em hominíneos muito antigos, como Toumaï e Ardi. A primeira é que hominíneos com dentes maiores e mais grossos e capacidade de mastigar com mais vigor teriam sido mais capazes de consumir alimentos alter-

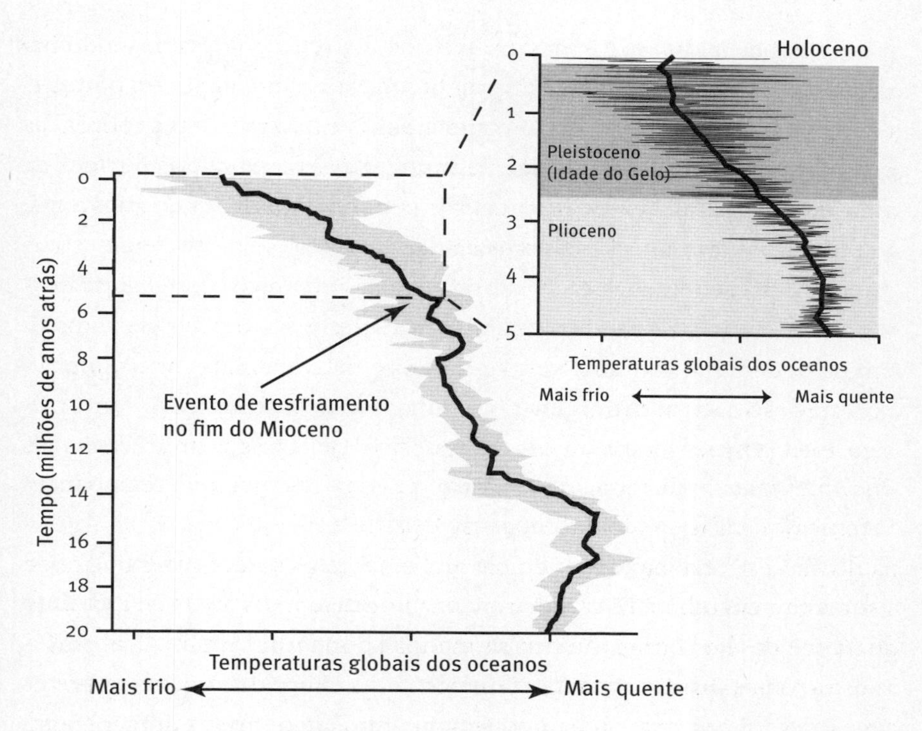

FIGURA 4. Mudança climática durante evolução humana. O gráfico da esquerda representa como as temperaturas globais dos oceanos caíram durante os últimos 20 milhões de anos, com um evento de resfriamento mais drástico por volta do momento em que as linhas humana e chimpanzé divergiram. Os últimos 5 milhões de anos estão expandidos no gráfico ao lado. A temperatura indicada pela linha central é uma média das muitas flutuações relevantes e rápidas (mostradas pelos zigue-zagues). Observe o maior resfriamento no início da Idade do Gelo. O gráfico foi modificado a partir de J. Zachos et al. "Trends, rhythms, and aberrations in global climates 65 Ma to present". *Science*, n.292, 2001, p.686-93.

nativos, mais rijos e fibrosos. É mais difícil ver o bipedalismo, a segunda e mais extensiva transformação, como uma adaptação à mudança climática, mas ela foi provavelmente ainda mais importante no longo prazo por várias razões, uma das quais talvez seja surpreendente.

Uma vantagem óbvia do bipedalismo é que pode tornar mais fácil a procura de certas frutas. Orangotangos, por exemplo, ficam por vezes quase eretos sobre galhos ao se alimentar, esforçando-se para pegar alimentos precariamente pendurados mantendo os joelhos retos e agarrando-se a pelo menos outro galho.[32] Chimpanzés e alguns macacos também ficam postados de maneira semelhante quando comem bagas e outras frutas penduradas em galhos baixos.[33] Assim, o bipedalismo pode ter sido inicialmente uma adaptação postural. Talvez a competição por alimento fosse tão intensa que os primeiros hominíneos mais capazes de ficar eretos colhessem mais frutas durante períodos de escassez. Nesse contexto, hominíneos com quadris mais voltados para os lados e outras características que os ajudavam a permanecer em pé podem ter tido uma vantagem sobre outros ao ficar nessa posição porque despendiam menos energia, tinham mais resistência e eram mais estáveis. Da mesma maneira, ser capaz de ficar de pé e caminhar ereto mais eficientemente pode ter ajudado a carregar mais frutas, como chimpanzés fazem por vezes quando a competição é intensa.[34]

Uma segunda vantagem do bipedalismo, mais surpreendente e possivelmente mais importante, é que andar sobre duas pernas pode ter ajudado os primeiros hominíneos a poupar energia ao viajar. Lembre que o LCA locomovia-se provavelmente apoiando os membros anteriores sobre os nós dos dedos, na chamada nodopedalia. Essa é sem dúvida uma maneira peculiar de andar de quatro, e é também energeticamente dispendiosa. Estudos de laboratório que instigaram chimpanzés a andar em esteiras usando máscaras de oxigênio constataram que eles gastam quatro vezes mais energia para andar (quer sobre dois ou quatro membros) dada distância que seres humanos.[35] Quatro vezes! Essa extraordinária diferença ocorre porque chimpanzés têm pernas curtas, balançam de um lado para o outro e sempre andam com quadris e joelhos encurvados. Em consequência, gastam constantemente grande quantidade de energia contraindo as costas, o quadril e os músculos da coxa para evitar tombar para a frente e desabar no chão. Como não é de surpreender, os chimpanzés andam relativamente pouco, só dois ou três quilômetros por dia.[36] Com o mesmo gasto de energia, um ser humano pode andar entre oito e doze quilômetros. Portanto, se os primeiros hominíneos eram capazes de andar bipedalmente cambaleando menos e com quadris e joelhos mais retos, teriam tido uma vantagem energética substancial sobre seus primos que andavam utilizando a nodopedalia. A capacidade de andar mais depressa usando a mesma quantidade de energia deve ter sido uma adaptação muito benéfica quando a floresta pluvial encolheu, fragmentou-se e abriu-se, tornando os alimentos preferidos mais raros e mais dispersos. Tenha em mente, contudo, que, embora a maneira como os seres humanos andam sobre duas pernas seja vastamente mais econômica que o modo como os chimpanzés se deslocam apoiando-se nos nós dos dedos, os primeiros hominíneos talvez tenham sido apenas ligeiramente mais eficientes que chimpanzés e não tão eficientes como hominíneos posteriores.

Como seria de esperar, levanta-se a hipótese de que outras pressões seletivas tenham favorecido o bipedalismo entre os primeiros hominíneos. Entre as vantagens adicionais sugeridas da posição ereta estão maior capacidade de fazer e usar ferramentas, ver por cima de capinzais altos, vadear riachos e até nadar. Nenhuma dessas hipóteses resiste a um exame minucioso. As mais antigas ferramentas de pedra só aparecem milhões de anos depois que o bipedalismo se desenvolveu. Além disso, macacos antropoides são perfeitamente capazes de se levantar para vadear um curso d'água e olhar os arredores, e o fazem, e é preciso muita imaginação para se convencer de que seres humanos estão bem adaptados para nadar, seja em termos de custo ou velocidade. (Passar muito tempo em alguns lagos ou rios africanos é uma maneira infalível de virar refeição de um crocodilo.) Outra ideia que existe há muito tempo é a de que o bipedalismo foi selecionado de início para ajudar hominíneos a carregar comida, talvez para que machos pudessem prover fêmeas, tal como caçadores-coletores faziam. Na verdade, uma formulação dessa ideia é que o bipedalismo se desenvolveu para favorecer machos que trocavam comida por sexo com fêmeas.[37] Por mais excitante que seja – especialmente à luz do fato de que fêmeas humanas, diferentemente de suas homólogas chimpanzés, não exibem nenhum sinal evidente quando estão ovulando –, a hipótese é pouco convincente por várias razões, e o fato de que muitas vezes fêmeas humanas provêm machos é uma delas. Além disso, ainda não sabemos o quanto machos de hominíneos primitivos eram maiores que fêmeas; em espécies posteriores de hominíneos, eles eram cerca de 50% maiores que as fêmeas.[38] Esse tipo de diferença de tamanho entre os sexos está fortemente associado com vigorosa competição dos machos uns com os outros pelo acesso sexual a fêmeas, não com o costume de cortejá-las por meio de cooperação e compartilhamento de comida.[39]

Em suma, muitas linhas de evidência sugerem que a mudança climática estimulou a seleção para o bipedalismo de modo a tornar hominíneos primitivos mais capazes de adquirir os alimentos alternativos que precisavam comer quando não havia frutas disponíveis. Mais evidências são necessárias para que essa possibilidade seja plenamente testada, mas, seja qual for sua causa, a mudança para a postura em pé e o andar eretos foi a primeira transformação considerável na evolução humana. Mas por que o bipedalismo teve tamanha importância para o que se seguiu na evolução humana? O que faz dele uma adaptação tão fundamentalmente importante?

Por que o bipedalismo é importante

O mundo tangível à nossa volta em geral parece tão normal e tão natural que é tentador e por vezes reconfortante supor que tudo o que percebemos tem uma finalidade, talvez por projeto, e que as coisas são como devem ser. Essa maneira de pensar pode nos levar a crer que seres humanos são uma certeza tão grande quanto a lua no céu e as leis da gravidade. Embora a seleção para o bipedalismo tenha desempenhado um papel inicial fundamental nos primeiros estágios da evolução humana, as circunstâncias contingentes pelas quais surgiu realçam a falácia de sua inevitabilidade. Se hominíneos primitivos não tivessem se tornado bípedes, seres humanos nunca teriam se desenvolvido como o fizeram, e você provavelmente não estaria lendo isto. Além disso, o bipedalismo se desenvolveu inicialmente em decorrência de uma improvável série de eventos, todos os quais foram dependentes de circunstâncias anteriores motivadas por mudanças casuais no clima do mundo. Hominíneos bípedes provavelmente não teriam podido se desenvolver e não teriam se desenvolvido se macacos antropoides que andavam utilizando a nodopedalia e comiam frutas não tivessem evoluído previamente para viver na floresta pluvial africana. Ademais, se a Terra não tivesse esfriado substancialmente aqueles milhões de anos atrás, as condições que favoreceram o começo do bipedalismo entre esses macacos antropoides poderiam nunca ter existido. O fato de estarmos aqui é resultado de muitos arremessos de dados.

Quaisquer que tenham sido suas causas, terá o hábito de ficar de pé e andar sobre duas pernas sido a centelha que motivou desenvolvimentos posteriores na evolução humana? De certo modo, o tipo de bipedalismo intermediário que vemos em Ardi e companhia parece um gatilho improvável para o que se seguiu. Como vimos, os primeiros hominíneos eram semelhantes a seus primos macacos antropoides africanos em muitos aspectos, com a importante exceção de ficarem de pé no chão. Se uma população sobrevivente dos mais antigos hominíneos fosse descoberta, seria mais provável que os mandássemos para jardins zoológicos que para internatos, pois tinham cérebro modesto, do mesmo tamanho que o dos chimpanzés. Nesse aspecto, Darwin foi presciente ao especular, em 1871, que, de todas as características que tornavam os seres humanos distintos, foi o bipedalismo, não cérebro grande, linguagem ou uso de ferramentas, que primeiro lançou a linhagem humana em seu caminho separado dos demais macacos antropoides. O raciocínio de Darwin foi que o bipedalismo emancipou inicialmente as mãos da locomoção, permitindo que a seleção natural favorecesse em seguida capacidades adicionais como o fabrico e o uso de ferramentas. Por sua vez, essas capacidades selecionaram cérebros maiores, linguagem e habilidades cognitivas que tornaram os seres humanos tão excepcionais apesar de nossa falta de velocidade, força e proeza atlética.

Ao que parece Darwin estava certo, mas um importante problema com sua hipótese foi não ter explicado como ou por que a seleção natural favoreceu o bipedalismo, ou por que a libertação das mãos motivou a fabricação de ferramentas, cognição e linguagem. Afinal de contas, cangurus e dinossauros também têm mãos livres, mas não desenvolveram cérebro grande ou fabricaram ferramentas. Argumentos como estes levaram muitos dos sucessores de Darwin a afirmar que foi o cérebro grande e não o bipedalismo que abriu o caminho na evolução humana.

Mais de cem anos mais tarde, temos agora uma ideia melhor de como e por que o bipedalismo se desenvolveu inicialmente e por que constituiu uma mudança tão monumental e carregada de consequências. Como vimos, os primeiros bípedes não se levantaram sobre dois pés para ficar com as mãos livres; o mais provável é que tenham ficado de pé para procurar alimentos com mais eficiência e reduzir o custo de andar (caso o LCA utilizasse a nodopedalia). Nesse aspecto, o bipedalismo foi provavelmente uma adaptação vantajosa, permitindo a macacos antropoides amantes de frutas sobreviver melhor em hábitats mais abertos à medida que o clima da África esfriou. Além disso, o desenvolvimento do bipedalismo habitual não exigiu uma transformação radical imediata do corpo. Embora poucos mamíferos fiquem de pé e andem habitualmente sobre duas pernas, os traços anatômicos que tornam hominíneos bípedes eficientes são apenas mudanças modestas que foram evidentemente sujeitas a seleção natural. Considere a região lombar. Em qualquer população de chimpanzés, você observará que cerca da metade deles tem três vértebras lombares, a outra metade tem quatro, e um número muito pequenino tem cinco, graças a variações genéticas herdáveis.[40] Se a posse de cinco vértebras lombares dava uma ligeira vantagem a certos macacos alguns milhões de anos atrás quando eles ficavam parados e andavam eretos, o mais provável é que tenham transmitido essa variação para sua prole. Os mesmos processos seletivos devem ter se aplicado a outras características que davam ao LCA maior capacidade de ser bípede, como o grau em que suas vértebras lombares eram cuneiformes, a orientação de seus quadris e a rigidez de seus pés. Não se sabe quanto tempo a seleção levou para transformar uma população do LCA nos primeiros hominíneos bípedes, mas isso só poderia ter ocorrido caso os estágios intermediários iniciais tivessem gerado alguns benefícios. Em outras palavras, os primeiros hominíneos devem ter tido uma ligeira vantagem reprodutiva por terem se tornado apenas parcialmente melhores em ficar parados e andar eretos.

A mudança sempre gera contingências e desafios. Uma vez ocorrido, o bipedalismo criou novas condições para que outras mudanças evolutivas se desenvolvessem. Darwin, é claro, compreendeu essa lógica, mas considerou como o bipedalismo levou a outras mudanças evolutivas concentrando-se principalmente em suas *vantagens*, não em suas *desvantagens*. Sim, o bipedalismo de fato liberou as mãos e armou o palco para a seleção subsequente baseada no fabrico de ferramentas. Mas essas mudanças seletivas adicionais não parecem ter se tornado importantes por milhões de anos, e não decorreram inevitavelmente da posse da um par sobressalente de membros. Aquilo a que Darwin não dedicou muita consideração foi que o bipedalismo também representou novos e substanciais desafios para hominíneos. Estamos tão habituados a ser bípedes – isso parece tão normal – que às vezes esquecemos que modo de locomoção problemático ele pode ser. Em última análise, esses desafios podem ter sido tão importantes quanto seus benefícios para eventos subsequentes na evolução humana.

Uma importante desvantagem de ser bípede tem a ver com a gravidez. Mamíferos grávidos, quer tenham quatro ou duas pernas, têm de carregar muito peso extra não só do feto, mas também da placenta e dos fluidos extras. Durante toda a gravidez, o peso de uma mãe humana aumenta nada menos que sete quilos. Mas, diferentemente do que acontece em mães quadrúpedes, essa massa extra tende a fazê-la tombar para a frente, porque desloca seu centro de gravidade para adiante dos quadris e pés. Como qualquer grávida pode lhe contar, ela fica menos estável e menos confortável à medida que a gravidez avança, e assim precisa contrair mais os músculos das costas, o que é cansativo, ou se inclinar para trás, deslocando seu centro de gravidade para a lombar. Embora essa pose característica poupe energia, põe tensões tangenciais extras sobre as vértebras da região à medida que tentam deslizar uma sobre a outra. Dor na lombar é assim um problema comum e debilitante para mães humanas. Podemos ver, contudo, que a seleção natural ajudou as mães hominíneas a lidar com essa carga extra aumentando o número de vértebras cuneiformes sobre as quais as fêmeas arqueiam a região lombar de sua coluna: três nas fêmeas contra duas nos machos.[41] Essa curva extra reduz as forças tangenciais na coluna. A seleção natural favoreceu também fêmeas cujas vértebras lombares têm articulações mais reforçadas para suportar essas tensões. E, como você poderia prever, essas adaptações para lidar com os problemas singulares de ser um bípede grávido são muito antigas e podem ser vistas nas mais velhas colunas vertebrais de hominíneos descobertas até agora.

Outra desvantagem importante do bipedalismo foi a perda de velocidade. Quando se tornaram bípedes, os hominídeos primitivos abandonaram a capacidade de galopar. Por qualquer estimativa conservadora, a incapacidade de galopar limitou nossos ancestrais primitivos a ter apenas cerca da metade da rapidez de um macaco antropoide típico ao correr com toda a velocidade. Além disso, dois membros são muito menos estáveis que quatro e tornam muito mais difícil virar rapidamente quando se está correndo. Predadores como leões, leopardos e tigres-dentes-de-sabre provavelmente se divertiam muito caçando hominíneos, o que tornava especialmente perigoso para nossos ancestrais aventurar-se em hábitats abertos (e correr o risco de não ser o ancestral de ninguém). O bipedalismo provavelmente também estorvou a capacidade de trepar em árvores com a agilidade de um macaco antropoide quadrúpede. É difícil saber ao certo, mas bípedes primitivos eram provavelmente incapazes de caçar da maneira como chimpanzés fazem, saltando através das árvores. A perda da velocidade, da força e da agilidade armou o palco para que a seleção natural transformasse finalmente (milhões de anos mais tarde) nossos ancestrais em fabricantes de ferramentas e corredores de resistência. A transformação em bípedes também conduziu a outros problemas humanos fundamentais, como tornozelos torcidos, dor lombar e complicações nos joelhos.

Contudo, apesar das muitas desvantagens do bipedalismo, os benefícios da capacidade de andar e ficar parado ereto devem ter suplantado os custos em cada estágio evolutivo. Aparentemente, hominíneos primitivos caminhavam penosamente por partes da África em busca de frutas e outros alimentos apesar de sua falta de velocidade e agilidade no solo. Esses hominíneos eram também provavelmente bastante competentes em trepar em árvores, e até onde sabemos, seu modo de vida global durou pelo menos 2 milhões de anos. Mas, em seguida, cerca de 4 milhões de anos atrás, ocorreu outra explosão evolutiva que deu origem a um grupo diverso de hominíneos, conhecido coletivamente como australopitecos. Eles são importantes não apenas por serem uma prova do sucesso inicial e da importância subsequente do bipedalismo, mas também por terem armado o palco para mudanças posteriores, ainda mais revolucionárias, que transformaram mais o corpo humano.

3. Muita coisa depende do jantar

Como os australopitecos nos tornaram parcialmente independentes das frutas

Desde que Eva comia maçãs, muita coisa depende do jantar.

BYRON, *Don Juan*

COMO EU, é provável que você coma principalmente alimentos moles e altamente processados, poucos dos quais são frutas. Se somasse a quantidade de tempo que passa mastigando de fato, chegaria a um total de menos de meia hora por dia. Isso é estranho para um macaco antropoide. Todos os dias, desde o nascer do sol até o anoitecer, um chimpanzé passa quase metade das horas em que está acordado mastigando, como um adepto da alimentação crua.[1] Chimpanzés tipicamente comem frutas silvestres como figos e uvas selvagens, ou frutos de palmeiras, nenhum dos quais é doce e fácil de mastigar como as bananas, maçãs e laranjas domesticadas que você e eu apreciamos. De fato, são ligeiramente amargos, menos doces que uma cenoura, extremamente fibrosos e têm casca rija. Para obter calorias suficientes a partir da ingestão dessas frutas, um chimpanzé consome quantidades prodigiosas, por vezes um quilo em uma hora, depois espera que seu estômago se esvazie durante umas duas horas antes de voltar a se empanturrar.[2] Chimpanzés e outros macacos antropoides também recorrem algumas vezes a alimentos de menor qualidade quando as frutas não são abundantes, como folhas e caules nodosos. Quando e por que paramos de passar a maior parte do dia comendo frutas? De que maneira adaptações para comer diferentes alimentos afetaram a evolução de nossos corpos?

Adaptações para uma dieta não constituída principalmente por frutas estão no âmago da segunda grande transformação na história do corpo humano. Como vimos, os primeiros hominíneos provavelmente precisavam comer folhas e caules por vezes, mas a tendência a uma maior diversidade dietética acelerou-se enormemente cerca de 4 milhões de anos atrás em seus descendentes, um confuso grupo de espécies informalmente chamado de australopitecos (assim chamadas porque muitas pertencem ao gênero *Australopithecus*). Esses diversos e fascinantes ancestrais ocupam um lugar especial na evolução humana porque seus esforços para se alimentar mudaram aquilo a que estamos adaptados de maneiras ainda evidentes cada vez que olhamos no espelho. As mais óbvias dessas mudanças são adaptações nos dentes e na face para mastigar comidas duras. Mais importante ainda, os benefícios de procurar comida através de vastas áreas favoreceram outras adaptações para a caminhada de longa distância mais habitual e eficiente do que vemos em Ardi e outros hominíneos primitivos. A combinação dessas adaptações, que foram em grande parte compelidas pelas exigências da mudança climática, teve enormes implicações, armando o palco para a evolução do gênero *Homo* alguns milhões de anos mais tarde e para muitas importantes características do corpo humano. Não tivessem sido os australopitecos, nosso corpo seria muito diferente, e estaríamos provavelmente passando muito mais tempo em cima de árvores, empanturrando-nos principalmente de frutas.

O bando de Lucy: Os australopitecos

Os australopitecos viveram na África entre 4 milhões e 1 milhão de anos atrás, e sabemos muito sobre eles graças a um rico registro fóssil de seus restos. O fóssil mais famoso de todos é, evidentemente, Lucy, uma pequenina fêmea que viveu na Etiópia 3,2 milhões de anos atrás. Lamentavelmente para ela (mas felizmente para nós), Lucy morreu num pântano, que logo a cobriu, preservando um pouco mais de um terço de seu esqueleto. Ela é apenas uma entre muitas centenas de fósseis pertencentes a uma espécie conhecida como *Australopithecus afarensis*, que viveu na África oriental entre 4 e 3 milhões de anos atrás. *Au. afarensis*, por sua vez, é apenas uma de mais de meia dúzia de espécies de australopitecos. Diferentemente de hoje, quando há apenas uma espécie viva de hominíneo, *Homo sapiens*, costumava haver várias espécies vivendo ao mesmo tempo, e os australopitecos era um bando especialmente diversificado. Para apresentar rapidamente esses parentes, resumi as indicações básicas a seu respeito na tabela 1. Tenha em mente que algumas dessas espécies são conhecidas apenas com base em poucos espécimes fósseis, por isso os paleontologistas não estão inteiramente de acordo quanto à maneira de defini-las. Em razão de incertezas e das diferenças entre as espécies, uma boa maneira de compreender os vários australopitecos é dividi-los em dois grupos gerais: os gráceis, de dentes menores, e os robustos, de dentes maiores. As espécies mais conhecidas de australopitecos gráceis são *Au. afarensis* (famosa graças a Lucy), que vem da África oriental, e *Au. africanus* e *Au. sediba*, que vêm da África meridional. Os australopitecos robustos mais conhecidos são *Au. bosei* e *Au. robustus*, que vêm da África oriental e da África meridional, respectivamente. A figura 5 ilustra a aparência que algumas dessas espécies talvez tivessem.

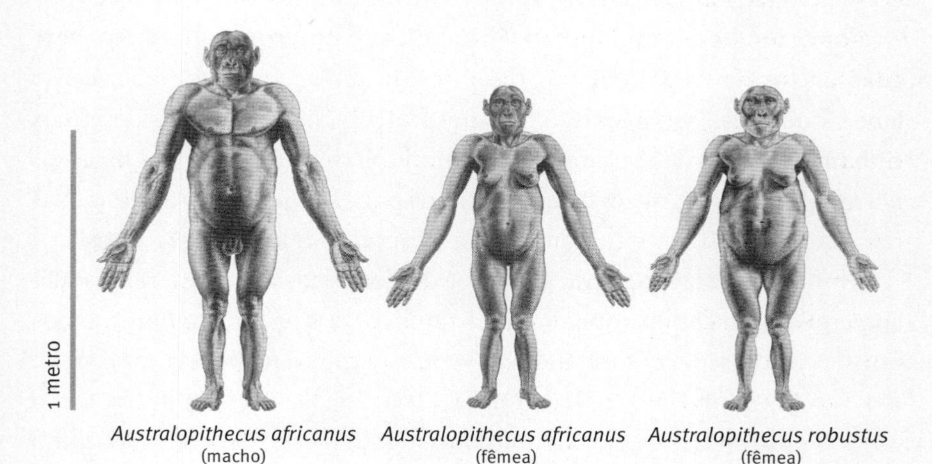

FIGURA 5. Reconstrução de duas espécies de australopitecos. À esquerda, um macho e uma fêmea *Australopithecus africanus*; à direita, uma fêmea *Australopithecus robustus*. Observe os braços relativamente longos, as pernas curtas, a cintura grossa e a face larga. Copyright © 2013 John Gurche.

Em vez de nos concentrarmos nos nomes e datas dessas espécies, consideremos o aspecto que tinham em geral, bem como algumas variações que revelam. Se você pudesse observar um grupo delas, sua primeira impressão poderia ser de que eram macacos antropoides eretos. Em termos de tamanho, assemelhavam-se mais a chimpanzés que a seres humanos: as fêmeas tinham em média 1,1 metro de altura e pesavam entre 28 e 35 quilos, ao passo que os machos tinham em média 1,4 metro de altura e pesavam entre quarenta e cinquenta quilos.[3] Lucy, por exemplo, pesava pouco menos que 29 quilos, mas um esqueleto parcialmente completo de um macho *da mesma espécie* (apelidado Kadanuumuu, que significa "homem grande") pesava cerca de 55 quilos.[4] Isso significa que os australopitecos machos eram cerca de 50% maiores que as mulheres, uma diferença de tamanho típica de espécies como gorilas ou babuínos, em que os machos costumam lutar uns com os outros pelo acesso a fêmeas. A cabeça dos australopitecos também era em geral simiesca, com cérebro pequeno, apenas um pouco maior que o de um chimpanzé, e eles conservavam focinho longo e grande arcada supraciliar. Como os chimpanzés, tinham pernas relativamente curtas e braços relativamente longos, mas seus dedos do pé e da mão não eram nem tão longos e curvos como os de um chimpanzé, nem tão curtos e retos como os de um homem. Seus braços e ombros eram fortes, bem adaptados para trepar em árvores. Por fim, se você pudesse fazer como Jane Goodall e observá-los durante anos, descobriria que os australopitecos tinham uma taxa de crescimento e reprodução semelhante à dos macacos antropoides: levavam cerca de doze anos para chegar à idade adulta e as fêmeas provavelmente tinham crias a intervalos de cinco a seis anos.[5]

Em outros aspectos, porém, os australopitecos eram diferentes não apenas de macacos antropoides, mas também dos primeiros hominíneos, que discutimos anteriormente. Um contraste muito notável e importante é o que comiam. Embora haja muita variação, os australopitecos como um todo provavelmente comiam muito menos frutas, dependendo muito mais intensamente de tubérculos, sementes, caules de plantas e outros alimentos duros. A evidência fundamental para essa dedução são suas muitas adaptações para serem mastigadores prodigiosos. Comparados a supostos ancestrais como *Ardipithecus*, tinham dentes maiores, maxilares mais maciços e rosto mais largo e mais alto, com zigomas situados mais à frente e grandes músculos mastigatórios. Essas características, entretanto, variam entre as espécies, e são especialmente extremas nas três espécies de australopitecos robustos: *Au. boisei*, *Au. robustus* e *Au. aethiopicus*. Falando grosseiramente, essas espécies são o equivalente hominíneo de vacas. O mais especializado dos australopitecos robustos, *Au. boisei*, por exemplo, tinha molares duas vezes maiores que os seus, e os zigomas dele eram tão largos e posicionados tão à frente que sua face parecia um prato de sopa. Seus músculos mastigatórios eram do tamanho de bifes pequenos. Depois que Mary e Louis Leakey descobriram a espécie em 1959, as pessoas ficaram tão impressionadas com seus poderosos maxilares que ela foi apelidada de Homem Quebra-Nozes. Em termos do resto de sua anatomia, as espécies de australopitecos robustos aparentemente diferiam pouco de seus primos.[6]

TABELA 1. Espécies primitivas de hominíneos

ESPÉCIE	DATA (MILHÕES DE ANOS ATRÁS)	LOCAIS ENCONTRADOS	TAMANHO DO CÉREBRO (cm$_3$)	MASSA CORPORAL (kg)
Hominíneos primitivos				
Sahelanthropus tchadensis	7,2-6	Chade	360	?
Orrorin tugenensis	6	Quênia	?	?
Ardipithecus kadabba	5,8-4,3	Etiópia	?	?
Ardipithecus ramidus	4,4	Etiópia	280-350	30-50
Australopitecos gráceis				
Australopithecus anamensis	4,2-3,9	Quênia, Etiópia	?	?
Australopithecus afarensis	3,9-3	Tanzânia, Quênia, Etiópia	400-550	25-50
Australopithecus africanus	2-1,8	África do Sul	400-560	30-40
Australopithecus sediba	3-2	África do Sul	420-50	?
Australopithecus garhi	2,5	Etiópia	450	?
Australopithecus platyops	3,5-3,2	Quênia	400-50	?
Australopitecos robustos				
Australopithecus aethiopicus	2,7-2,3	Quênia, Etiópia	410	?
Australopithecus boisei	2,3-1,3	Tanzânia, Quênia, Etiópia	400-550	34-50
Australopithus robustus	2,0-1,5	África do Sul	450-530	32-40

A outra característica distintiva, mas também variável, dos australopitecos a considerar é sua maneira de andar. Como Ardi e os outros primeiros hominíneos, eles eram bípedes, mas algumas espécies de australopitecos tinham uma marcha com passadas longas, muito mais semelhante à humana graças aos traços que compartilham conosco, como quadris muito largos, pé duro com um arco parcial e dedão curto alinhado com os outros artelhos. Evidências inquestionáveis do bipedalismo de australopitecos vêm das pegadas de Laetoli, um rastro deixado por vários indivíduos – entre os quais um macho, uma fêmea e uma criança – que caminharam através de um depósito de cinza vulcânica molhada no norte da Tanzânia cerca de 3,6 milhões de anos atrás. Essas pegadas e outros indícios preservados em seus esqueletos sugerem que espécies de australopitecos como *Au. afarensis* andavam eretas habitual e eficientemente. Outras espécies de australopitecos como *Au. sediba*, no entanto, talvez estivessem mais adaptadas a trepar em árvores e caminhavam com passadas mais curtas usando o lado de fora do pé.[7]

Como surgiram os australopitecos? Por que havia tantas espécies e como elas diferem? E, mais importante, que papel essas criaturas desempenham na evolução do corpo humano? A resposta para esse tipo de questão geralmente tem a ver com os persistentes desafios de encontrar o jantar à medida que o clima da África continuava mudando.

A primeira dieta à base de junk food

Você e eu somos incomuns em muitos aspectos, e um dos principais é que quando fazemos a pergunta "O que vamos jantar?" temos uma escolha sem precedentes de alimentos abundantes e nutritivos à nossa disposição. Como outros animais, contudo, nossos ancestrais australopitecos comiam só o que conseguiam encontrar, não em florestas cheias de frutas como aquelas de que seus ancestrais usufruíam, mas em hábitats mais abertos com menos árvores. Para piorar as coisas, durante a época geológica em que viveram, o Plioceno (5,3 a 2,6 milhões de anos atrás), a Terra ficou ligeiramente mais fria e a África continuou a se tornar mais seca. Embora essas mudanças ocorressem aos arrancos (como mostram os muitos zigue-zagues da figura 4), a tendência global na África durante a era dos australopitecos foi a expansão das florestas mais abertas e dos hábitats de savana, reduzindo e dispersando amplamente a disponibilidade de frutas.[8] Essa escassez de frutas exerceu sem dúvida fortes pressões seletivas sobre os australopitecos, favorecendo indivíduos mais capazes de ganhar acesso a outros alimentos.

Assim foi que os australopitecos (algumas espécies mais do que outras) foram forçados a procurar regularmente alimentos de mais baixa qualidade – os chamados alimentos alternativos que são comidos quando os preferidos não estão disponíveis. Os seres humanos tiveram que comer alimentos alternativos em raras ocasiões. Os frutos do carvalho foram um alimento comum em toda a Europa durante a Idade Média, e muitos holandeses recorreram à ingestão de bulbos de tulipa para evitar a inanição durante a severa fome do inverno de 1944. Como já vimos, macacos antropoides também têm alimentos alternativos; eles consomem folhas, caules de plantas, ervas e até cascas de árvore quando não há frutas disponíveis. Um ponto importante com relação a alimentos alternativos é que, como eles podem representar a diferença entre vida e morte, a seleção natural tende a agir fortemente em adaptações que ajudam os animais a comê-los.[9] Costumamos dizer "você é o que come", mas a lógica evolutiva dita que por vezes "você é o que preferiria não comer".

Quais eram os alimentos alternativos de Lucy e outros australopitecos? E quais são as evidências de que a seleção natural para esses alimentos teve algum efeito visível sobre seu corpo? É impossível dar uma resposta categórica, mas podemos fazer algumas deduções. Primeiro, há evidências de que os australopitecos viviam em hábitats em que havia algumas árvores frutíferas, logo provavelmente comiam frutas quando podiam obtê-las, assim como seres humanos continuam fazendo até hoje nos trópicos. Não é muito surpreendente, portanto, que seus esqueletos conservem algumas adaptações para trepar em árvores, como braços compridos com dedos longos e curvos, e seus dentes tenham muitos dos traços que vemos caracteristicamente em macacos antropoides comedores de frutas, entre os quais dentes incisivos largos e ligeiramente inclinados para a frente (úteis para descascar) e molares largos, com cúspides baixas (úteis para amassar polpa). No entanto, hábitats como florestas abertas têm densidades mais baixas de árvores frutíferas que florestas pluviais, e as frutas tendem a ser mais sazonais. É quase certo que os australopitecos enfrentavam escassez de frutas durante certos períodos do ano, e ela devia ser extrema em anos de seca. Nessas condições, eles faziam provavelmente o que fazem grandes macacos antropoides: recorrem a outras plantas digeríveis, embora menos desejáveis. Chimpanzés, por exemplo, comerão folhas (pense em folhas de videira ou de louro) e caules de planta (pense em aspargos crus).

Estudos de dentes de australopitecos e análises ecológicas de seus hábitats sugerem que tinham dietas variadas e complexas que incluíam não apenas frutas, mas também folhas, caules e sementes comestíveis,[10] mas é extremamente provável que alguns também tenham começado a cavar o solo em busca de alimento, acrescentando assim à sua dieta alimentos alternativos muito importantes e extremamente nutritivos. Embora a maior parte das plantas armazene carboidratos acima do solo em sementes, frutas ou no centro medular de caules, algumas delas, como batatas e gengibre, armazenam suas reservas de energia sob o solo na forma de raízes, tubérculos ou bulbos, escondendo-os assim de herbívoros como aves e macacos e impedindo que sejam dessecados pelo sol. Essas partes das plantas são conhecidas coletivamente como órgãos de armazenamento subterrâneos (OAS). Os OAS são difíceis de encontrar e sua extração exige algum esforço e habilidade, mas são ricas fontes de alimento e água, e tendem a estar disponíveis durante todo o ano, inclusive nas estações secas. Nos trópicos, OAS podem ser encontrados em pântanos (junças como o papiro têm tubérculos comestíveis), mas também em hábitats abertos como florestas abertas e savanas.[11] Muitos caçadores-coletores dependem fortemente de OAS, que por vezes compõem um terço ou mais de sua dieta. Atualmente comemos OAS domesticados, como batatas, mandioca e cebolas.

Ninguém sabe exatamente quantos OAS eram comidos por diferentes espécies de australopitecos, mas é provável que tubérculos, bulbos e raízes constituíssem uma porcentagem substancial das calorias que consumiam e tenham se tornado até mais importantes que frutas para algumas espécies. De fato, há boas razões para se conjecturar que uma dieta rica em OAS – vamos chamá-la "dieta de Lucy" – era tão eficiente que possibilitou em parte a extraordinária difusão desses hominíneos. Para apreciar as vantagens da dieta de Lucy, é útil lembrar que cerca de 75% dos alimentos vegetais que os chimpanzés comem são frutas, o resto vindo de folhas, medulas de plantas, sementes e plantas herbáceas. Se as frutas dos chimpanzés viessem com rótulos nutricionais, você veria que são extremamente ricas em fibras, mas também moderadamente ricas em amido e proteínas e com baixo teor de gordura.[12] Como seria de esperar, as comidas alternativas dos chimpanzés têm teor ainda mais elevado de fibra e mais baixo de amido, por isso contêm menos calorias.[13] Os OAS, contudo, contêm mais amido e são mais calóricos que muitos frutos silvestres, tendo cerca de metade do conteúdo de fibra.[14] Chimpanzés não cavam o chão com frequência à procura deles, que são raros em florestas, mas, quando os australopitecos começaram a cavar em busca de seu jantar, devem ter sido capazes de substituir por OAS as espécies de alimentos alternativos a que os chimpanzés recorriam quando não obtinham frutas.

Em suma, os australopitecos como um todo eram coletores que comiam uma dieta variada que incluía frutas, mas alguns deles também se beneficiavam fortemente da frequente escavação em busca de tubérculos, bulbos e raízes. Eles quase certamente procuravam outras plantas alternativas também, inclusive folhas, caules e sementes, e podemos conjecturar que, como chimpanzés e babuínos, desfrutavam regularmente de larvas e insetos como cupins, e deviam comer carne sempre que possível, provavelmente a que conseguiam encontrar, pois o fato de serem bípedes lentos e instáveis provavelmente os tornava caçadores ineficientes. O que determinava, no entanto, suas escolhas de cardápio? Que evidências possuímos? E, mais importante, como os desafios de conseguir o jantar – um importante componente do que Darwin denominou "a luta pela sobrevivência" – influenciaram a evolução dos corpos hominíneos de modo que eles pudessem obter outros alimentos e comê-los?

Que dentes grandes você tem, vovó!

Nosso corpo está repleto de adaptações para nos ajudar a adquirir, mastigar e depois digerir comida. De todas elas, nenhuma é tão reveladora como nossos dentes. Você provavelmente dedica pouca consideração a eles, exceto quanto à aparência que têm, à dor que causam e ao gasto a que o obrigam, mas, antes da era do cozimento e do processamento dos alimentos, perder os dentes podia ser uma sentença de morte. Por isso a seleção natural age fortemente sobre os dentes: a forma e a estrutura de cada um deles determinam em grande parte a capacidade que tem um animal de fragmentar o alimento em partes menores, que em seguida digere para delas extrair energia vital e nutrientes. Como a digestão de partículas menores produz mais energia, podemos facilmente deduzir que a capacidade de mastigar da maneira mais eficiente possível proporcionou substanciais benefícios de aptidão para animais como os australopitecos, que, como os macacos antropoides, passavam quase metade do dia mastigando.

Mastigar OAS devia ser um desafio. As raízes e os bulbos domesticados que comemos hoje foram cultivados para ter baixo teor de fibras e ser macios, e o cozimento os torna ainda mais mastigáveis. Em contraposição, OAS crus, silvestres, são extremamente fibrosos e desagradavelmente rijos ao paladar moderno. Não sendo processados, exigem muita mastigação árdua – algo que você pode avaliar tentando mastigar um inhame cru. Os OAS precisam ser mastigados repetidamente, e com muita força. De fato, alguns são tão fibrosos que caçadores-coletores os comem de uma maneira especial: mastigam-nos por um longo tempo de modo a extrair quaisquer nutrientes e caldo que possuam e depois cospem o bagaço. Imagine mascar sua comida e cuspir o bagaço por horas e horas porque você está com fome e há pouco mais para comer. Se a sobrevivência significasse a capacidade de comer alimentos duros de maneira eficiente, a seleção natural teria favorecido australopitecos mais capazes de morder vigorosamente e aguentar fortes e intermináveis mastigações.

Podemos, portanto, fazer muitas deduções sobre que alimentos, especialmente alternativos, os australopitecos e outros hominíneos foram selecionados para comer a partir da forma e do tamanho de seus dentes. De maneira significativa, se há uma característica definidora dos australopitecos, são molares grandes e achatados com grossa camada de esmalte. Australopitecos gráceis como *Au. africanus* tinham molares 50% maiores que os de um chimpanzé, e a coroa de esmalte do dente (o mais duro tecido do corpo) é duas vezes mais grossa. Australopitecos robustos como *Au. boisei* são ainda mais extremos, com molares duas vezes maiores e esmalte até três vezes mais grosso. Para pôr essas diferenças em perspectiva, a área de nosso primeiro molar é aproximadamente do tamanho de uma unha do dedo mínimo, cerca de 120 milímetros quadrados, mas o mesmo dente em *Au. boisei* é do tamanho de uma unha do polegar, cerca de duzentos milímetros quadrados. Além de grandes e grossos, os dentes dos australopitecos eram bem achatados, com muito menos cúspides que dentes de chimpanzés, e tinham raízes longas e largas, que ajudavam a ancorá-los nos maxilares.[15]

Pesquisadores dedicaram muito tempo ao estudo de como e por que os australopitecos desenvolveram dentes tão grandes, grossos e achatados, e a resposta pouco surpreendente é que essas características eram adaptações para mastigar alimentos rijos.[16] Assim como solas mais grossas e maiores tornam botas para caminhada mais resistentes em trilhas que tênis de sola fina, dentes maiores e mais grossos são mais adequados para fragmentar alimentos mais duros. O esmalte grosso ajuda os dentes a resistir ao desgaste devido a pressões intensas e à areia que inevitavelmente adere aos alimentos. Além disso, superfícies de dente grandes e achatadas são úteis porque espalham a força da mordida por uma grande área e permitem triturar o alimento com um movimento parcialmente lateral, rasgando fibras rijas em pedaços. Basicamente, os australopitecos, em especial as espécies robustas, tinham dentes enormes em forma de mós, bem adaptados para moer e pulverizar interminavelmente o alimento rijo sob intensa pressão. Se você tivesse de passar metade de seus dias, a vida inteira, mastigando tubérculos não processados e não cozidos, gostaria de ter esses dentes imensos também. E em certa medida ainda os tem, graças a seu legado australopiteco. Embora não sejam tão grandes e grossos como os dos australopitecos, os molares humanos são realmente maiores e mais grossos que os dos chimpanzés.

A maioria dos benefícios que podemos auferir na vida envolve alguma perda, inclusive o tamanho dos dentes. Há apenas determinado espaço no maxilar para dentes, mesmo quando se tem um focinho comprido como um australopiteco. Em termos de dentes frontais, os primei-

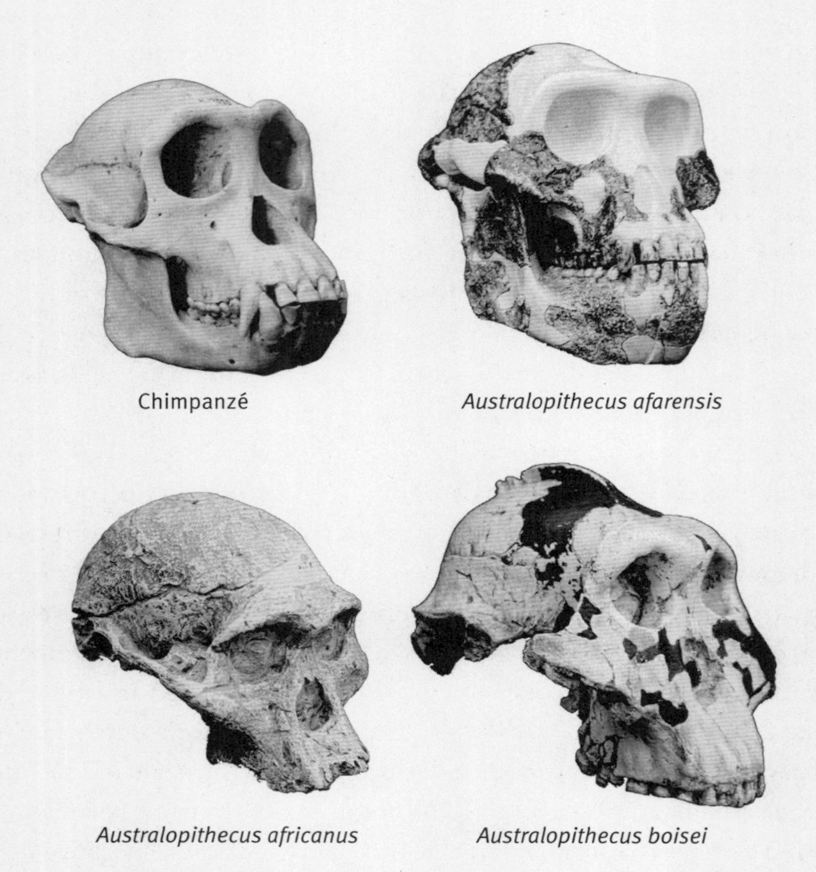

FIGURA 6. Comparação de um crânio de chimpanzé com três espécies de australopitecos. *Australopithecus afarensis* e *Australopithecus africanus* são ambos considerados gráceis, ao passo que *Australopithecus boisei* é robusto, com dentes, músculos mastigatórios e face maiores.

ros australopitecos, *Au. afarensis*, têm dentes incisivos muito simiescos, largos e projetados, bem adaptados para ser cravados em frutas. Mas, à medida que os molares dos australopitecos se desenvolveram para se tornar maiores e mais grossos, seus dentes incisivos tornaram-se menores e mais verticais, e seus caninos também encolheram até ficar mais ou menos do mesmo tamanho que os incisivos. Até certo ponto, dentes frontais menores refletem a importância declinante das frutas na dieta desses hominíneos, mas também a necessidade de dar espaço para molares maiores. Hoje, ainda temos dentes frontais pequenos com dentes caninos semelhantes aos incisivos.

Quando se tem molares grandes e grossos para passar várias horas do dia mastigando alimento, duro e fibroso, precisa-se também de músculos mastigatórios grandes e fortes. Como não é de surpreender, os crânios de australopitecos como os da figura 6 apresentam muitos indícios de ter possuído grandes músculos mastigatórios, capazes de gerar muita força de mordida. O temporal, o músculo em forma de leque ao longo do lado da cabeça, era tão grande em muitos australopitecos que cristas ósseas cresciam nas partes de cima e de trás do crânio para lhe dar mais espaço para se inserir. Além disso, o feixe desse músculo, que corre entre as têmporas e o zigoma para se inserir no maxilar, era tão grossa que os arcos zigomáticos dos australopitecos eram deslocados para o lado, tornando suas faces tão largas quanto altas. Os grandes zigomas dos australopitecos também forneciam muito espaço para a vasta expansão de outro importante músculo mastigatório, o masseter, que corre do zigoma até a base do maxilar. Além de serem grandes, os músculos mastigatórios dos australopitecos eram também configurados para gerar força de maneira eficiente.[17]

Algum dia você mastigou alguma coisa tão dura e por tanto tempo que os músculos dos maxilares doeram? O que se verifica é que quando animais, inclusive seres humanos, geram uma força de mordida tão intensa, ela pode fazer com que ossos do maxilar e da face se deformem ligeiramente, causando dano microscópico. Pequenos níveis de deformação e dano são normais e levam os ossos a se autorreparar e engrossar.[18] Deformações intensas repetitivas, porém, podem danificar seriamente o osso, causando potencialmente uma fratura. Por esse motivo, espécies que geram intensas forças de mastigação tendem a ter maxilares superiores e inferiores mais grossos, mais altos e mais largos, reduzindo com isso as tensões causadas por cada mordida, e os australopitecos não são exceção. Como se pode ver na figura 6, eles têm maxilares enormes, e suas grandes faces são pesadamente reforçadas com grossos pilares e lâminas de osso que lhes permitiam mastigar alimentos duros o dia inteiro sem quebrar o rosto.[19] Esse reforço facial já é impressionante nos australopitecos gráceis, mas os australopitecos robustos têm face e maxilares tão fortemente construídos que parecem tanques blindados.

Em suma, os australopitecos, como os chimpanzés e os gorilas, provavelmente gostavam muito de frutas, mas certamente comiam qualquer alimento em que conseguiam pôr a mão. Não há uma dieta australopiteca única, e as cerca de meia dúzia de espécies de que temos conhecimento sem dúvida comiam dietas variadas que refletiam as diversas condições ecológicas em que viviam. Mas, à medida que a mudança climática fez com que as frutas se tornassem mais raras, alimentos alternativos rijos, especialmente OAS, devem ter se tornado recursos cada vez mais importantes para esses antigos parentes – uma herança que conservamos em alguma medida.[20] Mas como eles obtinham esses alimentos?

A cambaleante procura de comida

Quando você procura alimentos num mercado, alterar sua dieta envolve principalmente pegar uma caixa diferente disto ou daquilo, talvez até aventurar-se numa ala pouco conhecida. Caçadores-coletores, em contraposição, passam horas todos os dias percorrendo grandes distâncias à procura de alimento. Nesse aspecto, chimpanzés e outros macacos antropoides que habitam florestas são mais parecidos com compradores modernos do que com caçadores-coletores, porque raramente se deslocam muito para encher a barriga, quer comam sua dieta preferida de frutas ou tenham de recorrer a folhas, caules e plantas herbáceas menos desejáveis. Um chimpanzé fêmea típico anda cerca de dois quilômetros por dia, principalmente indo de uma árvore frutífera para outra; chimpanzés machos andam por volta de um quilômetro a mais todos os dias.[21] Ambos os sexos passam a maior parte do dia comendo, digerindo, catando e interagindo de outras maneiras. Quando as frutas são escassas, chimpanzés e outros macacos antropoides recorrem a comidas alternativas onipresentes, de modo que fazê-lo exige pouca mudança na extensão de suas viagens. Em essência, os macacos antropoides estão cercados por alimentos que em geral optam por ignorar.

A mudança de uma dieta basicamente de frutas para uma constituída sobretudo por tubérculos e outros alimentos alternativos deve ter tido enorme impacto nas necessidades dos australopitecos de se deslocar. Houve muitas espécies de australopitecos, mas todas viveram em ambientes parcialmente abertos que variavam de florestas mais abertas adjacentes a rios e lagos a campos. Além de ter menos árvores frutíferas, esses hábitats eram também mais sazonais que as florestas pluviais em que os macacos antropoides vivem habitualmente. Em consequência, os australopitecos eram obrigados a procurar alimentos mais dispersos e quase certamente tinham de transpor distâncias maiores todos os dias para encontrar o suficiente para comer, por vezes em paisagens abertas que deviam expô-los a predadores perigosos e calor causticante. Ao mesmo tempo, porém, provavelmente ainda tinham de subir em árvores, não apenas para obter comida, mas para encontrar lugares seguros onde dormir.

As exigências dessas longas viagens para obter alimento e água suficientes são evidentes em muitas importantes adaptações para andar que evoluíram em várias espécies de australopitecos e que ainda são evidentes em seres humanos hoje. Como vimos antes, hominíneos primitivos como Ardi e Toumaï eram bípedes de certo modo, mas Ardi (e portanto talvez Toumaï) não andavam exatamente como nós, mas provavelmente davam passos mais curtos usando o lado do pé para sustentar seu peso. Ardi também conservava muitos traços úteis para subir em árvores, como pés aptos para agarrar, com dedões divergentes, que provavelmente comprometiam sua capacidade de andar com a mesma eficiência que nós. Entretanto, várias adaptações para bipedalismo mais habitual e eficiente parecem começar cerca de 4 milhões de anos atrás em alguns australopitecos, indicando que houve forte seleção para tornar ao menos algumas dessas espécies mais capazes de andar longas distâncias. Essas adaptações são hoje traços tão importantes do corpo humano que vale a pena considerá-las para melhor compreender como e por que andamos como andamos.

Comecemos pela eficiência. Quando macacos antropoides andam, são incapazes de dar passadas largas como os seres humanos, dotados de quadris, joelhos e tornozelos retos; em vez disso, avançam arrastando os pés, com essas articulações curvadas num ângulo extremo. Um andar que lembra o de Groucho Marx é divertido, mas é também cansativo e dispendioso por motivos que ajudam a iluminar a mecânica fundamental do andar. A figura 7 ilustra como, durante o andar, as pernas funcionam como pêndulos que alternam seu centro de rotação. Quando a perna está oscilando para a frente, o centro de rotação é o quadril. Mas quando a perna está no chão e sustentando o corpo, ela se torna um pêndulo invertido cujo centro de rotação é o tornozelo. Essa inversão permite que nós e outros mamíferos poupemos energia com um truque engenhoso. Durante a primeira metade de cada passo, os músculos da perna se contraem para empurrá-la para baixo, arqueando o corpo sobre o pé e o tornozelo. Essa ação de arqueamento levanta o centro de massa do corpo, armazenando energia potencial da mesma maneira como acumulamos energia potencial num peso ao levantá-lo do chão. Depois, durante a segunda metade de cada passo, essa energia armazenada é devolvida em sua maior parte na forma de energia cinética quando o centro de massa do corpo cai (como se você fosse soltar o peso). O andar pendular é portanto muito eficiente. No entanto, andar torna-se muito mais dispendioso quando arrastamos os pés como um chimpanzé, com quadris, joelhos e tornozelos extremamente encurvados, porque a gravidade está sempre puxando nosso corpo para baixo, tentando flexionar ainda mais essas articulações. O andar de Groucho exige que contraiamos o traseiro, a coxa e os músculos da panturrilha de maneira constante e vigorosa para manter a perna como um pêndulo duro, invertido. Além disso, a flexão da articulação do joelho encurta o passo, fazendo-nos transpor uma distância menor por passo. Experimentos que medem o custo energético do andar mostram que uma marcha com quadril e joelho encurvados é consideravelmente menos eficiente que uma marcha normal: um chimpanzé macho com 45 quilos gasta cerca de 140 calorias para andar três quilômetros, cerca de três vezes mais do que um ser humano de 65 quilos para caminhar a mesma distância.[22]

Lamentavelmente, nunca seremos capazes de observar australopitecos andando ou de convencer um deles a usar uma máscara de oxigênio para medir seu custo de locomoção. Alguns pesquisadores pensam que esses ancestrais andavam como chimpanzés eretos, com quadris, joelhos e tornozelos encurvados.[23] Várias evidências, contudo, sugerem que algumas espécies de australopitecos andavam com eficiência, como você e eu, com articulações relativamente retas (estendidas). Algumas dessas pistas vêm do pé, que tem muitos traços que conservamos hoje. Diferentemente de macacos antropoides e Ardi, cujos dedões do pé são compridos e divergem para fora para ajudá-los a se agarrar a coisas e trepar em árvores, espécies como *Au. afarensis* e *Au. africanus* tinham os dedões do pé em formato humano, curtos, robustos e alinhados com os demais dedos.[24] Como nós, eles também tinham no pé um arco longitudinal parcial, capaz de enrijecer o meio do pé quando caminhavam.[25] Arco enrijecido e articulações apontadas para cima na base dos artelhos indicam que australopitecos, como seres humanos, eram capazes de usar seus artelhos com eficácia para empurrar o corpo para a frente e para cima no fim de cada passo. E, crucialmente, algumas espécies de australopitecos, como *Au. afarensis*, tinham um osso do calcanhar grande e chato, adaptado para aguentar forças de alto impacto causadas pelas batidas do calcanhar.[26] Esse tipo de calcanhar, característico dos seres humanos também, nos revela que, quando Lucy andava, ela devia balançar a perna para a frente de uma maneira estendida, semelhante à humana, com um passo alongado. No entanto, pelo menos outra espécie australopiteca, *Au. sediba*, tinha calcanhares menores, menos estáveis, e provavelmente andava com pés virados para dentro, com uma batida de calcanhar menos marcada e um passo mais curto.[27]

Outro conjunto de adaptações para o andar eficiente que ainda conservamos é evidente em muitos dos membros inferiores de fósseis de australopitecos.[28] Eles tinham fêmures virados para dentro, o que colocava seus joelhos perto da linha mediana do corpo, de modo que não precisavam andar com um amplo apoio, balançando de um lado para o outro como uma criança de um ano ou um bêbado.[29] As articulações de seu quadril e joelho eram grandes e bem apoiadas, capazes de lidar com as forças intensas causadas quando se tem apenas uma perna no chão ao caminhar. Em geral, seus tornozelos tinham uma orientação quase humana, com mais estabilidade, mas menos flexibilidade que tornozelos de chimpanzés, presumivelmente para ajudar a prevenir perigosas torções de tornozelo.

Finalmente, está claro que australopitecos tinham várias adaptações para estabilizar o tronco para caminhar sobre duas pernas. Não sabemos

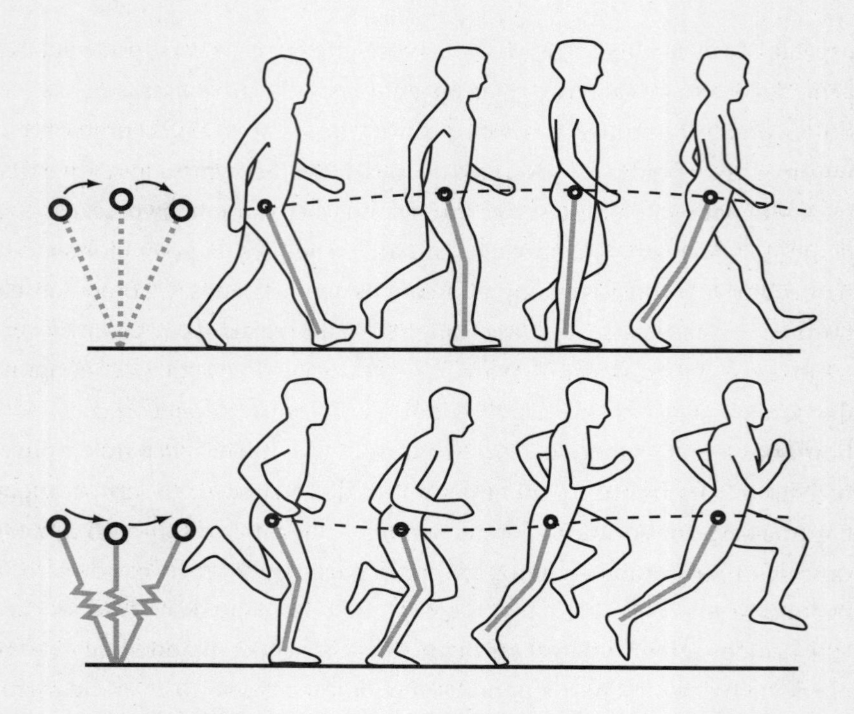

FIGURA 7. Caminhada e corrida. No andar, a perna funciona durante o apoio como um pêndulo invertido, elevando o centro de massa (círculo) na primeira fase do apoio antes que caia na segunda metade. Na corrida, a perna age mais como uma mola, esticando-se quando o centro de massa cai na primeira metade do apoio e depois recuando para ajudar a empurrar o corpo para cima na segunda metade e em seguida para um salto.

ainda se a região lombar longa e curva, que posiciona o corpo acima dos quadris, se desenvolveu nos primeiros hominíneos, mas ela estava certamente presente em espécies de australopitecos como *Au. africanus* e *Au. sediba*.[30] Ademais, australopitecos também tinham pelves largas, na forma de bacia, que se curvavam para o lado. Como discutimos antes, quadris largos voltados para o lado permitem que os músculos ao longo do lado do quadril estabilizem o tronco quando apenas uma perna está no chão. Sem esse formato, estaríamos sempre em perigo de cair para o lado, e teríamos de andar gingando desajeitadamente como um chimpanzé.

No fim das contas, espécies de australopitecos como *Au. afarensis* provavelmente andavam de maneira bastante eficiente usando uma marcha semelhante à humana, uma conclusão evocativamente preservada pelos famosos rastros de pegada de Laetoli, na Tanzânia. Quem quer que tenha deixado esses rastros (uma boa aposta é *Au. afarensis*) parece ter sido capaz de pisar com quadris e joelhos esticados.[31] No entanto, seria um erro concluir que a locomoção de australopitecos era exatamente igual à nossa, e eles ainda deviam trepar em árvores para apanhar frutas, buscar refúgio contra predadores e talvez dormir à noite. Não deveria causar surpresa que seus esqueletos conservem alguns traços úteis para trepar em árvores herdados de macacos antropoides. Como chimpanzés e gorilas, eles tinham pernas relativamente curtas e braços longos, com dedos dos pés e das mãos longos e ligeiramente curvos. Muitas espécies de australopitecos tinham músculos dos antebraços fortes e ombros voltados para cima, bem-adaptados para se pendurar ou se puxar para cima. Adaptações para subir em árvore são especialmente proeminentes no tronco de *Au. sediba*.[32]

A seleção para marchas com passos longos nos australopitecos deixou vários legados no corpo humano. Em especial, sua capacidade de andar de maneira efetiva e eficiente desempenhou um papel essencial no arco da evolução humana, transformando hominíneos em andadores de resistência, bem-adaptados a caminhadas de longa distância por hábitats abertos. Lembre-se de que a seleção para reduzir o custo do andar é evidentemente pouco importante para chimpanzés, provavelmente porque só andam um ou dois quilômetros por dia, e precisam trepar e saltar em árvores. Mas, se os australopitecos tinham de percorrer longas distâncias regularmente à procura de frutas ou tubérculos, maior economia de locomoção deve ter sido muito vantajosa. Imagine que uma típica mãe australopiteca pesasse trinta quilos e tivesse que percorrer seis quilômetros por dia, duas vezes mais que uma mãe chimpanzé. Se ela andasse tão eficientemente quanto uma fêmea humana, economizaria cerca de 140 calorias por dia (o que corresponde a quase mil calorias por semana). Se fosse apenas 50% mais econômica que um chimpanzé, ainda pouparia setenta calorias por dia (quase quinhentas calorias por semana). Quando o alimento era escasso, essas diferenças podiam ter um grande benefício seletivo.

Como já discutimos, o bipedalismo teve outros custos e benefícios extremamente importantes para corpos hominíneos. A maior desvantagem da postura ereta é a incapacidade de correr com rapidez galopando. Os australopitecos deviam ser lentos. Sempre que se aventuravam a descer das árvores, eram presas fáceis para carnívoros como leões, tigres-dentes-de-sabre, guepardos e hienas que caçam em hábitats abertos. Talvez fossem capazes de suar e assim pudessem esperar até o meio-dia para se deslocar de um lugar para outro, quando esses predadores teriam sido incapazes de se resfriar tão eficazmente. Em termos de vantagens, perambular ereto torna mais fácil carregar comida, e uma postura vertical expõe menos área de superfície ao sol, o que significa que bípedes são menos aquecidos que quadrúpedes pela radiação solar.[33]

A grande vantagem final de ser bípede, enfatizada por Darwin, é que libera as mãos para outras tarefas, inclusive a de cavar. OAS muitas vezes se situam cerca de um metro abaixo do solo e pode ser necessário despender vinte a trinta minutos de trabalho árduo para escavá-los com uma vara. Suspeito que cavar não era um problema para australopitecos. A forma de suas mãos é intermediária entre a dos macacos antropoides e a dos seres humanos, com polegares mais longos e dedos mais curtos que macacos antropoides,[34] e eles deviam ser capazes de segurar bem uma vara. Além disso, não é preciso muita habilidade para escolher ou modificar varas para cavar, e fazê-las está certamente dentro das capacidades de chimpanzés, que modificam varas para pescar cupins e alancear mamíferos pequenos e escolhem pedras para quebrar castanhas.[35] Talvez a seleção para cavar com varas tenha armado o palco para a seleção posterior para fazer e usar ferramentas.

Seu australopiteco interior

Por que alguém deveria se preocupar hoje com os australopitecos? Afora o fato de que andavam eretos, parecem ter sido extremamente diferentes de você e de mim. Como podemos ter algo a ver com esses ancestrais extintos há muito, cujo cérebro era pouco maior que o de um chimpanzé e que passavam seus dias à procura de uma dieta inimaginavelmente dura e desagradável?

Penso que há duas boas razões para prestar atenção nos australopitecos. Primeiro, esses ancestrais distantes foram um estágio intermediário fundamental na evolução humana. Ela geralmente ocorre através de uma longa série de mudanças graduais, cada uma das quais é dependente de eventos anteriores. Assim como os australopitecos não teriam se desenvolvido caso hominíneos primitivos como *Sahelanthropus* e *Ardipithecus* não tivessem se tornado bípedes imperfeitos, o gênero *Homo* não teria se desenvolvido se *Australopithecus* não tivesse se tornado menos arbóreo, mas habitualmente bípede, e menos dependente de frutas, armando o palco para a evolução subsequente ocasionada por mais mudanças climáticas. Mais importante, há muito de australopiteco em todos nós. Nós, seres humanos, somos estranhos primatas porque passamos pouco ou nenhum tempo em árvores (você por acaso é arbóreo?), andamos muito e não comemos só frutas no café da manhã, almoço e jantar. Essas tendências podem ter se iniciado quando nos separamos inicialmente dos macacos antropoides, mas se intensificaram extraordinariamente ao longo dos milhões de anos durante os quais várias espécies de australopitecos se desenvolveram. Muitos vestígios desses experimentos evolutivos persistem em nosso corpo. Comparado a um chimpanzé, você tem molares grossos e grandes. Seu dedão do pé é curto, atarracado e incapaz de agarrar galhos. Você tem uma região lombar longa e flexível, um arco nos pés, uma cintura, um joelho grande, e muitos outros traços que podem ajudar a transformá-lo num excelente andarilho, capaz de percorrer longas distâncias. Tomamos esses traços como naturais, mas eles são de fato muito incomuns, e só estão presentes em nossos corpos graças à forte seleção para colher e comer alimentos alternativos milhões de anos atrás.

Apesar disso, você não é um australopiteco. Se o compararmos a Lucy e seus parentes, você tem um cérebro três vezes maior e pernas longas, braços curtos e nenhum focinho. Em vez de comer grande quantidade de comida de baixa qualidade, você depende de alimentos de qualidade muito alta como carne, e tem ferramentas, comida cozida, linguagem e cultura. Estas e muitas outras diferenças importantes desenvolveram-se durante a Idade do Gelo, que começou por volta de 2,5 milhões de anos atrás.

4. Os primeiros caçadores-coletores

Como corpos quase modernos evoluíram no gênero humano

> Um dia uma Lebre zombou das pernas curtas e do passo lento da Tartaruga, que respondeu, rindo: "Ainda que você seja veloz como o vento, eu a derrotarei numa corrida."
>
> Esopo, "A Tartaruga e a Lebre"

Você está preocupado com a rápida mudança climática global de hoje? Se não está, deveria, porque as temperaturas em elevação, os padrões pluviométricos alterados e as mudanças ecológicas que isso causa põem em perigo nosso abastecimento alimentar. Contudo, como já vimos, a mudança climática global foi durante muito tempo um importante impulso na evolução humana em razão de seus efeitos sobre um velho problema: "O que vamos jantar?" Acontece que obter comida suficiente em face da mudança climática global também levou à era do ser humano.

Obter o jantar (ou o café da manhã e o almoço) provavelmente não é a maior de suas preocupações diárias, mas a maioria das criaturas está quase sempre com fome e preocupada com a busca de calorias e nutrientes. Sem dúvida os animais também precisam encontrar parceiros sexuais e evitar ser comidos, mas a luta pela sobrevivência é muitas vezes uma luta por comida, e até recentemente a vasta maioria dos seres humanos não era exceção a esta regra. Considere também que adquirir comida é ainda mais difícil quando nosso hábitat se altera radicalmente, fazendo os alimentos que comemos normalmente desaparecer ou se tornar menos comuns. Como vimos, o desafio de encontrar o bastante para comer provocou as duas mais importantes transformações na evolução humana. À medida que a África ficou mais fria e mais seca muitos milhões de anos atrás, as frutas ficaram mais dispersas e escassas, favorecendo aqueles ancestrais mais capazes de procurar alimento mantendo-se e andando eretos. Outras respostas evolutivas foram molares grandes e grossos e faces grandes bem-adaptadas a comer outros alimentos além de frutas, entre os quais tubérculos, raízes, sementes e castanhas. Contudo, por mais importantes que essas transformações tenham sido, é difícil pensar em Lucy e outros australopitecos como humanos. Embora bípedes, eles conservavam cérebro do mesmo tamanho que o dos macacos antropoides e não falavam, pensavam ou comiam como nós.

Nossos corpos e a maneira como nos comportamos evoluíram para se tornar muito mais reconhecivelmente humanos na aurora da Idade do Gelo, um período verdadeiramente crucial de mudança no clima da Terra, iniciado por um resfriamento global contínuo entre 3 e 2 milhões de anos atrás. Durante esse período, os oceanos da Terra esfriaram cerca de 2°C.[1] Pode parecer insignificante, mas na média de temperaturas globais dos oceanos, representa uma enorme quantidade de energia. O esfriamento global envolveu muitas mudanças para cá e para lá, mas por volta de 2,6 milhões de anos atrás a Terra esfriara o suficiente para que suas calotas polares se expandissem. Nossos ancestrais não tinham nenhuma ideia de que geleiras gigantescas estavam se formando a milhares de quilômetros de distância, mas certamente experimentaram ciclos de mudança de hábitat que foram intensificados por tumultuosa atividade geológica, especialmente na África oriental.[2] Em consequência de um enorme ponto quente vulcânico, toda a região foi empurrada para cima como um suflê, e depois (como em alguns suflês) a porção central desabou, formando o vale do Rift. Esse vale criou uma extensa área seca, incluindo grande parte da África oriental. Abrigava também muitos lagos, que até hoje continuam a se encher e depois secar em ciclos.[3] Embora o clima da África oriental estivesse em constante mudança, a tendência geral foi ao encolhimento das florestas, enquanto florestas mais abertas, campos e outros hábitats mais áridos e sazonais se expandiam. Dois milhões de anos atrás, a região se assemelhava muito mais ao cenário de *O rei leão* que ao de *Tarzan*.[4]

Imagine-se no lugar de um hominíneo faminto cerca de 2,5 milhões de anos atrás, vivendo num mosaico cambiante de campos e florestas mais abertas, e perguntando a si mesmo o que vai comer. Como enfrentaria a situação à medida que alimentos preferidos, como frutas, se tornassem mais escassos? Uma solução, que vimos nos australopitecos robustos de cara grande e dentes enormes, foi concentrar-se ainda mais intensamente em alimentos duros cada vez mais prevalentes como raízes, tubérculos, bulbos e sementes. Esses hominíneos deviam passar muitas horas por dia mastigando, mastigando e mastigando arduamente. Felizmente para nós, a seleção natural parece ter também favorecido uma segunda estratégia, revolucionária, para enfrentar hábitats em mudança: caçar e colher. Esse modo de vida inovador envolvia continuar coletando tubérculos e outras plantas, mas incorporava diversos comportamentos novos e transformadores entre os quais comer mais carne, usando ferramentas para extrair e processar alimentos, e cooperar intensamente para compartilhar alimentos e outras tarefas.

A evolução da caça e da coleta é subjacente à evolução do gênero humano, *Homo*. Além disso, a adaptação fundamental selecionada para tornar esse engenhoso modo de vida possível entre os primeiros seres humanos não foi o cérebro grande, mas o corpo com forma moderna. Mais do que qualquer outra coisa, a evolução da caça e da coleta incitou nosso corpo a ser como ele é.

Quem foram os primeiros seres humanos?

A Idade do Gelo precipitou a evolução da caça e da coleta juntamente com corpos modernos em várias espécies primitivas de *Homo*, mas o mais importante é *H. eretus*. Essa importante espécie figura de maneira proeminente em nossa compreensão da evolução humana desde 1890, quando Eugène Dubois, um intrépido médico do Exército holandês inspirado por Darwin e outros, partiu para a Indonésia à procura do verdadeiro elo perdido entre seres humanos e macacos antropoides. Abençoado pela sorte, meses após sua chegada Dubois encontrou uma calota craniana e um fêmur fósseis e prontamente os denominou *Pithecanthropus erectus* (homem-macaco ereto).[5] Depois, em 1929, fósseis comparáveis foram encontrados numa caverna perto de Pequim, na China, e denominados *Sinanthropus pekinensis*. Nas décadas seguintes, mais fósseis de natureza similar começaram a aparecer na África, na garganta de Olduvai na Tanzânia e em lugares como Marrocos e Argélia, na África setentrional. Como no caso dos fósseis do Homem de Pequim, muitos desses achados foram inicialmente denominados como espécies novas, e só depois da Segunda Guerra Mundial os estudiosos chegaram à conclusão de que os espécimes encontrados numa área tão vasta pertenciam realmente a uma única espécie, *H. erectus*.[6] Segundo as maiores evidências disponíveis atualmente, *H. erectus* desenvolveu-se primeiro na África por volta de 1,9 milhão de anos atrás e em seguida começou a se dispersar de lá para o resto do Velho Mundo. *H. erectus* (ou uma espécie estreitamente relacionada) aparece nas montanhas do Cáucaso, na Geórgia, por volta de 1,8 milhão de anos atrás e tanto na Indonésia quanto na China por volta de 1,6 milhão de anos atrás. Em partes da Ásia, a espécie persistiu até menos de algumas centenas de milhares de anos atrás.

Como seria de esperar para uma espécie que perdurou por quase 2 milhões de anos em três continentes, *H. erectus* apresentava-se sob uma variedade de formas, mais ou menos como nós até hoje. A tabela 2 (p.127) resume alguns fatos essenciais. Seu peso variava entre quarenta e setenta quilos, e a altura ia de 1,22 metro a mais de 1,85 metro.[7] Muitos tinham o tamanho dos seres humanos de hoje, mas as mulheres situavam-se no limite inferior da variação humana, como era também o caso de uma população inteira descoberta na Geórgia (num sítio chamado Dmanisi). Se você deparasse com um grupo de *H. erectus* na rua, provavelmente os reconheceria como extremamente parecidos com os seres humanos, sobretudo do pescoço para baixo. Como mostra a figura 8, diferentemente do corpo dos australopitecos, os deles tinham proporções humanas modernas, com pernas longas e braços curtos. Tinham cintura alta, estreita, e pés completamente modernos, mas seus quadris sobressaíam mais para os lados que os nossos. Como nós, tinham ombros baixos e largos e peito largo, em forma de barril. Mas sua cabeça não era inteiramente como a nossa. Embora *H. erectus* não tivesse focinho, seu rosto era alto e fundo, e os machos em especial tinham uma enorme arcada supraciliar, como uma

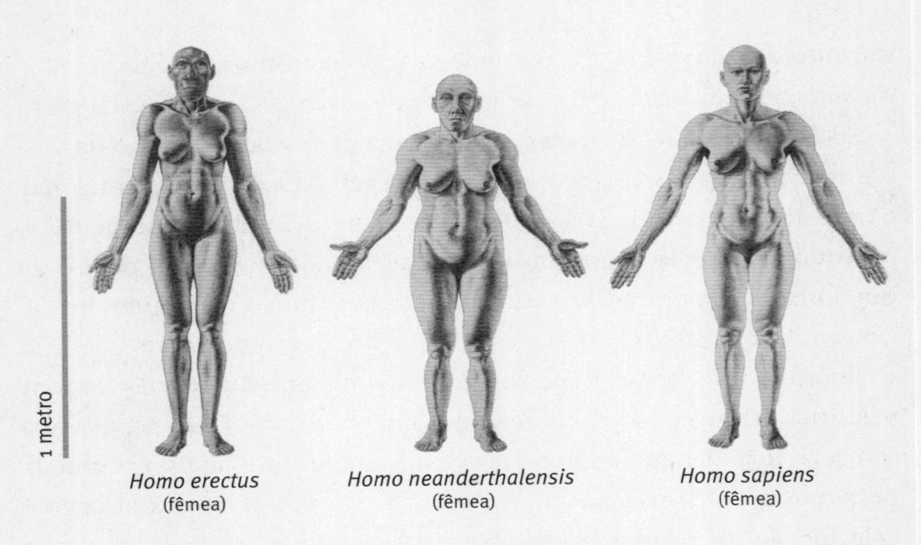

FIGURA 8. Reconstrução de três espécies de *Homo*: *H. erectus*, *H. neanderthalensis* e *H. sapiens*. Note as similaridades gerais nas proporções do corpo, mas o cérebro maior no neandertal e a face menor e a cabeça mais arredondada no ser humano moderno. Copyright © 2013 John Gurche.

barra, acima dos olhos. O cérebro de *H. erectus* era intermediário entre o dos australopitecos e o dos seres humanos, e seu crânio era longo e chato no topo e pontudo atrás em vez de ser arredondado como o nosso. Seus dentes eram quase idênticos a dentes humanos atuais, apenas um pouco maiores.

Das muitas espécies na nossa árvore genealógica, *H. erectus* foi uma das mais importantes, mas suas origens evolutivas são obscuras. Pelo menos duas outras espécies primitivas no gênero *Homo*, também sumarizadas na tabela 2 (p.127), poderiam ser seus ancestrais. A primeira, *H. habilis*, que significa "homem hábil", foi descoberta em 1960 por Louis e Mary Leakey e assim chamada por ter sido, ao que se presume, fabricante das primeiras ferramentas de pedra. *H. habilis* tem datas incertas, mas evoluiu provavelmente 2,3 milhões de anos atrás e persistiu até 1,4 milhão de anos atrás. Aparentemente, tinha um corpo de australopiteco: pequeno, com braços longos e pernas curtas. Também tinha molares grandes e com grossa camada de esmalte. Seu cérebro, contudo, tinha algumas centenas de gramas a mais que o de um australopiteco, e seu crânio era redondo e desprovido de focinho. Tinha mãos modernas e bem-adaptadas à fabricação e ao uso de ferramentas de ferro.

H. habilis tinha um contemporâneo menos conhecido, *H. rudolfensis*. Até onde sabemos, *H. rudolfensis* tinha um cérebro ligeiramente maior que o de *H. habilis*, mas seus dentes e face eram maiores, mais achatados e mais parecidos com os dos australopitecos.[8] É plausível que *H. rudolfensis* fosse um *Australopithecus* de cérebro grande, e não realmente um membro do gênero *Homo*.[9]

Independentemente de quantas espécies primitivas de *Homo* existiram e do grau preciso em que se relacionavam umas com as outras, um quadro geral que emerge dos fósseis descobertos até agora é que a evolução de corpos semelhantes ao humano ocorreu em pelo menos dois estágios. Primeiro, em *H. habilis*, o cérebro expandiu-se ligeiramente e a face perdeu seu focinho. Depois, em *H. erectus*, desenvolveram-se pernas, pés e braços de formas muito mais modernas juntamente com dentes menores e cérebro modestamente maior. Sem dúvida o corpo de *H. erectus* não era 100% como o nosso, mas a evolução dessa espécie decisiva marca a origem de um corpo em grande parte semelhante ao humano, bem como das maneiras modernas de comer, cooperar, comunicar, usar ferramentas e se comportar. Em essência, *H. erectus* foi o primeiro ancestral que podemos caracterizar como significativamente humano. Como essa transformação ocorreu e por quê? Como a origem da caça e da coleta permitiram a espécies primitivas do gênero *Homo* sobreviver ao início da Idade do Gelo, e como esse modo de vida selecionou para as mudanças que vemos em seu corpo, e em consequência no nosso?

Como *H. erectus* obtinha seu jantar?

A menos que se invente a viagem no tempo ou se descubra uma espécie primitiva de *Homo* relicta em alguma ilha ainda não mapeada, precisamos compor uma imagem de como os primeiros membros do gênero humano sobreviviam estudando seus fósseis e os artefatos que deixaram para trás em conjunção com o que sabemos sobre como caçadores-coletores vivem atualmente. Essas reconstruções envolvem inevitavelmente conjecturas, mas talvez você se surpreenda com o grau em que nossas deduções podem ser confiáveis. Isto se deve ao fato de que caçar e coletar é um sistema integrado com quatro componentes essenciais: colher alimentos vegetais, caçar em busca de carne, cooperar intensamente e processar comida. Como, quando e por que os primeiros seres humanos realizaram isso?

Comecemos com a coleta. Nos hábitats africanos em que o *Homo* primitivo viveu, a busca de alimentos vegetais contribuía sem dúvida para a maior parte da dieta, provavelmente 70% ou mais. Coletar pode parecer fácil, mas não é. Numa floresta pluvial, macacos antropoides precisam andar apenas dois a três quilômetros por dia para *coletar* comida suficiente simplesmente colhendo as frutas e folhas comestíveis que encontram. Em contraposição, hominíneos em hábitats mais abertos teriam precisado caminhar muito mais todos os dias, pelo menos seis quilômetros, se podemos nos basear nos caçadores-coletores, para encontrar e depois *extrair* alimentos para torná-los digeríveis.[10] No caso de alimentos extraídos é preciso ter acesso às partes ricas em nutrientes que estão protegidas, às vezes escondidas sob o solo (como os tubérculos), encerradas em cascas duras (como muitas castanhas) ou defendidas por toxinas (como muitas bagas e raízes). Além disso, como hábitats abertos têm baixa densidade de plantas comestíveis e elas são mais sazonais que as de florestas pluviais cheias de frutas, os primeiros caçadores-coletores teriam precisado recorrer a uma grande variedade de alimentos extraídos. Caçadores-coletores na África procuram tipicamente dezenas de plantas diferentes, muitas das quais são sazonais, difíceis de encontrar e de extrair. Órgãos de armazenamento subterrâneos, por exemplo, constituem uma grande porcentagem de muitas dietas de caçadores-coletores africanos, mas para desenterrar um único tubérculo são necessários dez a vinte minutos de trabalho árduo: é preciso muitas vezes remover rochas grandes e renitentes que se encontram no caminho, e depois fazer mais esforço para triturá-lo ou cozê-lo de modo a torná-lo digerível. Outro alimento extremamente valorizado que caçadores-coletores extraem é mel, que é doce, saboroso e rico em calorias, mas de aquisição difícil e por vezes perigosa.

As vantagens de se comer plantas são a possibilidade de prever onde é possível encontrá-las e o fato de serem com frequência relativamente abundantes e de não fugirem. Uma grande desvantagem dos alimentos vegetais, especialmente de plantas não domesticadas, é que têm alto teor de fibras indigeríveis e uma densidade de nutrientes relativamente baixa. Cálculos grosseiros nos permitem inferir que o *Homo* primitivo, especialmente as mães, devia ter dificuldade em coletar alimentos suficientes para sobreviver e se reproduzir. Uma fêmea *H. erectus* que pesasse cinquenta quilos teria precisado de cerca de 1.800 calorias por dia apenas para as necessidades de seu corpo, mais outras quinhentas calorias quando estivesse amamentando ou grávida, o que provavelmente era quase sempre o caso. Ela também precisava de mil a 2 mil calorias adicionais todos os dias para sua cria desmamada, mas ainda sem idade suficiente para procurar comida por conta própria. Somando tudo isso, provavelmente precisaria de cerca de 3 mil a 4.500 calorias num dia típico. No entanto, estudos de caçadores-coletores contemporâneos na África mostram que eles são capazes de coletar entre 1.700 e 4 mil calorias de alimentos vegetais por dia, com as mães que amamentam e são estorvadas por crianças pequenas situando-se na extremidade inferior dessa variação.[11] Como é pouco provável que fêmeas *H. erectus* fossem mais eficientes na procura de comida que mulheres modernas, uma típica mãe *H. erectus* devia ser frequentemente incapaz de coletar calorias suficientes para atender às suas necessidades de energia além das da cria dependente. Para suprir esse déficit era preciso obter energia adicional de outras fontes.

Uma dessas fontes era carne. Sítios arqueológicos datados de pelo menos 2,6 milhões de anos atrás, possivelmente mais antigos, incluem ossos de animais com marcas de corte criadas pelo uso de ferramentas de pedra simples para separar a carne.[12] Alguns desses ossos estavam também fraturados de uma maneira característica para extrair o tutano em seu interior. Temos portanto evidências irrefutáveis de que hominíneos começaram a consumir carne por volta de pelo menos 2,6 milhões de anos atrás. Quanta carne eles comiam é conjectura, mas carne constitui aproximadamente um terço da dieta entre caçadores-coletores nos trópicos (mais peixe e carne são consumidos em hábitats temperados).[13] Além disso, caçadores-coletores deviam ansiar por carne naquela época, mais ou menos como chimpanzés e seres humanos ainda hoje, e por uma boa razão. Comendo-se um bife de antílope obtém-se cinco vezes mais energia que comendo igual massa de cenouras, bem como proteínas e gorduras essenciais. Outros órgãos animais como fígado, coração, tutano e cérebro também fornecem nutrientes vitais, especialmente gordura, mas também sal, zinco, ferro etc. Carne é uma rica fonte alimentar.

A carne foi um importante componente da dieta humana desde o *Homo* primitivo, mas ser um carnívoro de meio expediente demanda tempo, é arriscado, perigoso e difícil para caçadores-coletores hoje, e devia ser ainda mais desafiador e arriscado na aurora do Paleolítico, muito tempo antes que armas projéteis fossem inventadas. Embora machos caçassem e procurassem animais mortos, é provável que mães *Homo* primitivas grávidas ou amamentando fossem incapazes de caçar ou procurar animais mortos de maneira regular, em especial quando cuidavam de crianças de um ou dois anos. Podemos concluir, portanto, que as origens da ingestão de carne coincidiram com uma divisão do trabalho em que as fêmeas se dedicavam mais a colher enquanto os machos não apenas colhiam, mas também caçavam e procuravam animais mortos. Uma característica essencial dessa antiga divisão do trabalho – ainda fundamental para a maneira como caçadores-coletores vivem hoje – é o compartilhamento da comida. Chimpanzés machos nunca ou raramente compartilham comida, e nunca o fazem com sua cria. Caçadores-coletores, no entanto, casam-se, e os maridos investem fortemente em suas mulheres e crias fornecendo-lhes comida. Um caçador-coletor agora pode adquirir entre 3 mil e 6 mil calorias por dia – comida mais do que suficiente para atender às suas próprias necessidades e sustentar a família. Embora caçadores compartilhem a carne de grandes caçadas com todo o acampamento, ainda fornecem a parte principal do alimento que caçam à família.[14] Além disso, pais caçam com mais frequência quando têm mulheres com crianças pequenas que precisam ser amamentadas e cuidadas de maneira intensiva. Os pais, por sua vez, frequentemente dependem dos vegetais que suas companheiras colhem, especialmente quando voltam para casa após uma longa caçada, famintos e de mãos vazias. Os primeiros caçadores-coletores teriam se beneficiado tão fortemente do compartilhamento de comida que é difícil imaginar como poderiam ter sobrevivido sem que tanto fêmeas quanto machos sustentassem uns aos outros e cooperassem de outras maneiras.

O compartilhamento de comida, ademais, não ocorre apenas entre casais e entre pais e crias, mas também entre membros de um grupo, realçando a importância de intensa cooperação social entre caçadores-coletores. Uma forma básica de cooperação é a família extensa. Estudos de caçadores-coletores mostram que avós – capazes e experientes na atividade de procurar alimentos, muitas vezes sem filhos pequenos – fornecem suplementos alimentares primordiais para mães, assim como irmãs, primas e tias. De fato, sustentou-se que avós são tão importantes que fêmeas humanas eram selecionadas para viver muito além da idade em que podem ser mães de modo a poder ajudar a sustentar as filhas e os netos.[15] Avós, tios e outros parentes do sexo masculino podem ajudar às vezes também. O compartilhamento e outras formas de cooperação se estendem de maneira decisiva além de famílias. Mães caçadoras-coletoras dependem umas das outras para ajudar a tomar conta de seus filhos,[16] e os machos compartilham carne em grande medida não apenas com suas famílias, mas com outros homens. Quando um caçador mata um animal grande, como um antílope de centenas de quilos, ele distribui carne para todos no acampamento. Esse tipo de compartilhamento não é apenas um esforço para ser agradável e evitar desperdício; é uma estratégia vital para reduzir o risco de fome, porque as probabilidades de um caçador matar um animal grande em qualquer dia são pequenas. Ao compartilhar a carne nos dias em que caça com êxito, um caçador aumenta suas chances de obter uma refeição de seus companheiros caçadores nos dias em que volta para casa de mãos vazias. Por vezes também os homens caçam em grupos para aumentar sua probabilidade de sucesso e se ajudar mutuamente a carregar a recompensa para casa. Como não é de surpreender, caçadores-coletores são extremamente igualitários e atribuem grande valor à reciprocidade, o que ajuda a assegurar que todos tenham uma provisão mais regular de recursos. Hoje pensamos na cobiça e no egoísmo como pecados, mas no mundo extremamente cooperativo dos caçadores-coletores, não compartilhar e não ser cooperativo pode significar a diferença entre vida e morte. A cooperação grupal provavelmente foi fundamental para o modo de vida caçador-coletor durante mais de 2 milhões de anos.

O componente final, essencial, da caça e da coleta é o processamento da comida. Muitos dos alimentos vegetais que caçadores-coletores comem são difíceis de extrair, duros de mastigar e desagradáveis de digerir, com frequência por serem consideravelmente mais fibrosos que as plantas extremamente domesticadas que a maioria de nós come hoje. Um tubérculo ou raiz silvestre típica é muito mais duro de mastigar que um nabo cru disponível no supermercado. Se o *Homo* primitivo tivesse precisado comer grandes quantidades de comidas silvestres não processadas, teria precisado se alimentar como os chimpanzés, passando a metade do dia mastigando e enchendo o estômago com alimentos ricos em fibras e a outra metade do dia esperando que o estômago esvaziasse para poder começar o processo de novo. Carne, embora mais nutritiva, era também um desafio, porque o *Homo* primitivo, como os macacos antropoides e seres humanos hoje, tinha dentes baixos e achatados, mal-adaptados a mastigá-la. Se você tentasse mastigar um pedaço de carne de caça crua, experimentaria esse problema rapidamente. Nossos dentes chatos são incapazes de cortar as fibras rijas, de modo que ficamos mastigando, mastigando e mastigando. Um chimpanzé leva até onze horas para mastigar alguns quilos de carne de macaco.[17] Em suma, se os primeiros caçadores-coletores mastigassem somente alimentos crus, não processados, tal como os macacos antropoides fazem, não lhes sobraria tempo suficiente para ser caçadores-coletores.

A solução para esse problema era processar a comida, de início usando uma tecnologia muito simples. As ferramentas de pedra mais antigas são tão primitivas que a princípio você poderia não as reconhecer como ferramentas. Conhecidas coletivamente como ferramentas de Oldowan (mais tarde garganta de Olduvai, na Tanzânia), elas eram feitas usando uma pedra para arrancar algumas lascas de outra pedra de grão fino. Em sua maioria, não passam de lascas de pedra afiadas, mas algumas são ferramentas cortantes com gumes longos, semelhantes aos de uma faca. Embora esses artefatos antigos difiram muito das ferramentas sofisticadas que usamos hoje, fazê-las estaria acima da capacidade de qualquer chimpanzé, e sua simplicidade não deveria depreciar sua significação. Elas são extraordinariamente afiadas e versáteis. Toda primavera alunos de meu departamento fabricam ferramentas de Oldowan e em seguida abatem um bode para experimentar como essa tecnologia é eficiente para se esfolar um animal, separar a carne dos ossos e depois remover o tutano.

Embora a carne de bode seja dura para ser mastigada crua, torna-se muito mais fácil mastigá-la e digeri-la se primeiro for cortada em pedaços pequenos.[18] As formas mais simples de processamento fragmentam paredes de células e outras fibras indigeríveis, tornando mais fácil mastigar até as plantas mais rijas. Além disso, o simples uso de ferramentas de pedra para cortar e triturar comidas cruas como tubérculos ou bifes aumenta substancialmente o número de calorias que se obtêm de cada pedaço.[19] Isso ocorre porque o alimento que foi fragmentado antes do consumo é mais eficientemente digerido. Não deveria surpreender muito, portanto, que estudos das mais antigas ferramentas de pedra mostrem que algumas eram usadas para cortar carne e a maioria para cortar plantas. As pessoas vêm processando alimentos pelo menos desde quando começaram a caçar e coletar.

Reunindo essas evidências, podemos concluir que as primeiras espécies do gênero humano resolveram o problema "O que vamos jantar?" durante um período de importante mudança climática adotando uma estratégia nova e radical. Em vez de comer mais alimentos de baixa qualidade, esses progenitores descobriram como obter, processar e comer mais alimentos de alta qualidade tornando-se caçadores-coletores. Esse modo de vida envolve viajar por longas distâncias todos os dias para procurar comida e por vezes animais mortos e caçar. A caça e a coleta também requerem intensos níveis de cooperação e tecnologia simples. Traços evocativos de todos esses comportamentos vêm dos mais antigos sítios arqueológicos conhecidos, que datam de 2,6 milhões de anos atrás. Se você deparasse com um desses sítios no leste da África, talvez não reconhecesse o que havia encontrado. A paisagem árida e semideserta em que são encontrados está pontilhada de rochas vulcânicas e há muitos fósseis. Mas, se olhar com atenção, talvez encontre uma pequena dispersão (apenas alguns metros quadrados) de ferramentas simples de pedra juntamente com alguns ossos de animais, alguns dos quais exibem traços de ter sido abatidos e retalhados. Algumas das pedras foram transportadas por vários quilômetros desde a sua fonte e depois transformadas em ferramentas no local. Muitos dos ossos também apresentam sinais de ter sido roídos por hienas, lembrando-nos de que nossos ancestrais tinham de competir com carnívoros cruéis e perigosos para desfrutar dessas preciosas refeições. Os primeiros sítios foram provavelmente locais antigos e efêmeros de atividade. Imagine um grupo de indivíduos *H. habilis* ou *H. erectus* reunindo-se à sombra de uma árvore, compartilhando às pressas alguma carne, processando tubérculos, frutas e outros alimentos colhidos em outro lugar, e fazendo ferramentas simples. Essa combinação de comportamentos básicos – comer carne, compartilhar, fabricar ferramentas e processar alimentos – pode parecer banal, mas é na realidade única de hominíneos, e transformou o gênero humano.

Quais foram os efeitos da caça e da coleta sobre a evolução do nosso corpo? Que adaptações esse modo de vida selecionou para permitir aos primeiros seres humanos ser caçadores-coletores?

Caminhada

Macacos antropoides andam menos de três quilômetros por dia, mas os seres humanos têm a prodigiosa capacidade de percorrer longas distâncias andando. Recentemente um ser humano extremo, George Meegan, caminhou desde a ponta sul da América do Sul até a parte mais ao norte do Alasca, percorrendo uma média de treze quilômetros por dia.[20] Embora a jornada de Meegan seja incomum, a distância média que percorreu diariamente estava dentro da distância média diária que caçadores-coletores modernos percorrem ao procurar alimentos (as mulheres, nove quilômetros; os homens, quinze).[21] Como eram mais ou menos do tamanho da maioria dos caçadores-coletores humanos modernos, precisavam do mesmo número de calorias e viviam em hábitats semelhantes, os *H. erectus* também deviam caminhar distâncias comparáveis todos os dias em condições abertas e quentes para encontrar alimento suficiente. Como seria de esperar, esse legado da caminhada está estampado numa série de adaptações espalhadas por todo o corpo humano que se originaram em

Homo primitivo e ajudaram a tornar o gênero humano ainda melhor para caminhar por longas distâncias que os australopitecos.

A mais óbvia dessas adaptações, evidente a partir da figura 9, foram pernas longas. As pernas de um *H. erectus* típico são 10% a 20% mais longas que as de um australopiteco depois de descontadas as diferenças no tamanho do corpo.[22] Quando duas pessoas com comprimentos de pernas acentuadamente diferentes andam, a que tem pernas mais compridas se desloca mais depressa a cada passo. Como o custo de mover o corpo por dada distância é estimado pelo passo, pernas mais longas reduzem o custo da caminhada; segundo algumas estimativas, as pernas mais longas de

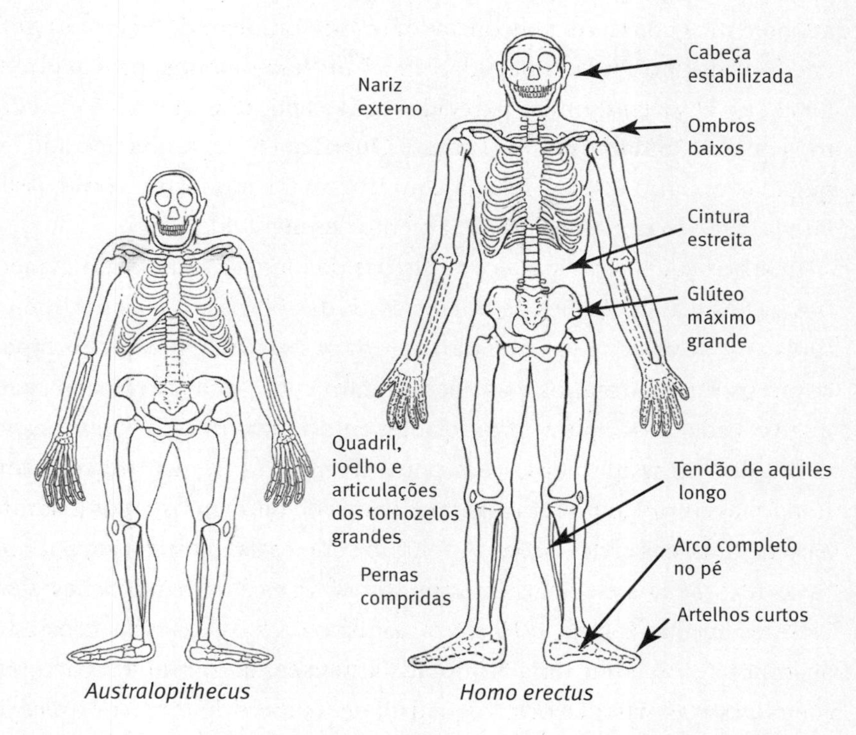

FIGURA 9. Algumas adaptações para a caminhada e a corrida no *Homo erectus* (comparado com o *Australopithecus afarensis*). Os traços indicados à esquerda teriam beneficiado tanto a caminhada quanto a corrida, mas os indicados à direita são fundamentalmente para a corrida. Como o tendão de aquiles não foi preservado, seu comprimento é uma suposição. Figura adaptada de D.M. Bramble e D.E. Lieberman. "Endurance running and the evolution of *Homo*". *Nature*, n.432, 2004, p.345-52.

H. erectus teriam reduzido seus custos de deslocamento quase pela metade se comparados aos de um australopiteco.[23] A desvantagem de pernas mais longas, contudo, é que trepar em árvores se torna mais difícil (quem trepa em árvores se beneficia de pernas curtas e braços compridos).

Outro importante conjunto de adaptações para andar do *H. erectus* pode ainda ser encontrado em seus pés. Já vimos que algumas espécies de australopitecos tinham um pé relativamente moderno com um dedão robusto quase alinhado com os outros dedos e um arco parcial capaz de enrijecer o meio do pé para permitir que os dedos empurrassem o corpo para a frente e para cima no final de cada passo. Mas ao que parece essas criaturas tinham o pé ligeiramente achatado quando andavam. Embora até hoje ninguém tenha encontrado um pé completo de *H. erectus*, foram encontradas no Quênia pegadas de 1,5 milhão de anos, provavelmente feitas por *H. erectus*, muito parecidas com as pegadas que você e eu deixamos quando andamos numa praia.[24] Quem quer que tenha deixado essas pegadas era alto e se deslocava com um andar moderno, com passadas largas, usando um arco completamente desenvolvido.

Outras adaptações para caminhadas de longa distância são evidentes nas hastes e articulações de nossos ossos das pernas, que experimentam forças intensas cada vez que damos um passo. Uma vez que os bípedes, como os seres humanos e as aves, andam sobre duas pernas em vez de quatro, cada passo aplica aproximadamente a cada uma de nossas pernas o dobro das forças aplicadas a cada perna de um animal quadrúpede. Com o tempo, essas forças podem levar a fraturas de tensão nos ossos e danificar a cartilagem nas articulações. A solução simples da natureza para suportar essas forças mais elevadas é aumentar os ossos e as articulações. Como os seres humanos hoje, o *H. erectus* tinha hastes ósseas mais grossas que australopitecos, o que teria diminuído as tensões de curvamento e torção.[25] Além disso, as articulações do quadril, do joelho e do tornozelo são maiores em *H. erectus*, reduzindo assim a tensão nessas juntas.[26]

Um desafio diferente, mas não menos importante para os primeiros caçadores-coletores, como continua sendo para muitas pessoas hoje, devia ser manter-se fresco ao caminhar por longas distâncias no calor tropical. A caminhada sob o sol equatorial expõe animais a penosa radiação solar, e o próprio ato de andar gera considerável calor corporal. A maioria dos animais nos trópicos, inclusive os carnívoros, repousa sensatamente à sombra no meio do dia. Como hominíneos bípedes não conseguem correr com muita rapidez, a capacidade de andar longas distâncias durante o dia sem se superaquecer foi provavelmente uma adaptação decisiva para caçadores-coletores primitivos na África, permitindo-lhes procurar comida quando era menos provável que carnívoros os matassem. O ator inglês Noël Coward gracejou uma vez que só "cachorros loucos e ingleses saem ao sol do meio-dia", mas ele deveria ter escrito "cachorros loucos e hominíneos".

Uma maneira simples pela qual nos mantemos frescos é sendo bípedes. Ficar parado e andar ereto diminui enormemente a extensão da superfície do corpo que é exposta à radiação solar direta, reduzindo o grau em que o sol nos aquece.[27] Tostamos sobretudo o topo da cabeça e os ombros, mas quadrúpedes também queimam costas e pescoços inteiros. Outra adaptação é a forma mais alta, de membros mais longos, do corpo do *H. erectus* comparado ao dos australopitecos. Um corpo de forma mais esticada nos ajuda a nos resfriar por meio do suor, quando secretamos água na superfície do corpo. Ao evaporar, o suor resfria a pele, e assim o sangue sob ela. Por essa razão, populações humanas que evoluíram em hábitats quentes e áridos foram selecionadas para ter maiores áreas de superfície em relação à massa do corpo, sendo mais altas, de membros mais longos e mais esbeltas que populações adaptadas a hábitats mais frios (pense num alto tútsi comparado a um inuíte). O quão estreitos eram os quadris de *H. erectus* continua sendo objeto de debate, mas sua forma geral devia ajudá-los a se livrar do calor sob o sol do meio-dia.[28]

Uma última e especialmente encantadora adaptação que herdamos de espécies primitivas do gênero *Homo* para nos manter resfriados quando caminhamos é um nariz externo proeminente. Faces australopitecas revelam que eles tinham narizes chatos muito parecidos com os de um macaco antropoide ou qualquer outro mamífero, mas as margens voltadas para fora da cavidade nasal em *H. habilis* e *H. erectus* indicam a presença de um probóscide semelhante ao humano que se projetava da face.[29] Além de atraente (para nós), nosso singular nariz externo desempenha um papel importante na termorregulação por gerar turbulência no ar que inalamos através do nariz interno. Quando um macaco antropoide ou um cão inspira através do nariz, o ar flui para dentro numa linha reta pelas narinas e entra no nariz interno. Mas, quando seres humanos inalam nasalmente, o ar sobe pelas narinas, faz uma volta de noventa graus e depois passa por outro par de válvulas para chegar ao nariz interno. Essas características incomuns fazem com que o ar rodopie em vórtices caóticos. Embora exija que os pulmões trabalhem um pouco mais, essa turbulência aumenta o contato entre o ar e as membranas mucosas que forram o nariz interno. Muco retém muita água, mas não com muita força. Assim, quando você inala ar quente e seco através de um nariz externo, o fluxo turbulento resultante aumenta a capacidade de umedecer o ar do nariz interno. Esse umedecimento é importante porque o ar inspirado precisa estar saturado de água para que os pulmões não ressequem. De maneira igualmente importante, a turbulência ajuda o nariz a recapturar essa umidade quando expiramos.[30] A evolução de grandes narizes externos em *Homo* primitivo é forte evidência de seleção para caminhar longas distâncias em condições quentes e secas sem desidratar.

Desenvolvidos para correr

Caminhar longas distâncias é fundamental para um caçador-coletor, mas às vezes é preciso correr. Uma motivação poderosa é chegar depressa a uma árvore ou a algum outro refúgio ao ser perseguido por um predador. Embora a pessoa só precise correr mais depressa que o companheiro quando um leão a persegue, seres humanos bípedes são relativamente lentos. Os seres humanos mais rápidos do mundo conseguem correr a 37 quilômetros por hora durante cerca de dez a vinte segundos, ao passo que um leão mediano pode correr com uma velocidade no mínimo duas vezes maior durante minutos. Como nós, espécies primitivas do gênero *Homo* deviam ser corredores de curta distância patéticos, cujas arremetidas aterrorizadas eram com demasiada frequência ineficazes. Há, contudo, abundantes evidências de que na época do *H. erectus* nossos ancestrais já haviam desenvolvido excepcionais capacidades de correr longas distâncias a velocidades moderadas em condições quentes. As adaptações subjacentes a essas capacidades ajudaram a transformar o corpo humano de maneiras decisivas e explicam por que seres humanos, mesmo atletas amadores, estão entre os melhores corredores de longa distância no mundo mamífero.

Atualmente, seres humanos correm longas distâncias para manter a forma, ir e voltar do trabalho ou simplesmente se divertir, mas a luta para obter carne esteve na base das origens da corrida de resistência. Tente imaginar como era para os primeiros seres humanos caçar ou procurar alimentos 2 milhões de anos atrás. A maioria dos carnívoros mata usando uma combinação de velocidade e força. Grandes predadores, como leões e leopardos, acossam a presa ou se precipitam sobre ela e em seguida a liquidam com força letal. Esses perigosos carnívoros podem correr a até setenta quilômetros por hora, e possuem armas naturais aterrorizantes: caninos em forma de adaga, garras afiadas como navalhas e patas pesadas para ajudá-los a mutilar e matar. Caçadores e necrófagos, como hienas, abutres e chacais, também precisam correr e lutar porque carcaças são recursos evanescentes, intensamente disputados, que se tornam rapidamente um confuso ponto focal de ferozes combatentes quando outros perigosos necrófagos disputam a chance de descarná-las até o osso.[31] Hoje, caçamos e nos defendemos usando tecnologias como armas projéteis, mas o arco e flecha foi inventado menos de 500 mil anos atrás.[32] As armas mais letais disponíveis aos primeiros caçadores-coletores eram varas de madeira de pontas aguçadas, porretes e pedras. Deve ter sido extremamente perigoso e difícil para hominíneos lentos, franzinos e desarmados ingressar na atividade rude, árdua e arriscada de jantar outros animais.

Uma importante solução para esse problema foi a corrida de resistência. Talvez a seleção inicial para correr tenha sido ajudar o *Homo* primitivo a obter animais mortos. Hoje caçadores-coletores por vezes impulsionam a busca de animais mortos observando abutres que dão voltas em círculo no céu, um indício seguro de morte abaixo. Em seguida correm para a carcaça e enxotam corajosamente leões ou outros carnívoros para se banquetear com o que sobrou.[33] Outra estratégia é escutar atentamente à noite os sons de leões caçando, e depois, assim que amanhece, correr para a área antes que outros carniceiros cheguem. Ambas as modalidades de busca de carniça exigem que caçadores-coletores corram longas distâncias. Além disso, depois que obtinham carne, os hominíneos provavelmente se beneficiavam ao fugir correndo com tudo o que pudessem carregar para comer em segurança longe de outros necrófagos.

Caçadores-coletores procuram animais mortos há milhões de anos, mas há evidências arqueológicas de que cerca de 1,9 milhão de anos atrás seres humanos primitivos caçavam grandes animais como gnus e cudos.[34] Se correr era importante para obter animais mortos, imagine como era para os primeiros caçadores, lentos e mal-armados. Se você tivesse de tentar matar um animal grande como uma zebra ou um cudo sem dispor de nada mais letal que um porrete ou uma lança de madeira sem uma ponta especial, preferiria em muitos casos ser vegetariano. Lanças sem ponta especial não podem liquidar um animal a menos que sejam enfiadas de perto.[35] Além disso, os primeiros caçadores do gênero *Homo* certamente não eram rápidos o bastante para correr a toda a velocidade bem perto da presa, e mesmo que conseguissem aproximar-se sorrateiramente dela correriam em seguida o risco de levar um chute ou uma chifrada. Meus colegas David Carrier, Dennis Bramble e eu sustentamos que a solução para esse problema é um antigo método de caça baseado na corrida de resistência chamado caça de persistência.[36] Esse tipo de caça tira proveito de duas características básicas da corrida humana. Primeiro, seres humanos podem correr longas distâncias a velocidades que exigem que quadrúpedes passem de um trote para um galope. Segundo, ao correr, seres humanos se resfriam suando, mas animais quadrúpedes se resfriam arquejando, o que não podem fazer quando galopam.[37] Portanto, ainda que zebras e gnus possam galopar muito mais rapidamente que qualquer ser humano correndo a toda a velocidade, podemos caçar e matar essas criaturas mais rápidas forçando-as a galopar no calor por um longo tempo, levando-as por fim a superaquecer e desfalecer. É exatamente isso que caçadores de persistência fazem. Tipicamente, um caçador ou um grupo de caçadores escolhe um mamífero grande (com frequência o maior possível) para perseguir no meio do dia quando faz calor.[38] No início da perseguição, o animal sai galopando para encontrar um lugar sombreado onde se esconder e se resfriar arquejando. Mas os caçadores rapidamente seguem seu rastro, muitas vezes andando, e voltam a persegui-lo correndo, fazendo o animal apavorado galopar antes de ter tido tempo de se resfriar completamente. Por fim, após muitos ciclos de rastreamento e perseguição – uma combinação de caminhada e corrida –, a temperatura corporal do animal eleva-se a níveis letais, fazendo-o desfalecer em consequência de um ataque cardíaco. Nesse momento, o caçador pode matá-lo em segurança, com facilidade e sem armas sofisticadas. As únicas coisas de que precisa são: capacidade tanto de correr quanto de caminhar longas distâncias (por vezes cerca de trinta quilômetros), inteligência para rastrear, hábitats parcialmente abertos e acesso a água potável antes e após a caçada.

A caça de persistência tornou-se rara depois da invenção do arco e flecha, bem como de outras tecnologias como redes, domesticação de cães e armas de fogo, mas ainda assim há relatos recentes de caça de persistência em muitas partes do mundo, inclusive por boxímanes no sul da África, indígenas americanos nas Américas do Norte e do Sul e aborígenes na Austrália.[39] Os persistentes vestígios desse legado residem no corpo humano, que é repleto de adaptações que nos tornam excepcionais na corrida de longa distância, muitas das quais surgem no *H. erectus*.

Uma das mais importantes adaptações para a corrida humana é nossa capacidade singular de nos resfriar suando em vez de arquejar, graças a milhões de glândulas sudoríparas combinadas com falta de pelo. A maioria dos mamíferos só tem glândulas sudoríparas nas palmas, mas macacos antropoides e outros macacos do Velho Mundo têm algumas em outros lugares do corpo, e em algum momento na evolução humana o número de nossas glândulas aumentou exuberantemente para algo entre 5 e 10 milhões.[40] Quando nos aquecemos, as glândulas sudoríparas secretam principalmente água na superfície do corpo. Quando o suor evapora, ele resfria a pele, o sangue sob ela e em seguida todo o corpo.[41] Seres humanos podem suar mais de um litro por hora, o suficiente para resfriar um atleta que esteja correndo energicamente em condições quentes. Embora a temperatura por ocasião da maratona feminina nos Jogos Olímpicos de Atenas em 2004 tenha chegado a 35°C, taxas elevadas de suor permitiram à vencedora correr a uma velocidade média de 17,3 quilômetros por hora durante mais de duas horas sem superaquecer! Nenhum outro mamífero pode fazer isso por falta de glândulas sudoríparas e porque a maioria dos mamíferos é coberta com pelo. O pelo é útil para refletir radiação solar, protegendo a pele tal como um chapéu, e para atrair parceiros sexuais, mas impede que o ar circule perto da pele e o suor evapore. Os seres humanos têm na realidade a mesma densidade de pelos que um chimpanzé, mas a maior parte destes é muito fina, como penugem de pêssego.[42] Ainda não sabemos quando desenvolveram um grande número de glândulas sudoríparas e perderam o pelo, mas suspeito que essas adaptações ou se desenvolveram inicialmente no gênero *Homo* ou se iniciaram em *Australopithecus* e depois se aperfeiçoaram em *Homo*.

Embora pelo e glândulas sudoríparas não fossilizem, seres humanos têm nos músculos e ossos dezenas de adaptações adicionais para corrida de resistência que aparecem primeiramente em fósseis de *H. erectus*. A maior parte desses traços nos permite usar nossas pernas como molas gigantes para saltar com eficiência de uma perna para a outra de uma maneira totalmente diferente do andar, que usa as pernas como pêndulos. Como mostra a figura 7, quando nossos pés batem no chão durante uma corrida, nossos quadris, joelhos e tornozelos flexionam durante a primeira metade do apoio, fazendo nosso centro de massa cair, esticando assim muitos dos músculos e tendões nas nossas pernas.[43] Quando esses tecidos se esticam, eles armazenam energia elástica, que liberam ao recuar durante a segunda metade do apoio, ajudando-nos a saltar no ar. De fato, as pernas de um ser humano que corre armazenam e liberam energia de maneira tão eficiente que correr é apenas 30% a 50% mais dispendioso que andar na faixa da velocidade de resistência. Mais ainda, essas molas são tão eficientes que tornam o custo da corrida humana de resistência (mas não da corrida de velocidade) independente da velocidade: custa o mesmo número de calorias correr cinco milhas a uma velocidade de sete ou de dez minutos por milhas, fenômeno que muito acham incompreensível.[44]

Como a corrida usa pernas como molas, algumas de nossas mais importantes adaptações para correr são literalmente isso. Uma mola de importância decisiva é o arco em forma de domo do pé, que se desenvolve a partir da maneira como os ligamentos e músculos prendem os ossos do pé uns aos outros quando as crianças começam a andar e a correr. Como foi discutido antes, os pés dos australopitecos tinham um arco parcial para ajudá-los a enrijecê-los para caminhar, mas seus arcos não eram provavelmente nem tão convexos nem tão estáveis quanto os nossos, o que significa que não podiam funcionar com igual eficiência como molas. Embora não tenhamos nenhum pé inteiro do *Homo* primitivo, pegadas e pés parciais indicam que o *H. erectus* tinha um arco igual ao humano. Um arco completo e elástico não é necessário para andar (pergunte a qualquer pessoa com pés chatos), mas sua ação semelhante à de uma mola ajuda a reduzir o custo da corrida em cerca de 17%.[45] Outra nova mola importante da perna humana é o tendão de aquiles. Ele tem menos de um centímetro de comprimento em chimpanzés e gorilas, mas em seres humanos em geral tem mais de dez e é muito grosso, armazenando e liberando quase 35% da energia mecânica gerada pelo corpo quando está correndo, mas não andando. Infelizmente, tendões não fossilizam, mas o tamanho pequeno do local em que o tendão de aquiles se prende nos ossos do calcanhar de australopitecos sugere que era tão reduzido neles quanto em macacos antropoides africanos, e que foi no gênero *Homo* que começou a se expandir.

Muitas adaptações reveladoras que o gênero humano desenvolveu para correr funcionam para estabilizar o corpo. A corrida consiste essencialmente em saltar de uma perna para a outra, o que faz dela uma marcha menos estável que o andar; mesmo receber uma leve cotovelada ou pousar o pé num terreno irregular ou numa casca de banana podem facilmente derrubar e machucar um corredor. Embora ferimentos como tornozelos torcidos sejam problemas hoje, 2 milhões de anos atrás na savana eles eram sentenças de morte potenciais. Assim, desde *Homo erectus* nós nos beneficiamos de uma série de novas características, da cabeça aos pés, que nos ajudam a evitar quedas quando corremos. Nenhuma delas é mais proeminente que o glúteo máximo, o maior músculo no corpo humano. Esse enorme músculo fica quase inativo quando andamos, mas se contrai muito vigorosamente quando corremos para impedir que o tronco caia para a frente a cada passo.[46] (Você mesmo pode testar isso segurando suas nádegas enquanto anda e corre: sinta quão mais intensamente o músculo se contrai na corrida.) Macacos antropoides têm um glúteo máximo pequeno, e podemos distinguir a partir de ossos fósseis de quadril que ele era relativamente modesto em australopitecos e expandiu-se pela primeira vez em *H. erectus*. Músculos grandes no traseiro também ajudam a trepar em árvores e correr a toda a velocidade, mas, como australopitecos deviam se ocupar dessas atividades tanto se não mais que *H. erectus*, a expansão do músculo se deu fundamentalmente para a corrida de longa distância.

Outro conjunto vital de adaptações que apareceu pela primeira vez no *Homo* primitivo funciona para ajudar a estabilizar a cabeça quando corremos. Diferentemente de andar, correr é uma marcha sacolejante que faz nossa cabeça se mover bruscamente de um lado para o outro com rapidez suficiente para enevoar nossa visão se isso não for refreado. Para apreciar esse problema, observe um corredor com um rabo de cavalo: as forças que agem sobre a cabeça oscilam o rabo de cavalo num movimento em forma de oito a cada passo, ao mesmo tempo que a cabeça se mantém razoavelmente parada – evidência de que mecanismos de estabilização invisíveis estão em ação. Como os seres humanos têm pescoço curto que se prende à base do crânio, não podemos flexioná-lo e estendê-lo para estabilizar a cabeça, como fazem os quadrúpedes. Em vez disso, desenvolvemos um novo conjunto de mecanismos para manter o olhar firme. Uma dessas adaptações são órgãos sensoriais de equilíbrio aumentados, os canais semicirculares do ouvido interno. Eles funcionam como giroscópios, percebendo com que rapidez a cabeça se inclina, balança, dá guinadas, e provocando então reflexos que fazem os músculos dos olhos e do pescoço neutralizarem esses movimentos (mesmo quando estamos de olhos fechados). Como canais semicirculares maiores são mais sensíveis, animais como cães e coelhos, cuja cabeça sacode com frequência, tendem a ter canais semicirculares maiores que animais mais sedentários. Felizmente, o crânio preserva as dimensões desses canais, por isso sabemos que eles se desenvolveram para ser muito maiores relativamente ao tamanho do corpo em *H. erectus* e seres humanos modernos que em macacos antropoides e australopitecos.[47] Mais uma adaptação especial para amortecer os movimentos de vaivém de nossa cabeça é o ligamento nucal. Esse estranho detalhe anatômico, detectável pela primeira vez no *Homo* primitivo, ausente em macacos antropoides e australopitecos, é como uma tira de borracha que conecta a nuca aos braços ao longo da linha mediana do pescoço. Cada vez que batemos o pé no chão, o ombro e o braço daquele lado do corpo caem exatamente quando nossa cabeça se inclina para a frente. Ao conectar a cabeça com o braço, o ligamento nucal permite que nosso braço em queda empurre suavemente a cabeça para trás, mantendo-a estável.[48]

Como você poderia esperar, há traços adicionais no corpo humano que nos ajudam a correr com eficiência e que parecem ter se desenvolvido pela primeira vez no gênero *Homo*.[49] Esses traços, sumarizados na figura 9, incluem dedos dos pés relativamente curtos (que o estabilizam);[50] cintura estreita e ombros baixos e largos (ambos ajudam o tronco do corredor a se torcer independentemente dos quadris e da cabeça);[51] e uma predominância de fibras musculares de contração lenta nas pernas (que nos dão resistência, mas comprometem a velocidade).[52] Muitos dos traços beneficiam tanto a corrida quanto a caminhada, mas alguns, como glúteo máximo grande, ligamento nucal, canais semicirculares grandes e dedos do pé curtos, não afetam a qualidade de nosso andar e são úteis fundamentalmente quando corremos, o que significa que são adaptações para isso. Esses traços sugerem que houve forte seleção no gênero *Homo* não apenas para andar, mas também para correr, presumivelmente para a procura de animais mortos e a caça. Considere também que algumas dessas adaptações, especialmente pernas longas e dedos dos pés curtos, comprometem nossa capacidade de subir em árvores. A seleção para correr pode ter levado os membros do gênero humano a se tornar os primeiros primatas desajeitados em árvores.

Em suma, os benefícios de adquirir carne por meio da procura de animais mortos e da caça explicam muitas transformações do corpo humano evidentes pela primeira vez em espécies primitivas do gênero *Homo* que permitiram a caçadores-coletores primitivos não só andar, mas também correr longas distâncias. Não é possível saber se um *H. erectus* seria capaz de ultrapassar um ser humano hoje, mas não há dúvida de que esses ancestrais deixaram um legado de adaptações espalhadas por todo o nosso corpo que explica como e por que os seres humanos são um dos poucos mamíferos que podem correr longas distâncias com facilidade e o fazem, e por que somos os únicos mamíferos capazes de disputar maratonas no calor.

Nós e as ferramentas

Você seria capaz de viver sem ferramentas? Costumava-se pensar que só seres humanos as fabricavam, mas na realidade algumas outras espécies, como os chimpanzés, usam ocasionalmente ferramentas simples, como pedras para quebrar castanhas ou galhos modificados para pescar cupins.[53] No entanto, desde que a caça e a coleta se desenvolveram, a sobrevivência humana dependeu intensamente de ferramentas para desenterrar plantas, caçar e retalhar animais, processar alimentos, e mais. Seres humanos vêm fazendo ferramentas de pedra há pelo menos 2,6 milhões de anos (talvez até mais), e hoje uma ampla variedade de ferramentas sofisticadas é onipresente em todas as populações humanas em todos os cantos da Terra. Não deveria surpreender que a seleção para fazer e usar ferramentas explique várias características distintivas no corpo humano que evoluíram pela primeira vez no gênero *Homo*.

Se há uma parte do corpo humano que reflete mais diretamente nossa dependência de ferramentas, é a mão. Chimpanzés e outros macacos antropoides geralmente seguram objetos da maneira como você poderia segurar o cabo de um martelo, usando os dedos para apertá-lo na palma (preensão). Por vezes chimpanzés seguram um objeto pequeno entre o lado do polegar e o lado do primeiro dedo, mas eles não conseguem segurar lápis ou outras ferramentas de maneira precisa entre a almofada carnuda do polegar e as pontas dos dedos opositores.[54] Seres humanos conseguem segurar dessa maneira porque temos polegares relativamente longos e dedos curtos, bem como músculos do polegar muito fortes e ossos dos dedos robustos com grandes articulações.[55] Se algum dia você tentasse fazer ferramentas de pedra e usá-las para retalhar um animal, avaliaria rapidamente como a combinação de precisão e força devia ser importante para caçadores-coletores primitivos. É preciso ter força para bater duas pedras uma contra a outra repetidamente para fazer ferramentas, e para segurar ferramentas feitas com lascas de pedra numa preensão de precisão enquanto se esfola e escarna uma carcaça; e há que ter extraordinária força nos dedos à medida que a ferramenta perde o fio com o uso e fica escorregadia por causa da gordura e do sangue.[56] Australopitecos gráceis como Lucy tinham mãos intermediárias entre as dos macacos antropoides e as dos seres humanos, e eram certamente capazes de segurar e usar varas de escavar, mas mãos capazes de fortes preensões de precisão são inequivocamente evidentes por volta de 2 milhões de anos atrás.[57] De fato, foi o fóssil de uma mão quase moderna encontrado na garganta de Olduvai que ajudou a inspirar Louis Leakey e colegas a dar o nome *Homo habilis* (homem hábil) à mais antiga espécie do gênero humano.

Outra habilidade relacionada a ferramentas que se desenvolveu aparentemente no gênero *Homo* e que ajudou a mudar nosso corpo é a de arremessar. Ainda que faltassem aos primeiros caçadores lanças com pontas especiais para matar animais a partir de certa distância, eles tinham de arremessar ou impelir com força armas simples semelhantes a dardos. Só seres humanos são capazes disso. Chimpanzés e outros primatas às vezes atiram pedras, galhos e coisas asquerosas como fezes com razoável pontaria, mas não conseguem arremessar coisa alguma com uma combinação de velocidade e precisão. O que fazem é jogar desajeitadamente com o cotovelo reto, usando apenas o tronco. Nós arremessamos de maneira totalmente diferente, em geral começando com um passo na direção do arremesso, com o tronco de lado, o cotovelo flexionado e o braço virado para cima atrás do resto do corpo. Geramos em seguida enormes quantidades de energia de maneira semelhante a uma chicotada ao girar a cintura e depois o tronco, o que desencadeia movimentos para a frente no ombro, cotovelo e finalmente punho. Embora as pernas e a cintura sejam importantes para arremessar com força, a maior parte da energia de um arremesso vem do ombro, que carregamos como uma catapulta ao virar o braço para cima atrás da cabeça.[58] Ao soltar exatamente no momento certo, seres humanos são capazes de arremessar projéteis como lanças, pedras e bolas de beisebol a até 160 quilômetros por hora com absoluta precisão. A execução correta dessa sequência de movimentos requer muita prática, bem como a anatomia apropriada; parte dela evoluiu pela primeira vez em australopitecos, mas só aparece toda em combinação no *H. erectus*. Ela inclui uma cintura extremamente móvel, ombros baixos e largos, uma articulação do ombro orientada para o lado, e não mais verticalmente, e um punho extremamente extensível.[59] Os caçadores *H. erecutus* foram os primeiros bons arremessadores.

Seres humanos precisam de ferramentas não apenas para caçar e retalhar o animal, mas também para processar alimentos. Tente comer carne crua sem usar ferramentas para cortar, moer ou amaciar o que quer que seja. Você será capaz de comer alimentos como alface, cenouras ou maçãs, mas comidas rijas como carne ou tubérculos lhe parecerão difíceis de engolir. O cozimento provavelmente não foi inventado até menos de 1 milhão de anos atrás, mas pedras e ossos dos mais antigos sítios arqueológicos mostram que espécies primitivas de *Homo* começaram a cortar e socar muitos alimentos antes de mastigar.[60] Mesmo um processamento tão básico do alimento produz benefícios. Um deles é reduzir o tempo e o esforço necessário para mastigar e digerir. Diferentemente de chimpanzés, que passam mais da metade do dia comendo e digerindo, caçadores-coletores que usam ferramentas têm mais tempo livre para procurar alimentos, caçar e fazer outras coisas úteis. Além disso, o simples amaciamento de um tubérculo ou de um bife antes de mastigá-lo o torna mais digerível e aumenta de maneira significativa a quantidade de calorias que fornece.[61] Por fim, o processamento permite que dentes e músculos mastigatórios sejam menores. Como vimos antes, os australopitecos desenvolveram molares extremamente grossos e músculos mastigatórios enormes para desintegrar grandes quantidades de comida dura. No entanto, os molares de *H. erectus* encolheram cerca de 25% para ficar quase do tamanho dos molares de um ser humano moderno,[62] e seus músculos mastigatórios também diminuíram até quase o tamanho moderno. Essas reduções, por sua vez, permitiram seleção para encurtar a parte inferior da face no gênero *Homo*. Somos os únicos primatas sem focinho, em parte graças a ferramentas.

Tripas e miolos

Em geral pensamos com o cérebro, mas de vez em quando parece que o sistema digestivo assume o comando e toma decisões em nome do resto do corpo. Instintos viscerais são na verdade mais do que meros impulsos ou intuições, e põem em destaque elos vitais entre o cérebro e o intestino que mudaram de maneira decisiva no gênero *Homo* após a origem da caça e da coleta.

Para apreciar de que maneira a seleção para caçar e coletar favoreceu mudanças no cérebro e no intestino e a relação entre essas duas partes do corpo, é útil considerar que esses órgãos são ambos tecidos dispendiosos cujo crescimento e cuja manutenção custam muita energia. De fato, tanto o cérebro quanto o intestino consomem cerca de 15% do custo metabólico basal do corpo, e cada uma dessas partes requer quantidades semelhantes de suprimento de sangue para liberar oxigênio e combustível e remover resíduos.[63] Nosso intestino também tem cerca de 100 milhões de nervos, mais do que o número deles existente em todo o sistema nervoso periférico. Esse segundo cérebro se desenvolveu centenas de milhões de anos atrás para monitorar e regular as atividades complexas do intestino, que incluem desintegrar alimento, absorver nutrientes e passar comida e resíduos da boca até o ânus.

Uma estranha característica dos seres humanos é que nosso cérebro e nosso trato gastrintestinal (quando vazio) têm tamanhos semelhantes, cada um pesando pouco mais de um quilo. Na maioria dos mamíferos de igual massa corporal, o cérebro tem cerca de um quinto do tamanho do cérebro humano, ao passo que o intestino é duas vezes maior.[64] Em outras palavras, seres humanos têm intestino relativamente pequeno e cérebro grande. Num estudo de importância capital, Leslie Aiello e Peter Wheeler propuseram que nossa razão singular de cérebro/intestino teria sido o resultado de uma profunda mudança energética que começou com os primeiros caçadores-coletores, na qual as espécies primitivas de *Homo* abriram mão de intestino grande em favor de cérebro grande mudando para dietas de mais alta qualidade.[65] Segundo essa lógica, ao incorporar carne à dieta e se valer mais do processamento de alimentos, o *Homo* primitivo tornou-se capaz de gastar muito menos energia digerindo sua comida e pôde assim dedicar mais a desenvolver um cérebro maior e pagar por ele. Em termos de números reais, cérebros de australopitecos tinham cerca de 400 a 550 gramas; cérebros de *H. habilis* eram ligeiramente maiores, com cerca de 500 a 700 gramas; e o tamanho de cérebros de *H. erectus* primitivos variava de 600 gramas a um quilo. Quando ajustado para o tamanho do corpo, que também ficou maior, um cérebro de *H. erectus* típico era 33% maior que o de um australopiteco.[66] Embora intestinos não se preservem em registro fóssil, alguns teorizam que o *H. erectus* tinha intestino menor que os australopitecos. Nesse caso, os benefícios de caçar e coletar parecem ter tornado possível a evolução de cérebros maiores em parte permitindo aos primeiros seres humanos contentar-se com intestinos menores.

Cérebros maiores devem ter sido uma vantagem entre os primeiros caçadores-coletores, apesar de seu maior custo energético. Caça e coleta eficientes requerem intensa cooperação por meio do compartilhamento de alimento, informação e outros recursos. Além disso, a cooperação entre caçadores-coletores ocorre não apenas entre parentes, mas também entre quaisquer membros do mesmo grupo.[67] Todo mundo ajuda todo mundo. As mães ajudam uma às outras a procurar alimentos, processá-los e tomar conta dos filhos. Os pais ajudam uns aos outros a caçar, compartilham os espólios de seu sucesso e trabalham juntos para construir abrigos, defender recurso etc. Estas e outras formas de cooperação, no entanto, requerem habilidades cognitivas complexas além daquelas dos macacos antropoides. Para cooperar com eficiência é preciso ter uma boa teoria da mente (intuir o que a outra pessoa está pensando), a habilidade de se comunicar por meio da linguagem, a faculdade de raciocinar e uma capacidade de reprimir os próprios impulsos. Para caçar e coletar é preciso ter também boa memória para lembrar onde e quando encontrar diferentes alimentos, bem como uma mente de naturalista para prever onde estarão. O rastreamento, em particular, requer muitas habilidades cognitivas sofisticadas, entre as quais pensamento tanto dedutivo quanto indutivo.[68] Sem dúvida os primeiros caçadores-coletores 2 milhões de anos atrás não eram tão avançados cognitivamente quanto as pessoas hoje, mas deviam se beneficiar da posse de cérebros maiores que os dos australopitecos. Depois, quando a caça e a coleta tornaram-se bem-sucedidas o suficiente para disponibilizar mais energia, esse modo de vida permitiu seleção para cérebros ainda maiores. Não foi por coincidência que aumentos consideráveis no tamanho do cérebro ocorreram após a origem da caça e da coleta.

Algum dia você se preocupou com a possibilidade de ficar preso numa ilha deserta e ter de se tornar um caçador-coletor para sobreviver? Volta e meia isso realmente acontece, e o caso mais famoso foi o de Alexander Selkirk, a inspiração para Robinson Crusoé, que aprendeu a perseguir bodes selvagens descalço quando ficou preso numa ilha minúscula quase 650 quilômetros a oeste do Chile.[69] Outro exemplo é Marguerite de La Rocque, uma nobre francesa que em 1541 passou vários anos abandonada numa ilha ao largo da costa do Quebec com seu amante, uma criada e pouco depois seu novo bebê. Infelizmente, desse infeliz quarteto apenas Marguerite sobreviveu; ela morou numa cabana improvisada, colheu plantas comestíveis e caçou animais selvagens com armas simples até ser finalmente resgatada.[70] Estas e outras histórias de sobrevivência ilustram várias características humanas singulares que a maioria de nós mal percebe: a capacidade de caçar para obter carne e de colher plantas, a capacidade de fazer e usar ferramentas, e a resistência. Todas essas qualidades distintivas remontam às origens do gênero humano, em especial a *H. erectus*.

Mas Alexander e Marguerite não eram *H. erectus*. Eles não só tinham cérebro muito maior, como também se reproduziam e cresciam de maneira muito diferente de seus antigos progenitores, e pensavam, comunicavam-se e comportavam-se de outra maneira, profundamente diferente. Essas diferenças põem em destaque o sucesso da caça e da coleta, uma vez que esse modo de vida se desenvolveu e depois desencadeou outras importantes mudanças no corpo humano à medida que as vicissitudes da Idade do Gelo continuavam a alterar, rápida e repetidamente, os hábitats em que o gênero humano ainda lutava para sobreviver.

5. Energia na Idade do Gelo

Como desenvolvemos cérebro grande e corpo grande, gordo e cada vez maior

> Devemos simplesmente equilibrar nossas demandas de energia com nossos recursos em rápida redução. Agindo agora podemos controlar o futuro em vez de deixar que o futuro nos controle.
>
> Jimmy Carter (1977)

Imagine que uma família de *H. erectus* de 2 milhões de anos atrás foi clonada ou transportada de alguma maneira para o século XXI e obteve permissão para caçar e coletar no Serengeti. Se você pudesse vislumbrá-los quando estivesse num safári, pensaria que seus corpos se parecem de certo modo com os das pessoas da sua família do pescoço para baixo, mas perceberia também que esses seres humanos primordiais eram significativamente diferentes em vários aspectos fundamentais. O cérebro deles seria muito menor, e o rosto seria grande e sem queixo, com enormes arcadas supraciliares sob a testa longa e inclinada. Se você pudesse observá-los por muitos anos, descobriria que seus filhos amadureciam muito mais depressa que seres humanos modernos, tornando-se plenamente adultos aos doze ou treze anos, e é possível que tivessem bebês numa taxa menor que caçadores-coletores hoje. Suspeito também que seriam magricelas, com muito menos gordura corporal que mesmo a mais esquelética das *top models* de hoje. Essas diferenças realçam como, depois que o gênero *Homo* surgiu, nossos ancestrais continuaram a se desenvolver em aspectos importantes, tornando-se finalmente pessoas de cérebro grande, amadurecimento lento e reprodução rápida, com mais gordura corporal que qualquer outra espécie de primata. Essas mudanças ocorreram provavelmente de maneira gradual, mas refletem uma profunda revolução no modo como nosso corpo usa energia que armou o palco para a evolução de nossa espécie, *Homo sapiens*.

Talvez você não perceba que seu corpo usa energia de uma maneira especial, mas ele o faz. Para compreender a maneira excepcional como adquirimos, armazenamos e despendemos energia, considere que a vida é fundamentalmente uma maneira de usar energia para fazer mais vida. Todos os organismos – de bactérias a baleias – passam seus dias sobretudo obtendo energia de alimento e depois gastando-a para crescer, sobreviver e se reproduzir. Como a seleção natural favorece indivíduos com adaptações que os ajudam a ter mais crias sobreviventes que outros em sua população, a evolução impele inevitavelmente os organismos a adquirir e usar energia de maneiras que aumentem o número de filhos e netos sobreviventes. A maioria dos organismos, como camundongos, aranhas e salmões, faz isso gastando a menor quantidade possível de energia para crescer e a maior quantidade possível para se reproduzir. Essas espécies amadurecem rapidamente, e produzem dezenas, centenas ou até milhares de ovos ou bebês em suas curtas vidas. Embora a maior parte de sua progênie pereça, algumas crias muito afortunadas sobrevivem. Essa estratégia de investimento mínimo – viva rapidamente, morra jovem e procrie prodigamente – faz sentido quando os recursos são imprevisíveis e a mortalidade é alta. Se a vida é arriscada, procure obter retornos rápidos e baratos.

Na maioria dos aspectos, os seres humanos são uma de um número relativamente pequeno de espécies que desenvolveram uma estratégia muito diferente de investir mais energia para se reproduzir mais lentamente. Como os macacos antropoides e os elefantes, nós amadurecemos num ritmo vagaroso, desenvolvemos corpos grandes e temos poucos bebês, mas dedicamos muito tempo e energia a criá-los bem. Essa estratégia incomum tem sucesso porque, embora macacos antropoides e elefantes produzam menos bebês que camundongos, uma maior porcentagem de sua prole sobrevive para depois se reproduzir. Um camundongo doméstico pode se tornar mãe com apenas cinco semanas de idade, tem quatro a dez filhotes por ninhada, e pode ter uma nova ninhada a cada dois meses ao longo de sua vida de aproximadamente doze meses. No entanto, a vasta maioria de seus filhotes morre jovem. Em contraposição, uma mãe chimpanzé ou elefante não se reproduz até ter ao menos doze anos de idade, e dá à luz apenas um filhote a cada cinco ou seis anos ao longo dos cerca de trinta seguintes. Cerca da metade desses filhotes consegue chegar a se reproduzir. Essa estratégia de alto investimento – viva devagar, morra velho e reproduza conservadoramente – só pode se desenvolver quando os recursos são previsíveis e a mortalidade infantil é baixa.[1]

Os seres humanos obviamente usam energia e se reproduzem muito mais como os chimpanzés do que como os camundongos, mas durante o curso da Idade do Gelo o gênero humano alterou essa estratégia de uma maneira extraordinária, espantosa e significativa. Por um lado, nossos ancestrais intensificaram a estratégia dos macacos antropoides ao evoluírem para gastar ainda mais tempo e energia no desenvolvimento de seus corpos. Enquanto chimpanzés amadurecem em doze ou treze anos, seres humanos levam cerca de dezoito para amadurecer, e gastamos consideravelmente mais energia para desenvolver corpos maiores, mais dispendiosos com cérebros vastamente expandidos, que consomem uma maior porcentagem de nosso orçamento diário de energia. Em outras palavras, seres humanos investem uma quantidade maior de energia em termos absolutos que macacos antropoides simplesmente para desenvolver e manter seu corpo. Apesar disso, ao mesmo tempo, evoluímos para acelerar a taxa de reprodução. Caçadores-coletores têm bebês tipicamente a cada três anos, quase o dobro da taxa dos chimpanzés. Além disso, como bebês humanos levam um tempo tão mais longo para amadurecer, mães caçadoras-coletoras devem cuidar de jovens bebês ao mesmo tempo que continuam a alimentar crianças mais velhas, ainda imaturas, que não estão prontas para procurar alimento por conta própria, e a cuidar delas. Nenhuma mãe entre os macacos antropoides teve de enfrentar esse tipo de desafio ao cuidar de seus filhotes. Em essência, nós nos desenvolvemos para combinar com sucesso as estratégias do macaco antropoide e do camundongo de uma maneira completamente nova. Para tanto, contudo, foi necessária uma revolução energética que ainda tem profundas consequências para a saúde humana.

A maneira como o gênero humano desenvolveu essa estratégia singular de usar mais energia para desenvolver corpos maiores, com mais cérebro, para um tempo de vida mais longo, reproduzindo-se mais depressa ao mesmo tempo, foi a transformação fundamental seguinte na história do corpo humano. Essa parte da história começa aproximadamente na aurora da Idade do Gelo, logo após a invenção da caça e da coleta e das origens do *H. erectus*.

Sobrevivência e expansão na Idade do Gelo

Quando deixamos nosso herói, *H. erectus*, ele acabara de se desenvolver. Os mais antigos fósseis da espécie desenterrados até agora vêm do Quênia e datam de 1,9 milhão de anos atrás, mas ele (ou variantes muito estreitamente relacionadas)[2] aparece pouco depois em outras partes do Velho Mundo. Os fósseis mais antigos fora da África que temos hoje datam de um sítio de 1,8 milhão de anos, Dmanisi, aninhado numa região montanhosa da Geórgia, entre os mares Cáspio e Negro. Se os cerca de meia dúzia de indivíduos desenterrados ali até agora forem verdadeiramente *H. erectus*, eles estão entre os menores fósseis dessa espécie já encontrados. Entre eles há um velho desdentado, que provavelmente precisava de ajuda para mastigar a comida.[3] Outras descobertas indicam que o *H. erectus* se espalhou a leste na Ásia meridional, provavelmente abaixo do Himalaia, aparecendo em Java 1,6 milhão de anos atrás e na China mais ou menos no mesmo momento.[4] *H. erectus* também se dispersou a oeste ao longo da costa do Mediterrâneo, aparecendo no sul da Europa pelo menos 1,2 milhão de anos atrás.[5] Foi o primeiro hominíneo intercontinental (alguns conjecturam que o *H. habilis* também saiu da África, ideia que discutirei no final do capítulo).

Como e por que o *H. erectus* se globalizou tão rapidamente? Cecil B. DeMille poderia ter dramatizado esse evento como uma migração, talvez com uma longa fila de hominíneos enlameados, de testa grande, parecendo nostálgicos ao caminhar penosamente rumo ao norte para deixar a África ao som de um acompanhamento orquestral em volume crescente. É possível até imaginar um Moisés *H. erectus* primitivo separando as águas do mar Vermelho para conduzir seu clã ao Oriente Médio. Na realidade, não ocorreu uma migração, mas uma dispersão gradual. Dispersões acontecem quando uma população se expande sem aumentar sua densidade, o que é exatamente o que se espera no caso dos primeiros caçadores-coletores modestamente bem-sucedidos. Lembre-se de que eles vivem em pequenos grupos em baixa densidade populacional dentro de enormes territórios. Caso se parecessem com caçadores-coletores modernos, podemos estimar que viviam em grupos de aproximadamente 25 pessoas (cerca de sete ou oito famílias) que habitavam territórios de 250 a quinhentos quilômetros quadrados. Nessa densidade, haveria apenas de seis a doze pessoas vivendo na ilha de Manhattan! Além disso, uma mulher *H. erectus* que sobrevivesse à infância era provavelmente capaz de ter um total de quatro a seis filhos, dos quais apenas metade sobrevivia até a idade adulta. Se usarmos esses números para avaliar uma taxa média de crescimento populacional de cerca de 0,4% ao ano, uma população de *H. erectus* duplicaria em 175 anos, e após meros mil anos aumentaria mais de cinquenta vezes. Como esses caçadores-coletores não viviam em vilas ou cidades, uma população teria uma única maneira de crescer permanecendo ao mesmo tempo numa densidade apropriadamente baixa: grupos excessivamente populosos se dividiriam e se dispersariam por novos territórios. Se um bando inicial de *H. erectus* coletores que vivesse perto de Nairóbi, no Quênia, se dividisse dando origem a um novo bando mais ao norte a cada quinhentos anos, e se o território de cada novo bando tivesse quinhentos quilômetros quadrados e fosse aproximadamente circular, seriam necessários menos de 50 mil anos para que a espécie se dispersasse pelo vale do Nilo acima até o Egito, depois pelo vale do Jordão e por todo o caminho até as montanhas do Cáucaso.[6] Mesmo que os grupos se dividissem a cada mil anos, ainda seriam necessários menos de 10 mil anos para que o *H. erectus* se dispersasse do leste da África até a Geórgia.

O fato de o *H. erectus* ter se dispersado rapidamente por uma grande área não deveria nos surpreender. Mais digno de nota é que esses caçadores-coletores tenham começado a colonizar hábitats temperados durante a Idade do Gelo. Muita gente pensa na Idade do Gelo como um período em que vastas geleiras cobriam grande parte do planeta, mas ela se caracterizou na realidade por ciclos repetidos de extremo esfriamento em que geleiras se expandiram, seguidos por rápido aquecimento em que elas se contraíam (esses ciclos explicam os zigue-zagues da figura 4). A princípio, esses ciclos eram de intensidade moderada e duravam cerca de 40 mil anos. Depois, a partir de cerca de 1 milhãode anos atrás, os ciclos tornaram-se mais intensos e mais longos, durando cerca de 100 mil anos. Cada ciclo tinha importantes efeitos sobre os hábitats em que seres humanos primitivos tentavam sobreviver. Durante ondas de frio máximas (que começaram a ficar extremas cerca de 50 mil anos atrás), a temperatura média dos oceanos caía vários graus e lâminas de gelo cobriam um terço da superfície da Terra, incorporando mais de 50 milhões de metros cúbicos de água. As geleiras diminuíram o nível do mar em alguns metros, expondo as plataformas continentais. Quando elas estavam em seu máximo, era possível caminhar do Vietnã até Java e Sumatra, ou fazer um passeio através do canal da Mancha, indo da França à Inglaterra. Cada ciclo de mudança climática da Idade do Gelo também alterava distribuições de plantas e animais. Durante períodos frios, a maior parte da Europa central e do norte tornava-se uma inóspita tundra ártica, com pouco para comer além de musgo e renas, e o sul da Europa tornava-se uma floresta de pinheiros repleta de ursos e javalis. Essas condições teriam sido infernais para caçadores-coletores primitivos, especialmente antes da descoberta do fogo, e as evidências sugerem que seres humanos primitivos nunca estiveram presentes ao norte dos Alpes e dos Pireneus durante ondas de frio. Entre períodos glaciais, no entanto, as lâminas de gelo se retiravam para os polos, ricas florestas mediterrâneas retornavam ao sul da Europa, e hipopótamos brincavam no Tâmisa.[7] Seres humanos ocuparam grande parte do Velho Mundo temperado durante esses períodos mais amenos, mais benevolentes.

As populações que viviam na África não eram diretamente afetadas por geleiras, mas também experimentavam ciclos de mudança climática. À medida que a umidade e os níveis de temperatura flutuavam, o Saara, bem como hábitats abertos como savanas, expandia-se e contraía-se alternadamente em relação a florestas e matas abertas.[8] Esses ciclos funcionavam como uma gigantesca bomba ecológica. Durante períodos mais úmidos, quando o Saara encolhia, caçadores-coletores provavelmente prosperavam e se dispersavam a partir da África subsaariana pelo vale do Nilo acima, através do Oriente Médio e depois pela Europa e pela Ásia. Mas durante períodos mais secos, quando o Saara se expandia, caçadores-coletores na África ficavam isolados do resto do mundo. Além disso, durante períodos glaciais mais frios e secos na Europa e na Ásia, *H. erectus* devia enfrentar severa penúria e provavelmente suas populações eram extintas, ou empurradas para o sul, de volta para o Mediterrâneo ou o sul da Ásia.

Em suma, *H. erectus* teve a má sorte de se desenvolver na África no início de uma fase intensamente dinâmica e desafiadora na história da Terra. Apesar disso, em vez de apenas resistir na África, a espécie globalizou-se rapidamente e continuou a se desenvolver na vasta extensão da África e da Eurásia. Examinemos agora mais atentamente quem eram esses seres humanos e como eles não apenas suportaram, mas também prosperaram, durante as drásticas flutuações da Idade do Gelo.

Seres humanos arcaicos da Idade do Gelo

Quando parentes ou companheiros de quarto da faculdade se separam, eles muitas vezes perdem contato, mas quando espécies se dispersam esse isolamento é ainda mais intenso e carregado de consequências. Quando populações muito afastadas tornam-se reprodutivamente separadas, a seleção natural e outros processos evolutivos aleatórios levam-nas a se diferenciar com o correr do tempo. Quem visita as ilhas Galápagos pode observar facilmente esse fenômeno entre as iguanas marinhas, que variam em tamanho e cor o suficiente para que especialistas possam por vezes dizer de que ilha provêm apenas com uma olhadela. O mesmo processo provavelmente ocorreu com o *H. erectus*. À medida que se espalharam por vários continentes e enfrentaram as vicissitudes da Era do Gelo, as populações começaram a variar e mudar, especialmente em tamanho. Em sua maior parte, elas se tornaram maiores, mas em alguns casos diminuíram. Em média, indivíduos *H. erectus* pesavam entre quarenta e setenta quilos e tinham entre 1,30 e 1,85 metro de altura, mas a população de Dmanisi mencionada acima estava no extremo inferior dessa variação, com corpo e cérebro cerca de 25% menores que os de seus primos africanos.[9] Numa tendência mais comum dentro da espécie, no entanto, os cérebros se tornaram maiores em termos tanto absolutos quanto relativos ao longo do tempo. Como mostra o diagrama da figura 10, o tamanho do cérebro quase duplicou no curso da duração da espécie, chegando a níveis quase modernos após 1 milhão de anos.[10] No entanto, apesar dessa e de outras variações, fósseis de *H. erectus* de diferentes momentos e lugares compartilham invariavelmente um conjunto comum

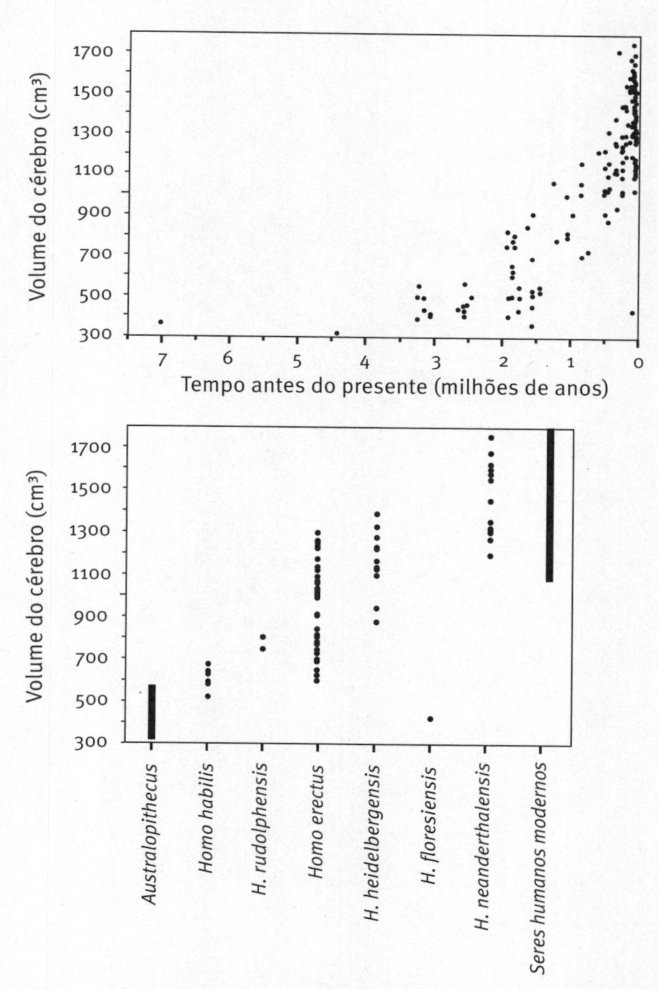

FIGURA 10. Tamanho do cérebro. O gráfico de cima mostra como o volume do cérebro cresceu durante a evolução humana. O gráfico de baixo representa a variação do volume do cérebro em diferentes espécies de hominíneos.

de traços, como mostra a figura 11. Seu crânio é sempre longo e achatado, com testa baixa, uma grande arcada supraciliar e mais uma crista óssea na parte posterior do crânio. Todos têm uma face grande e vertical, com órbitas expressivas e um vasto focinho. Muitos tinham uma ligeira crista de osso (uma quilha) ao longo da linha mediana no alto do crânio. Como discutimos, a forma geral do corpo de *H. erectus* era muito semelhante à dos seres humanos modernos, mas com quadris mais largos, mais abertos e ossos mais grossos no corpo inteiro.

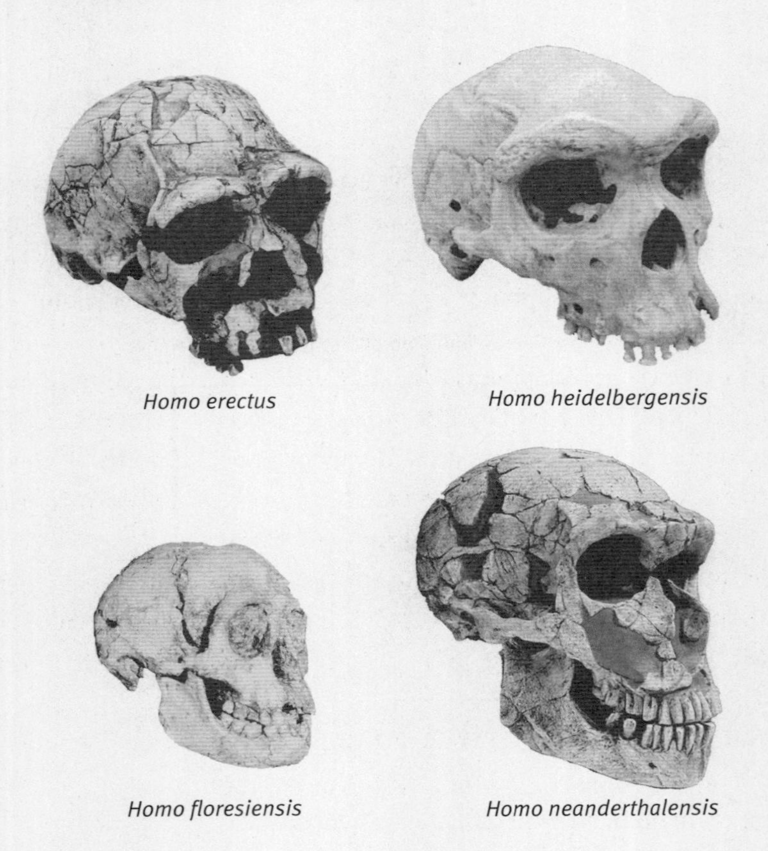

FIGURA 11. Comparação de diferentes espécies de *Homo* arcaico. Todos eles, inclusive o pequenino *Homo floresiensis*, são variações do padrão geral evidente em *Homo erectus*, com uma face grande, vertical e projetada, e um crânio longo e baixo. O tamanho do cérebro e da face, contudo, varia entre as espécies, assim como outros traços. Imagem de *H. floresiensis* cortesia de Peter Brown.

Há 600 mil anos, alguns descendentes de *H. erectus* haviam se diferenciado o suficiente de seus ancestrais para merecerem ser classificados como uma espécie diferente. A mais conhecida é *Homo heidelbergensis*, mostrada na figura 11, que se estendeu desde o sul da África até a Inglaterra e a Alemanha. A mais espetacular coleção de fósseis de *H. heidelbergensis* veio de um único sítio no norte da Espanha, a Sima de los Huesos (Abismo dos Ossos). Aqui, entre 600 e 530 mil anos atrás, pelo menos trinta pessoas foram arrastadas por muitos metros através de um sinuoso túnel natural para as profundezas de um penhasco e jogadas num abismo (presumivelmente depois de mortos). Seu esqueleto fornece um instantâneo único de uma população dessa espécie. Como *H. erectus*, eles tinham crânio longo e baixo com enormes arcadas supraciliares, mas seu cérebro era maior, variando de 1.100 a 1.400 centímetros cúbicos, e sua face era mais larga, com focinho especialmente vasto.[11] Eram também indivíduos grandes, pesando entre 65 e 80 quilos.[12] O *H. erectus* ou persistiu na Ásia ou se desenvolveu numa outra espécie estreitamente relacionada, também com cérebro e face grandes. Um intrigante remanescente desse grupo é um osso de dedo bem preservado proveniente de uma caverna nas montanhas Altai da Sibéria, cerca de 3.200 quilômetros ao norte de Bangladesh. O DNA desse pedaço de osso indica que pertencia a uma mulher descendente de uma linhagem cujos membros, conhecidos atualmente como denisovanos, por sua vez descendiam presumivelmente de *H. erectus* e compartilham um último ancestral com seres humanos e neandertais entre 1 milhão e 500 mil anos atrás.[13] Quem foram os denisovanos continua sendo um mistério, mas, quando seres humanos modernos migraram para a Ásia, houve hibridação com alguns de nós em números muito pequenos.[14]

Muitas vezes é difícil classificar fósseis corretamente segundo a espécie, e não há consenso com relação ao número exato de espécies que descenderam de *H. erectus*, nem com relação a quem gerou quem. O ponto importante é que elas são essencialmente variantes de cérebro grande de *H. erectus*, e quando pensamos sobre a evolução do corpo humano é tanto conveniente quanto sensato agrupá-las usando a termo "*Homo* arcaicos" (coloquialmente, seres humanos arcaicos). Os *Homo* arcaicos, como você poderia prever, eram hábeis caçadores-coletores. As ferramentas de pedra que faziam eram ligeiramente mais sofisticadas e diversificadas que aquelas feitas por *H. erectus*,[15] mas sua maior inovação em matéria de armamento foi a ponta de lança. Lanças sem pontas especiais eram provavelmente feitas desde o início da Idade da Pedra, mas quase nunca são encontradas porque a madeira raramente se preserva.[16] No entanto, por volta de 500 mil anos atrás, *Homo* arcaicos inventaram um novo e engenhoso método de fabricar ferramentas de pedra muito delgadas com formas predeterminadas, inclusive pontas triangulares.[17] O domínio desse método requer grande habilidade e muita prática, mas revolucionou a tecnologia de projéteis porque pontas de pedra feitas dessa maneira são leves e afiadas o suficiente para ser fixadas em lanças com o uso de pez ou tendões. Imagine que diferença essas pontas de pedra fizeram para caçadores! As lanças tornaram-se subitamente muito mais aguçadas: em vez de bater na presa e ricochetear, elas podiam penetrar em rijos couros de animais e até em costelas, e uma vez alojadas dentro, suas arestas dentadas infligiam ferimentos horríveis, dilacerantes. Armados com finas pontas de pedra, caçadores podiam agora matar suas presas a partir de distâncias maiores, passando a correr menor risco de se ferir e aumentando suas chances de sucesso. Outras ferramentas feitas com essa técnica de núcleos preparados eram também melhores para esfolar peles e executar outras tarefas.

Um domínio ainda mais importante foi o do fogo. Ninguém sabe ao certo quando seres humanos conseguiram criá-lo para uso pela primeira vez. Atualmente, as evidências mais antigas vêm de um sítio de 790 mil anos em Israel.[18] Vestígios de fogo, contudo, permanecem raros até 400 mil anos atrás, quando fogueiras e ossos queimados começam a aparecer regularmente em sítios, sugerindo que *Homo* arcaicos, diferentemente de *H. erectus*, cozinhavam habitualmente sua comida.[19] O cozimento, quando de fato pegou, foi um avanço transformador. Para começar, o alimento cozido fornece muito mais energia que o cru e tem menor probabilidade de causar doenças. O fogo também permitia a seres humanos arcaicos manter-se aquecidos em hábitats frios, afugentar predadores perigosos, como ursos, e ficar acordados até tarde à noite.

Embora por vezes tivessem fogo, os extremos da Idade do Gelo devem ter sido penosos para seres humanos arcaicos, especialmente populações no norte da Europa e da Ásia. Por exemplo, durante períodos em que geleiras cobriam o norte da Europa, *H. heidelbergensis* provavelmente só não desaparecia das margens do Mediterrâneo porque populações mais ao norte eram extintas ou se mudavam para o sul. Quando o clima melhorava, porém, elas voltavam a se dispersar rumo ao norte. Se essas dispersões tiverem sido substanciais, populações de *H. heidelbergensis* na Europa e na África não estavam totalmente isoladas uma da outra geneticamente. Dados moleculares e fósseis, no entanto, indicam que divergiam em várias linhagens parcialmente separadas de 300 mil a 400 mil anos atrás.[20] A linhagem africana desenvolveu-se nos seres humanos modernos (cuja origem discutiremos no capítulo 6). Outra linhagem desenvolveu-se nos denisovanos na Ásia; na Europa e na Ásia ocidental desenvolveu-se a mais famosa espécie de *Homo* arcaicos, os neandertais.

Nossos primos neandertais

Nenhuma espécie antiga suscita mais paixão que os neandertais. Um pequeno número de fósseis neandertais já havia sido descoberto em 1859, quando *A origem das espécies* foi publicado, mas a espécie só foi formalmente reconhecida em 1863. Desde então, escreveu-se e debateu-se tanto sobre esses homens da caverna arquetípicos que eles mais parecem um espelho: por vezes é sobre a concepção que temos de nós mesmos que nossas ideias sobre eles mais revelam. A princípio, os neandertais foram erroneamente considerados um elo perdido: ancestrais repugnantes, animalescos, primitivos. Depois da Segunda Guerra Mundial, houve uma reação saudável, mas extrema, a essas ideias, motivada em parte pela repulsa generalizada ao racismo pseudocientífico nazista e em parte porque se reconheceu corretamente que os neandertais eram nossos primos próximos que haviam conseguido sobreviver na Europa durante severas condições glaciais, com cérebro tão grande ou maior que o dos seres humanos modernos. A partir dos anos 1950, muitos paleontologistas classificaram os neandertais como uma subespécie humana (uma raça geograficamente isolada), e não uma espécie separada. Dados recentes, contudo, mostram que neandertais e seres humanos modernos são de fato espécies que divergiram geneticamente entre 800 mil e 400 mil anos atrás.[21] Embora tenha havido uma pequena quantidade de hibridação entre as duas espécies, eles são realmente nossos primos próximos, não nossos ancestrais.[22]

Eles foram uma espécie de *Homo* arcaico que viveu na Europa e na Ásia ocidental entre cerca de 200 mil e 30 mil anos atrás. Eram caçadores hábeis e inteligentes, bem-adaptados por seleção natural e bem-apoiados por sua inteligência para sobreviver às condições frias, semiárticas, da Idade do Gelo. Como mostra a figura 11, crânios neandertais têm a mesma configuração geral que vemos em *H. heidelbergensis*: um crânio longo e baixo com uma enorme face, um grande focinho, arcadas supraciliares acentuadas e nenhum queixo. No entanto, tinham cérebro maior, com volume médio de quase 1.500 centímetros cúbicos. Seu crânio também tem um conjunto de traços distintivos que permitem a qualquer pessoa com um pouco de prática reconhecer um neandertal facilmente. Traços neandertais clássicos incluem uma enorme face especialmente inflada dos dois lados do nariz, uma protuberância do tamanho de um ovo e um sulco raso na parte de trás do crânio e um espaço no maxilar inferior atrás dos dentes do siso inferiores. O resto do corpo era muito semelhante ao de outros *Homo* arcaicos, mas eles eram especialmente musculosos e troncudos, com canelas e antebraços curtos. Essa forma geral de corpo, típica de povos árticos como os inuítes e os lapões, os ajudava a conservar o calor corporal.

Os neandertais eram caçadores-coletores bem-sucedidos e talentosos que provavelmente ainda existiriam, não tivesse sido pelo *H. sapiens*. Eles fabricavam ferramentas de pedra complexas e sofisticadas moldadas numa ampla variedade de tipos, como raspadores e pontas. Cozinhavam sua comida e caçavam animais grandes como auroques, veados e cavalos selvagens.[23] Mas, apesar de suas façanhas, não eram inteiramente modernos em seu comportamento. Faziam poucas ferramentas de osso, inclusive agulhas, embora devessem fazer roupas com peles. Enterravam seus mortos e não deixaram quase nenhum traço de comportamento simbólico como arte. Raramente comiam peixes ou mariscos, embora fossem abundantes em alguns dos hábitats em que viviam. Raramente transportavam matérias-primas por mais de 25 quilômetros. Como veremos, quando seres humanos chegaram de fato à Europa a partir de cerca de 40 mil anos atrás, eles substituíram quase completamente os neandertais.

Cérebros grandes

De todas as mudanças evidentes em *H. erectus* e seus descendentes humanos arcaicos, a mais óbvia e impressionante é o aumento do cérebro. A figura 10 ilustra como o tamanho do cérebro quase dobrou no gênero humano durante a Idade do Gelo, e espécies como os neandertais tinham cérebro na realidade ligeiramente maior que o tamanho médio dos nossos hoje. Cérebros enormes presumivelmente se desenvolveram porque nos ajudam a pensar, lembrar e desempenhar outras tarefas cognitivas complexas, mas, se ser inteligente é uma coisa tão boa, por que cérebros grandes não se desenvolveram mais cedo, e por que não há um número maior de animais com cérebro tão grandes quanto o nosso? A resposta, como sugeri anteriormente, tem a ver com energia. Cérebros grandes gastam quantidades proibitivas de energia para a maior parte das espécies, mas os dividendos de caçar e coletar permitiram a *H. erectus* e *Homo* arcaicos desenvolver cérebros maiores, mais dispendiosos do que fora possível previamente.

Para avaliar como cérebros se desenvolveram para ser maiores, precisamos considerar antes de mais nada a difícil questão de estimar seu tamanho. Supondo que você seja um ser humano médio, o volume de seu cérebro é de aproximadamente 1.350 centímetros cúbicos. Em comparação, o cérebro de um macaco do gênero *Macaca* tem 85 centímetros cúbicos, o de um chimpanzé tem 390 centímetros cúbicos e o de um gorila adulto, 465 centímetros cúbicos. Cérebros humanos são portanto volumosos em relação aos dos macacos e pelo menos três vezes maiores que os dos outros grandes macacos antropoides. Mas quão maior é o cérebro humano depois de descontadas as diferenças no tamanho do corpo? A resposta para esta questão é mostrada na figura 12, que representa graficamente o tamanho do cérebro em relação ao peso do corpo de várias espécies primatas. Como se pode ver, essa relação não é linear: à medida que os corpos ficam maiores, os cérebros ficam maiores *em termos absolutos*, mas menores *em termos relativos*.[24] Essa relação entre cérebro e tamanho do corpo acaba por se revelar extremamente correlacionada e constante. Portanto, se você conhece a massa corporal média de uma espécie, pode calcular o tamanho relativo de seu cérebro dividindo o tamanho real dele pelo tamanho esperado a partir de sua massa corporal. Essa razão, conhecida como quociente de encefalização (QE), é de 2,1 para chimpanzés e 5,1 para seres humanos. Esses números significam que os chimpanzés têm cérebros cerca de duas vezes maiores que os de um mamífero típico do mesmo tamanho, e os seres humanos têm cérebros cerca de cinco vezes maiores que os de mamíferos de tamanho similar; comparados a outros primatas, os seres humanos têm cérebro cerca de três vezes maior que o esperado.

Reconsideremos agora como o tamanho do cérebro se desenvolveu usando estimativas da massa corporal feitas a partir de esqueletos e de medidas do volume do cérebro a partir de crânios.[25] Essas estimativas, resumidas na tabela 2, indicam que os primeiros hominíneos tinham cérebro mais ou menos do mesmo tamanho que o dos macacos antropoides, mas que o tamanho absoluto e relativo do cérebro em *H. erectus* primitivo era moderadamente maior. Um *H. erectus* do sexo masculino de 1,5 milhão

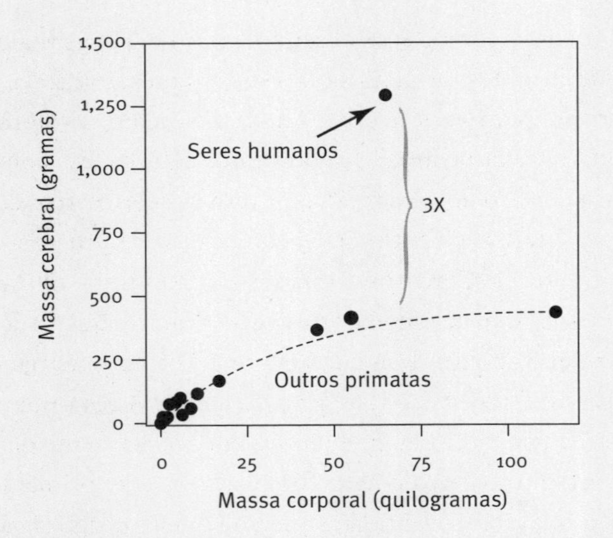

FIGURA 12. Tamanho do cérebro em relação ao tamanho do corpo em primatas. Espécies com corpo maior têm cérebro maior, mas a relação não é linear. Comparados aos macacos antropoides, os seres humanos têm cérebro três vezes maior que o predito pelo tamanho do corpo; comparados ao dos mamíferos em geral, nosso cérebro é cerca de cinco vezes maior.

de anos atrás com um cérebro de 890 centímetros cúbicos que pesasse sessenta quilos tinha um QE de 3,4, cerca de 60% maior que o de um chimpanzé. Em outras palavras, a evolução inicial do gênero *Homo* envolveu um modesto aumento no tamanho do cérebro, mas depois o crescimento do cérebro relativamente ao corpo se acelerou. Um milhão de anos atrás, o volume do cérebro de nossos ancestrais passava de mil centímetros cúbicos, e 500 mil anos atrás eles estavam dentro da faixa de tamanho do cérebro dos seres humanos modernos, como mostra a figura 10. De fato, no final da Idade do Gelo os cérebros tenderam a ser ainda maiores do que hoje porque os corpos também eram maiores. À medida que o mundo se aqueceu durante os últimos 12 mil anos, os corpos encolheram ligeiramente, mas os cérebros fizeram o mesmo, mantendo tamanhos relativos aproximadamente iguais tanto em seres humanos primitivos quanto nos modernos.[26] Após descontar ligeiras diferenças no peso corporal, um ser humano moderno médio tem cérebro apenas um pouquinho maior que o de um neandertal médio.

Como o cérebro se tornou maior no gênero humano? Há duas maneiras principais de desenvolver um cérebro maior: desenvolvê-lo durante mais tempo ou desenvolvê-lo mais depressa. Em relação a macacos antropoides, fazemos as duas coisas.[27] Quando um chimpanzé nasce, seu cérebro tem 130 centímetros cúbicos, e durante os três anos seguintes seu volume triplica.[28] O cérebro de recém-nascidos humanos tem 330 centímetros cúbicos e ao

TABELA 2. Espécies no gênero *Homo*

ESPÉCIE	DATA (MILHÕES DE ANOS ATRÁS)	LOCAIS ENCONTRADOS	TAMANHO DO CÉREBRO (cm³)	MASSA CORPORAL (kg)
Homo habilis	2,4-1,4	Tanzânia, Quênia	510-690	30-40
Homo rudolfensis	1,0-1,7	Quênia, Etiópia	750-800	?
Homo erectus	1,9-0,2	África, Europa, Ásia	600-1.200	40-65
Homo heidelbergensis	0,7-0,2	África, Europa	900-1.400	50-70
Homo neanderthalensis	0,2-0,03	Europa, Ásia	1.170-1.740	60-85
Homo floresiensis	0,09-0,02	Indonésia	417	25-30
Homo sapiens	0,2-presente	Em toda parte	1.100-1.900	40-80

longo dos seis a sete anos seguintes eles quadriplicam. Portanto, desenvolvemos nossos cérebros duas vezes mais depressa que chimpanzés antes do nascimento, e depois que nascemos os desenvolvemos por mais tempo e mais depressa. Grande parte do tamanho extra vem do fato de termos cerca do dobro de células cerebrais, chamadas neurônios.[29] A maior parte dos corpos celulares desses neurônios extras situa-se na camada externa do cérebro, uma região chamada neocórtex, onde quase todas as funções cognitivas complexas, como memória, pensamento, linguagem e consciência, têm lugar. Ainda que tenha apenas alguns milímetros de largura, se desdobrado o neocórtex humano cobriria 0,25 metro quadrado. Mais neurônios criam milhões de conexões a mais que no cérebro de um chimpanzé.[30] Como o cérebro funciona através de sua rede de conexões, o neocórtex humano, em virtude do fato de ser maior e mais conectado, tem muito mais potencial para desempenhar tarefas complexas como lembrar, raciocinar e pensar. Se cérebro maior torna alguém mais inteligente, então neandertais e outros seres humanos arcaicos eram bastante inteligentes.

Cérebros maiores, contudo, acarretam custos consideráveis. Embora seu cérebro constitua apenas 2% do peso de seu corpo, ele corresponde a cerca de 20% a 25% do gasto energético de repouso, quer você esteja dormindo, vendo TV ou pensando nesta frase. Em números absolutos, seu cérebro gasta 280 a 420 calorias por dia, ao passo que o de um chimpanzé gasta cerca de cem a 120 calorias por dia. Em nosso mundo moderno de comida rica em energia, podemos suprir essa quantidade com um único doce por dia, mas um caçador-coletor privado de doces precisa encontrar seis a dez cenouras extras para obter o mesmo número de calorias adicionais. Além disso, esses custos aumentam quando se está alimentando crianças. Uma mãe humana grávida que cuida de uma criança de três anos e de outra com sete precisa de cerca de 4.500 calorias por dia para alimentar a si mesma mais o feto e os filhos.[31] Se o cérebro de seus filhos fosse do tamanho do de chimpanzés, ela precisaria de cerca de 450 calorias a menos cada dia – uma quantidade considerável no Paleolítico.

A posse de cérebro grande envolve outros desafios, maiores. Quase um litro de sangue, 12% a 15% do total contido no corpo, flui através do cérebro em algum momento para fornecer combustível, remover resíduos e mantê-lo na temperatura certa. Em consequência, o cérebro humano requer um encanamento especial para lhe fornecer sangue oxigenado e depois devolvê-lo para coração, fígado e pulmões. Os cérebros são também órgãos frágeis que precisam de muita proteção para impedir que sejam danificados quando caímos ou sofremos golpes na cabeça. Imagine-se sacudindo dois montes de gelatina em forma de cérebro, um duas vezes maior que o outro. Como as forças que fragmentam a gelatina aumentam exponencialmente com o tamanho, o maior cérebro de gelatina está muito mais propenso a se fraturar perto de sua superfície. Por isso cérebros maiores precisam de muito mais proteção contra concussões.[32] Cérebros humanos também dificultam o parto. A cabeça de um recém-nascido humano tem cerca de 125 milímetros de comprimento por cem milímetros de largura, mas as dimensões mínimas do canal endocervical de uma mãe podem ter em média 113 milímetros de comprimento e 122 milímetros de largura.[33] Para passar através dele, o neonato humano deve entrar na pelve da mãe com o rosto de lado e depois dar uma volta de noventa graus dentro do canal, de modo que está inconvenientemente virado para baixo e não para cima quando emerge.[34] Nas melhores circunstâncias, a viagem é um grande aperto, e mães humanas quase sempre precisam de ajuda para dar à luz.

Se somarmos todos os custos, não admira que a maioria dos animais não tenha cérebros grandes. Eles podem nos tornar mais inteligentes, mas são muito caros e causam muitos problemas. O fato de os cérebros terem se tornado maiores desde que o *H. erectus* surgiu significa não só que os seres humanos arcaicos estavam obtendo energia suficiente, mas também que os benefícios de cérebros maiores superavam os custos. Infelizmente, temos poucos traços dos feitos intelectuais que esses seres humanos arcaicos realizaram além de dominar o fogo e fabricar ferramentas mais complexas, como pontas de projéteis. Os maiores benefícios de cérebros maiores foram provavelmente para comportamentos que não podemos detectar no registro arqueológico. Um conjunto de habilidades adicionais deve ter sido uma maior capacidade de cooperar. Os seres humanos são geralmente bons para trabalhar juntos: compartilhamos alimentos e outros recursos decisivos, ajudamos a criar os filhos uns dos outros, transmitimos informação útil e por vezes até arriscamos nossa vida para ajudar amigos ou mesmo estranhos necessitados. Comportamentos cooperativos, no entanto, requerem habilidades complexas como a capacidade de nos comunicar com eficiência, controlar impulsos egoístas e agressivos, compreender os desejos e as intenções dos outros e acompanhar interações sociais complexas num grupo.[35] Macacos antropoides por vezes cooperam, tal como ao caçar, mas não podem fazê-lo muito efetivamente em vários contextos. Por exemplo, chimpanzés fêmeas compartilham comida somente com seus bebês, e machos quase nunca compartilham comida.[36] Assim, um dos claros benefícios de cérebro maior é ajudar seres humanos a interagir uns com os outros, muitas vezes em grupos grandes. Numa análise famosa, Robin Dunbar mostrou que o tamanho do neocórtex entre espécies primatas correlaciona-se razoavelmente bem com o tamanho do grupo.[37] Se essa relação se mantiver entre seres humanos, podemos concluir que nosso cérebro se desenvolveu para lidar com redes sociais de cerca de cem a 230 pessoas, o que é uma boa estimativa do número de pessoas que um caçador-coletor paleolítico poderia ter encontrado durante toda a vida.

Outro benefício importante de cérebro grande devia ser uma maior capacidade de ser um naturalista. Hoje, poucas pessoas sabem muito sobre os animais e as plantas que vivem à sua volta, mas outrora esse conhecimento era vital. Caçadores-coletores comem pelo menos cem diferentes espécies de plantas, e para subsistir precisam saber em que estações determinadas plantas estão disponíveis, onde encontrá-las numa paisagem grande e complexa e como processá-las para consumo. A caça representa desafios cognitivos ainda maiores, especialmente para hominíneos fracos e lentos. Os animais escondem-se de predadores, e, como seres humanos arcaicos não podiam vencer suas presas pela força, caçadores primitivos tinham de se valer de uma combinação de atletismo, argúcia e conhecimento naturalista. Um caçador tem de prever como espécies de presas se comportam em diferentes condições para encontrá-las, aproximar-se delas o suficiente para matá-las e rastreá-las quando estiverem feridas. Em certa medida, caçadores usam habilidades indutivas para encontrar e seguir animais, utilizando pistas como pegadas, rastros e outras indicações visuais e olfativas. Mas o rastreamento de um animal também exige lógica dedutiva, formular hipóteses sobre o que ele pode fazer e interpretar indícios para testar previsões. As habilidades usadas para rastrear um animal podem estar subjacentes às origens do pensamento científico.[38]

Quaisquer que tenham sido as vantagens iniciais do cérebro grande, seu custo deve ter valido a pena, ou ele não teria se desenvolvido. Mas por que seres humanos levam tantos anos extras para desenvolvê-lo com o resto do corpo? Quando e por que prolongamos esse ritmo de crescimento?

Desenvolvimento prolongado

Ser criança é divertido, mas, a partir de uma perspectiva evolutiva, os seres humanos pagam um preço alto pelo ritmo insuportavelmente lento em que amadurecemos. Sua longa criação, que durou cerca de dezoito anos, custou muito dinheiro a seus pais e representou um substancial custo de aptidão para eles, especialmente sua mãe, ao limitar o número de filhos que pôde ter. Se você e seus irmãos tivessem amadurecido duas vezes mais depressa, sua mãe poderia ter tido duas vezes mais filhos. Ao amadurecer pouco a pouco, você mesmo também incorreu em alguns custos de aptidão: adiou o momento em que poderia se reproduzir, encurtou seu período de vida reprodutiva e aumentou suas probabilidades de não ter absolutamente nenhum filho. Além disso, de um ponto de vista energético, um programa de crescimento lento como o humano inflaciona o custo energético por filho. É necessária a quantidade colossal de 12 milhões de calorias para criar um ser humano até que se torne um adulto de dezoito anos, cerca do dobro do número necessário para criar um chimpanzé até a idade adulta. Em grande medida, podemos agradecer a *Homo* arcaicos pelo fato de despendermos tanto tempo e energia crescendo.

Para compreender como e por que seres humanos arcaicos com cérebro grande prolongaram seu desenvolvimento a um custo tão elevado, comparemos primeiro os principais estágios que a maioria dos mamíferos com corpo grande atravessa antes de ser tornar adultos, mostrados na figura 13. Primeiro, durante o *estágio lactente*, os mamíferos dependem da mãe para leite e outros tipos de sustento à medida que cérebro e corpo crescem rapidamente. Depois do desmame (que é de fato um processo gradual), os mamíferos atravessam um *estágio juvenil*, em que não dependem mais da mãe para sobreviver, seu corpo continua a crescer gradualmente e eles continuam a desenvolver habilidades sociais e cognitivas. O estágio final antes da maturidade é a *adolescência*, que começa quando os testículos ou ovários amadurecem e iniciam uma arrancada de crescimento.[39] A adolescência é essencialmente aquele período desajeitado, usualmente infértil, entre o início da puberdade e o fim do crescimento esquelético, quando ocorre a maturidade reprodutiva. Durante a adolescência humana, aparecem características sexuais secundárias, como seios e pelos pubianos, o corpo acaba de crescer e muitas habilidades sociais e intelectuais se desenvolvem plenamente.

A figura 13 também ilustra como a ontogenia humana é prolongada de várias maneiras especiais. A diferença mais significativa é que acrescentamos um novo estágio, a *infância*.[40] A infância é um período unicamente humano de dependência que ocorre após o desmame, mas antes que a criança possa se alimentar por si mesma e antes que seu cérebro tenha acabado de se desenvolver. Um lactente chimpanzé tem seu crescimento cerebral encerrado e seus primeiros dentes definitivos nascem quando tem por volta de três anos, embora continue a mamar (ainda que com frequência decrescente) até os quatro ou cinco anos de idade.[41] Em contraposição, caçadores-coletores humanos usualmente desmamam os filhos aos três anos, pelo menos três anos *antes* que o cérebro pare de crescer e os dentes permanentes comecem a nascer. Depois se seguem cerca de três anos de infância, usualmente até os seis ou sete anos, em que a criança continua extremamente imatura e precisa que lhe seja fornecida uma grande quantidade de alimento de alta qualidade. Nenhuma criança pode sobreviver sem intensos níveis de investimento e paciência por parte de um adulto. No entanto, como mães caçadoras-coletoras desmamam seus filhos tão cedo, introduzindo-os de fato na infância, elas podem engravidar de novo relativamente mais cedo que mães antropoides. Durante um período normal de vida, o acréscimo de um estágio infantil de dependência pós-desmame permite a uma mãe caçadora-coletora com acesso a muita comida e auxílio ter quase duas vezes mais bebês que uma mãe antropoide.[42]

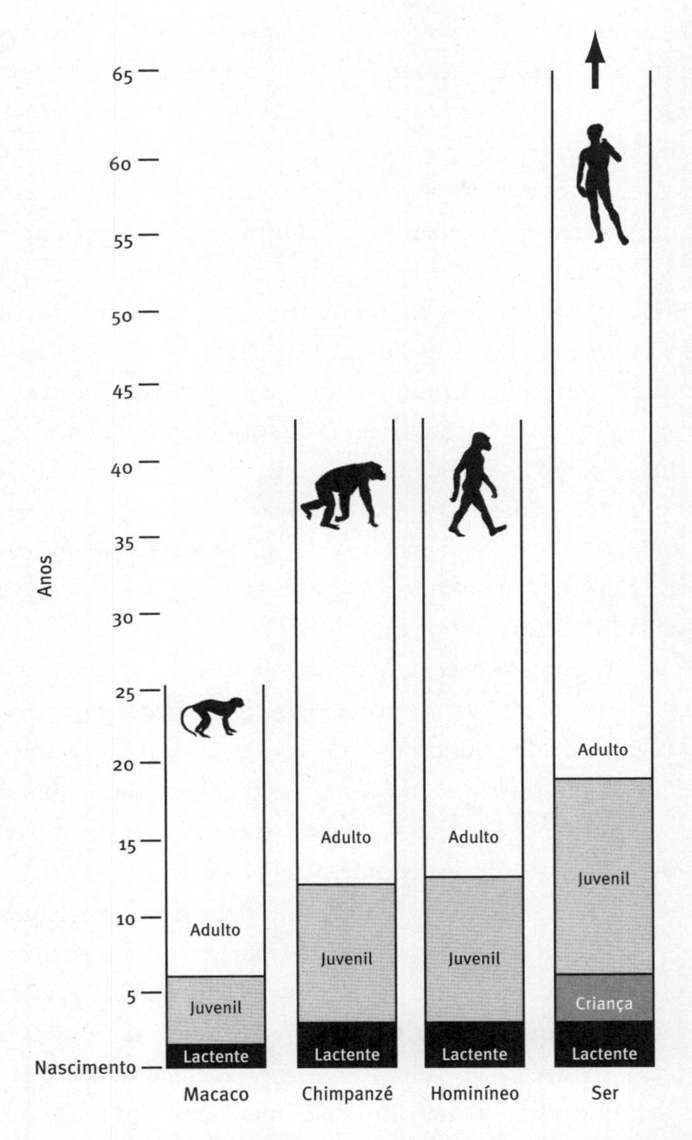

FIGURA 13. Histórias de vida diferentes. Seres humanos têm uma história de vida mais prolongada, com um estágio a mais, a infância, e um período juvenil mais longo antes da maturidade. Australopitecos e *Homo erectus* primitivo tinham uma história de vida assemelhada à do chimpanzé. Ela provavelmente se desacelerou em espécies de *Homo* arcaicos, mas ainda não está claro quando e como.

A outra maneira pela qual a história da vida humana é especial é que esticamos significativamente os estágios juvenil e adolescente que se seguem à infância. Juntos, eles duram cerca de quatro anos num macaco e cerca de sete anos num macaco antropoide, mas em seres humanos prolongam-se por aproximadamente doze anos. Uma menina humana caçadora-coletora típica passará pela menarca entre as idades de treze e dezesseis anos, mas não está plenamente madura – reprodutiva ou socialmente – por mais cinco anos, e é improvável que se torne mãe até que tenha pelo menos dezoito anos.[43] Meninos caçadores-coletores chegam à puberdade um pouco mais tarde que meninas, e raramente se tornam pais antes de completar vinte anos. Como todos os pais e professores do ensino médio sabem, adolescentes humanos não são totalmente independentes de seus pais, mas podem ajudar a cuidar de seus irmãos mais jovens, contribuem para muitas atividades domésticas, como cozinhar, e começam a procurar alimentos e caçar – a princípio com ajuda, depois sozinhos. Os adolescentes de hoje, em sua maior parte, substituíram a caça e a coleta pelo estudo ou pelo trabalho agrícola.

Quando e por que nosso desenvolvimento se tornou tão prolongado? Por que duplicar o tempo necessário para desenvolver um cérebro? Por que acrescentar um período de infância em que uma mãe tem de amamentar um bebê ao mesmo tempo que cuida de outras crianças, ainda imaturas? Além disso, por que prolongar o estágio juvenil, isso sem mencionar aquele longo e penoso período de adolescência?

Embora animais maiores geralmente levem mais tempo para amadurecer, o ritmo prolongado de desenvolvimento não pode ser explicado por aumentos do tamanho corporal no gênero *Homo*. Afinal, gorilas machos pesam duas vezes mais que seres humanos, mas levam só treze anos para completar seu desenvolvimento (mais ou menos o mesmo tempo que um elefante de cinco toneladas leva para amadurecer). Uma explicação muito mais provável é que o cérebro humano leva mais tempo para amadurecer porque é grande e requer um conjunto de circuitos tão complexo. Entre primatas, cérebros maiores levam mais tempo para chegar ao tamanho pleno: o cérebro de um pequenino macaco do gênero *Macaca* leva um ano e meio para se desenvolver, o de um chimpanzé é cinco vezes maior e leva três anos para se desenvolver, e um cérebro humano é quatro vezes maior que o do chimpanzé e leva pelo menos seis anos para chegar a seu tamanho completo. Podemos também estimar razoavelmente bem quanto tempo hominíneos extintos levavam para desenvolver um cérebro de tamanho adulto (surpreendentemente, para isso usamos seus dentes).[44] Australopitecos como Lucy desenvolviam seu cérebro quase tão rapidamente quanto chimpanzés, o que faz sentido, porque seu cérebro era mais ou menos do mesmo tamanho. *H. erectus* primitivos levavam cerca de quatro anos para desenvolver um tamanho cerebral de oitocentos a novecentos centímetros cúbicos.[45] Na época em que espécies de *Homo* arcaicos de cérebro maior se desenvolveram, a história do início da vida parecia ter um padrão aproximadamente semelhante ao nosso. O cérebro neandertal, tão grande ou por vezes maior que o dos homens modernos, atingia o tamanho adulto entre cinco e seis anos de idade, um pouco mais depressa que a maioria das pessoas hoje, mas não todas.[46]

Um cérebro humano chega a seu tamanho final quando temos por volta de seis ou sete anos (o que explica por que crianças e adultos podem usar o mesmo chapéu), mas obviamente o cérebro e o corpo de uma criança de seis anos precisam de mais doze anos ou mais para se desenvolver completamente. É difícil determinar quando os estágios juvenil e adolescente se alongaram em nossa história, mas temos algumas pistas intrigantes. Uma das maiores evidências é o Menino de Nariokotome, um esqueleto quase completo de um *H. erectus* imaturo do sexo masculino que morreu 1,5 milhão de anos atrás (provavelmente de uma infecção) perto de um pântano, o qual o cobriu, preservando a maior parte de seu esqueleto. Seus dentes indicam que ele tinha cerca de oito ou nove anos quando morreu, mas sua idade esquelética era típica de um ser humano de treze anos.[47] Como seus segundos molares haviam acabado de despontar, sabemos que ele ainda teria de viver alguns anos antes de se tornar adulto. Podemos portanto concluir que *H. erectus* primitivos amadureciam apenas ligeiramente mais devagar que chimpanzés, o que significa que os períodos juvenil e adolescente prolongados se desenvolveram mais recentemente na evolução humana. Há indícios de que os neandertais talvez fossem como *H. erectus* nesse aspecto. Um neandertal adolescente do sítio de Le Moustier tinha doze anos quando morreu (sabemos disso por seus dentes), mas seu siso ainda não irrompera, indicando que teria mais um ou dois anos de crescimento.[48] Mais dados são necessários, mas é possível que somente seres humanos modernos tenham um período muito prolongado de desenvolvimento pós-infância. Talvez seres humanos arcaicos não passassem muito tempo como adolescentes.

Se reunirmos todas as evidências disponíveis, parece provável que, à medida que o cérebro ficou maior no gênero humano, o período crítico do desenvolvimento inicial (lactância e infância) estendeu-se para permitir que crescesse. Mesmo que o ritmo do desenvolvimento juvenil e adolescente não tenha se alongado por completo até que homens modernos se desenvolveram, mães humanas arcaicas certamente enfrentavam uma dupla dificuldade energética. Primeiro, em razão da infância, a maioria das mães tinha de amamentar bebês ao mesmo tempo que cuidavam de crianças de um ou dois anos. Por isso, mães humanas arcaicas precisavam de muita energia extra e ajuda. Uma mãe lactante típica precisava de cerca de 2.300 calorias por dia para suas próprias necessidades físicas, mais vários outros milhares de calorias para alimentar seus filhos. Ela não teria nenhum meio de conseguir isso sem acesso a alimento de alta qualidade, incluindo carne e cozimento. Ademais, ela precisava viver num grupo extremamente cooperativo com ajuda regular do pai e dos avós de seus filhos e outros.

A segunda dificuldade energética enfrentada por mães de cérebro grande e sua prole era pagar por esse cérebro grande, incessantemente dispendioso. O tecido cerebral não pode armazenar suas próprias provisões de energia, precisando receber um fornecimento incessante e abundante de açúcar da corrente sanguínea. Curtas interrupções ou déficits de açúcar do sangue que durem mais de um ou dois minutos causam dano irreparável, muitas vezes letal. Mães humanas com cérebro grande, portanto, precisam armazenar grande quantidade de energia para custear seu cérebro voraz, assim como aqueles de seus filhos de cérebro grande, durante os períodos inevitáveis – por vezes prolongados – em que coletam pouca ou nenhuma energia em razão de escassez de víveres ou de doença. Como mães humanas primitivas sobreviviam a essas fases de escassez, que eram provavelmente períodos de seleção natural muito intensa?

A resposta é grande quantidade de gordura. Como outros animais, armazenamos energia excedente, sobretudo na forma de gordura, sempre mantendo uma provisão de reserva para momentos de necessidade. No entanto, seres humanos são extraordinariamente gordos em relação à maioria dos mamíferos, e há boas razões para se acreditar que, desde que o cérebro se expandiu e o desenvolvimento desacelerou nos *Homo* arcaicos, tornamo-nos também relativamente gordos.

Corpos gordos

Uma característica paradoxal do mundo moderno é a preocupação que muitas pessoas têm com a gordura. Embora gordura e peso tenham provavelmente obcecado seres humanos durante milhões de anos, até recentemente nossos ancestrais se preocupavam principalmente por não ter gordura suficiente em sua dieta e peso suficiente. Gordura é a maneira mais eficiente de armazenar energia, e em algum momento nossos ancestrais desenvolveram várias adaptações essenciais para acumular quantidades maiores de gordura que outros primatas. Por causa desses ancestrais, mesmo o mais magro entre nós é relativamente gordo em relação a outros primatas selvagens, e nossos bebês são especialmente gordos em comparação aos filhotes de outros primatas. Há boas razões para conjecturar que, sem nossa capacidade e tendência a acumular gordura, seres humanos arcaicos nunca poderiam ter desenvolvido cérebro grande e corpo de desenvolvimento lento.

Em capítulos posteriores vamos nos concentrar mais no modo como nosso corpo usa e armazena gordura, mas há dois fatos essenciais a considerar sobre essa sustância vital desde já. O primeiro é que os componentes de cada molécula de gordura podem provir da digestão de comidas ricas em gordura, mas nossos corpos os sintetizam com igual facilidade a partir de carboidratos (razão por que alimentos com zero teor de gordura ainda podem engordar).[49] O segundo é que moléculas de gordura são depósitos úteis e altamente concentrados de energia. Um único grama contém nove calorias, mais que o dobro da quantidade de energia por grama de carboidrato ou proteína. Depois que fazemos uma refeição, hormônios podem nos levar a converter açúcares, ácidos graxos e glicerol em gordura dentro de células de gordura especiais, das quais temos cerca de 30 bilhões. Quando nosso corpo precisa de energia, hormônios decompõem gordura em seus componentes, os quais nosso corpo pode queimar (mais sobre isto no capítulo 10).

Todos os animais precisam de gordura, mas seres humanos têm uma necessidade especial de grande quantidade desde o momento do nascimento, em parte por causa do nosso cérebro faminto de energia. O cérebro de um bebê tem um quarto do tamanho do cérebro de um adulto, mas ainda assim consome cerca de cem calorias por dia, por volta de 60% do gasto energético em repouso do pequenino corpo (o cérebro de um adulto consome entre 280 e 420 calorias por dia, 20% a 30% do gasto energético do corpo).[50] Como cérebros requerem açúcar incessantemente, a posse de abundância de gordura lhes garante um fornecimento interminável e seguro de energia. Um bebê macaco tem cerca de 3% de gordura corporal, mas bebês humanos saudáveis nascem com cerca de 15%.[51] De fato, o último trimestre da gravidez é dedicado em grande parte a engordar o feto. Durante esses três meses, a massa do cérebro fetal triplica, mas as reservas de gordura aumentam cem vezes![52] Além disso, a porcentagem de gordura corporal de um ser humano saudável eleva-se a 25% durante a infância, recuando em caçadores-coletores adultos para se acomodar em cerca de 10% em homens e 15% em mulheres. Gordura é mais do que um reservatório de energia para o cérebro, a gravidez e a amamentação; é também essencial como combustível para o atletismo de resistência necessário para ser um caçador-coletor. Quando você anda e corre, grande parte da energia que queima provém de gordura (embora, à medida que acelera, também consuma mais carboidratos).[53] Células de gordura o ajudam a regular e sintetizar hormônios como estrogênio, e gordura cutânea funciona como um excelente isolador, mantendo-nos aquecidos.

Em suma, sem grande quantidade de gordura, cérebros humanos não poderiam ser tão grandes, mães caçadoras-coletoras seriam menos capazes de fornecer leite de alta qualidade para alimentar sua prole de cérebro grande e teríamos menos resistência. Infelizmente, como gordura não se preserva em registro fóssil, não podemos saber ao certo quando nossos antepassados começaram a engordar em relação a outros primatas. Talvez a tendência tenha começado com o *H. erectus*, tendo ajudado a fornecer energia para seu cérebro ligeiramente maior, bem como para suas caminhadas de longa distância e corridas. Porcentagens elevadas de gordura corporal, sobretudo em bebês, foram provavelmente ainda mais importantes em *Homo* arcaicos. Se eu fosse um neandertal vivendo durante um inverno glacial europeu, também gostaria de ter muita gordura corporal que me ajudasse a me manter aquecido. Talvez um dia possamos pôr essa hipótese à prova descobrindo que genes aumentam as reservas de energia em seres humanos e depois determinando quando essas adaptações genéticas se desenvolveram.

A herança paradoxal do papel vital da gordura na evolução humana é que muitos de nós estamos agora excessivamente bem adaptados para ansiar por gordura e armazená-la. No filme documentário *Super Size Me*, Morgan Spurlock ganhou cerca de onze quilos em somente 28 dias comendo apenas comida do McDonald's (uma média de 5 mil calorias por dia)! Esses feitos extremos são a herança de milhares de gerações de seleção sobre seres humanos para adaptações a fim de armazenar a maior quantidade possível de gordura nas raras ocasiões em que podiam se dar a esse luxo. Duzentos e cinquenta gramas de gordura armazenados na terça-feira podiam custear uma caçada de persistência na quarta-feira. E armazenar alguns quilos de gordura quando a comida era abundante devia ser essencial durante as inevitáveis estações de escassez. Como dinheiro no banco, reservas de gordura permitem a seres humanos permanecer ativos, manter seu corpo e até se reproduzir nesses períodos.[54] Lamentavelmente, a seleção natural nunca nos preparou para lidar com intermináveis estações de abundância, muito menos com restaurantes fast-food – um tópico que consideraremos no capítulo 10.

De onde vinha a energia?

Como *Homo* arcaicos obtinham a energia necessária para desenvolver corpos maiores com cérebros ainda maiores, estender seu período de crescimento e talvez desmamar seus filhos em idade mais precoce e acumular mais gordura? Só há duas maneiras de levar essas proezas a cabo. A primeira é simplesmente adquirir mais energia. A segunda é alocar a energia de forma diferente, gastando mais com o desenvolvimento do cérebro e a reprodução graças a um gasto menor com outras funções. As evidências sugerem que fizeram as duas coisas.

Para compreender essas estratégias energéticas, considere o gasto total de energia do seu corpo como várias contas diferentes. A primeira é sua Taxa Metabólica Basal (TMB), a energia de que você precisa para cuidar dos muitos tecidos de seu corpo sem ter de se mover, digerir comida ou fazer qualquer outra coisa. Para todos os mamíferos, a TMB é principalmente uma função da massa corporal,[55] e os seres humanos não parecem ser uma exceção nesse aspecto. Um chimpanzé típico pesando quarenta quilos tem uma TMB de cerca de mil calorias por dia, e um caçador-coletor típico de sessenta quilos tem uma TMB de aproximadamente 1.500 calorias por dia.[56] No entanto, como foi discutido no capítulo 4, nós seres humanos alteramos a porcentagem de energia que alocamos a diferentes porções de nossa TMB. É razoável supor que indivíduos *H. erectus* e *Homo* arcaicos eram capazes de sustentar um cérebro desproporcionalmente maior em parte tendo um intestino relativamente menor. Intestinos menores (bem como dentes menores) só poderiam ter sido possíveis se essas espécies tivessem uma dieta de alta qualidade com grande quantidade de carne e muito processamento de comida.

Embora nosso intestino pequeno nos ajude a arcar com o custo de nosso cérebro grande, é também necessário considerar quanta energia nosso corpo realmente gasta a cada dia (nosso gasto total de energia, GTE) *versus* a quantidade de energia que adquirimos (nossa produção de energia diária, PED). Os seres humanos são excepcionais em ambos os aspectos, e provavelmente seres humanos arcaicos também eram. Os GTEs de chimpanzés devem girar em torno de 1.400 calorias por dia, mas GTEs de caçadores-coletores modernos situam-se entre 2 mil e 3 mil calorias por dia, mais alto do que o previsto a partir do tamanho corporal.[57] GTEs de caçadores-coletores são relativamente altos porque eles levam uma vida moderadamente ativa caminhando e por vezes correndo longas distâncias, carregando crianças e alimentos, escavando à procura de plantas, processando alimentos e desempenhando outras tarefas diárias sem o auxílio de nenhuma máquina ou animal de carga. Como seres humanos arcaicos provavelmente tinham que se deslocar e trabalhar tanto quanto caçadores-coletores modernos de tamanho semelhante, seu GTE provavelmente não era muito diferente. Mais importante, contudo, é que a PED de caçadores-coletores adultos é geralmente mais alta que seu GTE. Embora a PED seja difícil de medir e extremamente variável segundo o dia, a estação, o indivíduo e até o nível populacional, estudos de muitas sociedades indicam que um caçador-coletor adulto típico adquire cerca de 3.500 calorias por dia.[58] É uma estimativa grosseira, com muita variação e sujeita a erro, mas o que importa é que caçadores-coletores adultos coletam usualmente um excedente diário de entre mil e 2.500 calorias. Esse substancial excedente vem de várias fontes, inclusive a caça de carne e uma busca mais extensa de recursos de alta qualidade como mel, tubérculos, castanhas e bagas que fornecem mais energia que a necessária para obtê-los.[59]

Dois outros fatores essenciais que provavelmente ajudavam seres humanos arcaicos a adquirir modestos excedentes de energia eram cooperação e tecnologia. Caçadores-coletores não podem sobreviver sem alguma divisão de trabalho, muito compartilhamento, entre parentes e não parentes, e outras formas de trabalho em conjunto. Não podemos determinar se os primeiros caçadores-coletores cooperavam tão intensamente quanto os caçadores-coletores de hoje, mas a seleção os teria impelido rapidamente a fazê-lo. O papel da tecnologia é mais fácil de reconstituir. Já discutimos como as primeiras ferramentas de pedra certamente ajudavam os primeiros *Homo* a cortar e amassar alimentos, e como *Homo* arcaicos mais tarde inventaram projéteis com pontas de pedra, que tornaram consideravelmente mais fácil e mais seguro matar animais. O cozimento foi um avanço tecnológico igualmente profundo. Cada vez que comemos alguma coisa, temos de gastar energia para mastigá-la e digeri-la (é por isso que nossos batimentos cardíacos e nossa temperatura corporal se elevam após uma refeição). Processar mecanicamente a comida, cortando, moendo e amassando, reduz significativamente o custo da digestão de alimentos tanto vegetais quanto animais. O cozimento tem efeitos ainda mais substanciais. Alguns alimentos, como batata, fornecem-nos aproximadamente duas vezes mais calorias ou nutrientes se os comermos cozidos em vez de crus.[60]

Outro benefício do cozimento é matar germes que podem nos adoecer, reduzindo substancialmente o custo do nosso sistema imunológico.

Como quer que seres humanos arcaicos fossem capazes de adquirir excedentes regulares, seguros, de alimentos de alta qualidade, esses saldos positivos claramente punham em movimento um circuito também positivo de retroalimentação. Há várias teorias sobre como esse circuito de retroalimentação funcionava, mas todas se baseiam no mesmo princípio básico: depois de atender às necessidades essenciais do corpo, podemos gastar energia excedente de quatro maneiras diferentes: podemos usá-la para crescer, se formos jovem; podemos armazená-la como gordura; podemos ser mais ativos; ou podemos gastá-la tendo e criando mais filhos.[61] Se a vida for arriscada e as taxas de mortalidade infantil forem altas, a melhor estratégia evolutiva é ser mais como um camundongo do que como um macaco antropoide e jogar a maior quantidade possível de energia na reprodução. Contudo, se seus filhos estiverem prosperando e sobrevivendo, há um forte benefício em evoluir como *Homo* arcaicos certamente fizeram: investir mais energia em um menor número de crias de melhor qualidade estendendo seu desenvolvimento de modo que possam desenvolver cérebro maior. Como cérebro maior permite mais aprendizado e comportamentos cognitivos e sociais mais complexos, inclusive linguagem e cooperação, essas crias têm melhor chance de sobreviver e se reproduzir, porque se tornam caçadores-coletores melhores. Depois, quando esses caçadores-coletores mais inteligentes e cooperativos gerarem excedentes ainda maiores, a seleção continuará a favorecer cérebros ainda maiores, de crescimento lento, juntamente com corpos mais gordos de crescimento lento. Ademais, mães com provisões de alimentos adequadas e forte apoio social se beneficiariam com o desmame de seus filhos em idade mais precoce, porque isso lhes permitiria ter mais filhos.

Ainda não podemos testar muitos aspectos deste quadro hipotético, porque não temos como provar quando seres humanos ficaram mais gordos ou quando começaram a desmamar seus filhos antes que os macacos antropoides. Podemos, entretanto, medir quando cérebro e corpo ficaram maiores e quando os estágios iniciais de crescimento se estenderam. Essas evidências sugerem um processo evolutivo gradual, exatamente o que a hipótese da retroalimentação prevê. Como mostra a figura 10, o tamanho do cérebro não aumentou de repente no gênero humano, mas cresceu constantemente ao longo de mais de 1 milhão de anos após a origem de *H. erectus*. Uma trajetória similarmente gradual de mudança é provavelmente verdadeira para o prolongamento do desenvolvimento humano. Mais dados são necessários para testar essas deduções, mas é uma boa aposta que mudanças nos gastos energéticos alimentadas por excedentes de energia foram uma força propulsora essencial por trás da evolução do corpo em caçadores-coletores humanos arcaicos durante a Idade do Gelo.

A tendência do gênero *Homo* a adquirir e usar mais energia, no entanto, não foi universal. Como seria de esperar, nem todas as populações durante a Idade do Gelo gozaram de excedentes de energia, e o registro fóssil está repleto de evidências de que a luta pela sobrevivência durante certos períodos foi exigente e precária, algumas vezes terminando em desastre. Quando a comida ficava escassa, a dependência que tinha nossa linhagem de elevado consumo de combustível transformava-se de vantagem em desvantagem, mais ou menos como carros que bebem muita gasolina se tornam um dispendioso estorvo quando os preços dos combustíveis se elevam. Populações humanas arcaicas sofreram e muitas delas provavelmente foram extintas na Europa temperada durante períodos em que as geleiras se expandiram. O alimento pode também tornar-se escasso nos trópicos, especialmente em ilhas. De fato, o exemplo mais ilustrativo de como nossa dependência de energia pode ser contraproducente é o caso de *Homo floresiensis*, também conhecido como hobbit, uma espécie ananicada de seres humanos arcaicos da Indonésia.

Uma reviravolta energética: A história dos hobbits de Flores

É comum que estranhos eventos evolutivos ocorram em ilhas. Animais grandes em ilhas pequenas, distantes, enfrentam crises de energia com frequência porque há nelas tipicamente menos plantas e menos alimentos que em massas de terra maiores. Nesses cenários, animais muito grandes lutam porque precisam de mais alimento do que a ilha pode fornecer. Em contraposição, animais pequenos com frequência se saem melhor do que seus parentes no continente porque têm alimento suficiente, porque enfrentam menos competição de outras espécies pequenas e porque as ilhas muitas vezes são desprovidas de predadores, livrando-os da necessidade de se esconder. Em muitas ilhas, espécies pequenas tornam-se maiores (gigantismo) e espécies grandes tornam-se menores (nanismo). Lugares como Madagascar, Ilhas Maurício ou Sardenha abrigavam assim ratos e lagartos gigantes (dragões-de-komodo) juntamente com hipopótamos, elefantes e bodes em miniatura.

As mesmas restrições e processos energéticos afetam caçadores-coletores,[62] e o exemplo mais extremo em nosso gênero parece ter ocorrido na remota ilha de Flores. Ela é parte do arquipélago indonésio, no lado oriental de uma profunda fossa oceânica que separa a Ásia de um grupo de ilhas que inclui Bali, Bornéu e Timor. Mesmo quando o mar estava em seus níveis mais baixos durante a Idade do Gelo, muitas milhas de águas profundas separavam Flores da ilha mais próxima na Indonésia. Apesar disso, alguns animais, entre os quais ratos, lagartos-monitores e elefantes, parecem ter conseguido de alguma maneira transpor essa distância a nado e posteriormente sofreram gigantismo ou se ananicaram. Hoje a ilha tem ratos gigantes junto com dragões-de-komodo, e até recentemente abrigava uma espécie de elefante ananicado (*Stegodon*).

Além disso, há os hobbits. Em 1990, arqueólogos que trabalhavam em Flores encontraram ferramentas primitivas datadas de pelo menos 800 mil anos atrás,[63] indicando que hominíneos, talvez *H. erectus*, haviam ido de balsa ou a nado até Flores antes disso. Depois, em 2003, uma equipe de pesquisadores australianos e indonésios que fazia escavações na caverna de Liang Bua ganhou manchetes no mundo todo quando encontrou um esqueleto parcial de um pequenino fóssil humano datado entre 95 mil e 17 mil anos atrás. Eles o denominaram *H. floresiensis* e propuseram que era o remanescente de uma espécie ananicada de *Homo* primitivo.[64] A mídia rapidamente apelidou a espécie de hobbit. Outras escavações recuperaram os restos de pelo menos mais seis pequeninos indivíduos.[65] Eram pessoas com cerca de um metro de altura pesando entre 25 e 30 quilos, com cérebro minúsculo de cerca de 400 centímetros cúbicos, tamanho do cérebro de um chimpanzé adulto. Os fósseis têm uma estranha mistura de traços, como grandes arcadas supraciliares, nenhum queixo, pernas curtas e pés longos sem um arco completo. Vários estudos sugerem que o cérebro e o crânio do hobbit (mostrado na figura 11) é mais assemelhado ao do *H. erectus* depois que os efeitos do tamanho são corrigidos.[66] Nesse caso, é razoável supor que o *H. erectus* chegou à ilha pelo menos 800 mil anos atrás e foi impelido por seleção natural a desenvolver um cérebro e uma estatura menores para fazer face à escassez de comida.

Como nem é preciso dizer, o *H. floresiensis* foi controverso. Alguns estudiosos afirmaram que o cérebro da espécie era simplesmente pequeno demais para se adequar a um corpo daquele tamanho. Quando comparamos animais com diferentes massas corporais, espécies ou indivíduos maiores tendem a ter cérebro maior em termos absolutos, mas menor em termos relativos. Gorilas têm três vezes mais massa que chimpanzés, mas seu cérebro é apenas 18% maior. Segundo leis de escala típicas, se o hobbit fosse um ser humano com a metade do tamanho normal (um pigmeu), seria de esperar que seu cérebro tivesse cerca de 1.100 centímetros cúbicos; se fosse um *H. erectus* ananicado, seria de esperar que seu cérebro tivesse cerca de 500 a 600 centímetros cúbicos.[67] Essas previsões levaram vários pesquisadores a concluir que os restos de hobbit vinham de alguma população de seres humanos modernos que sofria de uma doença que causa nanismo bem como um cérebro patologicamente pequeno. No entanto, análises cuidadosas da forma do cérebro, do crânio e dos membros da espécie indicam que *H. floresiensis* não parecia ter nenhuma doença conhecida nem sofrer de crescimento anormal.[68] Ademais, estudos de hipopótamos ananicados em outras ilhas mostram que durante o processo de nanismo insular a seleção pode encolher o cérebro de uma espécie de maneira muito radical, mais do que o bastante para explicar os minúsculos cérebros de *H. floresiensis*.[69] Ao que parece, quando a situação fica difícil em pequenas ilhas, cérebros grandes e dispendiosos podem ser um luxo muito caro para se manter.

Como observou certa vez Sherlock Holmes (ainda que ficcionalmente): "Quando você eliminou o impossível, tudo o que resta, por mais improvável que seja, deve ser a verdade." Se o hobbit não é um ser humano ananicado, de cérebro minúsculo, deve ser uma espécie hominínea real.

Há de fato duas possibilidades. A primeira é que seja um descendente de *H. erectus*. Outra, mais assombrosa, sugerida por seus pequeninos pés e mãos, é que se trate de um relicto de uma espécie ainda mais primitiva, como *H. habilis*, que deixou a África muito cedo, conseguiu chegar até a Indonésia e depois nadou para Flores, não deixando mais nenhum vestígio fóssil fora da África. Ambas as hipóteses requerem consideráveis reduções no tamanho do cérebro. O menor cérebro de *H. erectus* já encontrado tem 600 centímetros cúbicos, e o menor cérebro de *H. habilis* tem 510 centímetros cúbicos. Portanto, a seleção teria requerido pelos menos uma redução de 25% no tamanho para explicar o minúsculo cérebro do hobbit.

A meu ver, o mais significativo com relação ao hobbit é o que essa surpreendente espécie revela sobre a importância da energia na evolução humana. No contexto de uma ilha com recursos limitados, reduções no tamanho do corpo e do cérebro estão longe de ser improváveis; elas são exatamente o que se prevê para algum tipo de *Homo* primitivo ou arcaico que se defronta com provisões de energia insuficientes. Corpo e cérebro grandes são dispendiosos, o que faz deles alvos preferenciais para o corte de custos operado pela seleção natural. Encolhendo, *H. floresiensis* era provavelmente capaz de sobreviver com 1.200 calorias por dia, talvez 1.440 quando amamentando, muito menos do que precisaria uma mãe *H. erectus* de tamanho normal, que precisaria de cerca de 1.800 calorias por dia quando não estivesse nem grávida nem amamentando e até 2.500 calorias por dia quando amamentando. Não sabemos que tipo de preço cognitivo *H. floresiensis* pagou para ter um cérebro tão pequeno, mas aparentemente a troca foi compensadora.

O que aconteceu com os seres humanos arcaicos?

Se você viajasse pelos trópicos hoje, teria a oportunidade de ver muitas espécies diferentes de primatas estreitamente relacionadas e apreciar suas semelhanças e diferenças. Por exemplo, há duas espécies de chimpanzés, cinco de babuínos e mais de dez espécies do gênero *Macaca*. Como vimos, a seleção natural no curso da Idade do Gelo levou a um grau semelhante de diversidade entre os descendentes do *Homo* primitivo, inclusive os neandertais na Europa, os denisovanos na Ásia, os hobbits na Indonésia e outros. E houve, é claro, uma espécie adicional: *Homo sapiens*. Nós nos desenvolvemos mais ou menos ao mesmo tempo que os neandertais, e se você pudesse observar os primeiros homens modernos cerca de 200 mil anos atrás, esses ancestrais não lhe teriam parecido fundamentalmente diferentes de seus contemporâneos. Com exceção do hobbit, os seres humanos modernos e arcaicos têm em geral corpo semelhante, e cérebro igualmente grande. Apesar disso, claro, os seres humanos modernos são únicos em alguns aspectos, e nossa espécie gozou (até agora) de um destino evolutivo muito diferente. Quando a Idade do Gelo chegou ao fim, todos os nossos parentes próximos estavam extintos, deixando os seres humanos modernos como a única espécie sobrevivente da linhagem humana.

Por quê? Por que outras variedades de seres humanos se extinguiram? O que os seres humanos modernos têm de especial, em termos biológicos e comportamentais? E como a herança de *Homo* arcaico, inclusive a capacidade de usar e aproveitar energia de novas maneiras, armou o palco para a grande transformação seguinte na história do corpo humano?

6. Uma espécie muito cultivada

Como os seres humanos modernos colonizaram o mundo com uma combinação de cérebro e força muscular

> Cultura é mais ou menos tudo o que fazemos e os macacos não fazem.
>
> Fitzroy Somerset (Lorde Raglan)

Eu tinha oito anos quando soube que todos os seres humanos foram outrora caçadores-coletores na Idade da Pedra. Lembro que fiquei extasiado ao ver na TV as imagens granulosas dos tasadays, a tribo recentemente "descoberta" de pessoas primitivas nas Filipinas que nunca tivera nenhum contato com o mundo moderno. Eles eram apenas 26, estavam quase nus, moravam em cavernas, fabricavam ferramentas de pedra e sobreviviam comendo insetos, rãs e plantas silvestres. A descoberta eletrizou o mundo. Adultos, entre os quais minha professora, ficaram especialmente impressionados com o fato de os tasadays não terem nenhuma palavra para violência ou guerra. Se pelo menos houvesse mais gente como eles...

Infelizmente, os tasadays eram um embuste. A existência da tribo foi aparentemente encenada por seu "descobridor", Manuel Elizalde, que teria pagado um punhado de aldeões das proximidades para trocar seus jeans e camisetas por tangas de folhas de orquídea e comer insetos e rãs em vez de arroz e carne de porco diante das câmeras de TV. Acho que o mundo se deixou enganar pela fraude dos tasadays porque o retrato de uma sociedade humana primitiva orquestrado por Elizalde era exatamente o que muitas pessoas queriam ver e ouvir durante a Guerra do Vietnã. Os tasadays encarnavam a noção rousseauniana de que seres humanos não contaminados pela civilização eram naturalmente virtuosos, pacíficos e saudáveis. Além disso, o estilo de vida despreocupado dos tasadays contrastava muito com a suposição profundamente arraigada de que a vida na Idade da Pedra era árdua e que a história humana desde a invenção da agricultura foi um longo processo de progresso quase contínuo. No mesmo ano em que os tasadays tremularam em nossas telas de TV e enfeitaram as páginas da *National Geographic*, o antropólogo Marshall Sahlins publicou seu influente livro *Stone Age Economics*.[1] Sahlins sustentou que os caçadores-coletores foram a "sociedade afluente original" porque tinham poucas necessidades além do sustento básico, não precisavam trabalhar arduamente, mantinham uma dieta bem variada e nutritiva e levavam uma vida social rica, com abundância de tempo livre, pouco prejudicada pela violência. Segundo essa maneira de pensar, ainda popular, a condição humana vem se deteriorando desde que nos tornamos agricultores, a partir de cerca de seiscentas gerações atrás.

Na realidade, a vida da não tão distante Idade da Pedra não era provavelmente nem tão medonha nem tão idílica quanto algumas visões extremas. Embora caçadores-coletores não precisem trabalhar tantas horas por dia quanto a maioria dos agricultores e sofram de menos doenças contagiosas, isso não implica necessariamente que eram descansados boas-vidas paleolíticos que mal tinham de trabalhar e eram ricos apenas porque não lhes faltava coisa alguma. Na realidade, caçadores-coletores estão com frequência famintos, e só conseguem alimentos suficientes mediante uma combinação de cooperação intensa e considerável trabalho, que os obriga inclusive a passar muitas horas diárias caminhando, correndo, carregando, escavando etc. Apesar disso, há alguma verdade na análise de Sahlins. Se você fosse um caçador-coletor, não precisaria trabalhar nada além do suficiente para satisfazer as necessidades diárias de sua família e seu grupo. Depois disso, ia se beneficiar do repouso, podendo dedicar tempo a atividades sociais como fofocar e desfrutar da companhia da família e dos amigos. Muitos dos estresses contemporâneos – ir e vir do trabalho, a ameaça de perder o emprego, a preocupação de entrar na faculdade, poupar para a aposentadoria – podem nos fazer perceber que o sistema econômico caçador-coletor oferece certos benefícios.

Não sobrou nenhuma tribo real semelhante aos tasadays, mas um punhado de genuínos grupos caçadores-coletores persistiu até recentemente e alguns ainda existem, mesmo que em medidas variadas como verdadeiros caçadores-coletores. O estudo dessas pessoas é fascinante e importante porque elas são os últimos seres humanos cujo modo de vida se assemelha muito estreitamente ao modo como nossos ancestrais viveram por muitos milhares de gerações. Aprender sobre sua dieta, suas atividades e culturas nos ajuda parcialmente a ver a que os seres humanos estão adaptados. No entanto, não podemos descobrir por que nós seres humanos somos como somos simplesmente estudando caçadores-coletores contemporâneos, porque nosso corpo se desenvolveu para fazer mais do que apenas caçar e coletar. Mais ainda, nenhuma dessas populações se compõe de prístinos caçadores-coletores da Idade da Pedra, e todas vêm interagindo há milênios com agricultores e pastores.

Para compreender como e por que corpos humanos modernos são como são, e por que somos a última espécie de seres humanos no planeta, precisamos também olhar para trás no tempo e considerar o evento final de especiação na história de nosso corpo, a origem de *Homo sapiens*. Se fôssemos nos concentrar apenas no registro fóssil dessa transformação, poderíamos concluir que os seres humanos modernos se desenvolveram originalmente por causa de um punhado de modestas mudanças anatômicas que são evidentes sobretudo em nossa cabeça, como face menor e cérebro e crânio mais arredondados. Na realidade, essas mudanças, combinadas com o que podemos observar a partir do registro fóssil, sugerem que o que há de mais profundamente diferente nos seres humanos modernos em relação aos seres humanos arcaicos é nossa capacidade de mudança cultural. Temos uma capacidade singular e totalmente sem precedentes de inovar e transmitir informação e ideias de pessoa para pessoa. A princípio, a mudança cultural humana moderna acelerou-se gradualmente, causando alterações importantes, mas incrementais, no modo como nossos ancestrais caçavam e coletavam. Depois, a partir de cerca de 500 mil anos atrás, ocorreu uma revolução cultural e tecnológica que ajudou os seres humanos a colonizar todo o planeta. Desde então, a evolução cultural tornou-se uma máquina de mudança cada vez mais rápida, dominante e poderosa. Portanto, a melhor resposta para a questão do que torna o *Homo sapiens* especial e por que somos a única espécie humana viva é que desenvolvemos ligeiras mudanças em nosso hardware que ajudaram a desencadear uma revolução do software que ainda está em curso num ritmo cada vez mais acelerado.

Quem foram os primeiros *Homo sapiens*?

Cada religião tem uma explicação diferente para o momento e o lugar em que nossa espécie, *H. sapiens*, se originou. Segundo a Bíblia hebraica, Deus criou Adão a partir do pó no Jardim do Éden e em seguida fez Eva de sua costela; em outras tradições, os primeiros seres humanos foram vomitados por deuses, moldados com barro ou paridos por enormes tartarugas. A ciência, no entanto, fornece uma única descrição da origem dos seres humanos modernos. Esse evento foi tão bem estudado e testado com o uso de múltiplas evidências que podemos afirmar com razoável grau de certeza que os seres humanos modernos se desenvolveram a partir de seres humanos arcaicos na África pelo menos 200 mil anos atrás.

A capacidade de apontar com precisão o momento e o lugar da origem de nossa espécie provém em grande parte do estudo dos genes das pessoas. Comparando a variação genética entre seres humanos do mundo todo, geneticistas podem calcular uma árvore genealógica dos parentescos de todas as pessoas umas com as outras, e, ao calibrar essa árvore, calcular quando todas compartilharam um ancestral comum. Centenas desses estudos usando dados de milhares de pessoas concordam que todos os seres humanos podem reconstituir suas raízes até uma população ancestral comum que viveu na África cerca de 100 mil a 80 mil anos atrás.[2] Esses estudos também revelam que todos os seres humanos descendem de um número alarmantemente pequeno de ancestrais. De acordo com um cálculo, todas as pessoas vivas hoje descendem de uma população de menos de 14 mil indivíduos reprodutores da África subsaariana, e a população inicial que deu origem a todos os não africanos reunia provavelmente menos de 3 mil pessoas.[3] Nossa recente divergência a partir de uma pequena população explica outro fato importante, que todo ser humano deve saber: somos uma espécie geneticamente homogênea. Se catalogarmos todas as variações genéticas que existem em toda a nossa espécie, descobriremos que aproximadamente 86% delas são encontradas dentro de qualquer população.[4] Para pôr este fato em perspectiva: se varrêssemos toda a população do mundo exceto, digamos, a de Fiji ou da Lituânia, ainda conservaríamos quase toda a variação genética humana. Esse padrão contrasta acentuadamente com o encontrado em outros macacos antropoides, como os chimpanzés, em que menos de 40% da variação genética total da espécie existe dentro de qualquer população.[5]

Há também evidências da recente origem africana de nossa espécie provenientes de DNA fóssil. Fragmentos de DNA podem ser preservados por muitos milhares de anos em ossos fósseis quando as condições são ideais: não quentes demais, não ácidas demais e não alcalinas demais. Foram recuperados fragmentos de DNA antigo de vários seres humanos modernos e mais de dez seres humanos arcaicos, sobretudo neandertais. Esforços hercúleos empreendidos por Svante Pääbo e colegas para reunir e interpretar esses fragmentos revelam que a última vez que seres humanos modernos e linhagens neandertais pertenceram à mesma população ancestral foi cerca de 500 mil a 400 mil anos atrás.[6] Como não é de surpreender, o DNA humano e o neandertal são extremamente semelhantes: somente um de cada seiscentos de seus pares de bases difere dos de um neandertal. Muito esforço está sendo dedicado atualmente à descoberta de quais são esses genes e o que significam.

Algumas surpresas genealógicas também se escondem no DNA de seres humanos antigos e modernos. Análises cuidadosas dos genomas neandertais e humanos modernos revelam que todos os não africanos têm uma porcentagem muito pequena, entre 2% e 5%, de genes que vieram de neandertais. Aparentemente, um pouco de hibridação entre neandertais e seres humanos modernos ocorreu mais de 50 mil anos atrás, provavelmente quando seres humanos modernos estavam saindo da África e se espalhando pelo Oriente Médio.[7] Depois os descendentes dessa população se dispersaram pela Europa e pela Ásia, o que explica por que os africanos são completamente desprovidos de genes neandertais. Outro evento de hibridação ocorreu quando seres humanos se espalharam pela Ásia e cruzaram com denisovanos. Cerca de 3% a 5% dos genes entre as pessoas que vivem na Oceania e na Melanésia vêm de denisovanos.[8] À medida que mais DNA fóssil for descoberto, poderemos encontrar traços de outros eventos de hibridação. Tenha em mente que esses vestígios não devem ser interpretados como evidências de que seres humanos, neandertais e denisovanos são uma única espécie. Espécies estreitamente relacionadas com frequência se cruzam quando entram em contato uma com a outra, e evidentemente dá-se o mesmo com seres humanos. Na verdade, encanta-me saber que, embora os neandertais estejam extintos, um bocadinho deles vive em mim.

Pistas adicionais, diferentes e mais tangíveis sobre quando e onde seres humanos modernos se desenvolveram pela primeira vez vêm de fósseis. Tal como preveem os dados genéticos, os mais antigos fósseis humanos modernos conhecidos até agora vêm da África, datados de cerca de 195 mil anos atrás,[9] e vários outros fósseis humanos modernos com mais de 150 mil anos também vêm exclusivamente da África.[10] Depois, os ossos humanos traçam a diáspora inicial de *H. sapiens* ao redor do globo. Seres humanos modernos apareceram pela primeira vez no Oriente Médio entre cerca de 150 mil e 80 mil anos atrás (datas incertas), e depois possivelmente desapareceram durante cerca de 30 mil anos quando os neandertais se mudaram para essa região no auge de uma grande glaciação europeia, talvez deslocando os seres humanos por algum tempo.[11] Seres humanos modernos com novas tecnologias reapareceram no Oriente Médio cerca de 50 mil anos atrás, e depois se espalharam rapidamente em direção a norte, leste e oeste. Com base nas datas hoje disponíveis, seres humanos modernos apareceram pela primeira vez na Europa cerca de 40 mil anos atrás; na Ásia, cerca de 60 mil anos atrás; na Nova Guiné e na Austrália, cerca de 40 mil anos atrás.[12] Sítios arqueológicos indicam que seres humanos também conseguiram cruzar o estreito de Bering e colonizar o Novo Mundo em algum momento entre 30 mil e 15 mil anos atrás.[13]

A cronologia exata da dispersão humana mudará à medida que mais descobertas forem feitas, mas o ponto importante é que, em meros 175 mil anos depois de evoluírem pela primeira vez na África, os seres humanos modernos colonizaram todos os continentes exceto a Antártida. Além disso, quando e onde quer que caçadores-coletores humanos modernos se espalhassem, seres humanos arcaicos logo eram extintos. Por exemplo, os últimos neandertais conhecidos na Europa foram encontrados numa caverna na extremidade sul da Espanha datada de pouco menos de 30 mil anos atrás, cerca de 15 mil a 10 mil anos depois que seres humanos modernos surgiram pela primeira vez na Europa.[14] As evidências sugerem que, à medida que seres humanos modernos se espalharam rapidamente por toda a Europa, as populações neandertais diminuíram e acabaram ficando confinadas em refúgios isolados antes de desaparecer por completo. Por quê? O que havia em *H. sapiens* que fez de nós a única espécie sobrevivente de ser humano no planeta? Quanto de nosso sucesso pode ser atribuído a nosso corpo e quanto à nossa mente?

O que há de "moderno" nos seres humanos modernos?

Assim como a história é escrita pelos vencedores, a pré-história foi escrita pelos sobreviventes (nós), e com muita frequência interpretamos o que aconteceu como inevitável. Mas e se neandertais do século XXI estivessem escrevendo este livro, perguntando a si mesmos por que *H. sapiens* haviam se extinguido milhares de anos atrás em vez deles? Como nós, eles provavelmente começariam com as evidências fósseis e arqueológicas para perguntar o que havia de diferente em nosso corpo e no modo como o usávamos.

Paradoxalmente, as diferenças mais nítidas a discernir entre nós e seres humanos arcaicos são contrastes anatômicos cuja relevância biológica é difícil interpretar. Em sua maior parte, essas evidências são visíveis na cabeça e se reduzem a duas grandes mudanças na maneira como ela é montada, mostradas na figura 14. A primeira é que temos face pequena. Seres humanos arcaicos têm face volumosa que se projeta à frente da caixa craniana, ao passo que a face humana moderna é muito menos profunda e alta, e está completamente inserida sob o prosencéfalo.[15] Se você enfiasse seu dedo verticalmente na cavidade ocular de um neandertal, ele provavelmente emergiria na arcada supraciliar em frente ao cérebro. Nossa face, em contraposição, está mais retraída, de modo que um dedo enfiado de maneira semelhante ia quase certamente acabar no lobo frontal do cérebro. Face menor, retraída, tem várias consequências para a forma facial humana, também evidentes na figura 14. A mais óbvia é uma arcada supraciliar menor. Outrora se pensou que a arcada supraciliar era uma adaptação para reforçar a parte superior da face, mas ela é na realidade apenas uma prateleira de osso que conecta a testa com o topo das cavidades oculares, portanto um subproduto arquitetônico da largura que a face tem e do quanto ela se projeta em frente à caixa craniana.[16] Face mais rasa também faz com que seres humanos tenham cavidades nasais e orais mais curtas. Face verticalmente menor nos dá pômulos menores e mais curtos e cavidades oculares mais quadradas.

Uma segunda distinção característica da face humana moderna é sua forma globular. Quando você olha para o crânio de qualquer ser humano arcaico de lado, ele tem forma de limão-siciliano: comprido e baixo, com grandes cristas de osso acima das órbitas e na parte de trás do crânio. Crânios humanos modernos, em contraposição, têm uma forma mais assemelhada à das laranjas: quase esféricos com uma testa alta e contornos mais arredondados nos lados e atrás (novamente, ver figura 14). Nossa cabeça mais globular resulta em parte de nossa face menor, mas deriva também do fato de termos um cérebro mais redondo que repousa sobre uma base do crânio muito menos plana.[17]

Sob os demais aspectos, não há nada de muito especial na cabeça humana. Nosso cérebro não é maior, nossos dentes não são excepcionais, nem nossas orelhas, nossos olhos, ou outros órgãos dos sentidos. Um traço pequeno mas característico de seres humanos modernos é o queixo, uma projeção de osso com a forma de um T às avessas na base do maxilar inferior. Queixos de verdade não são encontrados em nenhum ser humano arcaico, e não é claro por que só seres humanos os têm, embora haja muitas ideias a respeito.[18] Além disso, o resto do corpo abaixo do pescoço é apenas sutilmente diferente em seres humanos modernos e arcaicos. Provavelmente a diferença mais óbvia é que os quadris humanos modernos são um pouco menos alargados, e os canais endocervicais das mulheres são ligeiramente mais estreitos e mais profundos.[19] Ademais, seres humanos

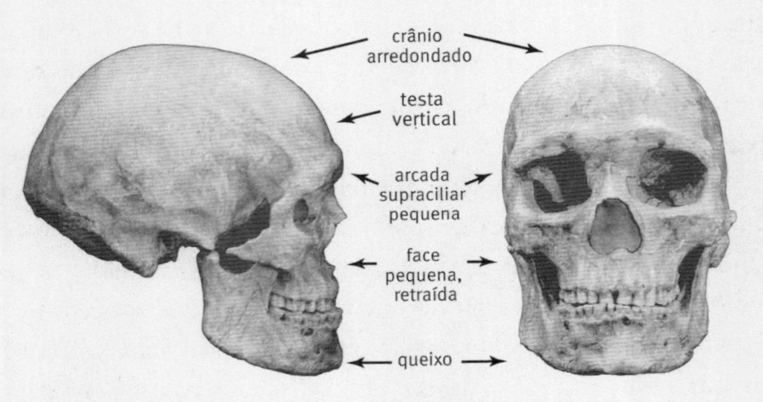

Ser humano moderno primitivo *(Homo sapiens)*

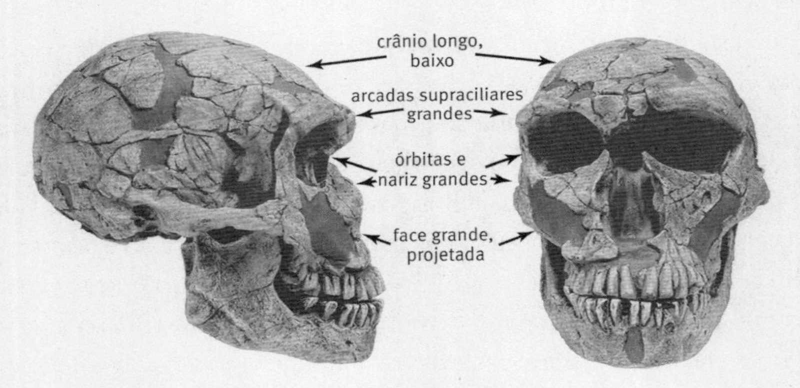

Ser humano arcaico *(Homo neanderthalensis)*

FIGURA 14. Comparação de um crânio de um dos primeiros humanos modernos primitivo com um crânio neandertal, ilustrando algumas das características únicas da cabeça humana moderna. Muitos desses traços são resultado de uma face menor, menos projetada.

modernos têm ombros menos musculosos que neandertais, nossa região lombar é um pouco mais curva, nosso tronco tem menos forma de barril e nossos ossos do calcanhar são mais curtos. Afirma-se muitas vezes que seres humanos têm um esqueleto menos robusto, mas isso não é estritamente verdadeiro. Seres humanos modernos têm ossos dos braços e das pernas tão grossos quanto os dos neandertais, depois de descontadas as diferenças de peso corporal e comprimento dos membros.[20] No geral, as diferenças anatômicas entre seres humanos arcaicos e modernos são muito mais sutis abaixo que acima do queixo.

Embora corpos humanos modernos e arcaicos sejam consistente porém ligeiramente diferentes, o registro arqueológico conta outra história. Como ferramentas de pedra, ossos de animais e outros artefatos deixados para trás em sítios antigos são em sua maior parte produtos de comportamentos aprendidos, por certo não é de surpreender que as evidências arqueológicas de diferenças comportamentais entre populações comecem pequenas e depois aumentem com o tempo. De fato, essa similaridade inicial é exatamente o que seria de prever. Neandertais e seres humanos eram ambos espécies de caçadores-coletores com cérebro grande que divergiram do mesmo último ancestral comum mais de 400 mil anos atrás. Em consequência, neandertais e seres humanos modernos herdaram a mesma tradição de fabricação de ferramentas conhecida coletivamente como Paleolítico Médio (ver capítulo 5). Além disso, ambas as espécies viviam necessariamente em baixas densidades populacionais, caçavam animais grandes usando lanças, faziam fogueiras e cozinhavam sua comida. Mas, se examinamos com atenção o registro arqueológico na África, há sedutores vestígios de que algo diferente estava acontecendo.[21] Vários sítios africanos com mais de 70 mil anos mostram que os primeiros seres humanos modernos que habitaram a África nessa época estavam fazendo trocas através de longas distâncias, o que sugere redes sociais grandes e complexas. Esses primeiros seres humanos estavam também fabricando novos tipos de ferramentas, como arpões para pescar.[22] Sítios antigos no sul da África fornecem ainda evidências do começo da arte simbólica, inclusive contas de colar tingidas e peças de ocre gravadas.[23] Evidências de comportamento simbólico entre neandertais são extremamente raras.[24] No entanto, os traços mais antigos de modernidade comportamental na África são efêmeros. Por exemplo, pontas de flecha com punho aparecem e depois desaparecem no sul da África entre 65 mil e 60 mil anos atrás e só mais tarde parecem entrar permanentemente em uso.[25] Além disso, os primeiríssimos caçadores-coletores humanos modernos não criaram arte permanente em abundância, construíram casas ou viveram em altas densidades populacionais.

Depois, a partir de cerca de 50 mil atrás, algo extraordinário aconteceu: a cultura do Paleolítico Superior foi inventada. O momento e o lugar exatos dessa revolução são obscuros, mas talvez ela tenha se iniciado no norte da África e depois se espalhado rapidamente rumo ao norte pela Eurásia e rumo ao sul pelo resto da África.[26] Uma diferença muito óbvia que se manifestou no Paleolítico Superior era a maneira como as pessoas produziam ferramentas de pedra. No Paleolítico, ferramentas complexas eram feitas de um modo muito trabalhoso e tecnicamente exigente, mas os fabricantes de ferramentas no Paleolítico Superior descobriram como manufaturar em massa longas e finas lâminas de pedra a partir das bordas de núcleos em forma de prisma. Essa inovação permitia a caçadores-coletores produzir grandes quantidades de ferramentas mais finas e mais versáteis que podiam ser facilmente moldadas numa ampla variedade de formas especializadas. O Paleolítico Superior, no entanto, envolveu mais do que apenas uma maneira de lascar pedra; foi uma verdadeira revolução tecnológica. Diferentemente de seus predecessores do Paleolítico Médio, os caçadores-coletores do Paleolítico Superior começaram a criar grandes quantidades de ferramentas de osso, inclusive sovelas e agulhas para fabricar roupas e redes, e faziam lamparinas, anzóis, flautas e outras coisas. Também construíam acampamentos mais complexos, por vezes com casas semipermanentes. Além disso, os caçadores do Paleolítico Superior criavam armas projéteis muito mais letais, como arremessadores de lanças e arpões.

Milhares de sítios arqueológicos indicam que o Paleolítico Superior envolveu uma revolução na natureza da caça e da coleta. Povos do Paleolítico Médio eram consumados caçadores que matavam sobretudo animais de grande porte, mas no Paleolítico Superior as pessoas acrescentaram uma variedade muito mais ampla de animais a seu cardápio, como peixes, mariscos, aves, pequenos mamíferos e tartarugas.[27] Além de serem abundantes, esses animais podem ser obtidos por mulheres e crianças com pouco risco e grande probabilidade de sucesso. Temos poucos remanescentes das plantas consumidas durante o Paleolítico, mas as pessoas do Paleolítico Superior deviam colher uma ampla variedade de plantas, que processavam de maneira mais eficiente, não apenas assando, mas também aferventando e moendo.[28] Estas e outras mudanças dietéticas ajudaram a alimentar uma explosão populacional. Logo depois que o Paleolítico Superior apareceu, o número e a densidade de sítios começaram a crescer, mesmo em lugares remotos e desafiadores como a Sibéria.

Sob muitos aspectos, a mais profunda transformação evidente na revolução do Paleolítico Superior é cultural: as pessoas estavam de alguma maneira *pensando e se comportando de maneira diferente*. A manifestação mais tangível dessa mudança é a arte. Um punhado de objetos artísticos simples foi encontrado em sítios do Paleolítico Médio, mas são raros e apagados se comparados à arte do Paleolítico Superior, que inclui cenas espetaculares pintadas em cavernas e abrigos de rocha, estatuetas entalhadas, magníficos ornamentos e enterros rebuscados com espólio sepulcral esplendidamente manufaturado. É verdade que nem todos os sítios e regiões do Paleolítico Superior preservaram arte, mas pessoas dessa época foram as primeiras a expressar regularmente suas crenças e sentimentos em meios permanentes. Outro componente da revolução do Paleolítico Superior é a mudança cultural. No Paleolítico Médio, quase nada mudava: sítios de França, Israel e Etiópia são basicamente iguais a despeito de terem 200 mil, 100 mil ou 60 mil anos de idade. Mas tão logo o Paleolítico Superior se inicia, cerca de 50 mil anos atrás, torna-se possível usar artefatos para identificar culturas características que têm distribuições discretas no tempo e no espaço. Desde que o Paleolítico Superior começou, cada parte do mundo testemunhou uma série infindável de transformações culturais, alimentadas por mentes infindavelmente inventivas e criativas. Essas mudanças continuam se produzindo hoje num ritmo cada vez mais intenso.

Em suma, se há alguma coisa extremamente diferente nos seres humanos modernos comparados aos nossos primos arcaicos, é nossa extraordinária capacidade e tendência a inovar por meio de cultura. Os neandertais e outros seres humanos arcaicos certamente não eram burros, e um punhado de sítios arqueológicos da Europa sugere que, depois que entraram em contato com seres humanos modernos, tentaram criar sua própria versão do Paleolítico Superior.[29] Mas essa reação teve vida curta e foi evidentemente uma imitação imperfeita e parcial. Centenas de sítios arqueológicos atestam que os neandertais eram desprovidos da tendência dos seres humanos modernos de inventar novas ferramentas, adotar novos comportamentos e expressar-se tanto quanto eles usando arte. Terá essa falta de flexibilidade e inventividade cultural sido a razão pela qual nós sobrevivemos e eles foram extintos? Ou teremos nós simplesmente nos reproduzido com mais sucesso? Uma maneira de tratar estas e outras questões relacionadas é perguntar se há algo de especial no corpo dos seres humanos que tenha tornado possível ou mesmo desencadeado o Paleolítico Superior e avanços culturais subsequentes. Obviamente, o primeiro lugar para onde devemos olhar é o cérebro.

Terão os seres humanos modernos cérebros melhores?

Cérebros não fossilizam, e ainda estamos por encontrar um neandertal congelado nas profundezas de uma geleira. Assim, as únicas evidências de diferenças entre cérebros humanos modernos e arcaicos provêm do estudo do tamanho e da forma dos ossos que os envolvem, da comparação de cérebros humanos com cérebros primatas não humanos e da procura de genes que diferem entre seres humanos e neandertais e que têm algum efeito no cérebro em seres humanos. Dada nossa nascente compreensão de como cérebros funcionam, usar essas evidências para testar se cérebros humanos modernos funcionam de maneira diferente dos de nossos ancestrais mais antigos é mais ou menos como tentar descobrir como dois computadores diferem entre si olhando para seu exterior e alguns componentes aleatórios cuja função não compreendemos inteiramente. Mesmo assim, devemos tentar, usando quaisquer informações a nosso dispor.

A comparação mais óbvia a fazer é o tamanho, e convém repetir que os cérebros modernos mais antigos e os neandertais eram igualmente volumosos. Não há nenhuma relação forte ou direta entre tamanho de cérebro e inteligência (variável cuja mensuração é notoriamente difícil), mas é difícil admitir que os neandertais com seus grandes cérebros não eram inteligentes.[30] Isso não significa que seres humanos e neandertais não tivessem algumas diferenças cognitivas, mas sim que quaisquer diferenças teriam de estar na arquitetura e no conjunto de circuitos mais sutis e detalhados do cérebro. Em consequência, fez-se muito esforço para comparar a forma dos ossos que abrigam o cérebro no intuito de detectar diferenças em sua estrutura subjacente. Embora não seja possível interpretar essas variações de maneira definitiva, verifica-se que algumas diferenças fundamentais no tamanho de certos componentes do cérebro contribuem de fato para o crânio mais globular dos seres humanos modernos.[31] Além disso, essas diferenças podem ser relevantes para possíveis diferenças cognitivas entre seres humanos modernos e arcaicos.

Das muitas estruturas do cérebro, as mais importantes a considerar são os lobos que constituem sua maior parte, mostrados na figura 15. A parte exterior do cérebro, o neocórtex, está especialmente expandida nos seres humanos, tanto arcaicos quanto modernos, e é responsável por pensamento consciente, planejamento, linguagem e outras tarefas cognitivas complexas. Além disso, o neocórtex está dividido em vários lobos com diferentes funções e cuja anatomia superficial cheia de convoluções é parcialmente preservada em crânios fósseis. A diferença mais óbvia e mais significativa entre o neocórtex de seres humanos modernos e os de seres humanos arcaicos é que os lobos temporais são cerca de 20% maiores apenas em *H. sapiens*.[32] Esse par de lobos, situado atrás das têmporas, desempenha muitas funções que usam e organizam memórias. Quando ouvimos alguém falar, percebemos e interpretamos os sons em parte em nossos lobos temporais.[33] O lobo temporal também nos ajuda a entender visões e cheiros, como quando damos um nome a um rosto, ou evocamos uma lembrança após ouvir alguma coisa ou sentir seu cheiro. Além disso, uma parte profunda dos lobos temporais (uma estrutura chamada hipocampo) nos permite aprender e armazenar informação. Portanto, é razoável supor que lobos temporais aumentados podem ajudar seres humanos modernos a sobressair em linguagem e memória. Um fascinante correlato dessas faculdades poderia ser a espiritualidade. Neurocirurgiões descobriram que a estimulação do lobo temporal durante cirurgias em pacientes alertas pode provocar emoções intensamente espirituais inclusive em pessoas que se dizem ateias.[34]

Outra parte do cérebro humano que parece ser relativamente maior em seres humanos modernos são os lobos parietais.[35] Esse par de lobos desem-

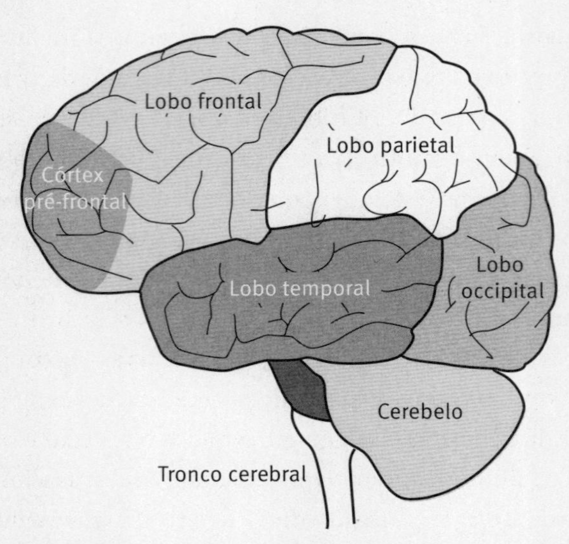

FIGURA 15. Diferentes lobos do cérebro. Várias regiões do cérebro humano, incluindo os lobos temporais e a parte pré-frontal dos lobos frontais, são relativamente maiores em seres humanos que em macacos antropoides. É possível que algumas dessas regiões sejam maiores em seres humanos modernos se comparados com seres humanos arcaicos.

penha um papel essencial na interpretação e integração de informações sensoriais oriundas de diferentes partes do corpo. Essa parte do cérebro é usada quando fazemos um mapa mental do mundo e descobrimos onde estamos, interpretamos símbolos como palavras, compreendemos como manipular uma ferramenta e fazemos cálculos, além de ter muitas outras funções.[36] Se ela fosse danificada, poderíamos perder a capacidade de desempenhar várias tarefas ao mesmo tempo e de desenvolver pensamentos abstratos.

É quase certo que existam outras diferenças, mas é mais difícil medi-las. Um candidato é uma porção do lobo frontal conhecida como córtex pré-frontal. Essa parte do cérebro, do tamanho de uma noz, situada atrás da sobrancelha, é cerca de 6% maior em seres humanos que em macacos antropoides depois de considerados seus tamanhos e tem uma estrutura mais complexa com maior conectividade.[37] Infelizmente, comparações entre crânios não revelam exatamente quando o córtex pré-frontal tornou-se relativamente maior na evolução humana, por isso podemos apenas conjecturar que é especialmente aumentado em seres humanos modernos. Não há muita dúvida, porém, de que sua expansão foi importante, porque, se o cérebro fosse uma orquestra, o córtex pré-frontal seria seu regente: ele nos ajuda a coordenar e planejar o que outras partes do cérebro fazem quando falamos, pensamos e interagimos. Pessoas com lesão nessa região têm dificuldade em controlar seus impulsos, não conseguem planejar ou tomar decisões de maneira eficaz e esforçam-se muito para interpretar as ações de outras e regular seu próprio comportamento social.[38] Em outras palavras, o córtex pré-frontal nos ajuda a cooperar e nos comportar estrategicamente.

Um efeito superficial do aumento dos lobos temporal e parietal é que essas expansões podem ajudar a tornar a cabeça humana mais esférica, porque estão situadas logo acima de uma estrutura semelhante a uma dobradiça no centro da base do crânio. Como o cérebro cresce rapidamente logo após o nascimento, essa dobradiça se dobra cerca de quinze graus mais nos seres humanos modernos que nos arcaicos, fazendo com que o cérebro, e portanto a caixa craniana que o circunda, se torne mais redondo, ao mesmo tempo que rota uma parte maior da face sob o prosencéfalo.[39] Mais importante ainda é que evidências da reorganização do cérebro humano moderno podem explicar alguns aspectos especiais, adaptativos, de nossa cognição. O sucesso de um caçador-coletor depende fortemente de sua capacidade de cooperar com outros e coletar e caçar com eficiência. Para cooperar é necessário ter uma teoria da mente sobre os demais – compreender suas motivações e seu estado mental – bem como ser capaz de controlar os próprios impulsos e agir de maneira estratégica. Todas essas funções se beneficiariam de um córtex pré-frontal maior e de melhor funcionamento. A cooperação requer também a capacidade de comunicar rapidamente informações sobre emoção e intenção, mas também ideias e fatos. Expansões do lobo temporal podem ter também aumentado essas habilidades e, juntamente com os lobos parietais, ajudado os primeiros seres humanos modernos a raciocinar de maneira mais eficiente como caçadores-coletores. Essas partes do cérebro nos permitem fazer mapas mentais, interpretar pistas sensoriais necessárias para rastrear animais, deduzir onde recursos estão localizados e fabricar e usar ferramentas. Dados os indícios de expansão dessas regiões em seres humanos modernos, é razoável conjecturar que nosso cérebro mais redondo não nos ajudou apenas a parecer mais modernos: também nos ajudou a nos comportar mais modernamente.

Outros aspectos do cérebro humano moderno poderiam também ser diferentes, mas, sem cérebros humanos arcaicos para estudar, são apenas conjecturas. Uma possibilidade é que os cérebros humanos sejam conectados diferentemente. Comparados aos cérebros de macacos antropoides, cérebros humanos desenvolvem um neocórtex mais grosso, com neurônios que são maiores e mais complexos e levam mais tempo para ter suas conexões completadas.[40] Como em macacos antropoides e nos demais macacos, os cérebros humanos têm circuitos complexos que conectam as regiões corticais externas do cérebro com estruturas mais profundas que participam do aprendizado, do modo como o corpo se move e de outras funções. Embora esses circuitos não estejam conectados de maneira fundamentalmente diferente em cérebros humanos, seres humanos em desenvolvimento são aparentemente capazes de modificá-los em maior medida e com mais conexões.[41] Talvez os seres humanos tenham evoluído de maneira singular para prolongar o desenvolvimento do corpo de modo a proporcionar ao cérebro mais tempo para amadurecer, inclusive durante os períodos juvenil e adolescente, quando muitas dessas conexões complexas são feitas e isoladas, e quando muitas conexões não utilizadas (que adicionam ruído) são podadas.[42] Esta hipótese é reconhecidamente especulativa e precisa ser cuidadosamente testada.[43] No entanto, o desenvolvimento foi de fato prolongado em algum ponto na evolução humana, e teria sido vantajoso se tivesse ajudado caçadores-coletores a desenvolver habilidades sociais, emocionais e cognitivas (inclusive a linguagem) que aumentaram suas chances de sobrevivência e reprodução.[44]

Se cérebros humanos modernos e arcaicos diferem em sua estrutura e função, deve haver diferenças genéticas subjacentes a eles. Seria razoável supor que há genes expressos no cérebro que aumentam a capacidade de cooperar e planejar que remontem mais ou menos à época em que os seres humanos se desenvolveram; alguns estudiosos propõem que esses genes evoluíram mais recentemente, cerca de 50 mil anos atrás, desencadeando o Paleolítico Superior.[45] Até agora, contudo, nenhum desses genes foi identificado, mas, à medida que nossa compreensão das bases genéticas do desenvolvimento e da função do cérebro melhorarem, vamos certamente encontrá-los e estimar quando se desenvolveram. Um candidato de grande interesse é um gene conhecido como *FOXP2*, que desempenha um papel decisivo na vocalização e outras funções como o comportamento exploratório.[46] Embora difira entre seres humanos e macacos antropoides, o fato é que neandertais e seres humanos compartilham a mesma variante de *FOXP2*.[47] Como outros genes que diferem entre seres humanos e neandertais foram mais estudados, será interessante descobrir que efeitos eles têm sobre a cognição humana, se é que têm algum. Minha suposição é que os neandertais eram extremamente inteligentes, mas os seres humanos modernos são mais criativos e comunicativos.

O dom da eloquência

Que utilidade tem uma ideia criativa ou um fato valioso se você não pode comunicá-los? Alguns dos maiores avanços culturais dos últimos milhares de anos ocorreram graças a métodos mais eficazes de transmissão de informação, como a escrita, a imprensa, o telefone e a internet. Estas e outras revoluções da informação, entretanto, foram decorrentes de um grande salto à frente anterior e mais fundamental em comunicação: a fala humana moderna. Embora seres humanos arcaicos como os neandertais certamente tivessem linguagem, a face singularmente pequena e retraída do homem moderno deve ter nos tornado melhores para pronunciar sons de fala claros e fáceis de interpretar num ritmo muito rápido. Somos uma espécie singularmente eloquente.

Os sons da fala são basicamente uma sucessão de sopros pressurizados, não muito diferentes daqueles produzidos pela palheta de um instrumento musical, como um clarinete. Assim como alteramos o volume e a altura de um clarinete mudando a pressão com que sopramos na palheta, variamos o volume e a altura dos sons da fala modificando o ritmo e o volume desses sopros à medida que deixam a caixa de voz (laringe) no alto da nossa traqueia.

Depois que um som deixa a laringe, sua qualidade muda acentuadamente à medida que passa através do trato vocal. Como mostra a figura 16, esse trato é essencialmente um tubo em forma de "r" que corre desde nossa laringe até

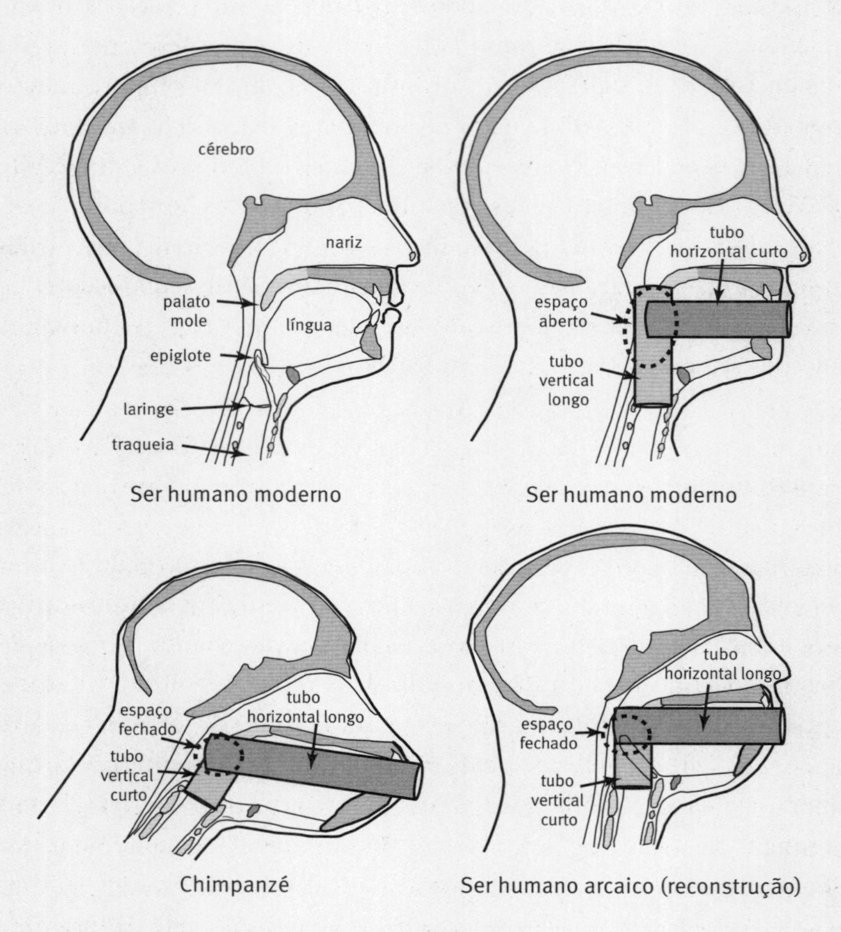

FIGURA 16. Anatomia da produção da fala. O painel superior esquerdo (um corte longitudinal de uma cabeça humana moderna) mostra a posição baixa da laringe humana, a língua curta e arredondada e o espaço aberto entre a epiglote e a parte de trás do palato mole. Essa configuração única faz com que os tubos vertical e horizontal do trato vocal sejam quase iguais em comprimento e cria um espaço aberto entre a epiglote e o palato mole (painel superior direito). Como outros mamíferos, o chimpanzé tem um tubo vertical curto e um tubo horizontal longo, com um espaço fechado atrás da língua. Reconstruções de *Homo* arcaicos sugerem que seu trato vocal tinha uma configuração mais semelhante à do chimpanzé.

os nossos lábios, cuja forma podemos modificar de diversas maneiras movendo língua, lábios e maxilar. Ao alterar a forma do trato vocal, alteramos a quantidade de energia presente em diferentes frequências daqueles sopros à medida que se deslocam através do tubo. O resultado é uma série de sons semelhantes a um alfabeto. Por exemplo, às vezes apertamos o trato vocal em certos locais para acrescentar turbulência em frequências específicas (como ao fazer os sons "ss" ou "ch"), ou por vezes fechamos e depois abrimos rapidamente uma parte do trato vocal para criar uma explosão de energia numa frequência particular (como "b" ou "t").

A maioria dos mamíferos vocaliza, mas Philip Lieberman mostrou que o trato vocal humano é especial por duas razões.[48] Uma é que nosso cérebro é excepcionalmente hábil no controle rápido e preciso dos movimentos da língua e outras estruturas que modificam sua forma. Além disso, a face característica, curta e retraída dos seres humanos modernos dá a nosso trato vocal uma configuração singular com úteis propriedades acústicas. A figura 16, que compara um chimpanzé e um ser humano, ilustra essa mudança de forma. Em ambas as espécies, o trato vocal tem essencialmente dois tubos: uma porção vertical atrás da língua e uma porção horizontal acima dela. No entanto, o trato vocal humano tem diferentes proporções, porque uma face curta faz com que a cavidade oral seja curta, e isso requer que a língua seja curta e redonda em vez de comprida e chata.[49] Como a laringe está pendurada num pequenino osso flutuante (o hioide) na base da língua, a língua baixa e redonda de um ser humano posiciona a laringe muito mais baixo no pescoço que em qualquer outro animal. Em consequência, os tubos vertical e horizontal do trato vocal são igualmente longos em seres humanos. Essa configuração difere da encontrada em todos os outros mamíferos, inclusive chimpanzés, nos quais a porção horizontal do trato vocal é pelo menos duas vezes mais longa que a porção vertical. Um traço relacionado e importante do trato vocal humano é que movimentos de nossa língua extremamente redonda podem modificar a seção transversal de cada tubo independentemente cerca de dez vezes (como quando você diz "oooh" *versus* "eeeh").

Como esse trato vocal humano de configuração singular e com porções horizontal e vertical igualmente longas afeta nossa fala? Um trato vocal com dois tubos de igual comprimento produz vogais cujas frequências são mais distintas, sendo necessária menor precisão para produzi-las apropriadamente.[50] De fato, a configuração humana nos permite ser um pouco desleixados ao falar e ainda assim produzir vogais discretas que nosso ouvinte reconhecerá corretamente sem precisar se basear no contexto. Dessa maneira, você pode dizer alguma coisa como "Logo vou pagar" e não vou interpretar erroneamente como "Logo vou pegar". Podemos sem dúvida imaginar que depois que nossos ancestrais começaram a falar – como seres humanos arcaicos certamente fizeram – houve uma forte vantagem seletiva para formas de trato vocal que tornavam mais fácil articular de maneira mais compreensível.

Mas há um problema. O trato vocal singularmente configurado dos seres humanos também acarreta um custo substancial. Em todos os outros mamíferos, inclusive os macacos antropoides, o espaço atrás do nariz e da boca (a faringe) é dividido em dois tubos parcialmente separados: um interno para ar e um externo para comida e água. Essa configuração de tubo dentro de tubo é criada por contato entre a epiglote, uma aba de cartilagem em forma de calha na base da língua, e o palato mole, uma extensão carnuda do palato que isola o nariz. Num cão ou num chimpanzé, alimento e ar tomam caminhos diferentes através da garganta. Mas, em seres humanos, diferentemente do que ocorre em qualquer outro mamífero, a epiglote fica alguns centímetros baixo demais para entrar em contato com o palato mole. Por ter a laringe muito embaixo no pescoço, os seres humanos perderam o tubo dentro do tubo e desenvolveram um grande espaço comum atrás da língua através do qual alimento e ar viajam ambos para entrar ou no esôfago ou na traqueia. Em consequência, o alimento por vezes fica alojado na parte de trás da garganta, bloqueando a via aérea. Nós, seres humanos, somos a única espécie que corre o risco de se asfixiar quando come alguma coisa grande demais ou de maneira imprecisa. Essa causa de morte é mais comum do que você pode imaginar. Segundo o National Safety Council, o engasgamento com comida é a quarta principal causa de mortes acidentais nos Estados Unidos, aproximadamente um décimo do número de mortes causadas por veículos a motor. Pagamos um alto preço para falar com mais clareza.

Da próxima vez que você fizer uma refeição enquanto conversa com amigos, considere que está provavelmente fazendo duas coisas raras: falando com grande clareza e engolindo de maneira um pouco perigosa. Essas atividades são ambas especiais em seres humanos modernos, e se tornaram possíveis por termos uma face extraordinariamente pequena e retraída. Certamente, seres humanos arcaicos também conversavam com a boca cheia durante o jantar, mas provavelmente sua fala era um pouco menos clara, e provavelmente eles corriam menor risco de engasgar com a comida.

Evolução da evolução cultural

Sempre que traços biológicos nos tornam diferentes de seres humanos arcaicos, eles devem ter sido importantes. As inovações que levaram ao Paleolítico Superior provavelmente foram surgindo aos poucos, mas depois que o Paleolítico Superior estava com força total, ajudou seres humanos modernos a se espalhar rapidamente pelo globo, e nossos primos arcaicos desapareceram quando e aonde quer que chegássemos. Os detalhes dessa substituição são em parte misteriosos. Os seres humanos modernos certamente interagiram e por vezes cruzaram com seres humanos arcaicos, como os neandertais, mas ninguém sabe por que nós sobrevivemos, não eles.[51] Existem muitas teorias. Uma possibilidade é que tenhamos simplesmente nos reproduzido mais que eles, talvez desmamando nossos filhos mais cedo ou tendo menores taxas de mortalidade. Diferenças muito ligeiras em taxas de natalidade e mortalidade têm efeitos consideráveis, por vezes devastadores, sobre caçadores-coletores, que precisam viver em baixas densidades populacionais. Cálculos mostram que se tanto seres humanos modernos quanto neandertais estivessem vivendo na mesma região, mas a taxa de mortalidade entre neandertais fosse apenas 1% mais alta que em seres humanos modernos, os neandertais teriam se extinguido em apenas trinta gerações, menos de mil anos.[52] Dadas as evidências de que as pessoas do Paleolítico Superior viviam mais tempo que as do Paleolítico Médio,[53] a taxa de extinção dos neandertais poderia ter sido ainda mais rápida. Outras hipóteses, não exclusivas, são de que nós, seres humanos modernos, tivemos mais sucesso que nossos primos porque somos melhores em cooperar, que colhíamos e caçávamos uma variedade mais ampla de recursos, inclusive mais peixes e aves, e tínhamos redes sociais maiores e mais eficazes.[54] Os arqueólogos continuarão debatendo estas e outras ideias, mas uma conclusão geral é clara: alguma coisa no comportamento moderno deve ter sido vantajosa. Num exemplo clássico de lógica circular, definimos qualquer coisa que tenha tornado o comportamento humano moderno diferente como "modernidade comportamental".[55]

Como quer que definamos "modernidade comportamental", suas consequências para nosso corpo foram profundas desde o início do Paleolítico Superior e têm importância ainda hoje, muitos milhares de gerações depois. Por quê? Porque sejam quais forem os fatores biológicos que nos tornam cognitiva e comportamentalmente modernos, eles são manifestados sobretudo por meio da *cultura*. Este é um termo com múltiplos significados, mas é mais essencialmente um conjunto de conhecimento, crenças e valores aprendidos que levam grupos a pensar e se comportar de maneiras diferentes, por vezes adaptativa, por vezes arbitrária. Por essa definição, macacos antropoides, como chimpanzés, têm culturas muito simples, e seres humanos arcaicos, como *H. erectus* e neandertais, tinham culturas sofisticadas. Mas o registro arqueológico associado a seres humanos modernos indica de maneira inequívoca que temos extraordinárias e especiais capacidade e tendência para inovar e transmitir novas ideias. *H. sapiens* é uma espécie fundamental e exuberantemente cultural. De fato, a cultura deve ser a característica mais distintiva de nossa espécie. Um biólogo extraterrestre que nos visitasse certamente perceberia como os corpos humanos diferem dos corpos de outros mamíferos (somos bípedes, não temos pelos e temos cérebro grande), mas ficariam mais assombrados pelas maneiras diversas e muitas vezes arbitrárias como nos comportamos, incluindo roupas, ferramentas, cidades, comida, arte, organização social e babel de línguas.

A criatividade cultural humana, uma vez desencadeada, foi uma máquina que acelerou a mudança evolutiva e que nada poderia deter. Como os genes, a cultura se desenvolve. Diferentemente deles, porém, ela o faz através de diversos processos que a tornam uma força muito mais poderosa e rápida que a seleção natural. É por isso que traços culturais, conhecidos como "memes", diferem de genes em vários aspectos essenciais.[56] Enquanto novos genes surgem unicamente por acaso através de mutações aleatórias, os seres humanos com frequência geram variações culturais intencionalmente. Invenções como a agricultura, os computadores e o marxismo foram feitas por meio de engenhosidade e para um objetivo. Além disso, memes são transmitidos não apenas de pais para filhos, mas a partir de múltiplas fontes. A leitura deste livro é apenas uma das muitas trocas horizontais de informação que você fará hoje. Por fim, embora evolução cultural possa ocorrer de maneira aleatória (pense em modas como a largura da gravata ou o comprimento da saia), a transformação cultural ocorre com frequência por meio de um agente de mudança, como um líder convincente, a televisão ou o desejo coletivo de uma comunidade de resolver um desafio como fome, doença ou a ameaça dos russos na Lua. Juntas, essas diferenças fazem da revolução cultural uma causa mais rápida e muitas vezes mais poderosa de mudança que a evolução biológica.[57]

A cultura em si não é um traço biológico, mas as capacidades que permitem aos seres humanos comportar-se culturalmente, e usar e modificar a cultura são adaptações biológicas básicas que parecem ser especialmente derivadas em seres humanos modernos. Se neandertais ou denisovanos fossem as únicas espécies de seres humanos que restassem no planeta, suspeito (mas não posso provar) que ainda estariam caçando e coletando mais ou menos da mesma maneira que 100 mil anos atrás. Obviamente esse não é o caso do *H. sapiens*, e, à medida que a mudança cultural se acelerou desde o Paleolítico Superior, seus efeitos sobre nosso corpo se aceleraram também. As interações mais básicas entre cultura e a biologia de nosso corpo são as maneiras como comportamentos aprendidos – os alimentos que comemos, as roupas que usamos, as atividades que desempenhamos – alteram o ambiente de nosso corpo, influenciando assim o modo como ele cresce e funciona. O efeito não causa evolução *per se* (isso seria lamarckista), mas com o tempo algumas dessas interações tornam de fato possível uma mudança evolutiva em populações. Por vezes inovações culturais *impelem* seleção natural no corpo. Um exemplo lindamente estudado é a capacidade de digerir o açúcar do leite depois de adulto (persistência da lactase), que se desenvolveu de maneira independente na África, no Oriente Médio e na Europa entre povos que consumiam leite animal.[58] Em muitos outros casos, a cultura melhora ou anula os efeitos do ambiente sobre o corpo, atuando como um *amortecedor* que protege o corpo dos efeitos da seleção natural que de outro modo poderiam ocorrer. Esse efeito protetor da cultura é tão ubíquo que muitas vezes só nos damos conta dele quando somos privados de tecnologias como roupas, cozimento e antibióticos. Sem eles, muitas pessoas que estão vivas hoje teriam sido removidas do *pool* de genes há muito tempo.

Seu corpo está repleto de traços que se desenvolveram ao longo de centenas de milhares de anos de interações entre cultura e biologia. Algumas delas são anteriores à origem dos seres humanos modernos. Por exemplo: a invenção de ferramentas e projéteis de ferro tornou possíveis a seleção para maior destreza manual e a habilidade de arremessar com força e precisão. Os dentes foram selecionados para se tornar menores depois que ferramentas de ferro começaram a ser produzidas no Paleolítico Inferior. O sistema digestivo mudou tanto depois que o cozimento se tornou muito difundido que hoje dependemos dele para sobreviver.[59] Embora se suponha por vezes que a biologia humana quase nada mudou desde que o *H. sapiens* se desenvolveu 200 mil anos atrás, nosso incessante impulso de inovar provocou claramente seleção no corpo humano. Grande parte dela foi regional e contribuiu para variações que distinguem populações de diferentes partes do mundo. À medida que as pessoas do Paleolítico Superior se espalharam pelo globo e encontraram novos patógenos, alimentos desconhecidos e diversas condições climáticas, a seleção natural adaptou essas populações recém-isoladas a seus diferentes ambientes.

Considere, por exemplo, como várias populações humanas modernas se desenvolveram para enfrentar climas vastamente diferentes. Nos quentes ambientes africanos em que os seres humanos modernos tiveram origem, o maior problema é livrar-se do calor, mas, à medida que eles se deslocaram para a Europa e a Ásia temperadas durante a Idade do Gelo, conservar calor tornou-se um desafio muito mais urgente. Lembre-se de que esses primeiros migrantes que saíram da África eram africanos, e eles, como nós, teriam perecido em climas nórdicos durante a Idade do Gelo sem tecnologias como roupas, aquecimento e habitações. Em grande medida, os primeiros caçadores-coletores modernos que se aventuraram rumo ao norte inventaram adaptações culturais para sobreviver em climas gélidos. Uma nova invenção do Paleolítico Superior foram ferramentas de osso, como agulhas, que estão inteiramente ausentes do Paleolítico Médio. Ao que parece, as roupas dos neandertais não eram costuradas. As pessoas do Paleolítico Superior também criaram abrigos mais aquecidos, lamparinas, arpões e outras tecnologias que facilitaram sua sobrevivência em hábitats inclementes que, francamente, são antinaturais e inóspitos para primatas tropicais. Essas inovações culturais, no entanto, não os resguardaram por completo dos efeitos da seleção natural; em vez disso, tornaram possível uma seleção que em outras circunstâncias não teria ocorrido. Durante invernos extremamente frios da Idade do Gelo, adaptações culturais permitiram às pessoas permanecer vivas durante tempo suficiente para que a seleção natural favorecesse indivíduos com variações herdáveis que melhoravam sua capacidade de sobreviver e se reproduzir. Tal seleção é evidenciada por mudanças na forma do corpo. Se você quiser se livrar de calor em regiões quentes, ajuda ser alto e magro com membros longos que maximizam a área de superfície de seu corpo, mas para conservar calor corporal em climas mais frios, ajuda ter membros mais curtos juntamente com uma ossatura mais larga, mais maciça.[60] À medida que europeus do Paleolítico Superior suportaram os extremos da última grande Idade do Gelo, a forma de seu corpo mudou de maneira previsível. Como outros africanos, os primeiros migrantes para a Europa eram altos e magros, mas ao longo de dezenas de milhares de anos eles se desenvolveram de modo a se tornar mais baixos e atarracados, em especial nas partes mais ao norte do continente.[61]

A forma do corpo é apenas uma das muitas características que variam entre populações por causa de seleção ocorrida depois que caçadores-coletores humanos modernos se dispersaram através do planeta, chegando a hábitats tão diversos quanto desertos, tundras árticas, florestas pluviais e montanhas elevadas. Talvez nenhum traço tenha sido objeto de tanta atenção equivocada quanto a cor da pele. Pelo menos seis genes levam a camada exterior da pele a sintetizar pigmentos que atuam como um filtro solar natural para bloquear radiação ultravioleta danosa, mas que também impedem a síntese de vitamina D (que nosso corpo produz em reação à luz solar).[62] Em consequência, houve forte seleção para pigmentação escura nas proximidades do equador, onde a radiação ultravioleta é intensa o ano todo, mas populações que migraram para zonas temperadas foram selecionadas para ter menos pigmentação a fim de assegurar níveis suficientes de vitamina D. Estudos de variação genética humana identificaram centenas de outros genes que exibem as marcas de forte seleção durante os últimos milhares de anos (que capítulos posteriores discutirão). Uma advertência a ter em mente é que um grande número dos traços que levam pessoas e populações a diferir, como textura do cabelo e cor dos olhos, são literalmente tão superficiais quanto a pele e muitos são apenas variações aleatórias que nada têm a ver com seleção natural, muito menos evolução cultural.

Cérebro, força muscular e o triunfo dos seres humanos modernos

A esta altura, deveria estar evidente que a história do corpo humano não fornece uma resposta única para a questão que o capítulo 1 formulou: "A que os seres humanos estão adaptados?" Nosso longo caminho evolutivo adaptou seres humanos para ficar eretos, para comer uma dieta diversificada, para caçar, para procurar alimento em grandes extensões, para ser atletas de resistência, para cozinhar e processar a comida, para compartilhar comida etc. Mas, se há alguma adaptação especial de seres humanos modernos que explique nosso sucesso evolutivo (até agora), deve ser nossa capacidade de nos adaptar em razão de nossas extraordinárias capacidades de comunicar, cooperar, pensar e inventar. As bases biológicas para essas capacidades estão enraizadas em nosso corpo, especialmente nosso cérebro, mas seus efeitos se manifestam principalmente no modo como usamos cultura para inovar e nos ajustar a novas e diversas circunstâncias. Depois que se desenvolveram na África, os primeiros seres humanos modernos inventaram gradualmente armas mais avançadas e outras novas ferramentas, criaram arte simbólica, envolveram-se em mais comércio a longa distância e se comportaram de outras maneiras novas, essencialmente modernas. Foram necessários mais de 100 mil anos para que o modo de vida do Paleolítico Superior emergisse, mas essa revolução foi apenas um de muitos saltos culturais à frente que ainda estão se produzindo em ritmos cada vez mais rápidos. Nas últimas centenas de gerações, seres humanos modernos inventaram agricultura, escrita, cidades, máquinas, antibióticos, computadores etc. Agora, o ritmo e o alcance da evolução cultural excedem vastamente o ritmo e o alcance da evolução biológica.

É razoável, portanto, concluir que de todas as qualidades que tornam especiais os seres humanos modernos, nossas habilidades culturais foram as mais transformadoras e as maiores responsáveis por nosso sucesso. Essas habilidades provavelmente explicam por que os últimos neandertais foram extintos pouco depois que seres humanos modernos pisaram pela primeira vez na Europa e por que, à medida que nossa espécie se espalhou pela Ásia, provavelmente causamos a extinção dos denisovanos, dos hobbits de Flores e de quaisquer outros descendentes de *H. erectus* remanescentes. Muitas inovações culturais adicionais permitiram aos caçadores-coletores humanos modernos habitar praticamente todos os cantos da Terra cerca de 15 mil anos atrás, mesmo lugares inóspitos como a Sibéria, a Amazônia, o deserto central australiano e a Terra do Fogo.

Vista sob essa luz, a evolução humana parece ser, antes de mais nada, um triunfo do cérebro sobre a força muscular. De fato, muitas narrativas da evolução humana enfatizam isso.[63] Apesar de falta de força, velocidade, armas naturais e outras vantagens físicas, usamos nossos recursos culturais para florescer e estabelecer domínios sobre a maior parte do mundo natural – de bactérias a leões, do Ártico à Antártida. Uma grande porcentagem dos bilhões de seres humanos vivos hoje desfruta de uma vida mais longa e saudável que nunca. Graças aos mesmos poderes de inventividade que inflamaram o Paleolítico Superior, podemos voar, substituir órgãos, perscrutar átomos e fazer viagens de ida e volta à Lua. Talvez um dia nosso cérebro nos permita compreender as leis fundamentais da física que governam o universo, colonizar outros planetas e eliminar a pobreza.

Por mais que nossas extraordinárias capacidades de pensar, aprender, comunicar, cooperar e inovar tenham tornado possíveis os sucessos recentes de nossa espécie, penso que é não apenas incorreto, mas também perigoso, ver a evolução humana moderna unicamente como um triunfo de cérebro sobre força muscular. O Paleolítico Superior e outras inovações culturais que ajudaram os seres humanos modernos a colonizar o planeta e superar outras espécies de seres humanos proporcionaram muitos benefícios, mas nunca libertaram caçadores-coletores da necessidade de trabalhar e usar o corpo para sobreviver. Como vimos, caçadores-coletores são essencialmente atletas profissionais cuja sobrevivência exige que sejam fisicamente ativos. Por exemplo, um caçador-coletor do sexo masculino mediano da tribo hazda na Tanzânia pesa 51 quilos, anda quinze quilômetros por dia e precisa subir em árvores, desenterrar tubérculos, carregar comida e realizar outras tarefas físicas diariamente.[64] Seu gasto energético total é cerca de 2.600 calorias por dia. Como 1.100 delas sustentam as necessidades básicas de seu corpo (seu metabolismo basal), ele gasta 1.500 calorias por dia sendo fisicamente ativo, num total de quase 30 calorias por quilo por dia. Em contraposição, um típico americano ou europeu do sexo masculino pesa cerca de 50% mais e trabalha 75% menos, gastando apenas dezessete calorias por quilo por dia em atividade física.[65] Em outras palavras, um caçador-coletor trabalha mais ou menos o dobro por unidade de peso corporal que o ocidental (o que explica em boa parte por que o ocidental tende a ter excesso de peso).

Caçadores-coletores humanos modernos floresceram, portanto, com uma combinação de cérebros *mais* força física, e levavam uma vida mais árdua, mais fisicamente exigente que a maioria dos seres humanos pós-Revolução Industrial. Posto isso, é importante enfatizar que caçar e coletar, apesar das exigências físicas, está longe de ser a existência extenuante de labuta e infelicidade que alguns supõem. Quando começaram a quantificar o esforço requerido para ser um caçador-coletor, os antropólogos se surpreenderam com a quantidade de tempo que caçadores-coletores típicos passam efetivamente "trabalhando", mesmo em ambientes áridos. Os boxímanes do Kalahari, por exemplo, dedicam uma média de seis horas por dia a atividades como procurar alimento, caçar, fabricar ferramentas e fazer o trabalho doméstico.[66] Isso não significa, contudo, que passem o resto do dia relaxando e se divertindo. Como caçadores-coletores não produzem excedentes de comida, eles descansam sempre que possível para evitar desperdiçar energia, nunca podem se dar ao luxo de se aposentar quando completam 65 anos e, caso fiquem feridos ou inválidos, outros têm de trabalhar mais arduamente para compensar isso. Graças às especiais habilidades cognitivas e sociais de nossa espécie, caçadores-coletores humanos modernos trabalham bastante arduamente, mas não *tanto*.

As capacidades e propensões de nossa espécie para usar cultura e adaptar, improvisar e aperfeiçoar também explicam outra característica fundamental dos caçadores-coletores humanos modernos: extraordinária variabilidade. À medida que colonizaram o planeta, eles inventaram uma formidável série de tecnologias e estratégias para lidar com diversas condições novas.[67] Nas frígidas vastidões abertas do norte da Europa, aprenderam a caçar mamutes e construir cabanas com seus ossos. No Oriente Médio, colhiam campos de cevada silvestre e inventaram pedras de moer para fazer farinha. Na China, criaram a primeira cerâmica, provavelmente para cozer alimentos e fazer sopa. Enquanto caçadores-coletores na maioria dos lugares tropicais obtêm apenas cerca de 30% de suas calorias da caça de mamíferos de grande porte, os que colonizaram hábitats temperados e árticos inventaram maneiras de sobreviver obtendo a maior parte de suas calorias de alimentos animais, principalmente peixes. E, enquanto a maioria dos caçadores-coletores tem de deslocar o acampamento regularmente para seguir alimentos sazonais, alguns caçadores-coletores como os indígenas americanos do noroeste dos Estados Unidos conseguiam se estabelecer em aldeias permanentes. Na verdade, não há uma única dieta de caçadores-coletores, assim como não houve um único sistema de monarquia ou religião, uma única estratégia de mobilidade, divisão de trabalho ou tamanho de grupo.

A ironia da adaptabilidade cultural humana é que os talentos singulares de nossa espécie para a inovação e a solução de problemas não apenas permitiram aos caçadores-coletores prosperar praticamente em toda parte na Terra, mas também possibilitaram a alguns deles deixar de ser caçadores-coletores. Originando-se cerca de 12 mil anos atrás, alguns grupos de pessoas começaram a se estabelecer em comunidades permanentes, cultivar plantas e domesticar animais. Provavelmente essas mudanças foram graduais a princípio, mas em seguida, ao longo de alguns milhares de anos, inflamaram uma revolução agrícola de âmbito mundial cujos efeitos ainda estão sacudindo o planeta, bem como nosso corpo. Como veremos, a agricultura trouxe muitas vantagens, mas também causou sérios problemas. Permitiu aos seres humanos ter mais comida, e portanto mais filhos, mas também exigiu novas formas de trabalho, transformou a dieta e abriu uma caixa de Pandora de doenças e males sociais. A agricultura só existe há algumas centenas de gerações, mas acelerou o ritmo e o alcance da mudança cultural de maneira tão espetacular que muitas pessoas hoje mal conseguem imaginar como vivíamos antes que nossos ancestrais a inventassem, para não mencionar escrita, rodas, ferramentas de metal e máquinas.

Terão estes e outros desenvolvimentos culturais recentes sido um erro? Uma vez que o corpo humano foi moldado, pedacinho por pedacinho, ao longo de milhões de anos para que fôssemos bípedes comedores de frutas, depois australopitecos e por fim caçadores-coletores de cérebro grande e culturalmente criativos, isso não implica que estaríamos em melhor situação se vivêssemos da maneira a que nosso passado evolutivo nos adaptou? Terá a civilização desencaminhado o corpo humano?

PARTE II

Agricultura e Revolução Industrial

7. Progresso, desajuste e disevolução

As consequências – boas e más – de se ter um corpo paleolítico num mundo pós-paleolítico

> Mesmo que não tenhamos degenerado a tal ponto que não conseguiríamos mais viver numa caverna, numa tenda, ou usar peles de animais, é certamente melhor aceitar as vantagens, mesmo que tão caras, que o engenho e o trabalho da humanidade oferecem.
>
> Henry David Thoreau, *Walden*

Você sentiu alguma vez o desejo de abandonar tudo e buscar uma vida mais simples em sintonia com sua herança evolutiva? Em *Walden*, Henry David Thoreau descreve os dois anos que passou numa cabana na floresta de Walden Pond, isolado da cultura americana de meados do século XIX, cujas crescentes tendências consumistas e materialistas o perturbavam. Pessoas que nunca leram *Walden* por vezes pensam erroneamente que Thoreau passou esses anos como um eremita. Na verdade, ele estava buscando simplicidade, autossuficiência, uma maior conexão com a natureza e solidão temporária. Sua cabana ficava a vários quilômetros de caminhada do centro de Concord, em Massachusetts, que ele visitava a intervalos de um ou dois dias para papear e jantar com os amigos, levar suas roupas para lavar e desfrutar de outros confortos adequados a um próspero homem de letras. Ainda assim, *Walden* tornou-se uma espécie de bíblia para primitivistas que criticam os avanços da civilização e anseiam por um retorno aos bons e velhos dias. Segundo essa linha de pensamento, a tecnologia moderna levou ao injusto desenvolvimento de classes de ricos e pobres, a alienação e violência generalizadas e a uma erosão da dignidade. Alguns primitivistas querem devolver a espécie humana a um modo de vida agrário idealizado, e alguns pensam até que a qualidade da existência humana vem se degradando desde que deixamos de ser caçadores-coletores do Paleolítico.

Muito pode ser dito em favor de um retorno dos prazeres simples da vida, mas uma oposição automática à tecnologia e ao progresso é superficial e fútil (e nunca foi defendida por Thoreau). Por muitas medidas, a espécie humana prosperou desde o fim do Paleolítico. A população do mundo no início do século XXI é pelo menos mil vezes maior que durante a Idade da Pedra. Apesar de pobreza, guerra, fome e doenças infecciosas permanentes nas partes mais pobres do mundo, um número sem precedentes de pessoas não só tem comida suficiente mas goza de uma vida longa e saudável. Como exemplo, o inglês típico hoje é sete centímetros mais alto que seu bisavô que viveu cem anos atrás, sua expectativa de vida é trinta anos maior e seus filhos têm uma probabilidade cerca de dez vezes maior de sobreviver à infância.[1] Além disso, o capitalismo permitiu a pessoas comuns como eu considerar naturais oportunidades que os mais ricos aristocratas de algumas centenas de anos atrás nem sequer imaginavam. Não tenho nenhum desejo de viver permanentemente como um transcendentalista nos bosques, muito menos como um homem da caverna sem assistência médica, educação e saneamento. Também aprecio a diversidade de comidas saborosas que como, amo meu trabalho, e me enche de entusiasmo viver numa cidade vibrante cheia de pessoas, restaurantes, museus e lojas interessantes. Tecnologias recentes como a viagem aérea, iPods, chuveiros quentes, ar-condicionado e filmes 3D também me proporcionam grande prazer. Thoreau e outros estão corretos ao diagnosticar a vida moderna como cada vez mais consumista e materialista, mas os desejos das pessoas não mudaram tanto quanto suas oportunidades de satisfazê-los.

Por outro lado, é igualmente fácil e tolo ignorar os muitos e sérios desafios que os seres humanos enfrentam atualmente. O que se seguiu ao Paleolítico – agricultura, industrialização e outras formas de "progresso" – pode ter sido uma dádiva para a pessoa comum, mas promoveu novas doenças e outros problemas que eram raros ou estavam ausentes. Quase todas as grandes epidemias infecciosas, como varíola, poliomielite e a peste, aconteceram depois que a Revolução Agrícola começou. Além disso, estudos de caçadores-coletores recentes mostram que, embora eles não disponham de excedentes de comida, raramente sofrem de fome ou desnutrição grave. Os estilos de vida modernos também fomentaram novas doenças não transmissíveis, mas muito difundidas, como cardíacas, certos cânceres, osteoporose, diabetes tipo 2 e Alzheimer, bem como muitas enfermidades menores como cáries e constipação crônica. Há boa razão para se acreditar que ambientes modernos contribuem para uma considerável porcentagem de doenças mentais, como ansiedade e distúrbios depressivos.[2]

A história do progresso alcançado pela marcha da civilização desde o fim da Idade da Pedra foi também menos gradativa e contínua do que muitos supõem. Como os próximos capítulos vão mostrar, a agricultura criou mais alimentos e permitiu às populações crescer, mas durante a maior parte dos últimos milhares de anos, o agricultor comum teve de trabalhar muito mais arduamente que qualquer caçador-coletor, gozou de menos saúde e teve maior probabilidade de morrer jovem. A maior parte das melhorias na saúde humana, como maior longevidade e redução da mortalidade infantil, ocorreu apenas nas últimas centenas de anos. De fato, da perspectiva do corpo, muitas nações desenvolvidas fizeram recentemente *progresso demais*. Pela primeira vez na história humana, um grande número de pessoas enfrenta excesso em vez de escassez de alimentos. Dois de cada três americanos estão com excesso de peso ou obesos, e mais de um terço de suas crianças tem sobrepeso. Além disso, a maioria dos adultos em nações desenvolvidas como os Estados Unidos e o Reino Unido é fisicamente inapta, porque nossa cultura tornou fácil, portanto comum, passar o dia sem jamais elevar o ritmo cardíaco. Graças ao "progresso", posso acordar em minha cama macia e confortável, apertar alguns botões para obter o café da manhã, pegar um elevador para ir ao escritório e passar as oito horas seguintes sentado numa cadeira confortável sem ter de fazer esforço, sentir fome ou sentir calor ou frio demais. Hoje máquinas realizam para mim quase todas as tarefas que outrora requeriam esforço físico: pegar água, lavar, adquirir e preparar comida, viajar e até escovar os dentes.

Em suma, a espécie humana alcançou considerável progresso durante os últimos milhares de anos desde que deixamos de ser caçadores-coletores, mas como e por que parte desse progresso foi ruim para nosso corpo? Os próximos capítulos examinarão como o corpo humano mudou após o Paleolítico, mas primeiro façamos uma pausa para considerar os prós e os contras de não mais viver das maneiras a que nosso corpo foi adaptado por milhões de anos de evolução. Serão certas formas de doença uma consequência necessária da civilização? E, de forma mais geral, como a evolução biológica e a evolução cultural interagiram após o Paleolítico de maneiras que afetam o corpo humano para melhor e para pior?

Como ainda estamos evoluindo?

Venho lecionando evolução humana para alunos de faculdade há mais de vinte anos, e na maior parte desse tempo eu concluía minhas aulas mais ou menos onde o capítulo 6 termina, com a origem dos seres humanos modernos e a dispersão das pessoas por todo o globo. Minha justificativa para terminar no Paleolítico era o consenso geral de que pouca evolução biológica significativa ocorreu em *H. sapiens* desde então. Segundo essa visão, desde que a evolução cultural se tornou uma força mais poderosa que a seleção natural, o corpo humano mal se alterou, e quaisquer mudanças que tenham de fato ocorrido durante os últimos 10 mil anos são mais território de historiadores e arqueólogos que de biólogos evolutivos.

Hoje me arrependo da maneira como costumava ensinar evolução. Para começar, simplesmente não é verdade que o *H. sapiens* tenha parado de evoluir depois que o Paleolítico terminou. De fato, a ideia está obrigatoriamente errada porque seleção natural é a consequência de variação genética herdável e sucesso reprodutivo diferencial. As pessoas continuam a transmitir genes para seus filhos, e hoje, como na Idade da Pedra, algumas têm mais filhos que outras. Ocorre que, se houver alguma base herdável para diferenças na fertilidade das pessoas, a seleção natural deve continuar em sua marcha constante. Mais ainda, ritmos de evolução cultural em aceleração mudaram de maneira rápida e substancial o que comemos, como trabalhamos, as doenças que enfrentamos e outros fatores ambientais que criaram novas pressões seletivas. Biólogos evolutivos e antropólogos mostraram que a evolução cultural não deteve a seleção natural, e não apenas *impeliu* como algumas vezes até acelerou a seleção.[3] Como veremos, a Revolução Agrícola foi uma força especialmente poderosa para a mudança evolutiva.

Uma das razões pelas quais não pensamos na evolução como sendo uma força considerável hoje é que a seleção natural é gradual, exigindo muitas vezes centenas de gerações para ter um efeito expressivo. Como uma geração humana tem tipicamente vinte anos ou mais, não é possível detectar facilmente mudanças evolutivas em seres humanos da magnitude que podemos observar com rapidez em bactérias, leveduras e drosófilas. No entanto, com amostras enormes e muito esforço, é possível medir seleção natural muito recente em seres humanos ao longo de apenas algumas gerações, e alguns desses estudos conseguiram encontrar evidências de baixos níveis de seleção durante as últimas centenas de anos. Nas populações finlandesa e americana, por exemplo, houve seleção na idade em que as mulheres dão à luz pela primeira vez e na idade em que entram na menopausa, bem como no peso, na altura e nos níveis de colesterol e açúcar no sangue das pessoas.[4] Se considerarmos períodos mais longos de tempo, podemos detectar ainda mais indícios de seleção recente. Novas tecnologias que sequenciam genomas inteiros de maneira rápida e barata revelaram centenas de genes que estiveram sob forte seleção durante os últimos milhares de anos dentro de populações particulares.[5] Como se poderia esperar, muitos desses genes regulam a reprodução ou o sistema imunológico e foram fortemente selecionados porque ajudavam as pessoas a ter mais filhos e sobreviver a doenças infecciosas.[6] Outros desempenham um papel no metabolismo e ajudaram certas populações agrícolas a se adaptar a alimentos como laticínios e produtos básicos ricos em amido. Alguns genes selecionados estão envolvidos na termorregulação, presumivelmente porque permitiram a vastas populações adaptar-se a uma ampla variedade de climas. Meus colegas e eu, por exemplo, encontramos evidências de forte seleção para uma variante de gene que evoluiu na Ásia perto do fim da Idade do Gelo, levando asiáticos orientais e indígenas americanos a ter cabelo mais grosso e mais glândulas sudoríparas.[7] Um benefício prático de estudar esses outros genes que evoluíram recentemente é compreender melhor como e por que as pessoas variam em sua suscetibilidade a certas doenças e o modo como reagem a diferentes medicamentos.

Embora a seleção natural não tenha cessado desde o Paleolítico, é não obstante verdade que ocorreu relativamente menos seleção natural durante os últimos milhares de anos em relação à que se produzira em alguns milhões de anos anteriores. Essa diferença é esperável porque só se passaram seiscentas gerações desde que os primeiros agricultores começaram a lavrar o solo do Oriente Médio, e os ancestrais da maioria das pessoas começaram a cultivar o solo mais recentemente, talvez nas últimas trezentas gerações. Para efeito de perspectiva, mais ou menos o mesmo número de camundongos viveu em minha casa durante a última centena de anos. Embora uma considerável seleção possa ocorrer em trezentas gerações, a força da seleção precisa ser muito grande para fazer com que uma mutação benéfica se espalhe por toda uma população ou uma mutação perniciosa seja eliminada com tanta rapidez.[8] Além disso, durante as últimas centenas de gerações, a seleção nem sempre operou numa direção invariável, o que pode obscurecer seus rastros. Por exemplo, à medida que as temperaturas e os estoques de víveres flutuaram, a seleção durante alguns períodos provavelmente favoreceu pessoas que eram maiores, mas depois, durante outros períodos, provavelmente favoreceu as que eram menores. Finalmente, e o mais importante aqui, não há dúvida de que alguns desenvolvimentos culturais protegeram números incontáveis de seres humanos da seleção natural que de outro modo poderia ter acontecido. Considere como a penicilina deve ter afetado a seleção depois que o remédio se tornou amplamente disponível nos anos 1940. Há milhões de pessoas vivas hoje que de outro modo teriam provavelmente morrido de doenças como tuberculose ou pneumonia caso tenham genes que aumentem sua suscetibilidade. Em consequência, embora a seleção natural não tenha cessado de agir, sabemos que ela teve apenas efeitos limitados, regionais, sobre a biologia humana durante os últimos milhares de anos. Se você fosse criar uma menina Cro-Magnon do Paleolítico Superior num moderno lar francês, ela ainda seria uma menina humana moderna típica, exceto por algumas modestas diferenças biológicas, sobretudo em seu sistema imunológico e seu metabolismo. Sabemos que isso é verdade porque, embora todas as pessoas de todos os cantos do planeta compartilhem um último ancestral comum de menos de 200 mil anos atrás, diferentes populações são em grande parte genética, anatômica e fisiologicamente iguais.[9]

Independentemente de quanta seleção exatamente ocorreu desde o Paleolítico, há outras maneiras importantes em que seres humanos evoluíram nos últimos milhares e centenas de anos. Nem toda evolução ocorre através de seleção natural. Uma força ainda mais poderosa e rápida atualmente é a evolução cultural, que alterou muitas interações decisivas entre genes e o ambiente por meio da modificação do ambiente, não dos genes. Cada órgão em nosso corpo – nossos músculos, ossos, cérebro, rins e pele – é o produto da maneira como nossos genes foram afetados por estímulos provenientes do ambiente (como forças, moléculas, temperaturas) durante o período em que nos desenvolvemos, e suas funções atuais continuam a ser influenciadas por aspectos de seu ambiente atual. Embora os genes humanos tenham mudado modestamente ao longo dos últimos milhares de anos, mudanças culturais transformaram enormemente nossos ambientes, levando com frequência a um tipo de mudança evolutiva muito diferente da seleção natural e provavelmente mais importante. Por exemplo, as toxinas presentes no tabaco, em certos plásticos e outros produtos industriais podem causar câncer, muitas vezes anos após a exposição inicial. Se uma pessoa cresce mastigando comida mole, altamente processada, seu rosto será menor do que se ela crescer mastigando comida dura.[10] Se uma pessoa passa seus primeiros anos num clima quente, desenvolve mais glândulas sudoríparas ativas do que se nascesse num ambiente frio.[11] Estas e outras mudanças não são geneticamente herdáveis, mas *culturalmente herdáveis*. Assim como transmite um sobrenome para seus filhos, você também transmite condições ambientais, como as toxinas que eles encontram, os alimentos que comem, as temperaturas que experimentam. Como a evolução cultural está acelerando, as mudanças ambientais que afetam a maneira como nosso corpo se desenvolve e funciona também estão acelerando.

A maneira como a evolução cultural está alterando as interações entre os genes que herdamos e o ambiente em que vivemos tem grande importância. Durante as últimas centenas de gerações, o corpo humano mudou em vários aspectos por causa de mudança cultural. Amadurecemos mais depressa, nossos dentes ficaram menores, nossos maxilares estão mais curtos, nossos ossos são mais finos, nossos pés são muitas vezes mais chatos e muitos de nós temos mais cáries.[12] Como capítulos futuros examinarão, temos também boas razões para acreditar que hoje mais pessoas dormem menos, experimentam níveis mais elevados de estresse, ansiedade e depressão, e têm maior propensão a ser míope. Além disso, os corpos humanos atualmente têm de lutar com numerosas doenças infecciosas que costumavam ser raras ou inexistentes. Cada uma dessas mudanças no corpo humano tem alguma base genética, mas o que mudou são menos os genes que os ambientes com que eles interagem.

Considere o diabetes tipo 2, uma doença metabólica que costumava ser rara, mas agora está se tornando comum em todo o globo. Algumas pessoas são mais suscetíveis geneticamente ao diabetes tipo 2, o que ajuda a explicar por que a doença está se tornando rapidamente mais frequente em lugares como a China e a Índia do que na Europa e nos Estados Unidos.[13] No entanto, o diabetes tipo 2 não está se alastrando mais depressa na Ásia que nos Estados Unidos por causa de novos genes que estariam se espalhando no Oriente. Novos estilos de vida ocidentais é que estão sendo difundidos pelo globo e interagem com genes antigos que anteriormente não produziam efeitos negativos.

Em outras palavras, nem toda evolução ocorre por meio de seleção natural, e interações entre genes e o ambiente têm mudado rapidamente, às vezes de maneira radical, sobretudo por causa de mudanças nos ambientes causadas por rápida evolução cultural. Você pode ter os genes que o predispõem a ter pés chatos, miopia e diabetes tipo 2, mas os ancestrais distantes de quem herdou esses mesmos genes provavelmente não sofriam desses problemas. Temos muito a ganhar, portanto, usando a lente da evolução para considerar mudanças em interações gene-ambiente ocorridas desde que o Paleolítico terminou. Quão bem os genes e corpos que herdamos de nossos mais antigos ancestrais humanos modernos se saem nos novos ambientes a que os submetemos? E como uma perspectiva evolutiva sobre essas mudanças pode ter uso prático?

Por que a medicina precisa de uma dose de evolução

Poucas palavras causam mais terror no consultório de um médico e têm menor probabilidade de nos fazer pensar em evolução que "câncer". Se eu recebesse um diagnóstico de câncer amanhã, minha primeira preocupação seria como me livrar da doença. Eu ia querer saber que tipo de células tinham sido atingidas, que mutações as estavam fazendo se dividir de maneira descontrolada, e que intervenções médicas como cirurgia, radiação e quimioterapia teriam melhores chances de matá-las sem me matar. Embora eu estude evolução humana, a teoria da seleção natural estaria longe de minha mente quando eu me defrontasse com a doença. O mesmo seria verdade se eu tivesse um infarto, uma cárie dolorosa ou um músculo do jarrete torcido. Quando estou doente, procuro um médico, não um biólogo evolutivo. Assim também, meus médicos estudaram pouco ou nada de biologia evolutiva em sua formação. E por que o fariam? A evolução, afinal, é algo que ocorreu sobretudo no passado, e os pacientes de hoje não são caçadores-coletores, muito menos neandertais. Uma pessoa com doença cardíaca precisa de cirurgia, remédios, ou outros procedimentos médicos que requerem uma meticulosa compreensão de campos como genética, fisiologia, anatomia e bioquímica. Não se exige de médicos e enfermeiros, portanto, que façam cursos sobre biologia evolutiva, e duvido que eles, as empresas seguradoras e outros na indústria da assistência médica tenham algum dia refletido longamente sobre Darwin ou Lucy em seu trabalho. Se o conhecimento da história da Revolução Industrial não ajudará um mecânico a consertar seu carro, por que saber a história paleolítica do corpo humano haveria de ajudar um médico a tratar sua doença?

Considerar a evolução irrelevante para a medicina pode parecer lógico a princípio, mas essa maneira de pensar é profundamente equivocada e míope. Seu corpo não foi construído como um carro, tendo evoluído através de descendência com modificação. Disto decorre, portanto, que conhecer a história evolutiva do seu corpo ajuda a avaliar *por que* ele tem a aparência que tem e trabalha como trabalha, e assim *por que* você adoece. Embora campos científicos como fisiologia e bioquímica possam nos ajudar a compreender os mecanismos próximos que estão subjacentes a uma doença, o florescente campo da medicina evolutiva nos ajuda a compreender por que a doença ocorre em primeiro lugar.[14] O câncer, por exemplo, é na realidade um processo evolutivo anômalo em curso dentro de um corpo. Cada vez que uma célula se divide, nossos genes têm certa chance de mutar, por isso células que se dividem com mais frequência (entre os exemplos estão as do sangue e as da pele) ou que são mais frequentemente expostas a substâncias químicas que causam mutações (por exemplo, células do pulmão e do estômago) têm maior probabilidade de adquirir acidentalmente mutações que as levam a se dividir de maneira descontrolada, formando tumores. Em sua maioria, porém, os tumores não são cânceres. Para se tornar cancerosas, as células tumorais precisam ganhar mutações adicionais que lhes permitem ser mais bem-sucedidas que outras células, saudáveis, tomando seus nutrientes e interferindo em sua função normal. Em essência, células cancerosas nada mais são que células anormais com mutações que lhes permitem sobreviver e se reproduzir melhor que outras células. Se não tivéssemos evoluído para evoluir, nunca teríamos câncer.[15]

Para dar um passo adiante, como a evolução é um processo constante que ainda está em curso, uma apreciação de seu modo de trabalhar pode impedir certas falhas e oportunidades perdidas, bem como melhorar nossa capacidade de evitar e tratar muitas doenças. Um exemplo especialmente urgente e óbvio da necessidade de biologia evolutiva na medicina é a maneira como tratamos doenças infecciosas, que ainda estão evoluindo conosco. Ao deixar de levar em conta que seres humanos e doenças como AIDS, malária e tuberculose permanecem presos numa corrida armamentista evolutiva, por vezes inadvertidamente ajudamos ou intensificamos esses agentes infecciosos usando medicamentos de maneira inadequada ou perturbando condições de maneira precipitada.[16] A prevenção e o tratamento da próxima epidemia exigirão uma abordagem darwiniana. A medicina evolutiva também fornece perspectivas vitais para melhorar a maneira como usamos antibióticos para tratar infecções comuns. O uso excessivo de antibióticos não apenas promove a evolução de novas superbactérias como também altera a ecologia do corpo de maneiras que podem contribuir para novas doenças autoimunes, como a doença de Crohn (ver capítulo 11). A biologia evolutiva encerra até alguma promessa de nos ajudar a prevenir e tratar o câncer. Muitas vezes combatemos células cancerosas tentando matá-las com radiação ou substâncias químicas tóxicas (quimioterapia), mas uma abordagem evolutiva do câncer explica por que esses tratamentos por vezes são contraproducentes. A radiação e a quimioterapia não só aumentam a probabilidade de que tumores não letais desenvolvam mutações que os transformam em células cancerosas, mas também alteram o ambiente das células de uma maneira que pode aumentar a vantagem seletiva das novas mutações. Por essa razão, formula-se a hipótese de que tratamentos menos agressivos podem algumas vezes ser mais benéficos para pacientes com certas formas menos malignas de câncer.[17]

Outra aplicação da medicina evolutiva é reconhecer que muitos sintomas são na realidade adaptações, ajudando assim médicos e pacientes a repensar o modo como tratamos algumas doenças e ferimentos. Com que frequência você compra um remédio de venda livre ao primeiro sinal de febre, náusea, diarreia ou apenas dores e incômodos? Esses desconfortos são em geral vistos como sintomas que é preciso aliviar, mas perspectivas evolutivas indicam que podem ser adaptações a observar e utilizar. Febres ajudam o corpo a combater infecções, dores em articulações e músculos podem ser sinais para nos levar a parar de fazer algo prejudicial, como correr da maneira incorreta, e náusea e diarreia nos ajudam a expurgar micróbios e toxinas prejudiciais. Além disso, como o capítulo 1 enfatizou, adaptação é um conceito complicado. As adaptações do corpo humano evoluíram muito tempo atrás unicamente porque aumentavam o número de filhos sobreviventes que nossos ancestrais tinham. Em consequência, por vezes ficamos doentes porque a seleção natural favorece em geral mais a fertilidade que a saúde, isto é, não evoluímos necessariamente para ser saudáveis. Por exemplo, como caçadores-coletores do Paleolítico enfrentavam fases periódicas de escassez de comida e precisavam ser muito ativos fisicamente, eles eram selecionados para ansiar por alimentos muito calóricos e descansar sempre que possível, o que os ajudava a armazenar gordura e dedicar mais energia à reprodução. Uma perspectiva evolutiva prevê que a maior parte das dietas e programas de exercícios físicos fracassará, como de fato fracassa, porque ainda não sabemos como bloquear instintos primais outrora adaptativos a comer doces e pegar o elevador.[18]

Além disso, como o corpo é um complexo amontoado de adaptações, todas as quais tiveram custos e benefícios, e algumas das quais em conflito com as outras, uma dieta ou um programa de exercício físico perfeitos são coisas que não existem. Nossos corpos são cheios de soluções conciliatórias.

Finalmente – e o mais importante para este livro –, considerar e conhecer a evolução em geral, e a evolução humana em particular, é indispensável para prevenir e tratar uma classe de doenças e outros problemas conhecidos como *desajustes evolutivos*.[19] A ideia por trás da hipótese do desajuste é extremamente simples. Ao longo do tempo, a seleção natural adapta organismos a condições ambientais particulares. Uma zebra, por exemplo, está adaptada a andar e correr na savana africana, a comer capim, a fugir de leões, a resistir a certas doenças e a enfrentar um clima quente, árido. Se você transportasse uma zebra para onde eu vivo, a Nova Inglaterra, ela não precisaria mais se preocupar com leões, mas sofreria uma variedade de outros problemas em sua luta para encontrar capim suficiente para comer, para se manter aquecida no inverno e para resistir a um novo conjunto de doenças. Sem ajuda, a zebra transplantada ia quase certamente adoecer e perecer por estar tão mal-adaptada (desajustada) ao ambiente da Nova Inglaterra.

O emergente e importante campo da medicina evolutiva propõe que, apesar de muito progresso desde o Paleolítico, tornamo-nos como aquela zebra sob alguns aspectos. À medida que a inovação se acelerou, em especial desde o início da agricultura, inventamos ou adotamos uma crescente lista de novas práticas culturais que tiveram efeitos conflitantes sobre nosso corpo. Por um lado, muitos desenvolvimentos relativamente recentes foram benéficos: a agricultura garantiu mais alimento, e o saneamento moderno e a medicina científica levaram a menor mortalidade infantil e maior longevidade. Por outro lado, numerosas mudanças culturais alteraram interações entre nossos genes e nossos ambientes de maneiras que contribuem para uma grande variedade de problemas de saúde. São doenças de *desajuste*, definidas como aquelas que resultam do fato de nossos corpos paleolíticos serem pobre ou inadequadamente adaptados a certos comportamentos e condições modernos.

Não me parece possível enfatizar em excesso a importância das doenças de desajuste. Muito provavelmente você morrerá de uma delas. Muito provavelmente sofrerá deficiências causadas por elas. As doenças de desajuste contribuem para o grosso dos gastos com assistência médica no mundo todo. Que doenças são essas? Como as contraímos? Por que não nos esforçamos mais para preveni-las? E como uma abordagem evolutiva à saúde e à medicina – inclusive uma séria consideração da história evolutiva do corpo humano – poderia ajudar a evitá-las e tratá-las?

Desajuste

Fundamentalmente, a hipótese do desajuste evolutivo aplica a teoria da adaptação a interações cambiantes entre genes e ambientes. Para resumir: todas as pessoas em cada geração herdam milhares de genes que interagem com seu ambiente, e a maior parte desses genes foi selecionada no curso de algumas centenas, milhares ou até milhões de gerações anteriores porque melhoravam a capacidade de seus ancestrais de sobreviver e se reproduzir sob certas condições ambientais. Portanto, graças aos genes que herdou, você está adaptado em variadas medidas a certas atividades, comidas, condições climáticas e outros aspectos de seu ambiente. Ao mesmo tempo, por causa das mudanças no ambiente, você está por vezes (mas não sempre) inadequado ou pobremente adaptado a outras atividades, alimentos, condições climáticas, e assim por diante. Essas reações mal ajustadas podem por vezes (mas, de novo, não sempre) deixá-lo doente. Por exemplo, como a seleção natural adaptou o corpo humano durante os últimos milhões de anos a consumir uma dieta variada de frutas, tubérculos, carne de caça, sementes, castanhas e outros alimentos ricos em fibras mas com baixo teor de açúcar, certamente não é de surpreender que você possa desenvolver doenças como diabetes tipo 2 e cardíacas em consequência da ingestão constante de alimentos repletos de açúcar, mas desprovidos de fibra. Você também ficaria doente se só comesse frutas. Observe, contudo, que nem todos os novos comportamentos e ambientes reagem negativamente com o corpo que herdamos, e por vezes são até benéficos. Por exemplo, seres humanos não evoluíram para tomar bebidas cafeinadas ou para escovar os dentes, mas não conheço nenhuma evidência de que quantidades moderadas de chá ou café possam causar algum mal, e escovar os dentes é inquestionavelmente saudável (em especial se você come grande quantidade de comida açucarada). Lembre-se também de que nem toda adaptação promove saúde. Fomos adaptados a ansiar por sal porque ele é essencial para nosso corpo, mas comer sal demais nos deixa doentes.

Há muitas doenças de desajuste, mas todas são causadas por mudanças ambientais que alteram o modo como o corpo funciona. A maneira mais simples de classificar doenças de desajuste é pela forma como dado estímulo ambiental mudou. Grosso modo, a maior parte das doenças de desajuste ocorre quando um estímulo comum aumenta ou diminui além de níveis aos quais o corpo está adaptado, ou quando o estímulo é inteiramente novo e o corpo não está adaptado a ele de maneira alguma. Trocando em miúdos, desajustes são causados por estímulos que são *excessivos*, *insuficientes* ou *novos demais*. Por exemplo, à medida que a evolução cultural transforma as dietas das pessoas, algumas doenças de desajuste ocorrem por se comer gordura demais, outras por se comer gordura de menos, e outras ainda por se comer novos tipos de gordura que o corpo não pode digerir (como gorduras parcialmente hidrogenadas).

Uma maneira complementar de pensar sobre as origens de doenças de desajuste está na base de diferentes processos que alteram ambientes, mudando o grau em que indivíduos estão adaptados a suas circunstâncias.[20] Por essa lógica, a causa mais simples de desajuste é a migração, a mudança de pessoas para novos ambientes aos quais estão mal-adaptadas. Por exemplo, quando europeus do norte se mudam para lugares muito ensolarados como a Austrália, eles se tornam mais propensos a contrair câncer de pele porque a pele clara oferece pouca proteção natural contra altos níveis de radiação solar. Desajustes causados por migração não são apenas um problema moderno: devem ter ocorrido durante o Paleolítico, quando populações se espalharam por todo o globo, deparando com novos patógenos e alimentos. Uma diferença essencial entre este momento e aquele, porém, é que dispersões de populações no passado tinham lugar de maneira mais gradual em escalas de tempo mais longas, dando bastante tempo para que a seleção natural ocorresse em resposta a desajustes resultantes (como foi discutido no capítulo 6).

Dos processos que alteram ambientes de modo a causar desajustes evolutivos, o mais comum e poderoso ocorre em decorrência da evolução cultural. Mudanças tecnológicas e econômicas durante as últimas gerações alteraram as doenças infecciosas que contraímos, as comidas que comemos, as drogas que usamos, o trabalho que fazemos, os poluentes que ingerimos, a quantidade de energia que despendemos e consumimos, os estresses sociais que enfrentamos etc. Muitas dessas mudanças foram benéficas, mas como os próximos capítulos descreverão em linhas gerais, estamos mal ou insuficientemente adaptados para lidar com outras, contribuindo para doenças. Uma característica comum dessas doenças, ademais, é que elas ocorrem a partir de interações cuja causa e cujo efeito não são imediatos ou óbvios de alguma outra maneira. São necessários muitos anos para que a poluição cause algumas doenças (a maior parte dos cânceres de pulmão se desenvolve décadas depois que as pessoas começam a fumar), e quando você é mordido milhares de vezes por mosquitos e pulgas pode ser difícil perceber que esses insetos por vezes transmitem malária ou peste.

Uma causa final e relacionada de desajuste foram mudanças na história de vida. À medida que amadurecemos, atravessamos diferentes estágios de desenvolvimento que afetam nossa suscetibilidade à doença. Por exemplo, viver mais tempo pode aumentar o número de filhos que você tem, mas também o torna mais propenso a desenvolver mais danos para seu coração e vasos sanguíneos e acumular mais mutações em várias linhagens de células. O envelhecimento não causa diretamente doença cardíaca e câncer, mas essas doenças tornam-se de fato mais comuns com a idade, o que ajuda a explicar sua maior incidência à medida que o tempo de vida aumentou. Além disso, passar pela puberdade numa idade mais precoce pode aumentar a chance de ter mais filhos, mas também eleva a exposição a hormônios reprodutivos que aumentam as chances de certas doenças. As taxas de câncer de mama, por exemplo, são mais altas em mulheres que começam a ter períodos menstruais mais cedo (uma explicação mais detalhada será dada no capítulo 10).[21]

Dadas as causas complexas das doenças de desajuste, determinar que doenças são desajustes evolutivos é um desafio e pode ser contencioso. Um problema especialmente difícil, enfatizado anteriormente, é que não há nenhuma resposta simples para a questão "A que os seres humanos estão adaptados?". A história evolutiva de nossa espécie não foi simples, nem todos os traços no corpo são adaptações, muitas envolvem a perda de alguma vantagem para adquirir outra, e o amontoado de diferentes adaptações por vezes é conflitante. Consequentemente, pode ser difícil identificar que condições ambientais são adaptativas e em que medida. Por exemplo, quão bem-adaptados estamos para comer comidas condimentadas? Estamos adaptados a ser fisicamente ativos, mas estaríamos mal adaptados a ser excessivamente ativos? É bem sabido que excesso de corrida ou outros esportes podem reduzir a fertilidade de uma mulher, e não é claro em que medida eventos de resistência extremos, como ultramaratonas, acarretam maiores riscos de lesão e doença.

Outro problema para a identificação de doenças de desajuste é que muitas vezes nos falta uma compreensão suficientemente boa de muitas doenças para apontar com precisão os fatores ambientais que podem causá-las ou influenciá-las. O autismo, por exemplo, poderia ser uma doença de desajuste porque costumava ser raro, mas só muito recentemente está se tornando comum (não apenas em razão de critérios diagnósticos alterados) e ocorre em geral em nações em desenvolvimento. No entanto, suas causas genéticas e ambientais são obscuras, tornando desafiador descobrir se a doença é causada por um desajuste entre genes antigos e ambientes modernos.[22] Na ausência de melhor informação podemos apenas supor que muitas doenças como esclerose múltipla, transtorno do déficit de atenção e hiperatividade (TDA) e câncer pancreático, bem como males como dor generalizada na região lombar, são casos de desajuste evolutivo.

Um problema final na identificação de doenças de desajuste é que nos faltam bons dados sobre a saúde dos caçadores-coletores, em especial do Paleolítico. A essência das doenças de desajuste é serem causadas pela má adaptação de nossos corpos a novas condições ambientais. Portanto, doenças que são comuns em populações ocidentais, mas raras entre caçadores-coletores, são boas candidatas a serem desajustes evolutivos. Inversamente, se uma doença é comum entre caçadores-coletores que foram presumivelmente bem-adaptados para os ambientes em que vivem, ela tem menor probabilidade de ser uma doença de desajuste. Fizeram-se vários esforços para identificar doenças de desajuste. A primeira tentativa abrangente foi levada a cabo por Weston Price (1870-1948), um dentista americano que viajou por todo o globo antes da Segunda Guerra Mundial para coletar evidências que corroborassem sua teoria de que dietas ocidentais modernas (especialmente com farinha e açúcar) causam cáries, apinhamento dos dentes e outros problemas de saúde.[23] Desde então, vários outros pesquisadores coletaram dados sobre as relações entre saúde e ambiente entre caçadores-coletores e populações que praticam agricultura de subsistência.[24] Lamentavelmente, esses estudos são pouco numerosos, por vezes se baseiam em dados anedóticos ou limitados, e tendem a ter amostras de tamanho pequeno. É possível concluir com razoável certeza que o diabetes tipo 2, a miopia e certas formas de doença cardíaca são raras entre essas populações, mas há muito pouca informação sobre outras doenças como câncer, depressão e mal de Alzheimer. Os céticos têm razão ao ressaltar que ausência de evidência não é sempre evidência de ausência. Além disso, nenhum dos dados disponíveis de sociedades não ocidentais provém de estudos controlados randomizados, que testam experimentalmente o efeito de dada variável como comida ou atividade sobre a saúde ao mesmo tempo que controla outros fatores potenciais que poderiam afetar os resultados. Por fim, não existe mais nenhum grupo prístino de caçadores-coletores, nem existiu há centenas, se não há milhares de anos.[25] A maior parte dos caçadores-coletores cuja saúde foi estudada fuma cigarro, bebe álcool, negocia alimentos com agricultores e vem há muito lutando com doenças infecciosas contraídas de populações de fora.

Com essas advertências em mente, ainda é útil considerar que doenças são ou poderiam ser desajustes evolutivos. A tabela 3 é uma lista parcial de doenças e outros problemas de saúde que temos alguma razão para supor que são ou causados ou exacerbados por desajustes evolutivos. Em outras palavras, essas doenças podem ser mais comuns, mais severas, ou afligir pessoas em idade mais precoce porque seres humanos não estão bem-adaptados a novas condições ambientais que desempenham algum papel na sua causa. Observe, por favor, que a tabela 3 é apenas uma lista parcial; muitas das doenças são apenas desajustes hipotéticos que precisam ser testadas, e omiti da lista todas as doenças infecciosas que ocorrem quando seres humanos entram em contato com novos patógenos. Tivesse eu as incluído, a lista seria muito maior e mais assustadora.

TABELA 3: Doenças de desajuste não infecciosas conjecturais

Acne	Gota
Alzheimer	Hemorroidas
Ansiedade	Insônia (crônica)
Apneia	Intolerância à lactose
Artelhos em martelo	Joanete
Asma	Má oclusão
Câncer (somente alguns tipos)	Miopia
Cárie	Osteoporose
Cirrose	Pé de atleta
Constipação (crônica)	Pré-eclâmpsia
Deficiência de iodo (bócio/cretinismo)	Pés chatos
Dentes do siso impactados	Pressão sanguínea alta (hipertensão)
Depressão	Raquitismo
Diabetes (tipo 2)	Refluxo/queimação
Doença cardíaca coronária	Síndrome da fadiga crônica
Doença de Crohn	Síndrome do fígado gorduroso
Dor na região lombar	Síndrome do intestino irritável
Endometriose	Síndrome do ovário policístico
Enfisema	Síndrome do túnel do carpo
Eritema das fraldas	Síndrome metabólica
Esclerose múltipla	Transtorno do déficit de atenção e hiperatividade
Escorbuto	Transtorno obsessivo-compulsivo
Fascite plantar	Transtornos alimentares
Fibromialgia	Úlceras de estômago
Glaucoma	

Se a tabela 3 – que é apenas uma lista parcial – o deixa estarrecido e alarmado, é isso mesmo que ela deveria fazer! É importante enfatizar que nem todas as doenças listadas são sempre causadas por desajuste, e muitas delas são apenas desajustes hipotéticos para os quais precisamos de mais dados que nos permitam testar se são realmente causados ou exacerbados por novas interações gene-ambiente. Apesar destas advertências, deveria ficar claro que a maior parte das doenças que têm probabilidade de nos afligir é desencadeada ou intensificada por fatores ambientais que em sua maioria se tornaram comuns desde a invenção da agricultura e a industrialização. Durante a maior parte da evolução humana, as pessoas não tiveram a oportunidade de adoecer ou ficar incapacitadas por causa de doenças como diabetes tipo 2 e miopia. Sucede, portanto, que uma grande porcentagem de condições médicas que afligem seres humanos hoje são desajustes evolutivos porque são causadas ou agravadas por estilos de vida modernos que estão fora de sincronia com a biologia antiga de nosso corpo. De fato, como a doença cardíaca e o câncer são responsáveis por mais mortes em nações desenvolvidas que quaisquer outras doenças, temos maior probabilidade de morrer de uma doença de desajuste. Além disso, as deficiências que têm maior probabilidade de reduzir nossa qualidade de vida à medida que envelhecemos tendem a ser desajustes evolutivos. E, mais uma vez, lembre-se por favor de que a tabela 3 é só uma lista parcial, porque exclui muitas doenças infecciosas mortais como tuberculose, varíola, gripe e sarampo, que se espalharam amplamente após a origem da agricultura, sobretudo porque entramos em contato com animais de fazenda e começamos a viver em grandes grupos com altas densidades populacionais e saneamento deficiente.

O círculo vicioso da disevolução

Antes de retomar a história do corpo humano e considerar como, desde o fim do Paleolítico, a evolução cultural alterou ambientes de maneiras que por vezes *causam* doenças de desajuste, há uma dinâmica evolutiva adicional a considerar: como a evolução cultural por vezes *responde* a essas doenças. Essa está longe de ser uma questão trivial, porque a natureza da resposta ajuda a explicar por que algumas doenças de desajuste como varíola e bócio hoje estão extintas ou são raras, ao passo que outras como diabetes tipo 2, doença cardíaca e pés chatos continuam muito correntes ou estão se tornando mais comuns.

Para explorar essa dinâmica, comparemos duas doenças de desajuste comuns, sobre cujas origens evolutivas aprenderemos mais no capítulo 8: escorbuto e cárie. O escorbuto é causado por insuficiência de vitamina C e costumava ser comum entre marinheiros, soldados e outros cujas dietas eram desprovidas de frutas e legumes frescos, principais fontes naturais dessa vitamina.[26] A ciência moderna só encontrou a causa subjacente do escorbuto em 1923, mas muitas sociedades descobriram como prevenir a doença comendo certas plantas ricas nessa vitamina.[27] Hoje, o escorbuto raramente é visto porque pode ser facilmente evitado – mesmo entre pessoas que não consomem frutas ou legumes frescos – mediante a adição de vitamina C a alimentos processados. Ele é, portanto, uma doença de desajuste do passado, porque hoje prevenimos eficientemente suas causas.

Em contraposição, considere a cárie. É o trabalho de bactérias que aderem aos dentes numa fina película de placa. A maior parte das bactérias em nossa boca é natural e inofensiva, mas algumas espécies criam problemas quando se alimentam de amidos e açúcares da comida que mastigamos e depois liberam ácidos que dissolvem o dente subjacente, criando uma cavidade.[28] Não tratada, a cárie pode se expandir e penetrar profundamente no dente, causando dor lancinante, bem como grave infecção. Infelizmente, os seres humanos têm pouca defesa natural contra micróbios que causam cáries, além da saliva, presumivelmente porque não evoluímos para comer quantidades copiosas de comidas cheias de amido e de açúcar. Cáries ocorrem em baixas frequências em macacos antropoides, são raras entre caçadores-coletores, começaram a se multiplicar de maneira desenfreada após a origem da agricultura e chegaram ao ápice nos séculos XIX e XX.[29] Atualmente elas afligem quase 2,5 bilhões de pessoas no mundo todo.[30]

Embora sejam desajustes evolutivos cujos mecanismos causais são tão bem compreendidos quanto os do escorbuto, as cáries continuam muito comuns hoje porque não nos prevenimos eficazmente. Em vez disso, a evolução cultural inventou tratamentos bem-sucedidos para curá-las depois que surgem, fazendo com que um dentista as retire com uma broca e as substitua por obturações. Além disso, desenvolvemos algumas maneiras parcialmente eficazes de evitar que as cáries sejam mais comuns escovando os dentes, usando fio dental, selando os dentes e indo ao dentista para remover a placa uma ou duas vezes por ano. Sem essas medidas preventivas, haveria muitos bilhões de cáries além dos bilhões que já existem, mas se realmente quiséssemos preveni-las, teríamos de reduzir nosso consumo de açúcar e amido de maneira drástica. No entanto, desde a invenção da agricultura, a maioria da população do mundo dependeu de cereais e grãos para obter a maior parte de suas calorias, tornando quase impossível uma verdadeira dieta preventiva da cárie. De fato, cáries são o preço que pagamos por calorias baratas. Como a maioria dos pais, eu permitia que minha filha comesse alimentos que causavam cáries, estimulava-a a escovar os dentes e a enviava ao dentista, sabendo muito bem que provavelmente teria cáries. Espero que ela me perdoe por isso.

Diferentemente do escorbuto, as cáries são, portanto, um tipo de doença de desajuste que continua sendo comum por causa de um circuito de retroalimentação – um círculo vicioso – causado por interações entre evolução cultural e biologia. O círculo começa quando ficamos doentes ou feridos em decorrência de um desajuste evolutivo que resulta de estarmos inadequadamente adaptados a uma mudança no ambiente, seja a partir de um estímulo intenso demais, fraco demais ou novo demais. Embora muitas vezes tratemos os sintomas da doença com diferentes graus de sucesso, deixamos de prevenir suas causas ou optamos por não o fazer. Quando transmitimos essas condições ambientais para nossos filhos, pomos em movimento um circuito de retroalimentação que permite à própria doença persistir e talvez aumentar em incidência e intensidade de uma geração para a seguinte. No caso das cáries, não passei as minhas para minha filha, mas passei uma dieta que as causa, e provavelmente ela fará o mesmo com seus filhos.

As desvantagens de não tratar as causas de uma doença foram discutidas e debatidas durante centenas de anos, muitas vezes no contexto das doenças de um paciente. Segundo o *Oxford English Dictionary*, o significado original da palavra "paliativo" (usada pela primeira vez no século XV) era alusivo ao cuidado que "alivia os sintomas de uma doença ou mal sem lidar com a causa subjacente".[31] Ademais, muitos biólogos evolutivos e arqueólogos elucidaram como cultura e biologia interagem mutuamente durante longos períodos de tempo não apenas para estimular a mudança biológica, mas também para estimular a mudança cultural.[32] Por exemplo, a migração de pessoas do Paleolítico para climas temperados estimulou a invenção de novas formas de roupas e moradias. Os mesmos processos também se aplicam a doenças de desajuste. Falta-nos, no entanto, um bom termo para o circuito deletério de retroalimentação que ocorre ao longo de múltiplas gerações quando não tratamos as causas de uma doença de desajuste, transmitindo em vez disso quaisquer fatores ambientais que causam a doença, mantendo-a comum e por vezes agravando-a. Em geral sou avesso a neologismos, mas penso que "disevolução" é uma nova palavra útil e adequada porque, a partir da perspectiva do corpo, o processo é uma forma nociva (*dis*) de mudança ao longo do tempo (*evolução*). Para reiterar, disevolução não é uma forma de evolução biológica, porque não transmitimos diretamente doenças de desajuste de uma geração para outra. Trata-se antes de uma forma de evolução cultural, porque transmitimos os comportamentos e ambientes que as promovem.

Cáries, infelizmente, são apenas a ponta do iceberg no que diz respeito a doenças de desajuste disevolutivas. De fato, suspeito que grande porcentagem das doenças de desajuste listadas na tabela 3 está sujeita a esse circuito de retroalimentação pernicioso. Considere a pressão sanguínea elevada (hipertensão), que aflige mais de 1 bilhão de pessoas e que é um dos mais importantes fatores de risco para derrames, ataques cardíacos, doenças renais e outras.[33] Como quase todas as doenças, a pressão sanguínea alta é causada por interações entre genes e ambiente, e, como as artérias endurecem naturalmente com a idade, ela é também um subproduto da velhice. Mas as principais causas da pressão sanguínea alta entre pessoas jovens e de meia-idade são dietas que promovem a obesidade, assim como elevado consumo de sal, baixos níveis de atividade física e consumo excessivo de álcool. Há muitos medicamentos disponíveis para o tratamento da hipertensão, mas o melhor tratamento é a melhor forma de prevenção: uma boa dieta à moda antiga e exercício.[34] Portanto, como as cáries, a pressão sanguínea elevada é um caso comum de disevolução porque, ainda que saibamos como reduzir sua incidência, nossa cultura cria e transmite os fatores ambientais que causam a doença e a mantêm comum. Como os capítulos 10 a 12 vão explorar, circuitos de retroalimentação similares ajudam a explicar a incidência de diabetes tipo 2, doença cardíaca, algumas formas de câncer, má oclusão, miopia, pés chatos e muitas outras doenças de desajuste comuns.

Embora a disevolução seja causada pelo não tratamento das causas de uma doença de desajuste, é possível que algumas vezes agravemos o processo pelo modo como tratamos sintomas. Sintomas são, por definição, desvios em relação à saúde normal como febre, dor, náusea e erupções que indicam a presença de uma doença. Sintomas não provocam doença, mas causam sofrimento e por isso são eles que percebemos e é deles que cuidamos quando ficamos doentes. Quando temos um resfriado, não nos queixamos do vírus em nosso nariz e garganta, queixamo-nos da febre, tosse e dor de garganta que nos afligem. Da mesma maneira, um paciente com diabetes provavelmente não pensa em seu pâncreas; sente-se, isto sim, incomodado com os efeitos tóxicos do excesso de açúcar no sangue. Como afirmei acima, sintomas são muitas vezes adaptações desenvolvidas que instigam a ação. Em muitos casos, o tratamento dos sintomas ajuda o processo de cura. Para algumas doenças (como resfriados comuns), não temos alternativa senão tratar sintomas. É propriamente humano aliviar o sofrimento, e tratar sintomas é muitas vezes benéfico e por vezes salva vidas. No entanto, é possível que sejamos algumas vezes tão eficientes no tratamento de sintomas de uma doença de desajuste que reduzimos a urgência de tratar suas causas. Suspeito que esse é o caso para cáries, e capítulos posteriores explorarão as consequências do tratamento de sintomas para outras doenças novas.

Acredito que a maneira como respondemos a doenças de desajuste por meio de disevolução é um importante processo em curso que vale a pena considerar quando exploramos como o corpo humano mudou nos últimos 10 mil anos desde que começamos a cultivar a terra, comer novos alimentos, usar máquinas para trabalhar e passar o dia sentados em cadeiras. Sem dúvida nem todos os desajustes levam a disevolução, mas muitos o fazem, e eles compartilham várias características previsíveis. A primeira e mais óbvia é que tendem a ser doenças crônicas, não infecciosas cujas causas são difíceis de tratar ou prevenir. Desde o advento da medicina científica moderna, tornamo-nos competentes em tratar ou prevenir muitas doenças infecciosas identificando e matando os patógenos que as causam. Doenças causadas por insuficiência de alimento ou desnutrição podem ser eficientemente prevenidas aliviando-se a pobreza ou fornecendo-se suplementos dietéticos. Em contraposição, continua sendo um desafio prevenir ou curar doenças não infecciosas crônicas porque elas têm tipicamente muitas causas que interagem entre si e envolvem complexas concessões. Por exemplo, desenvolvemos adaptações para ansiar por açúcar, engordar, e não nos incomodar com isso, e uma infinidade de fatores, biológicos e culturais, conspiram para tornar difícil para pessoas com excesso de peso perder quilos (mais sobre isso no capítulo 10). Outras novas enfermidades, como a doença de Crohn, são provavelmente doenças de desajuste, mas suas causas continuam a nos escapar.

Uma segunda característica da disevolução é que se espera que o processo se aplique em geral a doenças de desajuste que têm um efeito pequeno ou negligenciável sobre a aptidão reprodutiva. Doenças como cárie, miopia ou pés chatos são tratadas de maneira tão eficaz que não prejudicam nossa capacidade de encontrar um parceiro e ter filhos. Outras, como diabetes tipo 2, osteoporose ou câncer, tendem a só ocorrer quando as pessoas já são avós. Essas doenças da meia-idade poderiam ter tido fortes consequências seletivas negativas no Paleolítico porque os avós caçadores-coletores desempenham um papel decisivo como provedores dos filhos e netos.[35] Mas o papel econômico de um avô no século XXI é muito diferente, e é duvidoso que o fato de alguém ficar inválido ou morrer na casa dos cinquenta ou sessenta anos hoje tenha muito ou mesmo algum efeito negativo sobre o número de filhos ou netos que tem.

Uma característica final de doenças de desajuste que são comuns ou estão se tornando mais comuns em consequência de disevolução é que suas causas produzem outros benefícios culturais, muitas vezes sociais ou econômicos. As causas de muitas doenças de desajuste, como o fumo ou o consumo excessivo de refrigerantes, são apreciadas porque proporcionam prazeres imediatos que suplantam preocupações com suas consequências no longo prazo ou avaliações racionais delas. Além disso, há fortes incentivos para que fabricantes e anunciantes atendam a nossos desejos, frutos de evolução, e nos vendam produtos que aumentam nossa comodidade, conforto, eficiência e prazer – ou que proporcionem a ilusão de ser vantajosos. Não é à toa que junk food é tão apreciada. Se você for como eu, usa produtos comerciais quase 24 horas por dia, até quando está dormindo. Muitos deles, como a cadeira em que estou sentado, fazem com que eu me sinta bem, mas nem todos são saudáveis para meu corpo. A hipótese da disevolução prevê que enquanto aceitarmos ou lidarmos com os sintomas dos problemas que esses produtos criam, muitas vezes graças a outros produtos, enquanto os benefícios excederem os custos, continuaremos a comprá-los, a usá-los e a transmiti-los a nossos filhos, mantendo o ciclo em movimento muito tempo depois que tivermos ido embora.

A assombrosa carga das doenças de desajuste de que seres humanos sofrem, e o circuito de retroalimentação de disevolução que as mantém comuns, suscita muitas questões. Como sabemos que elas realmente são doenças de desajuste? Que aspectos dos ambientes modernos causam essas doenças? Como a evolução cultural as perpetua? E o que deveríamos fazer com relação a elas? Serão ataques cardíacos, cânceres e pés chatos subprodutos necessários da civilização, ou podemos efetivamente preveni-los sem ter de abrir mão de pão, automóveis e sapatos?

Os capítulos 10 a 12 explorarão as bases biológicas de diferentes tipos de doenças de desajuste e as razões por que algumas (mas não todas) são consequências evitáveis do progresso. Considerarei também como uma perspectiva evolutiva poderia nos ajudar a prevenir doenças de desajuste concentrando-nos mais efetivamente em suas causas ambientais. Mas primeiro examinemos mais de perto o que aconteceu com o corpo humano depois que o Paleolítico terminou. Como as revoluções Agrícola e Industrial mudaram a forma como nosso corpo se desenvolve e funciona de maneira tanto boa quanto má?

8. Paraíso perdido?

Vantagens e desvantagens de termos nos tornado agricultores

> Com a introdução da agricultura a humanidade entrou num longo período de mesquinharia, adversidade e loucura, do qual somente agora está se libertando graças à benéfica operação da máquina.
>
> Bertrand Russell, *A conquista da felicidade*

Em *Paraíso perdido* (livro 4), Milton imagina como o paraíso parecia a Satã antes da queda do homem, quando tudo era perfeito no Éden. Revela-se que o paraíso é um jardim ornamental perfumado, repleto de frutos saborosos e rebanhos de herbívoros a mascar ruidosamente.

> Um recanto bucólico de variado aspecto; bosques cujas árvores frondosas vertiam resinas e bálsamos odorantes, outras cujos frutos pendiam, com pele dourada e brunida, de delicioso sabor; entre eles se interpunham relvados ou planícies, e rebanhos pastando a erva tenra.

O paraíso pode lhe parecer atraente, mas Satã reage enciumado a essa beatitude pastoral: "Ó Inferno! Que contemplam meus olhos com desgosto?" Eu o imagino como um urbanita cosmopolita condenado a viver em exílio pastoral longe dos confortos da civilização. Além de ter de ficar vendo Adão e Eva cabriolar nus de um lado para o outro, talvez estivesse pensando onde poderia conseguir um café decente. Tortura! Não só para Adão e Eva, que, tentados a comer do fruto da árvore do conhecimento do bem e do mal, são expulsos do paraíso e condenados a labutar por seus pecados como lavradores no cruel mundo exterior. Na Bíblia, Deus pronuncia o julgamento dos dois como uma maldição que sintetiza a permanente essência desgraçada da condição humana:

> Maldito é o solo por causa de ti! Com sofrimento dele te nutrirás todos os dias de tua vida. Ele produzirá para ti espinhos e cardos, e comerás a erva dos campos. Com o suor de teu rosto comerás teu pão até que retornes ao solo, pois dele foste tirado. Pois tu és pó e ao pó tornarás. (Gênesis 3,17-19)

É difícil ler o veredicto de Deus sem reconhecer que a expulsão de Adão e Eva do Jardim do Éden é uma alegoria para a primeira causa realmente importante de desajuste: o fim do modo de vida caçador-coletor. Desde essa transição, que começou cerca de seiscentas gerações atrás, a punição da espécie humana foi labutar miseravelmente como agricultores, cultivando nosso pão de cada dia em vez de arrancar frutos saborosos prontos para serem colhidos. Num raro caso de acordo, biólogos criacionistas e evolutivos concordam que os seres humanos estão em declínio desde então. Segundo Jared Diamond, cultivar o solo foi o "pior erro na história da raça humana".[1] Apesar de ter mais comida, portanto mais filhos, que caçadores-coletores, os agricultores em geral têm de trabalhar mais arduamente; comem uma dieta de pior qualidade; defrontam-se com mais frequência com a fome porque as colheitas ocasionalmente fracassam em razão de cheias, secas e outros desastres; e vivem em maiores densidades populacionais, que promovem doenças infecciosas e estresse social. A agricultura pode ter levado à civilização e a outros tipos de "progresso", mas levou também à morte em grande escala. A maior parte das doenças de desajuste de que sofremos atualmente tem origem na transição da caça e da coleta para a agricultura.

Se a agricultura foi um erro tão colossal, por que começamos a praticá-la? Qual é a consequência de ter um corpo adaptado por milhões de anos de evolução para caçar e coletar, mas depois comer apenas plantas cultivadas e animais apascentados? De que maneiras corpos humanos se beneficiaram da agricultura, e que tipos de doenças de desajuste essa transição causou? E de que forma reagimos?

Os primeiros agricultores

A agricultura é muitas vezes vista como um modo de vida antiquado; de uma perspectiva evolutiva, porém, trata-se de um modo de vida recente, singular e relativamente bizarro. Mais ainda, originou-se de maneira independente em vários lugares diferentes, da Ásia aos Andes, dentro de alguns milhares de anos depois do fim da Idade do Gelo. Uma primeira pergunta a fazer antes de considerar como esse modo de vida afetou o corpo humano é: por que a agricultura se desenvolveu em tantos lugares e num intervalo de tempo tão curto após milhões de anos de caça e coleta?

Não há resposta única para essa questão, mas um fator pode ter sido a mudança climática global. A Idade do Gelo terminou 11.700 anos atrás, inaugurando a época holocena, que foi não apenas mais quente, mas também mais estável, com menos flutuações extremas de temperatura e índices pluviométricos.[2] Durante a Idade do Gelo, caçadores-coletores por vezes buscaram cultivar plantas por meio de tentativa e erro, mas seus experimentos fracassaram, talvez porque tenham sido extintos por mudança climática extrema e rápida. Experimentos com cultivo tiveram maior chance de ser bem-sucedidos durante o Holoceno, quando padrões pluviométricos e de temperatura persistiram confiavelmente com pouca mudança de ano para ano e de década para década. Tempo previsível, estável, pode ser útil para caçadores-coletores, mas é essencial para agricultores.

Um fator muito mais importante que estimulou a origem da agricultura em diferentes partes do globo foi o estresse populacional.[3] Levantamentos arqueológicos mostram que locais de acampamentos – lugares onde pessoas viviam – tornaram-se mais numerosos e maiores depois que a última grande glaciação começou a findar por volta de 18 mil anos atrás.[4] À medida que as calotas polares recuaram e a Terra começou a aquecer, caçadores-coletores experimentaram uma explosão populacional. Ter mais filhos pode parecer uma bênção, mas eles podem ser também uma fonte de grande estresse para comunidades de caçadores-coletores que não têm como sobreviver em altas densidades populacionais. Mesmo quando condições climáticas são relativamente benévolas, alimentar bocas adicionais devia pôr caçadores-coletores sob considerável pressão para suplementar seus típicos esforços de coleta cultivando plantas comestíveis. No entanto, uma vez iniciado, esse cultivo instalou um círculo vicioso, porque o incentivo para cultivar é amplificado quando famílias maiores precisam ser alimentadas. Não é difícil imaginar a agricultura se desenvolvendo ao longo de muitas décadas ou séculos, mais ou menos da mesma maneira como um hobby pode se transformar numa profissão. A princípio, cultivar alimento era uma atividade suplementar que ajudava a abastecer famílias grandes, mas a combinação de mais filhos a alimentar com condições ambientais benignas aumentou os benefícios do cultivo de plantas em relação aos custos. Durante gerações, plantas cultivadas desenvolveram-se em culturas domesticadas, e hortas ocasionais transformaram-se em plantações. O alimento tornou-se mais previsível.

Sejam quais forem os fatores decisivos na transformação de caçadores-coletores em agricultores em tempo integral, a origem da agricultura pôs em movimento várias grandes transformações onde e quando quer que tenha acontecido. Caçadores-coletores tendem a ser extremamente migratórios, mas agricultores incipientes beneficiam-se de se instalar em aldeias permanentes para cultivar e defender suas plantações, seus campos e rebanhos durante o ano todo. Agricultores pioneiros também domesticavam certas espécies vegetais selecionando – quer fosse consciente ou inconscientemente – plantas maiores e mais nutritivas, bem como mais fáceis de cultivar, colher e processar. Dentro de gerações, essa seleção transformou as plantas, tornando-as dependentes de seres humanos para se reproduzir. Por exemplo, o progenitor silvestre do milho, o teosinto, tinha poucos grãos, frouxamente presos, que se desprendiam facilmente da planta quando maduros. À medida que seres humanos selecionaram sabugos com sementes maiores, mais numerosas e que se desprendiam com menos facilidade, os pés de milho passaram a depender de que seres humanos removessem as sementes e as plantassem à mão.[5] Agricultores também começaram a domesticar certos animais, como ovelhas, porcos, gado bovino e galinhas, principalmente selecionando qualidades que tornavam essas criaturas mais dóceis. Animais menos agressivos tinham maior probabilidade de ser reproduzidos, levando a proles mais tratáveis. Fazendeiros selecionavam também outras qualidades úteis como crescimento rápido, mais leite e maior tolerância a seca. Na maioria dos casos, os animais tornaram-se tão dependentes dos seres humanos como nós deles.

Esses processos ocorreram de modo um pouco diferente pelo menos sete vezes em diversos lugares, entre os quais o sudoeste da Ásia, a China, a Mesoamérica, os Andes, o sudeste dos Estados Unidos, a África subsaariana e as montanhas da Nova Guiné. O centro de inovações agrícolas mais bem-estudado é o sudoeste da Ásia, onde quase uma centena de anos de pesquisas intensivas revelou um quadro detalhado de como caçadores-coletores inventaram a agricultura, impelidos por uma combinação de pressões climáticas e ecológicas.

A história começa no fim da Idade do Gelo, quando caçadores-coletores do Paleolítico Superior floresciam ao longo do lado oriental do mar Mediterrâneo, beneficiando-se da abundância natural da região de cereais silvestres, legumes, castanhas e frutas, além de animais como gazelas, veados, cabras silvestres e ovelhas. Um dos sítios mais bem-preservados desse período é Ohalo II, um acampamento sazonal na borda do mar da Galileia, onde pelo menos meia dúzia de famílias de caçadores-coletores, de vinte a quarenta pessoas, viviam em cabanas improvisadas.[6] O sítio contém muitas sementes de cevada silvestre e outras plantas que os caçadores-coletores colhiam, bem como as pedras de moer que eles usavam para fazer farinha, as foices que fabricavam para cortar cereais silvestres, e as pontas de flecha que faziam para caçar. A vida para as pessoas que viviam em Ohalo II provavelmente pouco diferia daquilo que antropólogos documentaram entre caçadores-coletores recentes na África, na Austrália e no Novo Mundo.

O fim da Idade do Gelo, no entanto, levou muita mudança para os descendentes de Ohalo II. À medida que o clima da região mediterrânea começou a aquecer e se tornar mais úmido a partir de 18 mil anos atrás, sítios arqueológicos tornaram-se mais numerosos e difundidos, avançando pouco a pouco por áreas hoje ocupadas pelo deserto. A culminação dessa explosão populacional foi um período chamado Natufiano, datado de entre 14.700 e 11.600 anos atrás.[7] O Natufiano inicial foi uma espécie de idade de ouro da caça e da coleta. Graças a um clima benévolo e muitos recursos naturais, os natufianos eram fabulosamente ricos pelos padrões da maioria dos caçadores-coletores. Viviam colhendo os abundantes cereais silvestres que crescem naturalmente nessa região e caçavam animais, sobretudo gazelas. Evidentemente tinham tanto para comer que eram capazes de se instalar de forma permanente em grandes aldeias, com nada menos que cem a 150 pessoas, construindo pequenas casas com fundações de pedra. Também criavam bonitos objetos de arte, como colares de contas, braceletes e estatuetas entalhadas, faziam permutas com grupos distantes para adquirir conchas exóticas e enterravam seus mortos em túmulos elaborados. Se houvesse um Jardim do Éden para caçadores-coletores, seria esse.

Mas depois, 12.800 anos atrás, a crise sobreveio. De repente, o clima deteriorou-se abruptamente, talvez porque um enorme lago glacial na América do Norte tenha se despejado subitamente no Atlântico, perturbando a corrente do Golfo e causando estragos nos padrões globais de tempo.[8] Esse evento, chamado Dryas Recente,[9] mergulhou efetivamente o mundo de volta nas condições da Idade do Gelo por centenas de anos. Imagine quão estressante foi essa mudança para os natufianos, que estavam vivendo em altas densidades populacionais em aldeias permanentes, mas ainda dependiam da caça e da pesca. Dentro de uma década ou menos, toda a sua região tornou-se muito mais fria e mais seca, fazendo as provisões de alimentos minguarem. Alguns grupos reagiram a essa crise, retornando a um estilo de vida mais simples, nômade.[10] Outros natufianos, contudo, evidentemente fincaram os pés no chão e intensificaram seus esforços para manter seu estilo de vida acomodado. Nesse caso, a necessidade parece ter sido a mãe da invenção, porque alguns deles tiveram sucesso em experimentos com cultivo, criando a primeira economia agrícola em algum lugar na área que hoje abrange Turquia, Síria, Israel e Jordânia. Dentro de mil anos, haviam domesticado figos, cevada, trigo, grão-de-bico e lentilha, e sua cultura mudou o suficiente para fazer jus a um novo nome, o Neolítico Pré-Cerâmico A (PPNA, da sigla em inglês). Esses agricultores pioneiros viviam em grandes povoados que chegavam a ter por vezes 30 mil metros quadrados (mais ou menos o tamanho de um quarteirão e meio na cidade de Nova York), com casas de tijolos de barro que tinham paredes e assoalhos rebocados. Os níveis mais antigos da antiga cidade de Jericó (famosa por suas muralhas) tinham cerca de cinquenta casas e sustentavam uma população de quinhentas pessoas. Agricultores do PPNA também faziam elaboradas pedras de moer para triturar e amassar comida, criavam primorosas estatuetas e engessavam a cabeça de seus mortos.[11]

E a mudança prosseguiu. A princípio, agricultores do PPNA suplementavam sua dieta caçando, sobretudo gazelas, mas dentro de mil anos haviam domesticado ovelhas, porcos e bois. Pouco depois, esses agricultores inventaram a cerâmica. À medida que essas e outras inovações continuaram a se acumular, seu novo modo de vida, Neolítico, floresceu e expandiu-se rapidamente pelo Oriente Médio e penetrou a Europa, a Ásia e a África. É quase certo que você tenha comido hoje alguma coisa que essas pessoas foram as primeiras a domesticar, e, se seus ancestrais tiverem vindo da Europa ou do Mediterrâneo, há uma boa chance de que você tenha alguns de seus genes.

A agricultura também se desenvolveu em outras partes do mundo após o fim da Idade do Gelo, mas as circunstâncias foram diferentes em cada região.[12] No leste da Ásia, arroz e milhete foram domesticados primeiro nos vales dos rios Yangtzé e Amarelo cerca de 9 mil anos atrás. A agricultura asiática, porém, começou mais de 10 mil anos depois que caçadores-coletores começaram a fabricar cerâmica, uma invenção que ajudou esses caçadores-coletores a ferver e armazenar comida.[13] Na Mesoamérica, aboboreiras foram domesticadas pela primeira vez cerca de 10 mil anos atrás, e o milho, cerca de 6.500 anos atrás. À medida que a agricultura assumiu o controle gradualmente no México, agricultores começaram a domesticar outros alimentos, como feijões e tomates. A cultura do milho espalhou-se lenta e inexoravelmente por todo o Novo Mundo. Outros centros de invenção agrícola no Novo Mundo são os Andes, onde as batatas foram domesticadas mais de 7 mil anos atrás, e o sudeste dos Estados Unidos, onde plantas espermatófitas já haviam sido domesticadas 5 mil anos atrás. Na África, cereais como milheto-pérola, arroz africano e sorgo foram domesticados ao sul do Saara a partir de cerca de 6.500 anos atrás. Finalmente, parece provável que inhame e taro (raiz com alto teor de amido) tenham sido domesticados nas montanhas da Nova Guiné entre 10 mil e 6.500 anos atrás.

Assim como produtos cultivados tomaram o lugar de plantas colhidas, animais domesticados tomaram o lugar dos caçados.[14] Um núcleo de domesticação foi o sudoeste da Ásia. Ovelhas e cabras foram domesticadas pela primeira vez no Oriente Médio cerca de 10.500 anos atrás, gado bovino foi domesticado no vale do rio Indo por volta de 10.600 anos atrás, e porcos foram domesticados a partir de javalis de maneira independente na Europa e na Ásia entre 10 mil e 9 mil anos atrás. Outros animais foram domesticados mais recentemente em todo o globo, entre eles lhamas nos Andes, cerca de 5 mil anos atrás, e frangos na Ásia Meridional, cerca de 8 mil atrás. O melhor amigo do homem, o cão, foi na realidade a primeira espécie domesticada. Criamos cães a partir de lobos mais de 12 mil atrás, mas há muito debate com relação a quando, onde e como essa domesticação ocorreu (e quanto ao grau em que, na realidade, foram os cães que nos domesticaram).

Como e por que a agricultura se difundiu?

Todos os seres humanos eram caçadores-coletores, mas alguns milhares de anos depois só restava um punhado de grupos caçadores-coletores isolados. Grande parte dessa substituição ocorreu pouco depois que a agricultura começou, porque, a despeito da maneira como se originou, espalhou-se depois como um contágio. Uma razão importante para essa rápida difusão foi o crescimento populacional. Lembre-se de capítulos anteriores que mães caçadoras-coletoras modernas tipicamente desmamam os filhos aos três anos, têm filhos a intervalos de três a quatro anos e a taxa de mortalidade infantil e juvenil pode ser de nada menos que 40% a 50%. Assim, uma mãe caçadora-coletora saudável mediana dá à luz durante seu tempo de vida seis ou sete filhos, dos quais três sobreviveriam para se tornar adultos. Em razão de outras causas de mortalidade como acidentes e doenças, populações de caçadores-coletores, se não refreadas, crescem tipicamente numa taxa muito baixa (cerca de 0,015% por ano).[15] Nessa taxa, a população duplicaria em cerca de 5 mil anos e quadruplicaria em 10 mil anos.[16] Em contraposição, uma mãe que é uma agricultora de subsistência pode desmamar seus filhos quando têm entre um e dois anos – a metade da idade com que filhos de caçadoras-coletoras são desmamados – porque ela em geral tem comida suficiente para alimentar muitos filhos ao mesmo tempo, inclusive cereais, leite animal e outras comidas facilmente digeríveis. Portanto, se as taxas de mortalidade infantil entre agricultores fossem tão altas quanto eram entre caçadores-coletores, as primeiras populações de agricultores teriam tido uma taxa de crescimento populacional duas vezes maior. Mesmo nessa modesta taxa de crescimento, populações iam dobrar a cada 2 mil anos aproximadamente. Na realidade, a taxa de crescimento populacional flutuou depois que a agricultura começou, e foi por vezes até mais alta, mas não há dúvida de que deu início à primeira grande explosão populacional na história humana.[17]

À medida que cresceram e se expandiram, as primeiras populações agrícolas entraram inevitavelmente em contato com caçadores-coletores. Por vezes eles lutavam, mas com frequência coexistiam, negociavam, cruzavam-se e assim trocavam tanto genes quanto culturas.[18] A colcha de retalhos de línguas e culturas em todo o globo hoje é em grande parte um resto da maneira como agricultores se espalharam e interagiram com caçadores-coletores. Segundo algumas estimativas, antes do fim do Neolítico o mundo provavelmente tinha mais de mil línguas diferentes.[19]

Se a agricultura foi "o maior erro na história humana", provocando grande número de doenças de desajuste evolutivas, por que ela se espalhou de maneira tão rápida e completa? A principal razão é que agricultores produzem bebês muito mais depressa que caçadores-coletores. Na economia atual, uma taxa reprodutiva mais elevada acarreta muitas vezes agourentas implicações de despesa: mais bocas para alimentar, mais mensalidades da faculdade para pagar. Filhos demais podem ser uma fonte de pobreza. Para agricultores, porém, mais filhos produzem mais riqueza porque filhos são uma útil e fantástica força de trabalho. Após alguns anos de cuidados, os filhos de um fazendeiro podem trabalhar nos campos e na casa, ajudando a cuidar de lavouras, arrebanhar animais, tomar conta de crianças mais novas e processar comida. Na verdade, grande parte do sucesso da agricultura deve-se ao fato de que agricultores reproduzem sua força de trabalho de maneira muito mais eficiente que caçadores-coletores, o que bombeia energia de volta para dentro do sistema, elevando as taxas de fertilidade.[20] A agricultura, portanto, leva a um crescimento populacional exponencial, o que por sua vez promove sua expansão.

Outro fator que estimulou a difusão da agricultura foi o modo como os agricultores alteram a ecologia em torno de suas plantações de maneiras que atrapalham ou mesmo impedem que se continue a caçar e coletar. Ocasionalmente, caçadores-coletores são capazes de viver em aldeias permanentes ou semipermanentes, mas a maioria deles desloca seu acampamento cerca de meia dúzia de vezes por ano porque em algum momento representa menos trabalho para um grupo levantar acampamento, transportar seus poucos pertences por várias dezenas de quilômetros e construir um novo acampamento do que continuar no mesmo lugar e fazer viagens mais longas todos os dias para obter comida suficiente. Em contraposição, os agricultores estão presos a seus campos e não podem migrar como fazem os caçadores-coletores. Campos, safras e colheitas armazenadas precisam ser regularmente cuidados e defendidos. Depois que se instalam permanentemente, os agricultores alteram a ecologia em torno de seu povoado limpando mato, queimando campos e apascentando animais como vacas e cabras, que destroem hábitats comendo plantas tenras e assim promovendo o crescimento de ervas daninhas em vez de árvores ou arbustos. Depois que se tornam agricultores, os homens têm muita dificuldade em voltar a caçar e coletar. Essas reversões ocorrem, mas sobretudo em circunstâncias excepcionais. Quando horticultores maoris chegaram à Nova Zelândia oito séculos atrás, pareceu-lhes mais fácil coletar mariscos e caçar moas, gigantescas aves que não voavam, a plantar lavouras como faziam em outro lugar no Pacífico. Finalmente, porém, os maoris esgotaram esses recursos (caçaram moas até extingui-los) e voltaram à agricultura.[21]

Um fator final que ajudou a agricultura a decolar foi que inicialmente ela não era tão laboriosa e atribulada como se tornou mais tarde. Os primeiros agricultores por certo tinham de trabalhar arduamente, mas sabemos por sítios arqueológicos que ainda caçavam animais, coletavam algumas coisas, e de início praticavam o cultivo numa escala modesta. Agricultores pioneiros certamente levavam uma vida desafiadora, mas a imagem popular da incessante labuta, imundície e sofrimento de ser um agricultor provavelmente aplica-se mais a agricultores posteriores em sistemas feudais que aos primeiros agricultores do Neolítico. A filha de um agricultor francês nascida em 1789 tinha uma expectativa de vida de apenas 28 anos, provavelmente passava por frequentes períodos de fome e corria o risco de morrer de doenças como sarampo, varíola, febre tifoide e tifo.[22] Não admira que tenham feito uma revolução. Os primeiros agricultores do Neolítico tinham vida difícil, mas não eram assediados por pragas como varíola ou peste negra, e não eram oprimidos por um impiedoso sistema feudal em que um punhado de poderosos aristocratas possuía sua terra e se apropriava de grande porcentagem de sua colheita. Sem dúvida, essas e outras desgraças haveriam de chegar, mas só quando fosse tarde demais para voltar o relógio atrás e retornar a um modo de vida caçador-coletor.

Em outras palavras, nossos ancestrais distantes que abandonaram a caça e a coleta não eram tão loucos afinal de contas. Em face das mesmas circunstâncias, você e eu provavelmente faríamos a mesma escolha. Gerações mais tarde, porém, a agricultura de fato começou a gerar uma série de doenças de desajuste e outros problemas, porque milhões de anos de adaptações para a vida paleolítica não prepararam completamente o corpo humano para ser agricultor. Para explorar esses problemas, muitos dos quais ainda enfrentamos, consideremos como dietas, cargas de trabalho, tamanhos de população e sistemas de povoamento agrícolas afetaram a biologia humana de maneiras tanto boas quanto ruins.

A dieta dos agricultores: Uma faca de dois gumes

Minha família celebra o Dia de Ação de Graças todo novembro, pretensamente para comemorar a primeira colheita dos peregrinos, uma façanha que foi possível graças à ajuda dos índios wampanoags (cuja terra os peregrinos roubaram depois). Como outros americanos, atribuímos uma importância exagerada ao Dia de Ação de Graças, assando um peru e preparando assombrosas quantidades de molho de oxicoco, batatas-doces e outras comidas supostamente locais. O Dia de Ação de Graças, no entanto, está longe de ser único porque agricultores em praticamente todos os cantos do mundo celebram o sucesso da colheita com um banquete de alimentos localmente cultivados. Esses banquetes servem a muitas funções, entre as quais se destaca a de nos lembrar de ser agradecidos por nossa boa sorte ao termos sido abençoados com uma abundância de alimentos. E com razão. Você pode imaginar o que pensaria um caçador-coletor paleolítico se fosse transportado para um supermercado típico?

Graças aos supermercados atuais, todo dia pode ser Ação de Graças, mas a abundância ao alcance dos compradores modernos está longe de ser representativa da maneira como a maioria dos agricultores comeu durante os últimos milhares de anos. Antes da era do transporte dos alimentos, dos refrigeradores e supermercados, quase todos os agricultores estavam submetidos a uma dieta atrozmente monótona. A alimentação de um agricultor típico na Europa neolítica consistia sobretudo em pão feito com trigo ou outros cereais como centeio e cevada. As calorias desses cereais eram suplementadas com ervilhas e lentilhas, laticínios como leite e queijo, carne ocasional e frutas da estação.[23] Era isso, dia após dia, ano após ano, século após século. O principal benefício de cultivar apenas alguns alimentos básicos é a capacidade de produzir maiores quantidades. Uma típica caçadora-coletora adulta conseguia coletar cerca de 2 mil calorias por dia, e um homem podia caçar e coletar entre 3 mil e 6 mil.[24] Os esforços combinados de um grupo de caçadores-coletores produziam apenas mais ou menos quantidade suficiente de comida para alimentar famílias pequenas. Em contraposição, uma família de agricultores do início do Neolítico na Europa, usando apenas trabalho braçal antes da invenção do arado, podia produzir uma média de 12.800 calorias por dia no curso de um ano, comida suficiente para alimentar famílias de seis membros.[25] Em outras palavras, os primeiros agricultores puderam duplicar o tamanho de sua família.

Mais alimento é bom, mas dietas agrícolas podem provocar doenças de desajuste. Um dos maiores problemas é a perda de variedade e qualidade nutricional. Caçadores-coletores sobrevivem porque comem praticamente tudo e qualquer coisa que seja comestível. Por isso, consomem necessariamente uma dieta muito diversificada, que inclui tipicamente dezenas de espécies vegetais em qualquer estação.[26] Em contraposição, agricultores sacrificam a qualidade e a diversidade em prol da quantidade, concentrando seus esforços em apenas alguns produtos básicos com elevadas produções. É provável que mais de 50% das calorias que você consome hoje provenham de arroz, milho, trigo ou batatas. Outros produtos que por vezes serviram como gêneros de primeira necessidade para agricultores incluem grãos como milhete, cevada e centeio e raízes ricas em amido como taro e mandioca. Produtos básicos podem ser cultivados facilmente em grandes quantidades, são ricos em calorias e podem ser armazenados por longos períodos após a colheita. Uma de suas principais desvantagens, porém, é que tendem a ser muito menos ricos em vitaminas e minerais que a maioria das plantas silvestres consumidas por caçadores-coletores e outros primatas.[27] Agricultores que dependem demais de produtos básicos, sem alimentos suplementares como carne, frutas e outros vegetais (especialmente legumes), correm o risco de sofrer deficiências nutricionais. Diferentemente de caçadores-coletores, os agricultores estão sujeitos a doenças como escorbuto (por insuficiência de vitamina C), pelagra (por insuficiência de vitamina B_3), beribéri (por insuficiência de vitamina B_1), bócio (por insuficiência de iodo) e anemia (por insuficiência de ferro).[28]

A dependência excessiva de um pequeno número de produtos – por vezes de apenas um – tem outras sérias desvantagens, a maior delas sendo o potencial para fases periódicas de escassez de alimentos e fome. Seres humanos, como outros animais, podem lidar com a escassez sazonal de alimentos queimando gordura e perdendo peso, contanto que estações magras sejam equilibradas por estações de abundância em que o peso pode ser recuperado. Em geral, a massa corporal de agricultores de subsistência flutua vários quilos entre estações à medida que a disponibilidade de alimento e a carga de trabalho mudam. Essas variações sazonais, no entanto, podem algumas vezes ser extremas. Agricultores em Gâmbia, por exemplo, costumam perder de quatro a cinco quilos durante a estação chuvosa, quando têm de trabalhar intensivamente para plantar e capinar lavouras num período de escassez de alimento e mais doenças; se tudo vai bem, eles recuperam o peso durante a estação seca quando colhem seus produtos e descansam.[29] No entanto, quando a colheita é pobre, agricultores em Gâmbia e alhures sofrem severa desnutrição, e as taxas de mortalidade elevam-se rapidamente, sobretudo entre as crianças. Caçadores-coletores também têm ciclos de perda e ganho de peso, mas quando a variação climática altera os ciclos normais de crescimento, as consequências são menos extremas, porque caçadores-coletores não estão presos a produtos básicos e simplesmente passam a comer alimentos alternativos. Em outras palavras, agricultores podem produzir muito mais calorias que caçadores-coletores, mas são muito mais vulneráveis a desastres como secas, cheias, pragas e guerra que regularmente exterminam lavouras inteiras, por vezes num instante. Agricultores podem sobreviver durante anos ruins armazenando alimento suficiente nos anos de fartura (como José aconselhou o faraó a fazer no Gênesis), e fazem isso. Mas múltiplos anos seguidos de quebra de safras podem provocar fomes desastrosas, causa ocasional e recorrente de morte desde que a agricultura foi inventada.

Considere a fome irlandesa da batata. As batatas foram levadas no século XVII da América do Sul para a Irlanda, e a planta adaptou-se tão bem à ecologia do país que se tornou um produto básico no século XVIII (estimulado por um sistema de terras arrendadas que eram pequenas demais para fornecer alimento suficiente a partir do cultivo de uma variedade de produtos). As batatas forneciam a maior parte das calorias para um agricultor irlandês típico (especialmente no inverno), ajudando a alimentar uma explosão populacional. Mas depois, em 1845, a ferrugem, um fungo, espalhou-se pelas plantações de batatas, exterminando mais de 75% da colheita durante quatro anos seguidos e causando 1 milhão de mortes.[30] Infelizmente, a fome irlandesa da batata é apenas uma de milhares de fomes que ceifaram um número incalculável de vidas desde a origem da agricultura.[31] Muito provavelmente, está ocorrendo uma em algum lugar do mundo enquanto você lê estas palavras. Embora alguns caçadores-coletores sem dúvida tenham morrido por falta de comida no curso de muitos milhões de anos de evolução humana, as chances que um deles tinha de morrer de inanição deviam ser de magnitudes menores que as de qualquer agricultor.

Outro conjunto de doenças de desajuste que podem ser causadas por dietas agrícolas são as deficiências de nutrientes. Muitos elementos que tornam grãos como arroz e trigo nutritivos, saudáveis e alimentícios são óleos, vitaminas e minerais presentes nas camadas exteriores de farelo e no gérmen que envolvem a parte central da semente, composta sobretudo de amido. Infelizmente, essas partes ricas em nutrientes das plantas também estragam depressa. Como precisam armazenar alimentos básicos durante meses e anos, os agricultores acabaram descobrindo como refinar cereais removendo as camadas exteriores, transformando arroz ou trigo de "marrons" em "brancos". Essas tecnologias não estavam disponíveis para os primeiros agricultores, mas depois que o refino se tornou comum o processo eliminou uma grande porcentagem do valor nutricional da planta. Por exemplo, uma xícara de arroz branco e uma de arroz integral têm aproximadamente o mesmo conteúdo calórico, mas o arroz integral tem três a seis vezes mais vitaminas B, além de outros minerais e nutrientes como vitamina E, magnésio, potássio e fósforo. Cereais refinados e plantas domesticadas, como milho, têm também um teor mais baixo de fibras (a parte indigerível da planta). A fibra acelera a taxa de passagem de alimento e excremento através dos intestino, e desempenha um papel vital tornando mais lento o ritmo da digestão e absorção (mais no capítulo 10). Outro risco do armazenamento de alimentos no longo prazo é a contaminação. As aflatoxinas, por exemplo, são compostos nocivos produzidos por fungos que prosperam em cereais, castanhas e sementes oleaginosas e que podem causar danos ao fígado, câncer e problemas neurológicos.[32] Como não armazenam alimentos por mais de um ou dois dias, caçadores-coletores raramente encontram essas toxinas.

Um problema adicional e muito importante de saúde causado por dietas de agricultores se deve a grandes quantidades de amido. Caçadores-coletores comem muitos carboidratos complexos, mas agricultores cultivam e depois processam cereais, raízes e outras plantas que são ricas em carboidratos simples, também conhecidos como amido. O amido tem um ótimo sabor em geral, mas em excesso pode causa uma série de doenças de desajuste. É comum que apodreça os dentes. Após uma refeição, amidos e açúcares grudam nos dentes e atraem bactérias que se multiplicam e se combinam com proteínas para formar placa, um filme esbranquiçado que envolve o dente. À medida que digerem açúcares, as bactérias excretam ácido, que é absorvido pela placa e dissolve a coroa de esmalte, causando cáries. Cáries eram raras entre caçadores-coletores, mas extremamente comuns entre os primeiros agricultores.[33] No Oriente Médio, a porcentagem de indivíduos com cáries saltou de cerca de 2% antes da agricultura para cerca de 13% no início do Neolítico e tornou-se ainda mais alta em períodos posteriores.[34] A figura 17 mostra alguns exemplos de aspecto penoso. Cáries, eu acrescentaria, estavam longe de ser uma preocupação trivial antes da invenção dos antibióticos e do tratamento dentário mo-

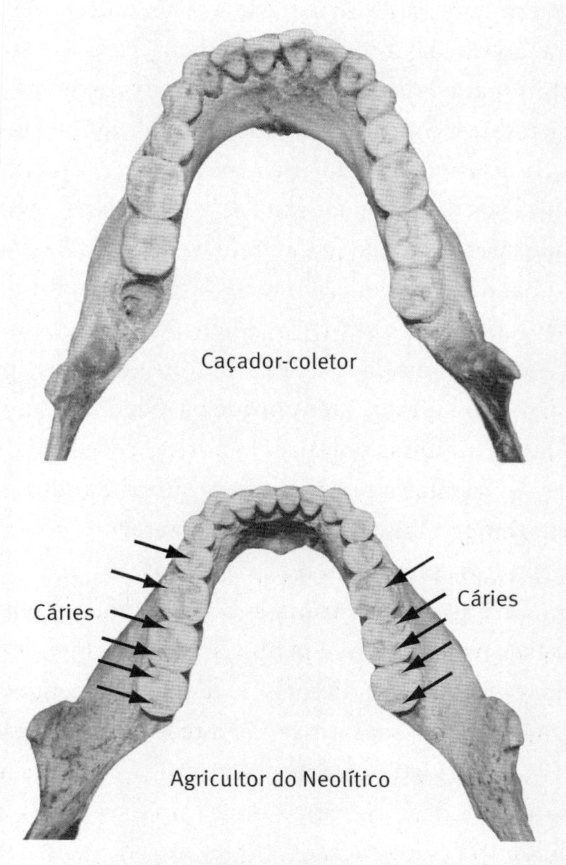

FIGURA 17. As cáries tornaram-se mais comuns depois da origem da agricultura, como é ilustrado por estes dois maxilares, um de um caçador-coletor, outro de um agricultor do início do Neolítico. Imagens cortesia do Peabody Museum, Universidade Harvard.

derno. Uma cárie que penetra abaixo da coroa, chegando à dentina, é não só excruciantemente dolorosa, como pode também causar uma infecção grave, possivelmente fatal, que começa no maxilar e se desloca para o resto da cabeça.

Refeições com alto teor de carboidratos simples podem também desafiar o metabolismo do corpo. Alimentos ricos em amido, especialmente os que tiveram suas fibras removidas por processamento, são rápida e facilmente transformados em açúcar, provocando uma brusca e rápida elevação dos níveis de açúcar no sangue (um foco do capítulo 10). Nosso sistema digestivo simplesmente não é capaz de lidar com eficiência com tanto açúcar de maneira tão rápida, e com o tempo dietas ricas em amidos simples podem contribuir para o diabetes tipo 2 e outros problemas. As dietas dos primeiros agricultores, contudo, não eram nem de longe tão refinadas e ricas em amido como as dietas industriais modernas, altamente processadas, e os efeitos negativos de elevações rápidas nos níveis de açúcar no sangue são neutralizados por atividade física regular, vigorosa. Portanto, diabetes que se iniciam na idade adulta eram raros até pouco tempo atrás. Apesar disso, elevações repentinas nos níveis de açúcar no sangue decorrentes do consumo de grande quantidade de carboidratos simples aparentemente afetavam os primeiros agricultores porque há evidências de que, ao longo de vários milênios, algumas populações agrícolas desenvolveram várias adaptações para aumentar a produção de insulina e reduzir a resistência a ela.[35] Retornaremos mais tarde a essas adaptações e sua relação com doenças de adaptação como diabetes e cardíacas.

Evidentemente, as dietas variam substancialmente entre os agricultores: camponeses na China, na Europa e na Mesoamérica cultivavam e comiam alimentos totalmente diversos. O desenvolvimento da agricultura em todos esses locais, no entanto, levou a trocas similares de qualidade nutricional por quantidade calórica. Agricultores – mesmo pioneiros neolíticos desprovidos de fertilizantes, irrigação e arados – podem cultivar muito mais alimento do que caçadores-coletores conseguem adquirir, mas a dieta de um agricultor é em geral menos saudável e mais arriscada. Os agricultores consomem alimentos que têm maior teor de amido e contêm menos fibra, proteína, vitaminas e minerais. Eles são também mais suscetíveis de comer comida contaminada, e correm o risco de enfrentar fomes de maneira mais regular e mais intensa que caçadores-coletores. Em termos de dieta, os seres humanos pagaram um alto preço pelo prazer de desfrutar de um banquete anual da colheita.

Trabalho agrícola

Como a agricultura mudou a quantidade de trabalho físico que fazemos e o modo como usamos nosso corpo para isso? Embora caçar e coletar não sejam fáceis, populações não agrícolas como os boxímanes ou os hazdas geralmente trabalham apenas de cinco a seis horas por dia.[36] Comparemos isso com a vida de um típico agricultor de subsistência. Para qualquer produto dado, um agricultor tem de limpar um campo (talvez queimando vegetação, desmatando, removendo pedras), preparar o solo cavando ou arando e talvez fertilizando, plantar as sementes, depois capinar e proteger as plantas que crescem de animais como aves e roedores. Se tudo anda bem e a natureza fornece chuva suficiente, vem o trabalhos de colher, debulhar, joeirar, secar e por fim armazenar as sementes. Como se tudo isso não fosse suficiente, os fazendeiros também têm de tomar conta de animais, processar e cozinhar grandes quantidades de alimentos (por exemplo, curando carne e fazendo queijo), fazer roupas, construir e reparar casas e celeiros, e defender sua terra e colheitas armazenadas. A agricultura envolve interminável labuta física, por vezes do nascer ao pôr do sol. Como disse George Sand: "É triste, sem dúvida, alguém esgotar sua força e seus dias fendendo o seio dessa terra ciumenta, que nos compele a extorquir dela os tesouros de sua fertilidade, quando um pedaço do mais negro e mais grosseiro pão é, ao fim do dia de trabalho, a única recompensa e o único lucro associados a tão árdua labuta."[37]

Não há dúvida de que agricultores, especialmente aqueles oprimidos por proprietários ou que tentam sobreviver a fomes, têm de trabalhar de maneira extremamente árdua, mas o que as evidências empíricas revelam é que a agricultura não era sempre tão atribulada quanto a hipérbole de Sand sugere. Uma maneira muito simples de comparar as cargas de trabalho de fazendeiros, caçadores-coletores e pessoas pós-industriais modernas é medir níveis de atividade física (NAFs). Um escore de NAF mede o número de calorias gastas por dia (gasto total de energia) dividido pelo número mínimo de calorias necessárias para o funcionamento do corpo (a taxa metabólica basal, TMB). Em termos práticos, o NAF é a razão entre a quantidade de energia que gastamos e a quantidade de que precisaríamos para dormir o dia todo a uma temperatura agradável de cerca de 25°C. Se você é trabalhador de escritório sedentário, seu NAF gira provavelmente em torno de 1,6, mas poderia ser tão baixo quanto 1,2 se passasse o dia acamado num hospital, e poderia ser 2,5 ou mais se estivesse treinando para uma maratona ou o Tour de France. Vários estudos constataram que escores de NAF para trabalhadores de subsistência da África, Ásia e América do Sul são em média 2,1 para homens e 1,9 para mulheres (variação: 1,6 a 2,4), o que é apenas ligeiramente superior a escores de NAF para a maior parte dos caçadores-coletores, que são em média 1,9 para homens e 1,8 para mulheres (variação: 1,6 a 2,2).[38] Essas médias não refletem a considerável variação – diária, sazonal e anual – intragrupos e entre eles, mas sublinham que a maior parte dos agricultores de subsistência trabalha tão arduamente quanto caçadores-coletores, se não um pouco mais, e que ambos os modos de vida exigem o que as pessoas hoje considerariam uma carga de trabalho moderada.

Evidências de que a agricultura de subsistência envolve quantidades de trabalho físico total similares às exigidas pela caça e coleta ou ligeiramente maiores não deveriam ser surpreendentes se consideramos os tipos de atividades que agricultores desempenhavam antes da invenção de máquinas mecanizadas como tratores. Como caçadores-coletores, agricultores em geral têm de andar muitos quilômetros por dia, mas eles também exercem muitas atividades que exigem considerável força no tronco, como cavar, carregar e levantar. Agricultores provavelmente precisam de mais força e menor resistência que caçadores-coletores, mas suas atividades variam consideravelmente (tal como as dos caçadores-coletores). De qualquer maneira, não é em termos de trabalho adulto, mas de trabalho infantil, que se dá a maior diferença de carga entre esses sistemas econômicos. Segundo a antropóloga Karen Kramer, na maioria das sociedades caçadoras-coletoras as crianças trabalham apenas uma ou duas horas por dia, sobretudo caçando, coletando, pescando, catando lenha e ajudando em tarefas domésticas como o processamento de comida.[39] Em contraposição, filhos de um agricultor de subsistência trabalham em média entre quatro e seis horas por dia (a variação é de duas a nove horas) fazendo jardinagem, cuidando de animais, carregando água, catando lenha, processando comida e desempenhando outras tarefas domésticas. Em outras palavras, o trabalho infantil tem uma antiga história agrícola porque uma contribuição substancial das crianças é necessária para o sucesso econômico de uma família, especialmente numa fazenda. Trabalho infantil também ajuda a ensinar às crianças as habilidades de que precisarão como adultas. Hoje substituímos o trabalho físico por escola, mas para alcançar muitos dos mesmos objetivos.

Populações, pestes e pragas

De todas as vantagens da agricultura, a mais fundamental e importante é que mais calorias permitem às pessoas ter famílias maiores, levando a crescimento populacional. Mas maiores populações e seus efeitos sobre padrões de povoamento humano também fomentaram novos tipos de doenças infecciosas. Sem dúvida, essas doenças foram e continuam sendo os desajustes evolutivos mais devastadores causados pela Revolução Industrial.

Um pré-requisito de pragas são populações grandes, que não ocorreram até o surgimento da agricultura. As primeiras aldeias agrícolas eram pequenas pelos padrões de hoje, mas como o reverendo Malthus ressaltou em 1798, numa observação famosa, mesmo aumentos modestos na taxa de nascimentos de uma população causarão rápidos aumentos do tamanho global da população em apenas algumas gerações.[40] Uma aldeia inicial de agricultores crescerá exponencialmente mais rápido que um bando de caçadores-coletores de tamanho equivalente graças ao simples fato de desmamar suas crianças aos dezoito meses em vez de aos três anos, mesmo que a taxa de mortalidade infantil se mantenha igual. Faltam-nos dados precisos sobre a população mundial antes dos censos modernos, mas conjecturas resumidas na figura 18 sugerem que o número de seres humanos vivos havia se multiplicado pelo menos cem vezes, de apenas 5 ou 6 milhões de pessoas 12 mil anos atrás para 600 milhões na época do nascimento de Jesus; antes do início do século XIX, o mundo tinha provavelmente 1 bilhão de pessoas.[41]

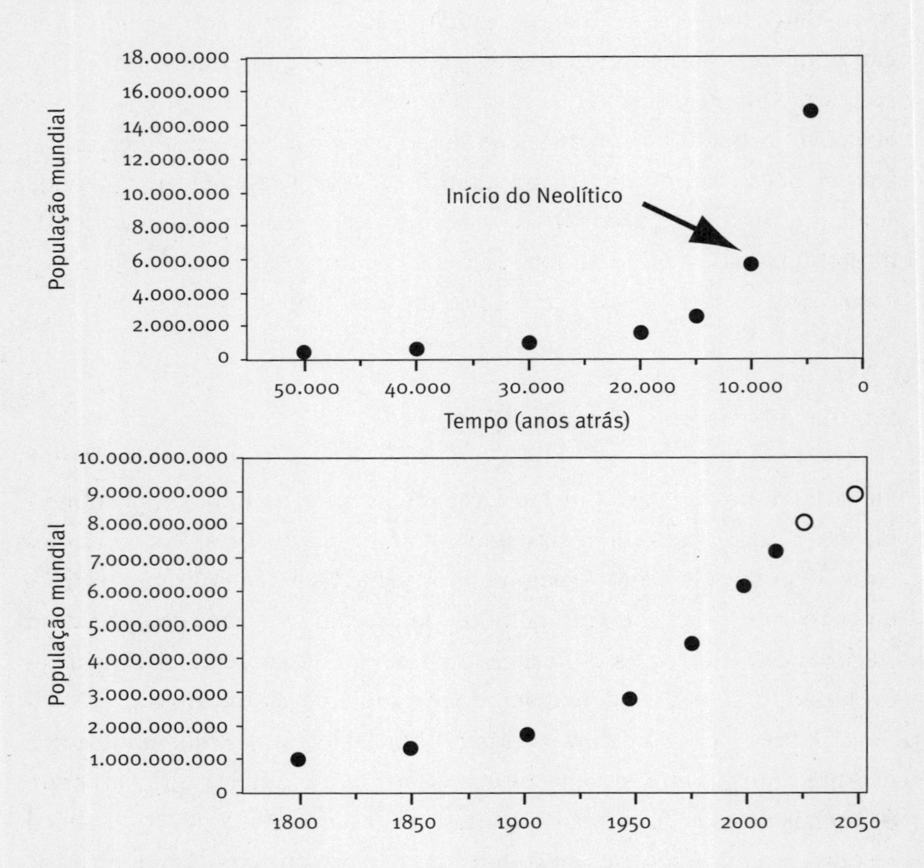

FIGURA 18. Crescimento da população mundial. O painel superior representa estimativas aproximadas de quantas pessoas viviam no final do Paleolítico e mostra como as populações cresceram rapidamente depois que o Neolítico começou, cerca de 10 mil anos atrás. O painel inferior representa o crescimento populacional mais recente a partir do início da Revolução Industrial. Para mais informações, ver J. Hawks et al. "Recent acceleration of human adaptive evolution". *Proceedings of the National Academy of Sciences USA*, n.104, 2007, p.20.753-58; C. Haub.*How Many People Have Ever Lived on Earth?* Population Reference Bureau, 2011, http://www. prb.org/ Articles/2002/HowManyPeopleHaveEverLivedonEarth.aspx.

Outro pré-requisito de pragas são povoações permanentes com altas densidades populacionais. Agricultores vivem principalmente em aldeias, o que lhes permite compartilhar recursos como moinhos e valas de irrigação, negociar mais facilmente e beneficiar-se de economias de escala. Esses benefícios econômicos e sociais, combinados com rápido crescimento populacional, levaram a uma expansão constante do tamanho das povoações depois que a agricultura começou. No curso de alguns milhares de anos no Oriente Médio, aldeias cresceram de pequenos povoados de dez casas no Natufiano a aldeias neolíticas de cinquenta casas e a pequenas vilas com bem mais de mil habitantes 7 mil anos atrás. Por volta de 5 mil anos atrás, algumas vilas já haviam inflado a ponto de se tornar cidades primitivas, como Ur e Mohenjo Daro, com dezenas de milhares de habitantes. À medida que as populações cresceram em tamanho, as densidades populacionais elevaram-se rapidamente. Caçadores-coletores vivem em baixas densidades populacionais, bem inferiores a uma pessoa por quilômetro quadrado, mas agricultores vivem em densidades populacionais muitas ordens de magnitude mais elevadas, entre uma a dez pessoas por quilômetro quadrado em economias agrárias simples, e acima de cinquenta pessoas por quilômetro quadrado em cidades.[42]

Viver em comunidades maiores, mais densas, é socialmente estimulante e economicamente rendoso, mas essas comunidades também apresentam riscos para a saúde potencialmente mortais. O maior perigo é o contágio. Há muitos tipos de doença infecciosa, mas todas elas são causadas por organismos que ganham a vida invadindo hospedeiros, alimentando-se de seu corpo, reproduzindo-se e depois sendo transmitidos para novos hospedeiros para manter o ciclo em movimento. A sobrevivência de uma doença depende portanto do número de hospedeiros disponíveis numa população para ela infectar, de sua capacidade de se espalhar de um hospedeiro para outro e da taxa em que seus hospedeiros sobrevivem à infecção.[43] Ao agregar muitos hospedeiros potenciais em estreito contato uns com os outros, aldeias e vilas tornam-se os lugares ideais para que as doenças infecciosas prosperem, por isso são locais perigosos para hospedeiros humanos. Outra vantagem para a difusão de doenças infecciosas é o comércio. Como têm excedentes, os agricultores trocam mercadorias regularmente, e ao fazê-lo também trocam micróbios, permitindo que organismos infecciosos saltem rapidamente de uma comunidade para outra. Como não é de surpreender, a agricultura inaugurou uma era de epidemias, inclusive tuberculose, lepra, sífilis, peste, varíola e gripe.[44] Isto não quer dizer que caçadores-coletores não adoecessem, mas, antes da agricultura, os seres humanos sofriam principalmente com parasitas como piolhos, oxiúros que adquiriam de comida contaminada e vírus ou bactérias, como herpes simples, que contraíam a partir do contato com outros mamíferos.[45] Doenças como malária e bouba (o precursor não venéreo da sífilis) provavelmente estavam presentes também entre caçadores-coletores, mas em taxas muito menores. De fato, epidemias não podiam existir antes do Neolítico porque as densidades populacionais dos caçadores-coletores estão abaixo de uma pessoa por quilômetro quadrado, o que é menos que o necessário para que doenças virulentas se espalhem. A varíola, por exemplo, é uma doença viral antiga que os seres humanos adquiriram aparentemente de macacos ou roedores (não se descobriram as origens da doença) e que foi incapaz de se difundir de maneira considerável até o desenvolvimento de povoados grandes e densos.[46]

Outro subproduto da agricultura que é pernicioso à saúde e que promoveu doenças de desajuste infecciosas é o saneamento deficiente. Caçadores-coletores que vivem em pequenos acampamentos temporários simplesmente vão para o mato para defecar, e só produzem quantidades modestas de dejetos. Assim que se instalam permanentemente, as pessoas passam a acumular grandes quantidades de excremento e sujar seus abrigos. Latrinas permanentes contaminam a água potável e a terra com matéria fecal humana, excrementos se amontoam e apodrecem, e as habitações criam um ambiente ideal para pequenos animais como camundongos, ratos e pardais que se alimentam de comida e lixo, e que se beneficiam do porto seguro que seres humanos lhes proporcionam, pondo-os a salvo de seus predadores naturais como corujas ou cobras. De fato, o camundongo doméstico (*Mus musculus*) evoluiu primeiro nas aldeias permanentes do sudoeste da Ásia na aurora da agricultura, e os ratos evoluíram de maneira tão eficiente para tirar proveito de povoações humanas que na maior parte das cidades eles são mais numerosos que os seres humanos.[47] Essas pestes por vezes retribuem nossa hospitalidade sendo vetores de doença. Roedores transmitem vírus letais como a febre de Lassa e são hospedeiros de piolhos que abrigam a peste e o tifo. Pardais e pombos transmitem salmonela, percevejos e ácaros, que por sua vez transmitem doenças como a encefalite. Até que as pessoas começassem a construir esgotos fechados, campos sépticos e outras formas de saneamento público, a transição para a vida em aldeias foi fonte de muita doença.

A evolução da agricultura e o crescimento de aldeias e cidades também criaram condições ecológicas providenciais para muitos insetos que transmitem doenças mortíferas. Da maneira mais flagrante, quando limpam vegetação para irrigar plantações, os agricultores criam hábitats ideais para mosquitos, que depositam seus ovos em poças de água estagnada. Os mosquitos, que não gostam de calor ou de sol, também se escondem em casas frescas e nos arbustos próximos, o que os põe em proximidade ideal com seres humanos, por cujo sangue anseiam. Embora a malária seja uma doença muito antiga, a combinação de viveiros ideais e a abundância de hospedeiros humanos aumentou tremendamente sua prevalência durante o Neolítico.[48] Outras doenças transmitidas por mosquitos que prosperaram desde a origem da agricultura incluem febre amarela, dengue, filariose e encefalite. Além disso, águas de movimento lento saídas de valas de irrigação promoveram a difusão da doença parasítica esquistossomose, que é causada por vermes cujo ciclo de vida começa em caramujos de água doce e continua depois que os vermes penetram nas pernas de um ser humano que anda por essa água. Também propícias para certas doenças foram as roupas, que criam ambientes hospitaleiros para ácaros, pulgas e piolhos. Caçadores-coletores, especialmente os que habitam climas temperados, têm roupas, mas os agricultores são muito mais numerosos, e têm muito mais roupas. Adão e Eva supostamente vestiram folhas de parreira quando foram expulsos do Jardim do Éden, mas as roupas imundas de seus descendentes tornaram-se uma dádiva para milhões de futuras gerações de pragas minúsculas e asquerosas.

Por fim, desencadeamos sobre nós mesmos uma amedrontadora série de doenças horrendas – mais de cinquenta – que adquirimos por viver em estreito contato com animais.[49] Essas doenças são alguns dos mais assustadores e desagradáveis patógenos que representam um grave risco para seres humanos, incluindo tuberculose, sarampo e difteria (do gado bovino); lepra (do búfalo-asiático); gripe (de porcos e patos); e peste, tifo e possivelmente varíola (de ratos). As gripes, por exemplo, são um tipo de vírus em constante mutação que vem de aves aquáticas e depois salta para animais de criação, como porcos e cavalos, onde continua a se desenvolver e rearranjar em novas formas, algumas das quais são especialmente infecciosas para seres humanos. Quando contraído, o vírus causa uma resposta inflamatória nas células que forram nariz, garganta e pulmões, levando-nos a tossir e espirrar, espalhando com isso milhões de cópias de si mesmo entre nossos semelhantes.[50] A maioria das linhagens de gripe é branda, mas algumas se tornam letais, em geral quando provocam pneumonia ou outras infecções respiratórias. A grande epidemia de gripe que varreu o globo em 1918 no término da Primeira Guerra Mundial matou entre 40 e 50 milhões de pessoas,[51] três vezes mais do que o número de civis e soldados mortos na própria guerra. Uma característica alarmante dessa pandemia era ser especialmente letal entre adultos jovens saudáveis, não em idosos, talvez porque adultos jovens tinham sistemas imunológicos ingênuos com menos anticorpos para gripe, tornando-os mais suscetíveis a pneumonia, que era muitas vezes a real causa de morte.

No total, são provavelmente mais de cem as doenças de desajuste infecciosas que foram causadas ou exacerbadas pela origem da agricultura. Felizmente, nas últimas gerações a medicina moderna e a saúde pública deram grandes passos na prevenção e no combate de muitas delas. Pela primeira vez em milênios, pessoas em nações desenvolvidas raramente ou nunca se preocupam com epidemias ou com um possível contágio. Talvez essa complacência seja equivocada. Apesar de muitas novas tecnologias que nos ajudam a evitar, rastrear e tratar doenças infecciosas, hoje as populações humanas são maiores e mais densas do que nunca, mantendo-nos vulneráveis a novas epidemias.[52]

A agricultura valeu a pena?

Apesar da fome, do aumento da quantidade de trabalho e das doenças, quão bem os seres humanos realmente se saíram durante o curso da importante transição da caça e coleta para a agricultura? Terá valido a pena para eles expor-se às doenças de desajuste causadas pela Revolução Agrícola?

Como muitas vezes acontece, nossa perspectiva é colorida pelos critérios que usamos para medir sucesso ou fracasso. Se, como a maioria das pessoas, você pensa que a agricultura foi o maior passo rumo ao progresso já dado por seres humanos, tem alguma justificativa para ficar contente por seus antepassados terem adotado esse modo de vida muitas centenas de gerações atrás. Os primeiríssimos agricultores beneficiaram-se da posse de mais alimentos, e esse excedente foi rapidamente investido na produção de mais filhos, o que por sua vez aumentou sua dependência da agricultura em vez da caça e da coleta. Assim, se caçadores-coletores mudaram para a agricultura por causa do estresse populacional, os benefícios certamente superaram os custos, em especial de uma perspectiva evolutiva, em que a principal medida do sucesso é o número de filhos que a pessoa tem. A agricultura não só permitiu às pessoas ter famílias maiores, como também se estabelecer em aldeias, vilas e cidades, causando uma enorme mudança, ainda em curso, nos padrões humanos de povoamento. Ela foi também um precursor de excedentes que tornaram possível a arte, a literatura, a ciência e muitas outras realizações humanas. De fato, a agricultura tornou a civilização possível. O outro lado da moeda, no entanto, é que os excedentes produzidos por ela também tornaram possível a estratificação social e em consequência a opressão, a escravidão, a guerra, a fome e outros males desconhecidos por sociedades caçadoras-coletoras. A agricultura também foi precursora de muitas doenças de desajuste que vão da cárie ao cólera. Centenas de milhões de pessoas morreram de pragas, desnutrição e inanição – mortes que não teriam ocorrido se tivéssemos continuado a ser caçadores-coletores. No entanto, apesar dessas muitas mortes, há hoje quase 6 bilhões de pessoas vivas além das que haveria caso a Revolução Agrícola jamais tivesse se iniciado.

Embora tenha sido uma dádiva para a espécie humana como um todo, a agricultura foi uma faca de dois gumes para o corpo humano. Um útil indicador para a avaliação dos benefícios proporcionados pela agricultura à saúde humana são as mudanças em estatura. Em geral, a altura máxima de uma pessoa é fortemente influenciada por genes: vítimas de desnutrição, doenças ou outros estresses fisiológicos não alcançam toda a altura que seu potencial genético lhes permitiria alcançar. Isso ocorre porque uma criança em fase de crescimento tem em geral uma quantidade finita de energia, que pode ser usada para manter o corpo, para combater infecções, para fazer coisas ou para crescer. Se uma criança precisa dedicar grandes quantidades de uma energia limitada para combater infecções ou trabalhar intensivamente, haverá menos energia disponível para seu crescimento. Por isso o estudo de mudanças na altura é uma boa maneira global de documentar mudanças na qualidade da alimentação das pessoas e na intensidade com que foram vítimas de doenças e outros tipos de estresse. Análises da altura das pessoas sugerem que os estágios iniciais da agricultura foram a princípio benéficos para a saúde em muitas partes do mundo, embora não em todas. Como não é de surpreender, uma história de sucesso é o Oriente Médio, onde a agricultura nasceu. Estudos meticulosos mostram que, à medida que o Neolítico começou cerca de 11.600 anos atrás e depois avançou por seus primeiros milênios, a estatura das pessoas inicialmente aumentou em cerca de quatro centímetros em homens e um pouco menos em mulheres. No entanto, em seguida começou a declinar, a partir de cerca de 7.500 anos atrás, ao mesmo tempo que marcadores esqueletais de doença e estresse nutricional também se tornavam mais comuns.[53] Padrões similares de progresso inicial seguidos por reversão são evidentes em outras partes do mundo, inclusive na América. Por exemplo, à medida que o milho foi gradualmente incorporado à dieta no leste do Tennessee entre mil e quinhentos anos atrás, a estatura aumentou em 2,2 centímetros em homens e em aproximadamente seis centímetros em mulheres.[54] A julgar pela altura, muitas populações dos primeiros agricultores (embora não todas) beneficiaram-se a princípio de seu novo modo de vida.

No entanto, se deixarmos de comparar populações imediatamente antes e depois da Revolução Agrícola e considerarmos mudanças em estatura ao longo de períodos de tempo maiores, os efeitos dos estilos de vida agrícolas são em geral menos salutares.[55] Com poucas exceções, as pessoas encolheram à medida que as economias agrícolas se intensificaram. Por exemplo, no início do Neolítico a altura de agricultores na China e no Japão diminuiu oito centímetros ao longo de vários milhares de anos, à medida que a agricultura do arroz progredia;[56] e, à medida que a agricultura assumiu o controle na Mesoamérica, a altura diminuiu 5,5 centímetros em homens e oito em mulheres.[57] Em outras palavras, a lamentável ironia da intensificação agrícola é que, embora os agricultores produzissem mais comida no conjunto, a energia disponível para cada criança crescer diminuiu porque elas estavam gastando relativamente mais energia para combater infecções, enfrentar períodos ocasionais de escassez de comida e labutar longas horas nos campos.

Outros tipos de dados confirmam que a transição para a agricultura em geral desafiou a saúde das pessoas. Estresse agudo causado por infecção ou inanição deixa sulcos profundos, permanentes, nos dentes; anemia por falta de ferro dietético causa lesões esqueletais; e infecções como a sífilis deixam traços de inflamação nos ossos. Pesquisadores que tabularam a incidência destas e de outras patologias remontando a antes da transição para a agricultura observam repetidamente que o esqueleto dos descendentes de agricultores pioneiros têm mais sinais de doença, desnutrição e problemas dentários, quer se olhe na América do Sul, na América do Norte, na África, na Europa ou em outro lugar.[58] Trocando em miúdos, ao longo do tempo, a vida agrícola em geral tornou-se mais sórdida, brutal, curta e penosa.

Desajuste e evolução desde a origem da agricultura

Embora os primeiros agricultores tenham colhido alguns benefícios da mudança para a economia agrícola, esse novo modo de vida também levou a muitas doenças de desajuste e outros problemas. Que tipo de desenvolvimentos essas mudanças, especialmente as doenças de desajuste, provocaram? Em que medida a agricultura impeliu a seleção natural e a evolução cultural, ou simplesmente levou a doenças de desajuste, e em consequência a mais sofrimento e morte?

Consideremos primeiro como a agricultura levou à seleção natural. Vale a pena repetir que os primeiríssimos agricultores viveram cerca de seiscentas a quinhentas gerações atrás, e na maior parte do mundo a agricultura vem sendo praticada há menos de trezentas gerações. De uma perspectiva evolutiva, isso não é muito tempo para uma mudança evolutiva importante, com a evolução de uma nova espécie, mas é tempo suficiente para que genes com fortes efeitos sobre a sobrevivência e a reprodução mudem consideravelmente sua frequência dentro de populações. De fato, a agricultura alterou tão profundamente a dieta das pessoas, os patógenos que elas encontravam, o trabalho que faziam e o número de filhos que podiam ter, que provavelmente as origens desse modo de vida *intensificaram* a seleção de certos genes.[59] Considere também que a seleção natural só pode operar sobre variações existentes herdáveis. A esse respeito, a agricultura claramente elevou as taxas de evolução, porque, como as populações explodiram em tamanho (mais de mil vezes), cada geração tornou disponíveis muitas novas mutações sobre as quais a seleção pode agir. Esforços para medir esse aumento súbito na diversidade identificaram mais de 1 milhão de novas variações genéticas que surgiram em várias populações em todo o planeta nas últimas centenas de gerações.[60] A existência de tantas mutações recentes faz pensar, porque muitas delas são perniciosas.

A maior parte das mutações surgidas nas últimas centenas de gerações não foi sujeita a muita seleção, especialmente seleção positiva, e de fato mais de 86% das novas mutações provavelmente têm efeitos negativos.[61] Mas, com tantas novas mutações, não deveria surpreender que estudos tenham identificado mais de cem genes que foram favorecidos por seleção natural recente, muitos por causa da agricultura.[62] Precisaremos de anos para estudar todos esses genes cuidadosamente, mas, como não é difícil prever, grande porcentagem deles ajuda o sistema imunológico a lidar com alguns dos patógenos mais letais que afligiram os seres humanos desde as origens da agricultura: peste bubônica, lepra, febre tifoide, febre de Lassa, malária, sarampo e tuberculose. Entre os casos mais bem-estudados estão genes que ajudam a fornecer imunidade contra a malária. Trata-se de uma doença antiga causada por parasitas transmitidos por mosquito. Assim, sua prevalência aumentou à medida que a agricultura se espalhou por causa de maiores densidades populacionais e práticas agrícolas que promoveram a reprodução do mosquito. Como o parasita da malária se alimenta de hemoglobina, a proteína que contém ferro e transporta oxigênio no sangue, várias mutações que afetam a hemoglobina foram selecionadas em populações afligidas pela doença.[63] Uma delas causa anemia falciforme, em que células sanguíneas têm uma forma anormal semicircular; outras mutações reduzem a capacidade da célula sanguínea de produzir energia após uma infecção ou retardam a formação de moléculas de hemoglobina.[64] Nestes e em outros casos, a imunidade parcial vem da posse de apenas uma cópia do gene mutado, mas a posse de duas causa anemias graves, por vezes fatais. O fato de genes com efeitos tão perigosos terem podido se desenvolver só faz sentido no contexto da seleção natural para fornecer imunidade contra uma doença com efeitos ainda mais desastrosos. Em outras palavras, o benefício de fornecer imunidade parcial a agricultores em áreas afetadas pela malária suplantou os terríveis custos da morte de alguns de seus parentes por anemia.

Outros genes que sofreram seleção positiva recente por causa da agricultura desempenham importantes papéis, auxiliando os seres humanos a se adaptar a alimentos domesticados. Há vários exemplos, mas o mais bem-estudado são genes que ajudam adultos a digerir leite. O leite contém uma forma especial de açúcar, lactose, que é decomposta pela enzima lactase. Seres humanos pré-agrícolas nunca tinham tido de digerir leite depois que paravam de mamar, e o sistema digestivo da maioria dos seres humanos para naturalmente de produzir lactase quando chega aos cinco ou seis anos de idade. Mas, depois que mamíferos que fornecem leite, como cabras e vacas, foram domesticados, a capacidade de digerir lactose após a infância tornou-se uma vantagem, promovendo seleção para genes que permitem a produção de lactase em adultos. De fato, várias dessas mutações evoluíram de maneira independente entre africanos orientais, indianos do norte, árabes e habitantes do sudoeste da Ásia e da Europa.[65] Outras adaptações se desenvolveram para ajudar agricultores a lidar com elevações bruscas do açúcar no sangue causadas pelo consumo de grandes quantidades de carboidratos. Por exemplo, o gene *TCF7L2*, que promove secreção de insulina após uma refeição, tem muitas variantes que evoluíram separadamente na Europa, no leste da Ásia e no oeste da África mais ou menos na época do Neolítico.[66] Hoje esses e outros genes ajudam a proteger os descendentes desses agricultores do diabetes tipo 2.

A seleção natural é um processo interminável que ainda deve estar em ação, ajudado pela recente profusão de novas variações genéticas. Contudo, mesmo que a Revolução Agrícola tenha conduzido a seleção que ajudou atribulados agricultores a lidar com novas dietas e doenças infecciosas, seria errado concluir que a seleção natural foi a máquina dominante de mudança evolutiva durante os últimos milhares de anos. Por qualquer padrão de comparação, adaptações genéticas recentes que evoluíram de maneira independente em diferentes partes do Novo e do Velho Mundo são modestas comparadas à escala e ao grau das inovações culturais que os seres humanos maquinaram durante o mesmo período de tempo. Muitas dessas inovações culturais – a roda, arados, tratores, a escrita – melhoraram a produtividade econômica, mas poucas foram respostas a doenças de desajuste causadas pelo modo de vida agrícola. Em termos mais precisos, muitas dessas inovações agiram como *amortecedores culturais* que isolaram ou até protegeram agricultores dos perigos e inconvenientes da agricultura, que de outro modo teriam resultado em seleção ainda mais forte do que a que podemos detectar.

Consideremos a desnutrição, um problema que agricultores enfrentam mais do que caçadores-coletores, porque o modo como os primeiros dependem de alguns alimentos básicos reduz a diversidade e a qualidade nutricional de sua dieta. Um exemplo é a pelagra, uma horrível doença decorrente de insuficiência de vitamina B_3 (niacina), que causa diarreia, demência, erupções cutâneas e finalmente a morte, se não tratada. É comum entre agricultores que comem principalmente milho, porque a vitamina B_3 no milho está ligada a outras proteínas, o que a torna indisponível para o sistema digestivo humano. Indígenas americanos agricultores nunca desenvolveram genes que dariam resistência à pelagra, mas aprenderam há muito tempo a fazer um tipo especial de farinha de milho, chamada farinha de *masa*, pondo-o de molho numa solução alcalina antes de moê-lo. Esse processo (denominado nixtamalização) não só libera vitamina B_3 para a digestão como também aumenta o conteúdo de cálcio do milho.[67]

Fazer farinha de *masa* é uma de milhares de respostas evolutivas culturais às mudanças operadas pela agricultura. Essas inovações culturais – que incluem saneamento primitivo, odontologia, cerâmica, gatos domesticados e queijo – tornaram óbvias ou mitigaram muitas doenças de desajuste que apareceram ou se intensificaram desde que deixamos de ser caçadores-coletores. Algumas dessas invenções, como a farinha de *masa* e o queijo, foram soluções brilhantes para problemas que surgiram da agricultura, mas que depois protegeram seres humanos da seleção natural. Outras são menos soluções que curativos que escondem os sintomas de doenças de desajuste. Essas respostas paliativas podem criar um problema, porque tratar os sintomas e não as causas de doenças de desajuste provoca algumas vezes um circuito pernicioso, que chamo de disevolução, que permite à doença persistir ou mesmo se intensificar. No entanto, antes de considerar esse círculo vicioso, precisamos nos voltar para o grande capítulo seguinte na história do corpo humano: a era industrial.

9. Tempos modernos, corpos modernos

O paradoxo da saúde humana na era industrial

> Um matraquear de tamancos sobre o pavimento; um rápido retinir de sinos; e todos os melancólicos elefantes loucos, polidos e lubrificados para a monotonia do dia, estavam em seu pesado exercício novamente.
>
> CHARLES DICKENS, *Tempos difíceis*

A EXISTÊNCIA HUMANA sofreu muitas mudanças profundas durante os últimos milhões de anos, mas nunca tanta mudança ocorreu tão rapidamente quanto nos últimos 250 anos. A vida de meu avô exemplifica essa transformação. Ele nasceu por volta de 1900 na Bessarábia, uma região rural pobre junto à fronteira entre a Rússia e a Romênia. Como muitas partes da Europa oriental na época, a Bessarábia era uma economia agrária, mal tocada pela Revolução Industrial. Na aldeia onde ele nasceu, ninguém tinha eletricidade, gás ou água encanada dentro de casa. Todo o trabalho era feito por seres humanos e animais agrícolas. Quando menino, contudo, meu avô fugiu com a família para os Estados Unidos por causa dos pogroms. Ali, teve a oportunidade de frequentar a escola pública; mais tarde lutou na Primeira Guerra Mundial e graças a benefícios concedidos aos veteranos pôde cursar a escola de medicina e tornar-se um médico na cidade de Nova York. Muitos de nós vimos considerável mudança em nossa existência, mas meu avô atravessou essencialmente toda a Revolução Industrial no breve intervalo de poucos anos na infância e depois experimentou a maioria das mudanças do século XX.

E como ele gostava da mudança! Longe de ser um luddista contrário ao progresso tecnológico,[1] abraçou os muitos benefícios da ciência, da industrialização e do capitalismo. Talvez porque tivesse nascido camponês, apreciava especialmente ter um banheiro suntuoso, um carro grande, ar-condicionado e aquecimento central. Sentia também intenso orgulho do progresso que ocorria no âmbito de sua profissão, a pediatria. Na época em que nasceu, cerca de 15% a 20% dos bebês americanos morriam em seu primeiro ano de vida, mas no curso de sua carreira a mortalidade infantil despencou para menos de 1%.[2] Esse impressionante declínio na mortalidade pode ser atribuído em grande parte a antibióticos e outros novos medicamentos para tratar bebês acometidos de doenças respiratórias, doenças infecciosas e diarreia. As taxas de mortalidade infantil também declinaram espetacularmente durante o século XX, graças a medidas de saúde preventiva como melhor saneamento, melhor nutrição e mais acesso a médicos. Diferentemente de muitos médicos, que tendem a ver seus pacientes apenas quando estão doentes, os pediatras veem seus pacientes com regularidade e frequência quando estão saudáveis para evitar que adoeçam. O enorme sucesso da pediatria durante o século XX prova que a medicina preventiva é realmente o melhor remédio.

Meu avô morreu no início dos anos 1980, mas tenho certeza de que se desesperaria ante o estado dos serviços preventivos de saúde para crianças hoje nos Estados Unidos. A maioria das crianças americanas ainda passa por checkups, vacinações e consultas odontológicas regulares, mas 10% delas não o fazem em razão de pobreza e acesso deficiente aos serviços médicos. O percentual de bebês com baixo peso ao nascer, hoje 8,2%, não declina há décadas e de fato se elevou recentemente, ainda que o baixo peso ao nascer aumente substancialmente o risco que a criança corre de ser afetada por dezenas de problemas de saúde de curto e longo prazo.[3] Em 1900, os americanos eram, em média, as pessoas mais altas no mundo, mas hoje tendem a ser mais baixos que a maioria dos europeus.[4] Por fim, americanos e outros estão fracassando vergonhosamente na prevenção da obesidade infantil. Desde 1980, a porcentagem de crianças obesas mais do que triplicou nos Estados Unidos, passando de 5,5% para 17%, e uma tendência similar está sendo observada no mundo inteiro.[5] Até agora, os esforços combinados de médicos, pais, profissionais da saúde pública, educadores e outros para reverter esse problema crescente foram em sua maior parte ineficazes. Cada vez mais crianças (e pais) estão engordando, e crianças acima do peso são tão comuns que alguns as consideram normais.

Se observarmos o status atual do corpo humano como um todo, muitos países, principalmente desenvolvidos, como os Estados Unidos, defrontam-se agora com um novo paradoxo. Por um lado, mais riqueza e impressionantes avanços nos serviços de saúde, saneamento e educação desde a Revolução Industrial melhoraram de maneira espetacular a saúde de bilhões de pessoas. Crianças nascidas hoje têm muito menos chances de morrer de doenças de desajuste infecciosas causadas pela Revolução Agrícola e muito mais chances de viver mais tempo, ficar mais altas e ser em geral mais saudáveis que crianças nascidas na geração de meu avô. Em consequência, a população do mundo triplicou no curso do século XX. Por outro lado, nosso corpo enfrenta novos problemas que mal estavam no radar de alguém algumas gerações atrás. Hoje as pessoas estão muito mais propensas a ter doenças de desajuste como diabetes tipo 2, doença cardíaca, osteoporose e câncer de cólon, que estavam ausentes ou eram muito menos comuns durante a maior parte da história evolutiva humana, inclusive a maior parte da era agrícola.

Para compreender como e por que tudo isso aconteceu – e como tratar esses novos problemas – precisamos considerar a era industrial através da lente da evolução. Como a Revolução Industrial juntamente com o desenvolvimento do capitalismo, da ciência médica e da saúde pública afeta a maneira como nosso corpo se desenvolve e funciona? De que maneiras as importantes mudanças sociais e tecnológicas das últimas centenas de anos melhoram ou solucionam as muitas doenças de desajuste criadas pelo desenvolvimento da agricultura e não obstante causam novas doenças de desajuste?

O que foi a Revolução Industrial?

Mais fundamentalmente, a Revolução Industrial foi uma revolução econômica e tecnológica em que seres humanos começaram a usar combustíveis fósseis para gerar energia para máquinas destinadas a manufaturar e transportar coisas em enormes quantidades. As fábricas apareceram primeiro no fim do século XVIII na Inglaterra, e os métodos de produção industrial espalharam-se rapidamente pela França, pela Alemanha e pelos Estados Unidos. Em cem anos, a Revolução Industrial difundiu-se pela Europa oriental e a orla do Pacífico, inclusive o Japão. No momento em que você lê, uma onda de industrialização está varrendo a Índia, a Ásia, a América do Sul e partes da África.

Alguns historiadores discordam da expressão *Revolução* Industrial. Diferentemente de revoluções políticas, que podem acontecer em poucos dias ou anos, a transição de economias agrárias para industriais ocorreu ao longo de muitas centenas de anos; algumas partes do globo, como a China rural, estão começando agora a se industrializar. No entanto, da perspectiva da biologia evolutiva, o termo "revolução" é totalmente apropriado, porque em menos de dez gerações, seres humanos alteraram o arcabouço de sua existência, para não mencionar o ambiente, mais rápida e profundamente que qualquer transformação cultural anterior. Antes que a Revolução Industrial começasse, a população do mundo era de menos de 1 bilhão de pessoas, em sua maior parte agricultores rurais que exerciam toda a sua atividade usando trabalho braçal ou animais domesticados. Agora há 7 bilhões de pessoas, mais da metade das quais vive em cidades e usa máquinas para fazer a maior parte do trabalho. Antes da Revolução Industrial, o trabalho das pessoas exigia uma grande variedade de habilidades e atividades, como cultivar plantas, cuidar de animais e carpintejar. Hoje muitos de nós trabalhamos em fábricas ou escritórios, e os empregos das pessoas exigem com frequência que se especializem em fazer apenas algumas coisas, como somar números, instalar portas em carros, ou olhar para telas de computador. Antes da Revolução Industrial, as invenções científicas tinham pouco efeito sobre a vida diária da pessoa comum, as pessoas viajavam pouco e comiam apenas comida minimamente processada que era cultivada localmente. Hoje, a tecnologia permeia tudo o que fazemos, voar ou dirigir centenas ou milhares de quilômetros nos parecem coisas corriqueiras, e grande parte do alimento do mundo é cultivado, processado e cozido em fábricas, longe do lugar em que é consumido. Mudamos também a estrutura das famílias e comunidades, a maneira como somos governados, como educamos nossos filhos, como nos divertimos, como obtemos informações e como desempenhamos funções vitais como dormir e defecar. Industrializamos até os exercícios: mais pessoas auferem prazer vendo atletas profissionais competindo em esportes exibidos pela televisão do que se exercitando elas mesmas.[6]

Tanta mudança em tão pouco tempo é impressionante. Para alguns, como meu avô, as transformações desencadeadas pela Revolução Industrial foram libertadoras e estimulantes, e há pouca dúvida de que os seres humanos nas economias ocidentais hoje são em geral mais saudáveis e mais prósperos do que foram durante centenas de gerações. Mas, para alguns, essas transformações foram desnorteantes, perturbadoras ou desastrosas. Quer você considere que a era industrial foi boa ou má, três mudanças fundamentais foram subjacentes a ela. Em primeiro lugar, os industriais exploraram novas fontes de energia, principalmente para produzir coisas. As pessoas pré-industriais usavam vento ou água para gerar energia, mas valiam-se sobretudo de músculos – humanos e animais – para gerar força. Pioneiros industriais como James Watt (que inventou a máquina a vapor) descobriram como transformar energia de combustíveis fósseis como carvão, petróleo e gás em vapor, eletricidade e outros tipos de energia para mover máquinas. As primeiras dessas máquinas foram projetadas para fazer têxteis, mas dentro de décadas outras foram inventadas para fazer ferro, moer madeira, arar campos, transportar coisas e fazer praticamente tudo o mais que é possível manufaturar e vender (inclusive cerveja).[7]

Um segundo grande componente da Revolução Industrial foi uma reorganização de economias e instituições sociais. À medida que a industrialização ganhou força, o capitalismo, em que indivíduos competem para produzir bens e serviços em troca de lucro, tornou-se o sistema econômico dominante do mundo, estimulando o desenvolvimento de mais industrialização e mudança social. À medida que trabalhadores mudaram seu local de atividade da propriedade rural para fábricas e empresas, mais pessoas tiveram de trabalhar juntas, ao mesmo tempo que precisavam executar atividades mais especializadas. Fábricas exigiam mais coordenação e regulação. Além disso, foi preciso criar novas companhias privadas e instituições de governo para transportar, vender e anunciar bens, para financiar investimentos e para acomodar bem como administrar as horas de pessoas que se mudavam para as enormes cidades que brotavam em torno das fábricas. À medida que mulheres e crianças ingressaram na força de trabalho (o trabalho infantil foi comum durante a primeira parte da Revolução Industrial), famílias e bairros se reconfiguraram, assim como jornadas de trabalho, hábitos de alimentação e classes sociais. À medida que a classe média se expandiu, desenvolveu-se uma combinação de serviços governamentais e indústrias privadas para atender às suas necessidades, educá-la, fornecer-lhe recursos básicos e comodidades como estradas e saneamento, para disseminar informação e divertir. A Revolução Industrial criou empregos não apenas para operários, mas também para colarinhos-brancos.

Por fim, ela coincidiu com uma transformação da ciência de um ramo agradável, mas não essencial, da filosofia numa profissão vibrante que ajudava as pessoas a ganhar dinheiro. Muitos heróis do início da Revolução Industrial foram químicos e engenheiros, muitas vezes amadores, como Michael Faraday e James Watt, que não possuíam diploma formal ou cargo acadêmico. Como muitos jovens vitorianos entusiasmados pelos ventos de mudança, Charles Darwin e seu irmão mais velho Erasmus sonhavam em se tornar químicos quando eram crianças.[8] Outros campos da ciência, como biologia e medicina, também deram relevantes contribuições à Revolução Industrial, muitas vezes promovendo a saúde pública. Louis Pasteur iniciou sua carreira como químico trabalhando sobre a estrutura do ácido tartárico, usado na produção de vinho. Mas, no processo de estudar a fermentação, descobriu os micróbios, inventou métodos para esterilizar comida e criou as primeiras vacinas. Sem Pasteur e outros pioneiros em microbiologia e saúde pública, a Revolução Industrial não teria avançado tanto e tão depressa.

Em suma, ela foi na realidade uma combinação de transformações tecnológicas, econômicas, científicas e sociais que alteraram rápida e radicalmente o curso da história e reconfiguraram a face do planeta em menos de dez gerações – um verdadeiro piscar de olhos pelos padrões do tempo evolutivo. Durante o mesmo período, também mudou o corpo de todas as pessoas. Mudou o que comemos, nosso modo de mastigar, de trabalhar, de andar e correr, bem como nosso modo de nos manter frescos e aquecidos, dar à luz, adoecer, amadurecer, reproduzir, envelhecer e conviver com nossos semelhantes. Muitas dessas mudanças foram benéficas, mas algumas tiveram efeitos negativos sobre o corpo humano, que ainda precisa evoluir para lidar com esse novo ambiente. Como o aproveitamento de energia para mover máquinas foi a base da Revolução Industrial, se quisermos compreender como essa revolução causou tantas doenças de desajuste devemos olhar em primeiro lugar para a quantidade e o tipo de trabalho que executamos atualmente.

Atividade física

No filme de 1936 *Tempos modernos*, Charlie Chaplin chega à fábrica vestindo seu macacão e põe-se zelosamente a trabalhar numa linha de montagem com um par de chaves, apertando uma infindável sucessão de porcas. À medida que a esteira transportadora acelera, Chaplin enfatiza comicamente algo que todo operário de fábrica sabe: trabalhar numa linha de montagem pode ser árduo e intenso. Ainda que a Revolução Industrial tenha substituído a maior parte dos músculos por máquinas como fonte de força mecânica usada para fazer e mover coisas, operários de fábrica muitas vezes fazem um trabalho exigente, penoso. Numa típica fábrica do século XIX, exigia-se que os empregados tivessem chegado e estivessem prontos para o trabalho quando o apito da fábrica tocasse; do contrário, perderiam metade da diária. Em seguida esperava-se que trabalhassem de maneira constante e rápida durante doze horas ou mais sob a supervisão de capatazes cuja função era assegurar que a produção prosseguisse eficiente e efetivamente. Oitenta horas ou mais de trabalho por semana, salários baixos e condições perigosas eram tão comuns que finalmente sindicatos e governos começaram a promover reformas para tornar o trabalho industrial mais seguro e menos desumano. Depois da promulgação na Inglaterra da Lei do Trabalho de 1802, proibiu-se que crianças com menos de treze anos trabalhassem mais de oito horas por dia, e adolescentes entre treze e dezoito anos não podiam trabalhar mais que doze horas por dia (o trabalho infantil só foi proibido no Reino Unido em 1901).[9] Desde então, acordos trabalhistas na maioria dos países continuaram a melhorar as condições: hoje o operário de fábrica médio nos Estados Unidos tem uma jornada de quarenta horas por semana, um número cerca de 50% menor que durante o século XIX.[10] No entanto, muitos empregos fabris em nações menos desenvolvidas, como a China, ainda requerem mais de noventa horas de trabalho por semana.[11] Em suma, até recentemente os empregos industriais envolviam tanto tempo de trabalho quanto a atividade agrícola, ou até mais, e em alguns lugares continuam envolvendo um número penoso de horas.

Da perspectiva do corpo, uma medida essencial do trabalho é a quantidade real de atividade física que requer. Apesar de descrições de trabalho implacavelmente fatigante no chão de fábrica em filmes como *Tempos modernos* ou *Metrópolis*, os trabalhos industriais sempre variaram enormemente em custos energéticos. A tabela 4 resume medidas das calorias que trabalhadores gastam por hora desempenhando uma variedade de atividades. Muitas delas são típicas do trabalho em fábricas e escritórios, outras são mais típicas da agricultura, e incluí o custo de andar e correr para efeito de comparação. Como seria de esperar, os trabalhos mais árduos são aqueles como mineração ou carregamento, em que uma pessoa opera máquinas pesadas ou usa sua própria força física. Esses trabalhos são mais ou menos tão energeticamente dispendiosos quanto o trabalho agrícola, se não mais. Uma segunda classe de trabalhos industriais, mais moderada, requer que trabalhadores fiquem de pé e façam coisas com ajuda de ferramentas e máquinas. Esses, que incluem trabalhar numa linha de montagem ou fazer trabalho laboratorial, tendem a ser tão dispendiosos energeticamente quanto caminhar numa velocidade confortável. Uma classe final de trabalhos industriais, que se tornou cada vez mais comum à medida que robôs e outras máquinas substituem ou alteram o trabalho humano, envolve principalmente ficar sentado e fazer coisas com as próprias mãos. Tarefas como datilografar, costurar ou fazer trabalhos gerais em uma mesa são apenas ligeiramente mais dispendiosos que ficar sentado sem nada fazer. Num dia típico, um recepcionista ou caixa de banco que passa oito horas sentado diante de um computador gasta cerca de 775 calorias fazendo seu trabalho, um operário numa fábrica de automóveis gasta cerca de 1.400 calorias e um mineiro realmente aplicado gasta colossais 3.400 calorias. Medido em doces, uma recepcionista gasta mais ou menos a mesma quantidade de energia que obtém do consumo de três rosquinhas com açúcar para fazer seu trabalho, enquanto o mineiro precisaria comer quinze delas para se manter em equilíbrio energético.

Em outras palavras, a era industrial foi de início muito exigente em termos energéticos, mas mudanças na tecnologia tornaram as tarefas de muitos trabalhadores (embora não todos) menos árduas em termos de atividade física. Essas diferenças são importantes porque mesmo pequenas mudanças em dispêndio somam ao longo de muitas longas horas. Consideremos a costura, um tipo comum de trabalho industrial. Uma pessoa operando uma máquina de costura elétrica gasta tipicamente cerca de 73 calorias por hora, mais ou menos o mesmo custo enérgico de simplesmente ficar sentado; a operação de uma máquina de costura antiquada movida a pedal, no entanto, é 30% mais dispendiosa, custando 98 calorias por hora.[12] No curso de um ano, o operador da máquina elétrica gastará aproximadamente 52 mil calorias a menos, energia suficiente para correr cerca de dezoito maratonas![13] Considere também que essas diferenças são modestas comparadas às diferenças em demandas energéticas de trabalhadores que permanecem sentados ou de pé enquanto fazem seu trabalho. Ficar em pé custa 7% a 8% mais calorias que ficar sentado, e o gasto calórico é ainda maior se a pessoa se move com frequência. No curso de um ano de trabalho de oito horas por dia durante 260 dias, um operário no chão de uma montadora de automóveis gastará aproximadamente 175 mil calorias mais que um colarinho-branco num escritório, o suficiente para correr quase 62 maratonas. Durante os últimos milênios da história humana nada mudou a energética do corpo tanto quanto o baixo custo de trabalhar a uma mesa usando máquinas movidas por energia elétrica.

Uma das ironias da industrialização é que sua difusão por todo o globo exigiu que mais pessoas passassem mais tempo sentadas. Isso ocorre porque, paradoxalmente, maior industrialização acaba por reduzir a porcentagem de empregos fabris e aumenta o número de trabalhadores com empregos que envolvem serviço, informação ou pesquisa. Em países desenvolvidos como os Estados Unidos, somente 11% dos trabalhadores realmente trabalham em fábricas. Vários fatores são subjacentes à passagem gradual do predomínio de empregos que produzem bens para o de empregos que fornecem serviços. Um é que a manufatura gera mais riqueza, criando assim a necessidade de banqueiros, advogados, secretários e contadores. Além disso, mais riqueza aumenta o custo do trabalho, dando aos manufaturadores um forte incentivo para despachar empregos para os países em que o trabalho envolve menores custos. O setor de serviços é o maior e o de crescimento mais rápido da maior parte das economias desenvolvidas como as dos Estados Unidos e da Europa ocidental. Mais pessoas do que nunca ganham sua vida simplesmente digitando, lendo uma tela de computador, falando ao telefone e ocasionalmente andando para ir e voltar de reuniões dentro de um mesmo prédio.

E não se trata apenas do trabalho. A Revolução Industrial alterou profundamente a quantidade de atividade física que as pessoas fazem durante o resto do dia. Muitos dos mais bem-sucedidos produtos inventados e manufaturados desde o início da Revolução Industrial poupam trabalho. Carros, bicicletas, aviões, metrôs, escadas rolantes e elevadores reduzem o custo energético dos deslocamentos. Lembremos que durante os últimos milênios o caçador-coletor típico andava nove a quinze quilômetros todos os dias, mas hoje um americano típico anda menos de meio quilômetro por dia, ao mesmo tempo que percorre uma média de 51 quilômetros de carro para se deslocar entre a casa e o trabalho.[14] Menos de 3% das pessoas que fazem compras num shopping center americano optam por subir as escadas quando há uma escada rolante disponível para facilitar seu deslocamento (a porcentagem dobra quando há cartazes estimulando o uso da escada).[15] Processadores de alimentos, máquinas de lavar louça, aspiradores de pó e máquinas de lavar roupa reduziram substancialmente a atividade física requerida para cozinhar e limpar.[16] Inúmeros outros inventos, como abridores de lata elétricos, controles remotos, barbeadores elétricos e malas com rodinhas reduziram, caloria por caloria, a quantidade de energia que despendemos para existir.

Em suma, no curso de apenas algumas gerações a Revolução Industrial reduziu drasticamente a quantidade de atividade física que fazemos. Se você é como eu, pode facilmente passar seus dias sentado na maior parte do tempo e nunca precisar se esforçar além do necessário para dar alguns passos e apertar vários botões. Caso se exercite em uma academia ou fazendo caminhada, faz isso porque quer, não por necessidade.

Em que medida a atividade física que de fato desempenhamos agora é menor do que a que se desempenhava antes da Revolução Industrial? Como discutimos no capítulo 8, uma medida simples do dispêndio energético global é o nível de atividade física (NAF), a razão entre a energia que despendemos por dia e a energia que despenderíamos repousando na cama sem fazer absolutamente nada. NAFs para adultos do sexo masculino com emprego em escritório ou administrativo que envolve passar o dia inteiro sentado são em média 1,56 em países desenvolvidos e 1,61 em países menos desenvolvidos; em contraposição, NAFs para trabalhadores envolvidos em trabalho fabril ou agrícola são em média 1,78 em países desenvolvidos

TABELA 4. Custo energético de diferentes tarefas

TAREFA	CUSTO (CALORIAS/HORA)
Tricotar	70,7
Operar máquina de costura elétrica	73,1
Escrever sentado a uma mesa	92,4
Operar máquina de costura manual	97,7
Datilografar sentado	96,9
Ficar de pé em repouso	107
Trabalho leve feito de pé (lavar louça)	140
Trabalhar em linha de montagem de automóveis	176,5
Forjar metal	187,9
Caminhar no plano (3-4km/h)	181,8
Tarefas domésticas (gerais)	196,5
Trabalho de laboratório (geral)	205,6
Jardinagem	322,7
Trabalhar com enxada	347,3
Minerar carvão	425,3
Carregar um caminhão	435,9
Correr (velocidades de resistência)	600-1.500

Dados de J.P.T. James e E.C. Schofield. *Human Energy Requirements: A Manual for Planners and Nutritionists*. Oxford, Oxford University Press, 1990. Observe que os valores são de quilocalorias por hora.

e 1,86 em países menos desenvolvidos.[17] NAFs de caçadores-coletores são em média 1,85, mais ou menos igual aos de agricultores ou outras pessoas cujo emprego exige que sejam ativas.[18] Portanto, a quantidade de energia que um trabalhador típico de escritório despende sendo ativo num dia comum diminuiu aproximadamente 15% para muitas pessoas em uma ou duas gerações. Essa redução não é trivial. Se um agricultor ou carpinteiro do sexo masculino de tamanho médio que gasta cerca de 3 mil calorias por dia passa subitamente a ter um estilo de vida sedentário ao se aposentar, seu dispêndio de energia se reduzirá em cerca de 450 calorias por dia. A menos que ele compense comendo muito menos ou se exercitando mais intensamente, ficará obeso.

Dietas industriais

Segundo obras de ficção científica como *Jornada nas estrelas*, no futuro a comida será produzida por replicadores. A única coisa que teremos de fazer é andar até uma máquina parecida com um micro-ondas e ordenar-lhe que produza alguma coisa que desejemos, como "chá, preto, quente" ou "macarrão com queijo", e *voilà*, os átomos necessários para fazer o prato se reunirão exatamente da maneira certa. Na verdade, essa fantasia de alimento do futuro não está tão longe assim da forma como muitas pessoas se sustentam hoje e faz as diferenças entre as dietas do Paleolítico e da era agrícola parecerem bastante triviais. Embora os agricultores não cacem nem coletem, eles pelo menos cultivam e processam seu alimento. E quanto a você? Cultivou ou criou alguma coisa que comeu hoje? Teve alguma necessidade de processá-la? O americano ou europeu médio faz um terço de todas as suas refeições fora de casa; quando cozinhamos, o que mais fazemos é tirar da embalagem, misturar e aquecer diferentes ingredientes. Gosto muito de cozinhar, mas meu trabalho mais intensivo é descascar uma cenoura, cortar uma cebola em cubos ou triturar coisas num processador de alimentos.

De uma perspectiva fisiológica, a Revolução Industrial mudou nossa dieta tanto quanto a Revolução Agrícola ou mais. Como o capítulo 8 analisou, ao trocar a caça e a coleta pela criação de animais e pelo cultivo de plantas, os primeiros fazendeiros aumentaram a quantidade de alimento que podiam obter, mas a um custo. Os agricultores não só têm de trabalhar arduamente, mas o alimento que produzem é menos diversificado, menos nutritivo e menos certo do que aquilo que um caçador-coletor come. Ao usar máquinas para produzir, transportar e armazenar alimento da mesma maneira como fazemos com têxteis e carros, a Revolução Industrial reduziu alguns desses preços, mas aumentou outros. Essas mudanças começaram no século XIX, mas intensificaram-se após a Segunda Guerra Mundial, em especial nos anos 1970, quando gigantescas corporações industriais tomaram o negócio de fazer e produzir alimentos de agricultores de pequena escala.[19] Em grande parte do mundo desenvolvido, a comida que comemos é atualmente tão industrial quanto os carros que dirigimos e as roupas que vestimos.

A maior mudança produzida pela revolução industrial alimentar foi a descoberta, por parte dos produtores de comida (não podemos de fato chamá-los de agricultores), de como cultivar e manufaturar da maneira mais barata e eficiente possível exatamente o que as pessoas desejam há milhões de anos: gordura, amido, açúcar e sal. O resultado de sua engenhosidade é uma superabundância de comida barata com altos níveis calóricos. Consideremos o açúcar. O único alimento realmente doce que um caçador-coletor pode comer é mel, o que em geral requer caminhar muitos quilômetros para encontrar uma colmeia, subir na árvore, afugentar as abelhas com fumaça e depois transportar o mel de volta. A cana-de-açúcar tornou-se uma cultura na Idade Média, e seu cultivo acelerou-se durante o século XVIII, em grande parte pelo uso de escravos para produzir enormes quantidades em *plantations*.[20] Com o fim da escravidão no final do século XIX, métodos industriais foram aplicados à produção de açúcar, e hoje agricultores modernos usam tratores especializados para plantar enormes lavouras de cana-de-açúcar e beterrabas cultivadas para ser o mais doce possível. Outras máquinas são usadas para irrigar as plantas e para fazer e espalhar fertilizantes e pesticidas, que aumentam o rendimento e minimizam perdas de safra. Depois de cultivadas, essas plantas superdoces são colhidas e processadas por outras máquinas para extrair o açúcar, que é depois embalado e transportado para todas as partes do mundo por navios, trens e caminhões. A disponibilidade de açúcar aumentou de maneira ainda mais espetacular nos anos 1970, quando químicos inventaram um método para transformar maisena em xarope açucarado (xarope de milho com alto teor de frutose). Cerca da metade do açúcar que os americanos consomem hoje provém de milho. Após ajustes de inflação, uma libra de açúcar hoje custa um quinto do que custava cem anos atrás.[21] O açúcar tornou-se tão superabundante e barato que o americano médio consome mais de 45 quilos por ano![22] Perversamente, algumas pessoas hoje pagam dinheiro extra para comprar alimentos feitos com menos açúcar.

A menos que você tenha uma horta ou frequente mercados de produtores, é provável que a maior parte do que come – incluindo ovos caipira e alface orgânico – tenha sido produzido industrialmente, muitas vezes com o apoio de subsídios governamentais para manter as quantidades abundantes e os preços baixos. Entre 1985 e 2000, quando o poder aquisitivo de um dólar americano diminuiu 59%, o preço de frutas e legumes duplicou, o do peixe aumentou 30% e o dos laticínios continuou mais ou menos igual; em contraposição, açúcares e doces tornaram-se cerca de 25% mais baratos, gorduras e óleos tiveram um declínio de 40% em seu preço e os refrigerantes tornaram-se 66% mais baratos.[23] Ao mesmo tempo, o tamanho das porções foi inflado. Se você entrasse num restaurante de fast-food americano em 1955 e pedisse um hambúrguer com fritas, consumiria cerca de 412 calorias, mas hoje pelo mesmo preço (com a inflação corrigida) o mesmo pedido teria uma quantidade duas vezes maior de comida, num total de 920 calorias.[24] O consumo de refrigerante nos Estados Unidos mais do que duplicou desde 1970, sendo em média agora de mais de 150 litros por ano.[25] Segundo estimativas do governo dos Estados Unidos, porções maiores e com níveis calóricos mais elevados levaram o americano médio a consumir em 2000 cerca de 250 calorias a mais por dia do que em 1970, um aumento de 14%.[26]

A comida industrial pode ser barata, mas sua produção tem um significativo impacto negativo sobre o ambiente e a saúde dos trabalhadores. Para cada caloria de alimento industrial que você come, foram gastas aproximadamente dez calorias de combustível fóssil para plantá-lo, fertilizá-lo, colhê-lo, transportá-lo e processá-lo antes que chegasse ao seu prato.[27] Além disso, a menos que o alimento seja orgânico, enormes quantidades de pesticidas e fertilizantes inorgânicos foram utilizados, poluindo os reservatórios de água e por vezes envenenando trabalhadores. O tipo mais extremo e perturbador de alimento industrial é a carne. Como os seres humanos anseiam por carne talvez mais do que por qualquer outra coisa (exceto talvez mel) há milhões de anos, há um forte incentivo para se produzir carne abundante, barata, em especial carne de vaca, porco, galinha e peru. Satisfazer esse anseio, contudo, foi um desafio até recentemente, mantendo o consumo de carne modesto. Apesar de ter domesticado animais, os primeiros agricultores em geral comiam menos carne que caçadores-coletores, porque os animais eram mais valiosos vivos por seu leite do que mortos por sua carne, e porque a pecuária exige muita terra e muito trabalho, especialmente quando é preciso fazer e armazenar feno para alimentar os animais durante o inverno. A industrialização de alimentos alterou enormemente essa equação empregando novas tecnologias e economias de escala. A maior parte da carne que americanos e europeus come é criada em instalações gigantescas chamadas *concentrated animal feeding operations* (CAFOs). As CAFOs são enormes campos ou estábulos onde de centenas a milhares de animais são aglomerados e alimentados com grãos (em geral milho). Eles respondem exatamente como nós ao ser alimentados com abundância de amido sem se exercitar: engordam. Também têm altas taxas de doença porque os resíduos de animais concentrados e densidades animais elevadas promovem doenças infecciosas e porque espécies como as vacas têm sistema digestivo adaptado para capim, e não para grãos. Em consequência, requerem intermináveis administrações de antibióticos e outros medicamentos para manter sua diarreia crônica sob controle e evitar que morram (os antibióticos também aumentam o ganho de peso). Além disso, as CAFOs geram copiosas quantidades de poluição. Será que os benefícios econômicos da produção industrial de tanta carne barata de baixa qualidade suplantam seus custos para a saúde humana e o ambiente?

A outra grande mudança na dieta humana desde a revolução industrial alimentar é a maneira como os alimentos são cada vez mais modificados e processados para que se tornem mais desejáveis, convenientes e armazenáveis. É provável que milhões de anos de luta para obter alimento suficiente expliquem por que as pessoas preferem invariavelmente alimentos processados com baixo teor de fibras e elevadas concentrações de açúcar, gordura e sal.[28] Por sua vez, fabricantes, pais, escolas e quem quer que venda ou forneça comida ficam felizes em nos dar o que queremos, e toda uma nova profissão de engenheiros alimentares foi criada para projetar novos alimentos processados que sejam atraentes, baratos e que tenham grande prazo de validade.[29] Se seu supermercado tem alguma semelhança com o meu, mais da metade dos alimentos à venda são substancialmente processados e estão mais prontos para ser comidos que a maior parte das "comidas verdadeiras". Passei anos como pai tentando limitar os esforços das pessoas de servir esses alimentos processados à minha filha. Em vez de uma maçã, davam-lhe uma barra de fruta, um doce com sabor de fruta absurdamente vendido como substituto para a própria: embora tenha igual número de calorias e vitamina C, é desprovido da fibra e de quaisquer outros nutrientes.

O processamento dos alimentos que os tritura em minúsculas partículas, remove a fibra e aumenta seu teor de amido e açúcar muda a maneira como nosso sistema digestivo funciona. Quando comemos alguma coisa, precisamos gastar energia para digeri-la, para decompor as moléculas e transportar os nutrientes de nosso intestino para o resto do corpo. (Você pode sentir e medir o custo energético da digestão pelo tanto que sua temperatura corporal se eleva depois de uma refeição.) Esse custo é significativamente reduzido – em mais de 10% – quando comemos alimentos altamente processados cujas partículas têm tamanhos menores.[30] Se você moer um bife para transformá-lo num hambúrguer ou um punhado de amendoins para fazer manteiga de amendoim, seu corpo extrairá mais calorias por grama de comida com menos custo. Nosso intestino digere a comida usando enzimas, proteínas que se ligam à superfície de partículas de alimento e as decompõem. Partículas pequenas têm mais superfície por unidade de massa, por isso partículas menores são digeridas mais eficientemente. Além disso, a digestão de alimentos processados com menos fibra, como farinha de trigo e arroz branco, envolve menos passos e demanda menos tempo, fazendo com que os níveis de açúcar no sangue se elevem mais rapidamente. Esses alimentos (chamados alimentos de alto índice glicêmico) são rápida e facilmente decompostos, mas nosso sistema digestivo não está bem-adaptado às rápidas oscilações dos níveis de açúcar no sangue que causam. Quando o pâncreas tenta produzir insulina suficiente com tanta rapidez, frequentemente vai longe demais, causando níveis de insulina elevados, o que em seguida faz os níveis de açúcar no sangue caírem abaixo do normal, deixando-nos com fome. Esses alimentos provocam obesidade e diabetes tipo 2 (mais sobre isso no capítulo 10).

Portanto, em que medida a industrialização mudou o que os indivíduos comem? Deveríamos desconfiar de caracterizações simplistas de dietas, tanto hoje quanto no passado, porque não houve nenhuma dieta única consumida por caçadores-coletores ou agricultores, assim como não há uma única dieta ocidental moderna. Mesmo assim, a tabela 5 compara aproximações razoáveis de uma dieta generalizada típica de caçadores-coletores com estimativas do que um típico americano moderno come, e com as porções diárias recomendadas pelo governo americano (RDAs, da sigla em inglês). Comparadas a caçadores-coletores, pessoas que comem dietas industriais consomem uma porcentagem relativamente alta de carboidratos, especialmente açúcares e amidos refinados. Dietas industriais têm também teores relativamente baixos de proteína e altos teores de gorduras saturadas, e são extremamente pobres em fibras. Por fim, apesar das habilidades dos fabricantes de encher comidas de calorias, as dietas industriais contêm baixas quantidades da maior parte das vitaminas e minerais, com a óbvia exceção do sal.

Em suma, a invenção da agricultura fez a provisão de alimentos humanos aumentar em quantidade e deteriorar em qualidade, mas a industrialização multiplicou esse efeito. Durante os últimos cem anos, as pessoas desenvolveram muitas tecnologias para produzir uma quantidade de comida maior que é usualmente pobre em nutrientes, mas rica em calorias. Desde que a Revolução Industrial começou, cerca de doze gerações atrás, essas mudanças nos permitiram alimentar um número de pessoas maior e alimentá-las mais. Embora aproximadamente 800 milhões de pessoas ainda enfrentem períodos de escassez de comida hoje, mais de 1,6 bilhão estão acima do peso ou são obesas.

TABELA 5. Comparação entre as dietas típicas do caçador-coletor e do americano comum, e as porções diárias recomendadas pelo governo americano (RDAs)

ITEM	CAÇADOR-COLETOR	AMERICANO COMUM	RDA
Carboidrato (% energia diária)	35-40%	52	45-65
açúcares simples (% energia diária)	2%	15-30	<10
Gordura (% energia diária)	20-35%	33	20-35
Gordura saturada (% energia diária)	8-12%	12-16	<10
Gordura insaturada (% energia diária)	13-23%	16-22	10-15
Proteína (% energia diária)	15-30%	10-20	10-35
Fibra (g/dia)	100g	10-20g	25-38g
Colesterol (mg/dia)	>500mg	225-307mg	<300mg
Vitamina C (mg/dia)	500mg	30-100mg	75-95mg
Vitamina D (IU/dia)	4.000IU	200UI	1.000UI
Cálcio (mg/dia)	1.000-1.500mg	500-1.000mg	1.000mg
Sódio (mg/dia)	<1.000mg	3.375mg	1.500mg
Potássio (mg/dia)	7.000mg	1.328mg	580mg

Os dados sobre o americano moderno são de http://www.cdc.gov/nchs/data/ad/ad334.pdf, e as estimativas sobre a dieta dos caçadores-coletores são baseadas em M. Konner e S.B. Eaton. "Paleolithic nutrition: 25 years later". *Nutritional Clinical Practice*, n.25, 2010, p.594-602.

Medicina industrial e saneamento

Até a Revolução Industrial, o progresso médico (se é que podemos usar essa expressão) consistiu em grande parte em substituir ideias ignorantes por charlatanismo. Sem dúvida, as pessoas ainda recorriam a tratamentos populares – alguns dos quais provavelmente remontam ao Paleolítico –, mas tinham pouco conhecimento útil sobre como lidar com doenças da civilização como epidemias, anemia, deficiências de vitamina e gota, que começaram após a Revolução Industrial e que caçadores-coletores raramente ou nunca precisavam enfrentar. Na Europa e nos Estados Unidos, tratamentos populares, mas ineficazes, para doença incluíam copiosas sangrias, imersão da pessoa na lama ou ingestão de pequenas quantidades de veneno, como mercúrio. Anestesia não existia, e práticas higiênicas como lavar as mãos antes de arrancar um dente ou fazer um parto eram raramente consideradas e por vezes ridicularizadas. Como não é de surpreender, os sensatos evitavam médicos, a maioria dos quais acreditava que as pessoas adoeciam em razão de um desequilíbrio dos quatro humores básicos: bile amarela, bile negra, fleuma e sangue.[31]

Esse estado calamitoso do conhecimento médico era acompanhado por condições consternadoramente anti-higiênicas que com frequência faziam as pessoas adoecer e morrer. Caçadores-coletores nunca residem num acampamento por tempo suficiente ou em números suficientemente grandes para acumular muita sujeira e em geral se mantêm bastante limpos. Assim que as pessoas se estabeleceram em aldeias, a vida tornou-se mais sórdida, e à medida que as populações incharam e se agregaram em vilas e cidades, as condições de vida tornaram-se cada vez mais desprovidas de higiene e malcheirosas. Cidades e vilas fediam como chiqueiros. As cidades europeias eram cheias de cloacas, gigantescas cavernas subterrâneas em que as pessoas despejavam fezes e outros resíduos. Um grande problema com essas fossas sanitárias é que elas vertem matéria fecal líquida (eufemisticamente chamada "água negra"), contaminando riachos e rios locais, e assim a água potável. Redes de esgotos, quando existiam, eram raras ou ineficientes. Latrinas eram um luxo para os ricos e o tratamento do esgoto em geral era inexistente. Sabão era uma extravagância, poucas pessoas tinham acesso a banhos regulares de chuveiro ou banheira, e as roupas de vestir e de cama eram raramente lavadas. Para completar, a esterilização e a refrigeração ainda estavam por ser inventadas. Durante milhares de anos após a origem da agricultura, a vida cheirava mal, a diarreia era comum e epidemias de cólera eram ocorrências regulares.

Apesar de serem imundas armadilhas mortais, as cidades tornaram-se magnetos à medida que a economia agrícola avançou. As pessoas acorriam a elas porque as áreas urbanas em geral tinham mais riqueza, mais empregos e mais oportunidades econômicas que áreas rurais empobrecidas. Antes de 1900, as taxas de mortalidade eram mais altas em grandes cidades inglesas como Londres que em áreas rurais, exigindo um influxo regular de imigrantes rurais para manter os tamanhos da população.[32] No entanto, à medida que a Revolução Industrial avançou, as condições urbanas começaram a melhorar de maneira significativa graças à ascensão da medicina, do saneamento e do governo modernos. De fato, as transformações econômicas da Revolução Industrial estiveram inextricavelmente ligadas a revoluções contemporâneas em medicina, saneamento e saúde pública. Essas diferentes revoluções compartilharam raízes comuns no Iluminismo, e é difícil imaginar a Revolução Industrial tendo sucesso sem melhoramentos necessários em medicina e higiene, os quais por sua vez forneceram maior ímpeto para mercadorias e serviços. As fábricas precisam de trabalhadores tanto para fazer quanto para comprar seus produtos. Além disso, a industrialização forneceu a capacidade técnica e o capital financeiro necessários para a construção de redes de esgoto, a fabricação de sabão e a produção de medicamentos baratos. Esses avanços preservadores da vida ajudaram populações a explodir, aumentando a demanda por produção econômica.

Se quisermos apontar o avanço na medicina que mais revolucionou a saúde humana, foi a descoberta de micróbios e o conhecimento resultante de como combatê-los. Antonie van Leeuwenhoek, que fez aperfeiçoamentos substanciais no microscópio, publicou as primeiras descrições de bactérias e outros micróbios nos anos 1670, mas ele e seus contemporâneos não perceberam que esses "animálculos", como ele os chamava, podiam ser patógenos. Entretanto, as pessoas sabiam ou suspeitavam havia muito que existiam agentes invisíveis de contágio e que o contato com indivíduos infectados era de certa forma perigoso. O Levítico, por exemplo, está cheio de informações para o diagnóstico da lepra e regras sobre a queima de roupas de leprosos, limpeza de suas casas e quarentenas a que deviam ser submetidos: "O leproso portador desta enfermidade trará suas vestes rasgadas e seus cabelos desgrenhados; cobrirá o bigode e clamará: 'Impuro! Impuro!'"[33] Algumas culturas sabiam que o pus de vítimas de varíola podia infectar mas também por vezes inocular pessoas (os chineses o transformavam num rapé medicinal). Em 1796, como é bem sabido, Edward Jenner inventou e testou o processo de vacinação arranhando o braço de um menino de oito anos com pus da filha de um fazendeiro infectada com varíola bovina. Algumas semanas depois, ele afoitamente arranhou o braço do menino de novo com pus da varíola de um ser humano, sem que nenhuma infecção fosse provocada.

Apesar desse conhecimento, o fato de que micróbios causavam infecções só foi provado em 1856, quando Louis Pasteur, um químico, foi encarregado pela indústria de vinho francesa de ajudá-la a impedir que seu valioso vinho fosse misteriosamente transformado em vinagre. Pasteur não apenas descobriu que bactérias transportadas pelo ar contaminavam o vinho, mas também que o aquecimento da bebida a 60°C era suficiente para matar os incômodos micróbios. A pasteurização, o processo simples de aquecer vinho, leite e outras substâncias, melhorou instantaneamente os lucros dos fabricantes e subsequentemente evitou bilhões de infecções e milhões de mortes. Pasteur logo reconheceu as implicações mais amplas de sua descoberta e dirigiu sua atenção para outros vilões microbianos, descobrindo as bactérias estreptococo e estafilococo e desenvolvendo vacinas contra antraz, cólera aviário e raiva. Ele também salvou a indústria francesa da seda ao descobrir a fonte de uma praga que estava matando bichos-da-seda.[34]

As descobertas de Pasteur eletrificaram o mundo científico, criando o novo campo da microbiologia e desencadeando uma avalanche de descobertas posteriores nas décadas seguintes à medida que microbiologistas recém-cunhados acossavam febrilmente e identificavam as bactérias que causavam outras doenças como antraz, cólera, gonorreia, lepra, febre tifoide, difteria e peste. O minúsculo protozoário *Plasmodium*, que causa malária, foi descoberto em 1880, e os vírus foram descobertos em 1915. De igual importância foi a descoberta de que muitas doenças infecciosas eram transmitidas por mosquitos, piolhos, pulgas, ratos e outros animais nocivos. Depois vieram os remédios. Embora Pasteur e outros microbiologistas pioneiros tivessem observado que certas bactérias ou fungos podiam inibir o crescimento de bactérias, como antraz, os primeiros remédios que realmente as matavam foram desenvolvidos por Paul Ehrlich na Alemanha nos anos 1880. Os primeiros antibióticos baseados em enxofre foram sintetizados nos anos 1930. A penicilina foi descoberta acidentalmente em 1928, mas sua importância não foi reconhecida de imediato, e essa primeira droga milagrosa verdadeira não foi produzida em massa até a Segunda Guerra Mundial. O número de vidas que foram salvas pela penicilina é grande demais para ser calculado, mas deve estar na casa de centenas de milhões.

O desejo e os meios de melhorar a saúde das pessoas, combinado com a lucratividade da nova indústria de assistência médica, levou a muitos outros grandes avanços médicos durante os primeiros cem anos, aproximadamente, da Revolução Industrial. Passos importantes, lucrativos, incluem a descoberta de vitaminas e de ferramentas diagnósticas como raios X, o desenvolvimento da anestesia e a invenção do preservativo de borracha. A criação da anestesia ilustra bem a interação de lucros e progresso durante a era industrial.[35] Em setembro de 1846, William Morton, um dentista, conduziu a primeira cirurgia pública bem-sucedida usando éter como anestésico no Massachusetts General Hospital em Boston, e em seguida patenteou sem demora o anestésico. O patenteamento de descobertas médicas parece banal agora, mas a ação de Morton causou indignação em meio ao establishment médico, que reprovou sua tentativa de controlar uma substância que podia aliviar o sofrimento humano e lucrar com ela. Morton passou o resto da vida envolvido em ações judiciais, ainda que sua descoberta tenha sido rapidamente eclipsada pelo clorofórmio, que era mais barato, seguro e eficaz. Evidentemente, o desejo de lucro também ajudou – e ainda ajuda – a inspirar grande quantidade de más ideias médicas. Pessoas doentes ou temerosas de adoecer gastam fortunas em várias formas de charlatanismo e suspendem de bom grado sua descrença sobre a eficácia do tratamento que escolheram. Por exemplo, durante o século XIX, enemas regulares eram frequentemente anunciados como uma panaceia para promover a boa saúde. Empresários como John Harvey Kellogg construíram luxuosos *sanitariums*, estâncias onde pessoas endinheiradas pagavam generosamente para ter seu cólon irrigado diariamente, ao mesmo tempo que desfrutavam de muito exercício, uma dieta rica em fibras e outros tratamentos.[36]

O outro grande sucesso da batalha contra a doença na era industrial foi a prevenção de infecções, em primeiro lugar por meio de melhor saneamento e higiene. Essas inovações receberam grande parte de seu ímpeto da descoberta dos germes e foram também auxiliadas por novos métodos de construção e fabricação. A necessidade é a mãe da invenção, e melhor saneamento e higiene tornaram-se uma preocupação urgente porque as cidades em rápido crescimento simplesmente não podiam lidar com tanta gente excretando tanto. Cidades antigas como Roma tinham redes de esgotos moderadamente eficientes, muitas das quais eram construídas mediante a cobertura de riachos que levavam embora os resíduos. Mas muitas cidades dependiam de gigantescas fossas fedorentas, cheias de vazamentos. Os milhares de fossas transbordantes de Londres tornaram-se tão intoleráveis que em 1815 a cidade permitiu insensatamente que fossem esvaziadas no Tâmisa, despejando assim ainda mais excrementos na sua principal fonte de água potável.[37] Os londrinos de alguma maneira suportaram essas condições e as frequentes epidemias de cólera que causavam até o verão excepcionalmente quente de 1858, o Grande Fedor, quando a cidade ficou tão fétida que o Parlamento (cujos prédios ficavam à beira do Tâmisa) finalmente tomou medidas para construir um novo sistema de esgotos. A rainha Vitória ficou tão empolgada com a rede de esgoto que mandou construir uma estrada de ferro subterrânea através de uma seção do mesmo, que atravessava o Tâmisa, para inaugurar sua construção. Redes de esgoto, importantes feitos de engenharia, foram também construídas em cidades do mundo todo, para grande alívio e orgulho de seus residentes. A cidade de Paris ainda opera um maravilhoso embora um tanto malcheiroso museu (Le Musée des Égouts de Paris) que permite ao visitante ver e cheirar os esgotos de Paris e aprender sua gloriosa história.

Avanços nos encanamentos internos e na higiene pessoal complementaram a construção de esgotos. Provavelmente o uso de uma privada com descarga lhe parece natural, mas, até o fim do século XIX, lugares limpos para se defecar eram luxo, e a tecnologia para manter resíduos humanos longe da água potável era primitiva e ineficaz. Embora não tenha inventado a privada, Thomas Crapper foi um pioneiro em sua fabricação em massa, permitindo a toda e qualquer pessoa eliminar em segurança seus dejetos em redes de esgotos recém-construídas. Durante a primeira parte do século XX, o magnata John D. Rockefeller ajudou a construir latrinas externas (casinhas) por todo o Sul dos Estados Unidos para combater infecções por ancilóstomo, transmitidas por fezes humanas.[38] Você provavelmente também lava as mãos com sabonete após usar a privada, mas a capacidade de limpar-se de maneira fácil, não dispendiosa e eficaz foi substancialmente estimulada pelos avanços feitos no século XIX no encanamento interno e na fabricação de sabão. Era também difícil lavar a roupa de cama antes que os sabões apropriados e lençóis de algodão, fáceis de lavar, se tornassem disponíveis e comuns durante a Revolução Industrial. De fato, poucas pessoas reconheciam os benefícios de lavar-se antes do século XIX. Quando Ignaz Semmelweis na Hungria e Oliver Wendell Holmes Sr. nos Estados Unidos sugeriram de maneira independente, nos anos 1840, que médicos e enfermeiros poderiam reduzir drasticamente a incidência de febre puerperal lavando as mãos, foram recebidos com escárnio. Felizmente, a descoberta dos micróbios por Pasteur combinada com evidências de que a higiene básica salvava vidas acabou por convencer os céticos. Outro grande avanço na guerra contra os germes foi a descoberta por Joseph Lister em 1864 de como usar ácido carbólico para matar micróbios, levando ao desenvolvimento de antissépticos, e mais tarde de técnicas assépticas. Em 1871, foi concedida a Lister a honra singular de operar a axila da rainha Vitória.[39]

Por fim, industriais transformaram a segurança dos alimentos. Caçadores-coletores não guardam comida por mais de alguns dias, mas agricultores não podem sobreviver sem armazenar suas colheitas por meses, se não anos. Antes da era industrial, o sal era o conservante alimentar mais comum e eficaz. As comidas enlatadas foram inventadas em 1810 pelo Exército francês por ordem de Napoleão Bonaparte, que acreditava que um exército marcha sobre seu estômago. Os pioneiros na prática de enlatar comida descobriram que ela precisava ser aquecida para se evitar que estragasse, mas, depois que Pasteur inventou a pasteurização, os fabricantes de alimentos rapidamente criaram maneiras de armazenar uma ampla variedade de alimentos como leite, geleia e óleo de uma forma segura e econômica em latas, garrafas e outros tipos de recipientes herméticos. Outro grande avanço foi a refrigeração e o congelamento. Por muito tempo as pessoas mantiveram comida fresca em adegas, e os ricos por vezes tinham acesso a gelo no verão, mas muitos alimentos tinham de ser comidos depois que ficavam mofados ou rançosos. A refrigeração efetiva foi desenvolvida nos Estados Unidos a partir da década de 1830, principalmente mediante o uso de novas tecnologias para fabricar gelo, e dentro de décadas vagões ferroviários refrigerados transportavam toda espécie de alimento por longas distâncias para venda.

Avanços em medicina, saneamento e armazenamento de alimentos mostram como as revoluções industrial e científica não ocorreram de maneira independente, tendo ao contrário estimulado uma à outra ao recompensar e inspirar descobertas e invenções que geraram dinheiro e salvaram vidas incontáveis. Muitas das mudanças operadas pela era industrial, no entanto, não beneficiaram necessariamente o modo como nosso corpo se desenvolve e funciona. Já discutimos alguns dos efeitos negativos da industrialização sobre a comida que comemos e o trabalho que fazemos. Como passamos cerca de um terço de nossa vida dormindo, eu seria negligente se não considerasse como mudamos nossa maneira de dormir.

Sono industrial

Você dormiu o suficiente a noite passada? Um americano típico passa uma média de 7,5 horas na cama toda noite, mas dorme apenas 6,1 horas, uma a menos que a média nacional de 1970, e entre duas e três horas menos que em 1900.[40] Além disso, só um terço dos americanos tira cochilos. A maioria das pessoas dorme com um único parceiro em camas macias, quentes, cerca de sessenta centímetros acima do assoalho, e com frequência forçamos bebês e crianças a dormir como adultos num estado isolado ou quase isolado em seu próprio quarto com a menor quantidade possível de estímulos sensoriais: pouca luz, nenhum som, nenhum cheiro e nenhuma atividade social.

Você pode preferir hábitos de sono como esses, mas eles são modernos e comparativamente estranhos. Uma compilação de relatos sobre os costumes de sono de caçadores-coletores, pastores e agricultores sugere que, até recentemente, seres humanos raramente dormiam em condições solitárias, isoladas, sem partilhar a cama com crianças e outros membros da família; as pessoas em geral cochilavam todos os dias; e normalmente dormiam mais do que fazemos agora.[41] Um típico caçador-coletor hazda acorda ao raiar do dia (sempre entre 6h30 e 7h no equador), desfruta de um cochilo de uma ou duas horas ao meio-dia e vai para a cama por volta das 21h.[42] As pessoas não dormiam geralmente num único turno, mas consideravam normal acordar no meio da noite antes de ter um "segundo sono".[43] Em culturas tradicionais, as camas costumam ser duras, e a roupa de cama é insignificante para minimizar pulgas, percevejos e outros parasitas. As pessoas também dormiam em ambientes sensoriais muito mais complexos, usualmente com um fogo próximo, ouvindo os sons do mundo exterior e tolerando ruídos, movimentos e ocasionais atividades sexuais uns dos outros.

Muitos fatores explicam como e por que dormimos hoje de maneira tão diferente daquela como costumávamos dormir. Uma é que a Revolução Industrial transformou o tempo e nos forneceu luzes brilhantes, rádio, programas de televisão, e outras coisas divertidas para nos entreter e estimular além de uma hora de dormir evolutivamente normal.[44] Pela primeira vez em milhões de anos, grande parte do mundo pode agora ficar acordada até tarde, o que estimula a privação de sono. Para completar, muitas pessoas hoje sofrem de insônia porque experimentam mais estresse em decorrência de alguma combinação de fatores físicos e psicológicos, como excesso de álcool, dieta de má qualidade, falta de exercício, ansiedade, depressão e várias preocupações.[45] É também possível que o ambiente incomum, livre de estímulos, em que hoje gostamos de dormir promova ainda mais a insônia.[46] Adormecer é um processo gradual em que o corpo passa por vários estágios de sono leve e o cérebro torna-se progressivamente menos consciente de estímulos externos antes de entrar num estágio profundo de sono em que estamos inconscientes do mundo exterior. Durante a maior parte da evolução humana, esse lento processo pode ter sido uma adaptação para nos ajudar a evitar cair em sono profundo em circunstâncias perigosas, como quando leões estão vagando por perto. Ter um primeiro e um segundo sono durante a noite também pode ter sido adaptativo. Talvez a insônia ocorra por vezes porque ao nos fecharmos em quartos isolados não ouvimos sons evolutivamente normais como o estalar do fogo na lareira, pessoas ressonando e o barulho de hienas à distância, reassegurando partes subconscientes do cérebro de que tudo está bem.

Sejam quais forem as causas, dormimos cada vez pior do que costumávamos dormir, e pelo menos 10% da população em países desenvolvidos experimenta regularmente séria insônia.[47] Falta de sono raramente nos mata, mas privação crônica de sono impede o cérebro de funcionar adequadamente e prejudica a saúde. Quando dormimos menos do que o necessário por longos períodos de tempo, o sistema hormonal reage de várias maneiras que haviam antes sido adaptativas somente durante breves períodos de estresse. Normalmente, quando dormimos o corpo secreta hormônio do crescimento, que estimula o crescimento geral, o reparo de células e a função imunológica, mas a privação de sono reduz esse fluxo e induz o corpo a produzir maior quantidade do hormônio cortisol.[48] Níveis elevados de cortisol fazem o metabolismo passar de um estado de crescimento e investimento para um estado de medo e fuga ao elevar o alerta e transportar açúcar para a corrente sanguínea. Essa mudança é útil para nos fazer sair da cama de manhã ou para nos ajudar a fugir de um leão, mas níveis de cortisol cronicamente altos deprimem a imunidade, interferem com o crescimento e aumentam o risco de diabetes tipo 2. Sono cronicamente insuficiente também promove obesidade. Durante o sono normal, o corpo está em repouso, o que leva os níveis de um hormônio, a leptina, a se elevar, e os de outro, a grelina, a cair. A leptina suprime o apetite e a grelina o estimula, por isso esse ciclo nos ajuda a não ficar com fome enquanto dormimos. Entretanto, quando dormimos excessivamente pouco de maneira constante, nossos níveis de leptina caem e os de grelina se elevam, sinalizando efetivamente um estado de fome para nosso cérebro, independentemente de quão bem alimentados estejamos.[49] Pessoas privadas de sono têm portanto mais ânsia por comida, especialmente por alimentos ricos em carboidratos.

A ironia mais cruel com relação ao sono na era industrial é que dormir bem é um privilégio dos ricos. Pessoas com rendas alta dormem mais porque dormem de maneira mais eficiente (passam menos tempo na cama incapazes de adormecer).[50] A explicação provável é que os mais ricos são menos estressados e assim adormecem mais facilmente. Para os que estão lutando para pagar as contas, o estresse diário e o sono insuficiente levam a um círculo vicioso porque o estresse inibe o sono e a insuficiência de sono eleva o estresse.

A boa notícia: corpos mais altos, mais longevos e mais saudáveis

Os últimos 150 anos transformaram profundamente nossa maneira de comer, trabalhar, viajar, combater doenças, manter-nos limpos e até dormir. É como se a espécie humana tivesse sofrido uma reforma completa: nossa vida diária mal seria compreensível para nossos antepassados de apenas algumas gerações atrás, mas somos essencialmente idênticos, em termos genéticos, anatômicos e fisiológicos. A mudança foi tão rápida que transcorreu pouco tempo para que ocorresse mais do que uma pequena quantidade de seleção natural.[51]

Terá isso valido a pena? Da perspectiva do corpo humano, a resposta para essa questão deve ser: "Valeu muito a pena – mas não muito a princípio." Quando as primeiras fábricas foram construídas na Europa e nos Estados Unidos, operários labutavam arduamente durante longas horas em condições perigosas e apinhavam-se em cidades grandes e poluídas, contagiosas. Trabalhar numa fábrica urbana talvez fosse melhor que passar fome na zona rural; para muitos, porém, o preço do progresso inicial foi, e ainda é, sofrimento. No entanto, a saúde das pessoas comuns de fato começou a melhorar em nações industrializadas desenvolvidas como os Estados Unidos, a Inglaterra e o Japão à medida que a riqueza se acumulou rapidamente e os recursos médicos avançam. Redes de esgoto, sabão e vacinação estancaram os persistentes surtos de doenças infecciosas desencadeados pela Revolução Agrícola milhares de anos antes. Novos métodos de produção, armazenamento e transporte de alimentos aumentaram a quantidade e a qualidade da comida disponível para a maioria das pessoas. Sem dúvida guerra, pobreza e outros males ainda causavam muito sofrimento e morte, mas a Revolução Industrial acabou por deixar mais pessoas em situação melhor do que estavam cem anos antes. Elas tinham mais chances de nascer, menos chances de adoecer ou morrer prematuramente e eram provavelmente mais altas e mais pesadas.

Se há uma única variável subjacente às mudanças causadas por industrialização e medicina, deve ser energia. Como discuti no capítulo 5, os seres humanos, como todo organismo, usam energia para realizar três funções básicas: crescer, manter o corpo e se reproduzir. Antes da agricultura, a quantidade de energia que caçadores-coletores adquiriam era apenas marginalmente maior que a energia de que precisavam para crescer, manter o corpo e se reproduzir a uma taxa de substituição. Os níveis diários de atividade física e de retorno da energia eram moderados, a mortalidade infantil era alta e o crescimento da população era lento. A agricultura mudou essa equação aumentando substancialmente a quantidade de energia disponível e permitindo que as taxas de reprodução quase duplicassem. Durante milênios, os agricultores tiveram de ser fisicamente muito ativos, e sofreram com o peso de muitas doenças de desajuste. Mas depois a industrialização tornou disponíveis provisões aparentemente ilimitadas de energia extraída de combustíveis fósseis, e tecnologias como máquinas e teares mecânicos transformaram essa energia em execução de trabalho, produzindo assim exponencialmente mais riqueza, inclusive alimentos. Ao mesmo tempo, o saneamento e a medicina moderna reduziram substancialmente não apenas a mortalidade, mas também a quantidade de energia que as pessoas gastam combatendo doenças. Se despendemos menos energia para permanecer saudáveis, inevitavelmente canalizamos mais energia para o crescimento e a reprodução. Ocorre que as três consequências mais previsíveis da Revolução Industrial sobre o corpo humano são corpos maiores, mais bebês e maior longevidade.

Consideremos primeiro o tamanho do corpo. A altura é afetada por fatores tanto genéticos quanto ambientais durante o período em que estamos crescendo: boa saúde essencialmente permite que cresçamos tanto quanto nossos genes deixam (mas não mais); má saúde e nutrição deficiente tolhem nosso desenvolvimento. Como nosso modelo de balanço energético prevê, os corpos humanos tornaram-se de fato maiores desde a Revolução Industrial. Mas, se examinarmos com cuidado a estatura nas últimas centenas de anos, veremos que a maior parte da mudança foi recente. Como exemplo, o gráfico da figura 19 mostra como a altura masculina mudou desde 1800 na França.[52] Durante a primeira parte da Revolução Industrial, a estatura aumentou moderadamente (ela de fato declinou em países mais pobres, como a Holanda). Aumentos na estatura se aceleraram ligeiramente nos anos 1860, mas depois deram um salto nos últimos cinquenta anos. Ironicamente, se considerarmos como a altura mudou numa escala de tempo mais longa, os últimos 40 mil anos (como mostrado na figura 19), fica evidente que avanços recentes permitiram aos europeus retornar ao ponto em que tinham começado no Paleolítico e depois excedê-lo ligeiramente.[53] A estatura na Europa diminuiu no fim da Idade do Gelo, talvez em parte por causa de mudanças genéticas à medida que europeus se adaptavam a climas mais quentes, mas depois eles ficaram ainda mais baixos durante o desafiador milênio do início do Neolítico. Avanços agrícolas começaram a inverter essa tendência durante o último milênio, e foi só no século XX que os europeus chegaram a ter a mesma altura que os homens da caverna. De fato, os dados referentes à estatura sugerem que hoje os europeus são mais altos que qualquer outro povo no planeta. Em 1850, homens holandeses eram em média 4,8 centímetros mais baixos que homens americanos. Desde então, a estatura aumentou quase vinte centímetros entre os homens holandeses, mas apenas dez centímetros entre os homens americanos, fazendo dos holandeses o povo mais alto no mundo.[54]

E quanto ao peso? Consideraremos a cintura e a obesidade em expansão mais detidamente no capítulo 10, mas dados de longo prazo de vários países sugerem que a energia extra hoje disponível para tantas pessoas aumentou previsivelmente o peso em relação à altura. Essa relação é muitas vezes medida usando-se o índice de massa corporal (IMC), que é o peso de uma pessoa (em quilogramas) dividido pela altura (em metros) ao quadrado. A figura 20 indica medidas do IMC de homens americanos entre quarenta e 59 anos de idade durante os últimos cem anos, tomadas de um monumental estudo realizado por Roderick Floud e colegas.[55] O gráfico mostra que um típico americano adulto do sexo masculino tinha em 1900 um IMC de cerca de 23, mas desde então esse número aumentou constantemente, ainda que com uma ligeira queda após a Segunda Guerra Mundial. O homem americano médio de hoje tem excesso de peso (definido como IMC acima de 25).

Infelizmente, os aumentos na altura e no peso dos adultos ao longo dos últimos cem anos, aproximadamente, não se traduziram numa redução da porcentagem de bebês que nascem pequenos demais. O tamanho dos bebês ao nascer é uma importante preocupação de saúde porque bebês com baixo peso ao nascer – definido como menos de 2,5 quilos – correm

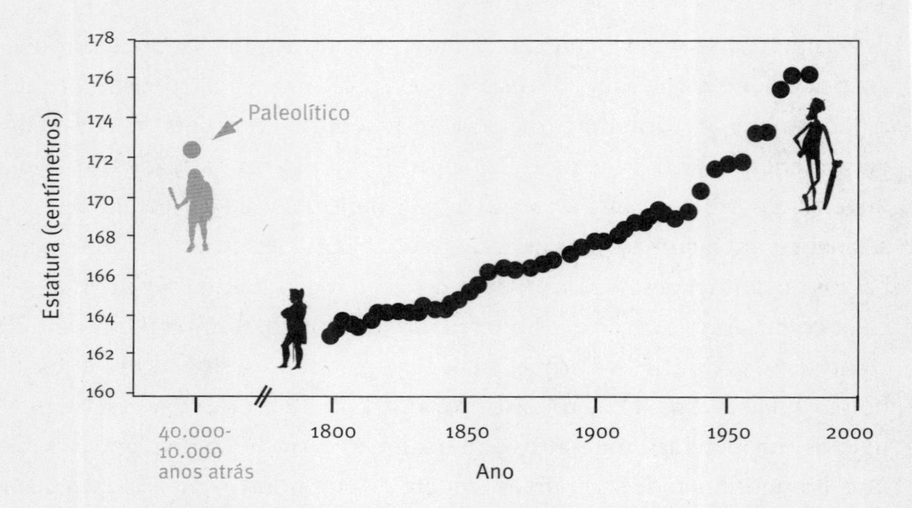

FIGURA 19. Mudança de estatura entre homens franceses desde 1800 (e comparados com europeus do Paleolítico). Dados de R. Floud et al. *The Changing Body: Health, Nutrition, and Human Development in the Western World Since 1700*. Cambridge, Cambridge University Press, 2011; T.J. Hatton e B.E. Bray. "Long-run trends in the heights of European men, 19th-20th centuries". *Economics and Human Biology*, n.8, 2010, p.405-13; V. Formicola e M. Giannecchini. "Evolutionary trends of stature in upper Paleolithic and Mesolithic Europe". *Journal of Human Evolution*, n.36, 1999, p.319-33.

um risco muito maior de morrer ou sofrer problemas de saúde quando crianças e como adultos. Dados de Floud e colegas mostram que o peso médio ao nascer nos Estados Unidos é significativamente mais baixo entre os negros do que entre os brancos, mas em ambos os grupos a proporção de bebês com baixo peso ao nascer mudou pouco desde 1900 (cerca de 11% entre negros e 5,5% entre brancos). Esta disparidade é basicamente consequência de diferenças socioeconômicas, porque o peso ao nascer é um reflexo direto da quantidade de energia que a mãe é capaz de investir em sua prole.[56] Países como a Holanda, que fornecem acesso a bons serviços de saúde para todos os habitantes, têm porcentagens mais baixas de bebês com baixo peso ao nascer (cerca de 4%).

A outra previsão óbvia do modelo energético é que a combinação de mais calorias provenientes de abundância de alimento altamente energético, menos atividade física e menos doença modificará as características

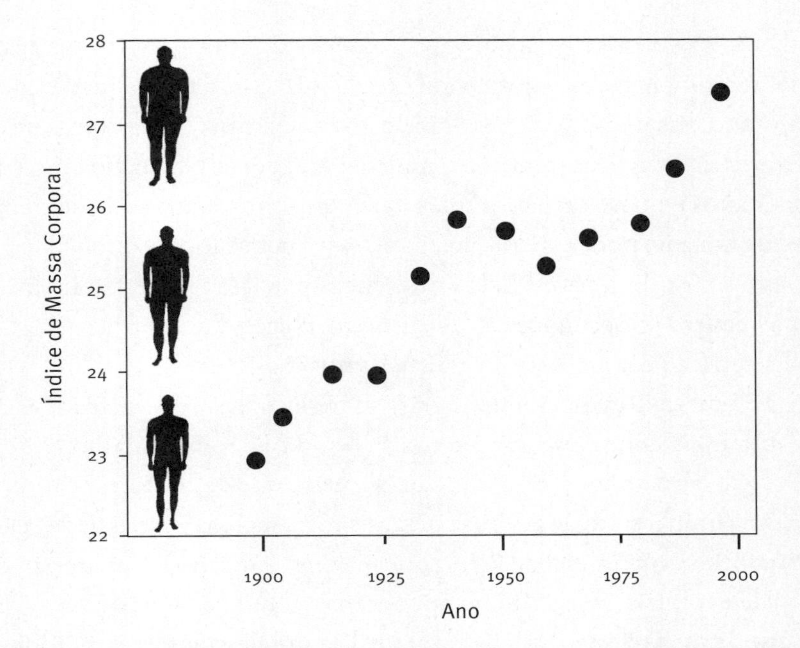

FIGURA 20. Mudanças no índice de massa corporal (IMC) de homens americanos entre as idades de quarenta e 59 anos desde 1900 (alguns valores são extrapolados). Modificado a partir de R. Floud et al. *The Changing Body: Health, Nutrition, and Human Development in the Western World Since 1700*. Cambridge, Cambridge University Press, 2011.

demográficas das populações humanas. Além de ficar mais altas e mais largas, pessoas com um balanço energético positivo vivem mais tempo e podem ter mais filhos, e estes têm maior probabilidade de sobreviver. De fato, se há uma medida de progresso universalmente aceita, são baixas taxas de mortalidade infantil. Por essa medida, a Revolução Industrial foi um extraordinário sucesso. A mortalidade infantil entre os brancos americanos caiu 36 vezes entre 1850 e 2000, de 21,7% para 0,6%.[57] Mortalidade infantil mais baixa, combinada com outros avanços, também duplicou a expectativa de vida. Se você tivesse nascido em 1850, provavelmente viveria até os quarenta anos de idade e sua morte seria causada por doença infecciosa. Um bebê americano nascido no ano 2000 pode esperar viver até os 77 anos e mais provavelmente morrerá de doença cardiovascular ou câncer. Em meio a essas estatísticas animadoras, no entanto, há lembretes de que as mudanças ocorridas nas últimas centenas de anos não beneficiaram a todos igualmente, e isso nos faz refletir. Desde 1850, a mortalidade infantil declinou mais de vinte vezes entre afro-americanos, mas continua três vezes mais elevada que entre os brancos. A expectativa de vida para afro-americanos é quase seis anos mais baixa que para brancos. Uma menina nascida em 2010 pode esperar viver até os 55 anos se for do Zimbábue, mas até 85,9 se for do Japão.[58] Essas diferenças persistentes refletem antigas disparidades socioeconômicas que limitam o acesso aos serviços de saúde, à boa nutrição e a melhores condições sanitárias.

O efeito da Revolução Industrial sobre as taxas de fertilidade é uma questão mais complexa porque mais comida, menos trabalho e menos doença levam a maior fecundidade (a *capacidade* de ter filhos), ao passo que uma ampla série de fatores culturais influenciam a fertilidade real de uma mulher (o número de filhos que ela *tem*). Durante a maior parte da história evolutiva, as mulheres tenderam a ter altas taxas de fertilidade porque as taxas de mortalidade infantil eram elevadas e os métodos de contracepção limitados, e porque os filhos eram um recurso economicamente valioso, que ajudava no cuidado de outros filhos, nos trabalhos domésticos e nos trabalhos no campo (ver capítulo 8). Essa equação mudou durante a era industrial, quando ter filhos demais se transformou numa carga econômica. Famílias começaram a limitar sua fertilidade, auxiliadas pelos novos métodos de contracepção. Em 1929, o demógrafo americano Warren Thompson propôs que, à medida que as populações passassem pela Revolução Industrial, elas passavam por uma "transição demográfica", descrita na figura 21. A observação básica de Thompson foi que, após a industrialização, as taxas de mortalidade declinam em razão de melhores condições, e em seguida as famílias reagem reduzindo suas taxas de fertilidade. Em consequência, as taxas de crescimento populacional são tipicamente altas durante as primeiras fases da industrialização, mas em seguida se estabilizam e por vezes até declinam. O modelo de transição demográfica de Thompson foi controverso porque não se aplica a todos os países. Por exemplo, na França, as taxas de nascimento de fato declinaram antes que as taxas de mortalidade caíssem, e em muitos países em todo o mundo em desenvolvimento, Oriente Médio, Sul da

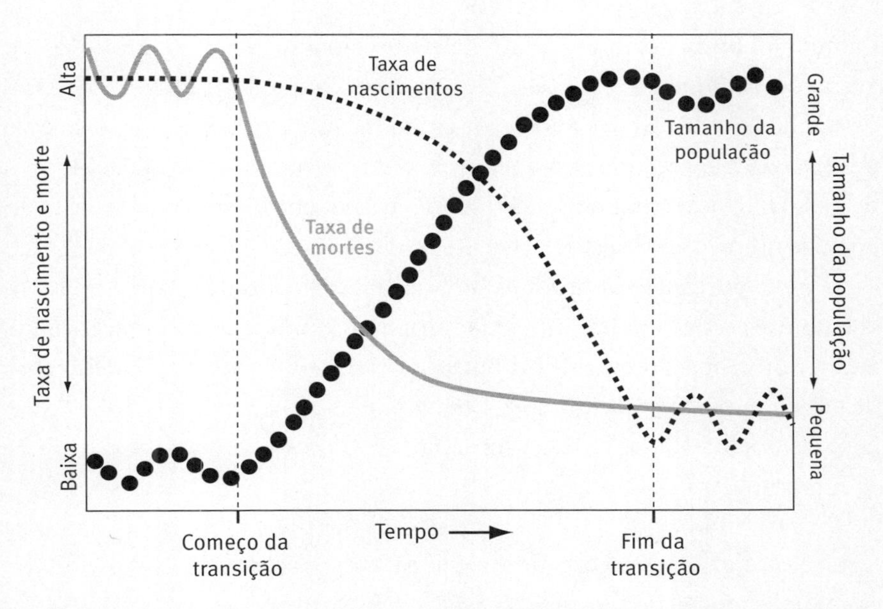

FIGURA 21. Modelo da transição demográfica. Em seguida ao desenvolvimento econômico, as taxas de morte tendem a cair antes que as taxas de nascimento se reduzam, o que resulta num boom populacional inicial que acaba por se estabilizar. Esse modelo controverso, porém, só se aplica a alguns países.

Ásia, América Latina e África, as taxas de nascimento permaneceram elevadas apesar de reduções substanciais na mortalidade.[59] Esses países têm taxas muito altas de crescimento populacional. Como certamente não nos deveria surpreender, o desenvolvimento econômico influencia, mas não determina, o tamanho da família.

Em suma, os efeitos combinados de menor mortalidade infantil, maior longevidade e fertilidade aumentada foram o combustível de uma explosão da população do mundo, como mostra a figura 18. Como o crescimento populacional é intrinsecamente exponencial, mesmo pequenos aumentos na fertilidade ou reduções na mortalidade provocam rápido crescimento populacional. Se uma população inicial de 1 milhão de pessoas crescer a 3,5% ao ano, ela vai aproximadamente dobrar a cada geração, crescendo para 2 milhões em vinte anos, 4 milhões em quarenta anos e assim por diante, chegando a 32 milhões em cem anos. Na verdade, a taxa de crescimento global chegou a seu ponto mais alto em 1963, 2,2% por ano, e desde então declinou para cerca de 1,1% por ano,[60] o que se traduz numa taxa de duplicação de cada 64 anos. Nos cinquenta anos entre 1960 e 2010, a população do mundo mais do que duplicou, passando de 3 para 6,9 bilhões de pessoas. Nas taxas atuais de crescimento, podemos esperar 14 bilhões de pessoas no fim deste século.

Um importante subproduto do crescimento populacional somado à concentração de riqueza em cidades foi uma mudança para mais urbanização. Em 1800, somente 25 milhões de pessoas viviam em cidades, cerca de 3% da população do mundo. Em 2010, elas são cerca de 3,3 bilhões de pessoas, metade da população mundial.

A má notícia: Mais incapacidade crônica decorrente de mais doenças de desajuste

De várias perspectivas, a era industrial trouxe muito progresso em termos de saúde humana. Sem dúvida, os primeiros dias da Revolução Industrial foram opressivos, mas dentro de algumas gerações, inovações em tecnologia, medicina, governo e saúde pública levaram a soluções efetivas para muitas das doenças de desajuste provocadas pela Revolução Agrícola, especialmente a carga de doença infecciosa causada por se viver em maiores densidades populacionais na companhia de animais e em condições insalubres. Nem todos esses avanços, contudo, estão disponíveis para pessoas que têm a infelicidade de viver na pobreza, sobretudo em nações menos desenvolvidas. Ademais, o progresso feito nos últimos 150 anos também veio com alguns inconvenientes importantes para a saúde das pessoas. Mais essencialmente, houve uma transição epidemiológica. À medida que menos pessoas sucumbem a doenças por desnutrição e infecções, especialmente quando são jovens, mais pessoas estão desenvolvendo outros tipos de doenças não transmissíveis conforme envelhecem. Essa transição ainda está em curso: nos quarenta anos transcorridos entre 1970 e 2010, a porcentagem de mortes no mundo todo por doença infecciosa e desnutrição caiu 17% e a expectativa de vida aumentou onze anos, enquanto a porcentagem de mortes por doenças não transmissíveis elevou-se 30%.[61] À medida que mais pessoas têm vida mais longa, um maior número delas está sofrendo com incapacidades. Em termos técnicos, taxas de mortalidade mais baixas foram acompanhadas por taxas de morbidade mais elevadas (definidas como um estado de má saúde por qualquer forma de doença).

Para pôr essa transição epidemiológica em perspectiva, comparemos como cidadãos idosos vivem hoje nos Estados Unidos com a maneira como seus avós ou bisavós experimentaram a velhice. Quando Franklin D. Roosevelt assinou a Lei da Previdência Social em 1935, a velhice era definida como 65 anos, no entanto a expectativa de vida estimada nos Estados Unidos na época era 61 anos para homens e 64 anos para mulheres.[62] Um cidadão idoso atualmente, porém, pode esperar viver de dezoito a vinte anos mais. A desvantagem é que ele ou ela deve esperar morrer mais lentamente. As duas causas de morte mais comuns entre os americanos em 1935 eram doenças respiratórias (pneumonia e gripe) e diarreia infecciosa, que matam rapidamente. Em contraposição, as duas causas de morte mais comuns nos Estados Unidos em 2007 eram doença cardíaca e câncer (cada uma foi responsável por cerca de 25% do total de mortes). Algumas vítimas de infarto morrem em minutos ou horas, mas a maior parte dos idosos com doença cardíaca sobrevive por anos enquanto enfrenta complicações como pressão sanguínea alta, insuficiência cardíaca congestiva, fraqueza geral e doença vascular periférica. Muitos pacientes de câncer também permanecem vivos por anos após os diagnósticos, graças a quimioterapia, radiação, cirurgia e outros tratamentos. Além disso, muitas das outras mais importantes causas de morte atualmente são doenças crônicas como asma, mal de Alzheimer, diabetes tipo 2 e doença renal, e houve uma elevação na ocorrência de doenças não fatais mas crônicas como osteoartrite, gota, demência e perda da audição.[63] No geral, a crescente prevalência de doenças crônicas entre pessoas de meia-idade e idosas está contribuindo para uma crise na assistência médica porque as crianças nascidas no *baby boom* que se seguiu à Segunda Guerra Mundial estão agora entrando na velhice, e uma porcentagem sem precedentes delas está sofrendo de doenças prolongadas, incapacitantes e dispendiosas. A expressão que os epidemiologistas cunharam para esse fenômeno é "extensão da morbidade".[64]

Uma maneira de quantificar a extensão da morbidade que ocorre atualmente é um indicador conhecido como anos de vida perdidos ajustados por incapacidade (DALYs, da sigla em inglês), que mede a carga geral de uma doença como o número de anos perdidos com a má saúde, além da morte.[65] Segundo uma impressionante análise recente de dados médicos colhidos no mundo inteiro entre 1990 e 2010, a carga de incapacidade causada por doenças transmissíveis e relacionadas à nutrição caiu mais de 40%, ao passo que a carga de incapacidade causada por doenças não transmissíveis elevou-se, especialmente em nações desenvolvidas. Por exemplo, DALYs elevaram-se 30% para diabetes tipo 2, 17% para doença renal crônica, 12% para distúrbios musculoesqueletais, como artrite e dor nas costas, 5% para câncer de mama e 12% para câncer de fígado.[66] Mesmo após descontar o crescimento populacional, mais pessoas estão experimentando mais incapacidade crônica resultante de doenças não transmissíveis. Para as doenças recém-mencionadas, o número de anos que uma pessoa pode esperar viver com câncer aumentou 36%, com doença do coração e circulatória, 18%, com doenças neurológicas, 12%, com diabetes, 13%, e com doenças musculoesqueletais, 11%.[67] Para muitos, a velhice equivale agora a muitas incapacidades (e contas médicas elevadas).

A transição epidemiológica é o preço do progresso?

Em que medida o paradoxo das tendências na saúde humana hoje – o fato de mais pessoas estarem vivendo até idade mais avançada, mas também sofrendo com mais frequência e por mais tempo de doenças crônicas e dispendiosas – é simplesmente o preço do progresso? Afinal de contas, temos de morrer de alguma coisa. Como doenças transmissíveis estão matando menos jovens, faz sentido esperar mais doenças como câncer e diabetes tipo 2, que tendem a acometer pessoas mais velhas. À medida que nosso corpo envelhece, nossos órgãos e células funcionam de maneira menos eficiente, nossas juntas se desgastam, mutações se acumulam, e deparamos com mais toxinas e mais agentes nocivos. Segundo esta lógica, se você tem menos chances de morrer na juventude de desnutrição, gripe ou cólera, deveria ficar feliz por morrer numa idade mais avançada de doença cardíaca ou osteoporose. Pela mesma lógica, você deveria também encarar doenças não letais, mas incômodas, como síndrome do intestino irritável, miopia e cáries, como consequências colaterais necessárias da civilização.

A extensão da morbidade será o preço que a era industrial nos obrigou a pagar por uma mortalidade mais baixa? Em alguma medida, a resposta é inquestionavelmente sim. Em razão de mais comida, melhores condições sanitárias e melhores condições de trabalho, menos pessoas, especialmente crianças, contraem doenças infecciosas e sofrem com insuficiência de alimento, e por isso vive-se mais tempo. É também inevitável que, com a idade, a chance de mutações causadoras de câncer aumente, as artérias endureçam, os ossos percam massa, e outras funções se deteriorem. Muitos problemas de saúde têm forte correlação com a idade, o que os torna mais comuns à medida que mais populações crescem e uma maior porcentagem delas é de meia-idade e idosa. Segundo algumas estimativas, o número de anos que as pessoas vivem com incapacidades cresceu 28% no mundo todo simplesmente em decorrência de crescimento populacional, e quase 15% porque há mais idosos agora.[68] No entanto, para cada ano de vida a mais conquistado desde 1990, apenas dez meses são saudáveis.[69] Até 2015, haverá mais pessoas com mais de 65 anos que com menos de cinco, mas quase metade dos que tiverem acima de cinquenta anos estarão em algum estado de dor, invalidez ou incapacidade que requer cuidados médicos.

Quando examinada de uma perspectiva evolutiva, porém, a transição epidemiológica não pode ser explicada unicamente como uma troca de menor mortalidade por maior morbidade. Quase todas as análises publicadas de tendências em mudança na saúde consideram alterações na mortalidade e na morbidade apenas dos últimos cem anos, aproximadamente, e usando dados unicamente sobre pessoas de economias industriais ou agrícolas de subsistência. No entanto, sem considerar dados sobre a saúde de caçadores-coletores, essas avaliações de mudança na saúde global são como tentar descobrir quem ganhou um jogo de futebol com base apenas nos gols marcados nos últimos minutos. Além disso, embora faça sentido para médicos e funcionários da saúde pública categorizar doenças com base no fato de serem causadas por infecções, desnutrições, tumores e assim por diante, uma perspectiva evolutiva sugere que deveríamos também considerar a extensão em que doenças são causadas por desajustes evolutivos entre as condições ambientais (inclusive dieta, atividade física, sono e outros fatores) para as quais evoluímos e as condições ambientais que experimentamos agora.

Se reconsiderarmos a atual transição epidemiológica – deixamos de morrer jovens de doenças infecciosas e em troca enfrentamos morbidade mais extensa por doenças não transmissíveis – a partir de uma perspectiva evolutiva, um quadro um tanto diferente emerge. Sob essa luz, é evidente que, à medida que as populações crescem e as pessoas vivem mais tempo, mais pessoas estão adoecendo de doenças de desajuste que costumavam ser incomuns ou inexistentes e que não são necessária ou inteiramente subprodutos inevitáveis do progresso.

Uma linha de evidências essencial para corroborar esta ideia vem do que sabemos sobre a saúde dos caçadores-coletores a partir dos poucos grupos que ainda restam para estudarmos. Lembremos que caçadores-coletores vivem em populações pequenas porque as mães têm bebês com pouca frequência e seus filhos sofrem de taxas elevadas de mortalidade na lactância e na infância. Mesmo assim, a vida de caçadores-coletores recentes não é necessariamente sórdida, brutal e curta como muitas vezes se supõe. Caçadores-coletores que sobrevivem à infância tipicamente chegam à velhice: sua idade mais comum de morte é entre 68 e 72 anos, e em sua maioria eles se tornam avós e até bisavós.[70] Suas causas mais prováveis de morte são infecções gastrintestinais ou respiratórias, doenças como malária e tuberculose ou violência e acidentes.[71] Levantamentos sobre saúde também indicam que a maior parte das doenças não infecciosas que matam ou incapacitam as pessoas mais velhas nas nações desenvolvidas são raras ou desconhecidas entre caçadores-coletores de meia-idade e idosos.[72] Esses estudos reconhecidamente limitados descobriram que caçadores-coletores raramente ou nunca têm diabetes tipo 2, doença cardíaca coronária, hipertensão, osteoporose, câncer de mama, asma e doenças do fígado. Também não parecem sofrer muito de gota, miopia, cárie, perda de audição, pés chatos e outros transtornos comuns. É verdade que não vivem com uma saúde sempre perfeita, em especial desde que o tabaco e o álcool se tornaram cada vez mais disponíveis para eles, mas as evidências sugerem que são saudáveis comparados a muitos americanos mais velhos hoje apesar de nunca terem recebido nenhum cuidado médico.

Em suma, se fôssemos comparar dados contemporâneos de saúde de pessoas do mundo todo com dados equivalentes de caçadores-coletores, não concluiríamos que taxas em elevação de doenças comuns de desajuste, como doença cardíaca e diabetes tipo 2, são subprodutos diretos e inevitáveis do progresso econômico e da maior longevidade. Além disso, se os examinarmos com cuidado, alguns dados epidemiológicos usados para provar a inevitabilidade de uma troca entre a morte precoce por doença infecciosa e a morte numa idade mais avançada por doença cardíaca ou certos cânceres não resistem a escrutínio. Considere, por exemplo, tendências recentes no câncer de mama. No Reino Unido, a incidência de câncer de mama em mulheres entre cinquenta e 54 anos quase duplicou entre 1971 e 2004, mas não houve uma duplicação da população de mulheres na primeira década da casa dos cinquenta (de fato, a expectativa de vida aumentou apenas cinco anos durante o mesmo período).[73] Além disso, doenças metabólicas como diabetes tipo 2 e ateroesclerose não estão apenas aflorando porque as pessoas estão vivendo mais tempo, elas estão na realidade se tornando mais comuns em idades mais jovens, à medida que a incidência da obesidade também se eleva entre jovens.[74] Sem dúvida, algumas doenças como câncer de próstata são hoje de diagnóstico mais fácil, por isso parecem mais comuns, mas atualmente os médicos em nações desenvolvidas têm de tratar muitas doenças que costumavam ser extremamente raras e que quase nunca aparecem no mundo não industrial. Um exemplo é a doença de Crohn, em que o sistema imunológico do corpo ataca o intestino, causando sintomas horríveis que incluem cólicas, erupções, vômito e até artrite. Taxas de doença de Crohn estão se elevando no mundo todo, especialmente entre jovens adolescentes e na casa dos vinte anos.[75]

Outra importante linha de evidências de que a transição epidemiológica não é o preço inevitável a pagar pelos benefícios do progresso vem do exame das causas de tendências em mudança na mortalidade e na morbidade. Esta é uma tarefa difícil porque é impossível desemaranhar precisamente que fatores causam a maioria das doenças crônicas não transmissíveis e em que grau. Ainda assim, vários estudos classificam invariavelmente os seguintes fatores como causas especialmente importantes de morbidade entre pessoas em nações desenvolvidas (mais ou menos nesta ordem): pressão sanguínea alta, fumo, abuso de álcool, poluição, dieta com poucas frutas, índice de massa corporal elevado, níveis elevados de glicose no sangue em jejum, inatividade física, dietas com alto teor de sódio, dietas pobres em castanhas e sementes, colesterol alto.[76] Observe que muitos desses fatores não são independentes. Fumo, dieta pobre e inatividade física são causas bem conhecidas de pressão sanguínea alta, obesidade, níveis elevados de açúcar no sangue e perfis lipídicos ruins. De qualquer maneira, nenhum desses fatores de risco era comum antes das revoluções Agrícola e Industrial.

Num último mas importante ponto, há algumas evidências que nos levam a questionar, ou pelo menos a abrandar, a suposição de que uma

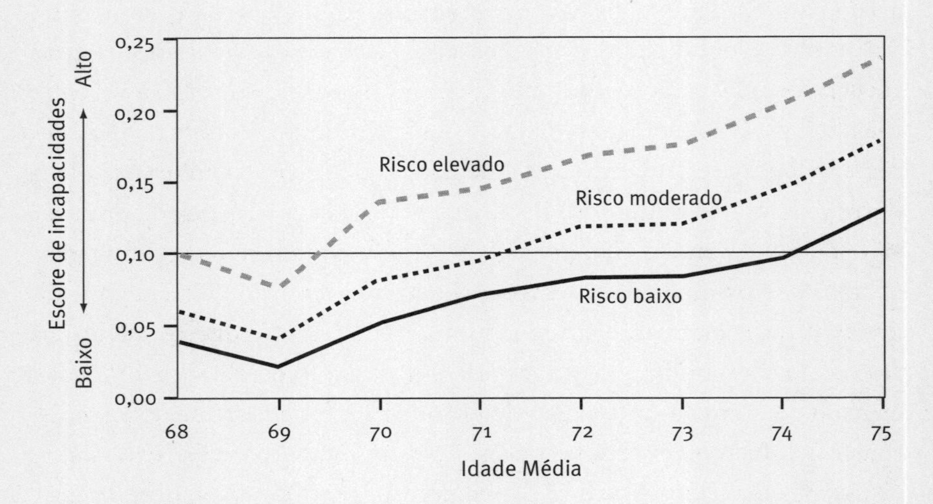

FIGURA 22. Compressão de morbidade entre diplomados da Universidade da Pensilvânia. Os sujeitos foram divididos em diferentes categorias de risco com base em IMC, fumo e hábitos de exercício. Indivíduos com fatores de risco mais elevados tiveram mais incapacidades em idades mais jovens. Modificado a partir de A. J. Vita, et al. "Aging, health risks, and cumulative disability". *New England Journal of Medicine*, n.33, 1998, p.1035-41.

extensão da morbidade acompanha necessariamente a maior longevidade. Um teste seminal dessa hipótese feito por James Fries e colegas analisou dados de 1.741 pessoas que frequentaram a Universidade da Pensilvânia em 1939 e 1940 e foram depois entrevistadas repetidamente por mais de cinquenta anos.[77] Foram colhidos dados sobre três fatores de risco (IMC, fumo e quantidade de exercício), as doenças crônicas de que sofriam e seu grau de incapacidade (quantificado com base em quão bem desempenhavam oito atividades diárias básicas: vestir-se, levantar-se, comer, andar, arrumar-se, estender o braço, agarrar e executar pequenas incumbências). Aqueles classificados como de alto risco porque tinham excesso de peso, fumavam e não se exercitavam muito tiveram uma taxa de mortalidade 50% mais alta que os de baixo risco. Adicionalmente, como a figura 22 ilustra, esses indivíduos de alto risco tinham escores de incapacidade 100% maiores que os daqueles classificados como de baixo risco e transpunham o limiar de incapacidade mínima aproximadamente sete anos antes. Em outras palavras, na altura em que esses formandos estavam na casa dos setenta anos, apenas três fatores de risco (nenhum dos quais incluía dieta) explicavam uma chance 50% maior de morrer e duas vezes mais incapacidades. Os resultados, aliás, eram os mesmos para homens e para mulheres, e o projeto do estudo mantinha constantes quaisquer efeitos de educação e raça.

Em última análise, a era industrial foi notavelmente bem-sucedida em resolver muitas das doenças de desajuste desencadeadas pela Revolução Industrial. Ao mesmo tempo, porém, criamos ou intensificamos grande quantidade de novas doenças de desajuste não transmissíveis que ainda temos de dominar e aquelas cuja prevalência e intensidade ainda estão crescendo no mundo todo, apesar de esforços combinados para mitigá-las. Essas doenças e a extensão da morbidade que acompanhou a transição epidemiológica ainda em curso não são subprodutos simples, inevitáveis, de maior longevidade e menos doença infecciosa. Não há nenhum preço a ser inelutavelmente pago por um ganho por trás da correlação entre maior longevidade e morbidade mais elevada. Em vez disso, a evidência confirma a noção banal de que é possível viver uma vida longa e saudável sem estar condenado a contrair doenças crônicas não infecciosas que causam anos de incapacidade. No entanto, lamentavelmente, não vemos um número suficiente de pessoas envelhecer tão bem. Para tentar entender essas tendências, vamos agora usar a lente da evolução para examinar mais profundamente as causas das doenças de desajuste surgidas desde as revoluções Agrícola e Industrial. Uma questão igualmente importante é como nosso fracasso em tratar as causas dessas doenças por vezes fomenta disevolução, o pernicioso circuito de retroalimentação que lhes permite continuar prevalentes ou se tornar mais frequentes.

Das várias doenças de desajuste com que nos defrontamos, algumas das mais preocupantes são aquelas que decorrem do excesso de um estímulo anteriormente raro. E dessas doenças, as mais essenciais e difundidas são relacionadas à obesidade, que é causada pelo excesso de energia acumulada.

PARTE III

O presente, o futuro

10. O círculo vicioso do excesso

Por que energia demais pode nos deixar doente

Minha saída é o resultado de um excesso de entradas.

Richard Monckton Milnes

Fui educado para temer tanto comer gordura quanto me tornar um gordo. Com base no pressuposto de que somos o que comemos, minha mãe considerava queijo, manteiga e qualquer outra coisa muito gordurosa formas de veneno a serem tão evitadas quanto possível. Ovos eram gigantescas pílulas de veneno. Ela não estava inteiramente correta sobre as comidas que nos engordam, mas tinha razão ao se preocupar com a obesidade. Dos muitos problemas de saúde que a espécie humana enfrenta hoje, esse se tornou o maior, tanto no sentido literal quanto no figurado. Embora em si mesma não seja doença, a obesidade surge da posse de um excesso de um estímulo outrora raro: energia. Excesso de energia, inclusive excesso de gordura corporal (especialmente no abdome), pode causar muitas doenças de desajuste que estão se tornando rapidamente mais prevalentes por causa dos ambientes que criamos e porque deixamos de prevenir suas causas com eficiência.

Obesidade é um problema tão difundido, tão manifesto, e assunto de tanta discussão, que muita gente está ficando farta de ler, falar ou pensar sobre isso. Com que frequência precisamos ser lembrados de que dois terços dos adultos de países como os Estados Unidos têm excesso de peso ou são obesos, de que um terço de suas crianças são pesadas demais e de que a porcentagem de pessoas obesas duplicou desde os anos 1970? Quantos anúncios de roupas de tamanho extragrande e de novos programas de dieta temos de digerir? Se há uma coisa que todo mundo sabe sobre obesidade, é que tentar perder peso é extremamente difícil e por vezes impossível. Além disso, qual é o problema de ser gordo para início de conversa? Se estatuetas de Vênus – de mulheres sem rosto com grandes seios, amplas coxas e ventre inchado – são uma indicação, costumávamos venerar a gordura durante a Idade da Pedra.[1]

Não desejo adoçar um tópico importante, mas confusão generalizada, debate, raiva e angústia com relação à epidemia atestam que precisamos desesperadamente compreender melhor quando e por que a obesidade é um problema. Por que os seres humanos engordam com tanta facilidade? Por que a obesidade predispõe pessoas a certas doenças se os seres humanos estão tão adaptados a armazenar gordura? Por que a incidência e a intensidade de doenças relacionadas à obesidade estão aumentando agora? Por que algumas pessoas com sobrepeso ficam doentes, mas outras não? Para tratar destas e de outras questões é preciso olhar através da lente da evolução. Uma perspectiva evolutiva confirma que os seres humanos estão primorosamente adaptados a ganhar peso e que armazenar uma quantidade relativamente grande de gordura corporal é normal. Uma perspectiva evolutiva realça por que estamos inadequadamente adaptados não tanto a gordura em excesso no traseiro, nas pernas e no queixo, mas na barriga. Uma perspectiva evolutiva ajuda a chamar atenção para as causas iniciais do problema. A principal delas é que o que importa não é apenas quanto comemos, mas também o que comemos, e que nosso corpo está inadequadamente adaptado a lidar com constantes fornecimentos de excesso de energia, contribuindo para muitas das mais sérias doenças de desajuste com que nos confrontamos, como diabetes tipo 2, arteriosclerose e alguns cânceres. Por fim, uma perspectiva evolutiva revela que a maneira como tratamos essas doenças de desajuste da afluência cria às vezes um circuito de retroalimentação que agrava o problema.

Por que o corpo armazena, usa e converte energia

A obesidade e as doenças da afluência a ela relacionadas como diabetes tipo 2 e doenças cardíacas são tipos de desajuste causados pelo que comemos e pela quantidade de energia que consumimos relativamente ao tanto que usamos. Embora seja intuitivamente óbvio que sorvete demais é ruim para nós, como pode o excesso de uma coisa boa como energia ser prejudicial? Um primeiro passo para compreender esse problema é tratar de entender como o corpo converte diferentes tipos de alimento em energia, e como essa energia é queimada ou armazenada. Farei o meu melhor para explicar esses processos complexos da maneira mais simples possível.

Sempre que faz alguma coisa, como crescer, andar, digerir, dormir ou ler estas palavras, você gasta energia. Quase toda a energia que seu corpo usa para alimentar atividades é armazenada em moléculas pequeninas e onipresentes chamadas ATP (trifosfato de adenosina). As ATPs são como minúsculas baterias que circulam nas células de nosso corpo, liberando energia quando ela é necessária. Por sua vez, seu corpo sintetiza e recarrega moléculas de ATP queimando combustíveis, principalmente carboidratos e gorduras. Você come não apenas para reabastecer esses depósitos de energia, mas também para criar uma reserva de energia, de modo que nunca lhe faltem ATPs, nem por um instante. A ATP funciona portanto em seu corpo como dinheiro que você ganha, usa e poupa. Assim como seu saldo bancário é uma função da diferença entre a quantidade de dinheiro que você ganha e gasta, seu *balanço energético* é a diferença entre a quantidade de energia que você assimila e a quantidade que gasta durante dado período de tempo. Medido no curto prazo, você raramente está em balanço energético: quando come ou digere, está em geral em balanço energético positivo, e durante o resto do dia (e noite), tende a estar num balanço energético ligeiramente negativo. No entanto, no curso de longos períodos de tempo, como dias, semanas e meses, seu balanço energético estará num estado estacionário se você não estiver nem ganhando nem perdendo peso. Em termos simples, a perda ou ganho de peso ocorrem quando uma pessoa passa períodos extensos em balanço energético positivo ou negativo. Como semanas ou meses de balanço energético negativo são ruins para o sucesso reprodutivo, a maioria dos organismos, inclusive os humanos, está bem adaptada para impedir esse estado.

Uma maneira de evitar ficar em balanço energético negativo é regular quanta energia você gasta. Assim como gasta ou esbanja seu salário em mercadorias e serviços como comida, aluguel e diversão, seu corpo gasta energia em diversas funções. Um grande componente do gasto do seu corpo, seu metabolismo em repouso, é destinado a atender necessidades especiais como alimentar cérebro, sangue circulante, respiração, reparação de tecidos e manutenção do sistema imunológico. O metabolismo em repouso de um adulto típico requer cerca de 1.300 a 1.600 calorias por dia, mas seu custo varia amplamente, em grande parte em decorrência de variações na massa corporal livre de gordura (corpos maiores consomem mais energia).[2] O restante de seu gasto energético se dá fazendo coisas, principalmente sendo fisicamente ativo, mas também digerindo e mantendo uma temperatura corporal estável. Se você fica na cama o dia todo, pode permanecer em equilíbrio energético ingerindo apenas uma fração além de suas demandas metabólicas em repouso. Se decide correr uma maratona, contudo, precisará de 2 mil a 3 mil calorias adicionais.

A outra maneira pela qual regulamos nosso balanço energético é com comida, a qual contém energia na forma de ligações químicas. Por mais que meu cérebro tenha apreciado a deliciosa refeição que acabei de fazer, meu sistema digestivo a está tratando agora basicamente como energia, decompondo a comida em sua estrutura básica: proteínas, carboidratos e gorduras. As proteínas são cadeias enroladas de aminoácidos; os carboidratos são longas cadeias de moléculas de açúcar; as gorduras são feitas de três longas moléculas chamadas ácidos graxos, unidas por uma única molécula sem cor e sem odor conhecida como glicerol (por isso o termo químico para gorduras é *triglicérides*). A proteína é usada sobretudo para construir e manter tecidos e só de maneira relativamente rara é decomposta para servir como combustível. Em contraposição, os carboidratos e gorduras são guardados e queimados para produção de energia, mas de maneiras distintas. A principal diferença a lembrar é que é muito mais fácil e rápido queimar carboidratos que gorduras, mas eles guardam energia de forma menos densa. Um grama de açúcar contém quatro calorias de energia, mas um grama de gordura tem nove calorias. Da mesma maneira que guardamos mais dinheiro com eficiência em notas de valores altos, nosso corpo sensatamente armazena a maior parte da energia em excesso como gordura, e muito pouco como carboidrato, o que faz na forma do *glicogênio*, uma molécula grande e pesada. Plantas armazenam carboidratos em excesso de maneira muito mais densa como amido.

As diferentes propriedades de gorduras e carboidratos se refletem no modo como o corpo as usa e armazena como combustível. Imagine que você acaba de devorar uma grande fatia de bolo de chocolate, cujos principais ingredientes são farinha de trigo, manteiga, ovos e açúcar. Assim que o bolo entra em você, seu sistema digestivo começa a decompor as gorduras e os carboidratos que o constituem, os quais são transportados do intestino delgado para a corrente sanguínea, na qual têm diferentes destinos. A sorte da gordura é orquestrada principalmente pelo fígado. Alguma gordura é armazenada dentro dele, alguma é imediatamente queimada, e alguma é armazenada em músculos, mas o restante é transportado pelo sangue para células gordas especializadas (adipócitos) espalhadas pelo corpo todo. Um ser humano típico tem dezenas de bilhões dessas células, cada uma das quais contém uma única gotinha de gordura. À medida que mais gordura é acrescentada a uma célula, ela infla como um balão. Células de gordura se dividem se ficam volumosas demais quando ainda estamos crescendo, mas a maioria de nós mantém um número constante delas depois que nos tornamos adultos.[3] Muitas dessas células estão sob a nossa pele e por isso são chamadas de *gordura subcutânea*, algumas estão nos músculos e em órgãos diversos, e algumas situam-se em torno dos órgãos do abdome, ficando conhecidas como *gordura visceral* (coloquialmente, gordura da barriga). Os contrastes entre gordura subcutânea e visceral são realmente importantes. Como discutiremos a seguir, as células de gordura visceral se comportam de maneira diferente de outras células de gordura, tornando a gordura excessiva na barriga um fator de risco muito mais sério do que o simples sobrepeso para muitas doenças associadas à obesidade.

Os outros componentes básicos do bolo são carboidratos. Enzimas em sua saliva começam a decompô-los em açúcares, e mais enzimas continuam o trabalho mais abaixo no intestino. Há muitos tipos de açúcar diferentes, mas as duas formas mais comuns são *glicose* e *frutose*.[4] Infelizmente, os rótulos nas comidas que compramos não distinguem entre esses açúcares, mas seu corpo, sim. Convém examinar, portanto, como o corpo lida de maneira diferente com eles.

A glicose, que não é muito doce, é o açúcar essencial que compõe o amido, portanto toda a farinha do bolo é rapidamente decomposta nela. Além disso, o açúcar de mesa (sacarose) e o açúcar do leite (lactose) são ambos feitos de 50% de glicose. Seu bolo, portanto, contém uma enorme quantidade de glicose, que o intestino transporta para a corrente sanguínea o mais depressa possível, porque o corpo requer um fornecimento constante, ininterrupto, de glicose. Mas há um ardil: você sempre precisa de glicose suficiente no sangue para evitar que células morram (especialmente no cérebro), mas excesso de glicose é seriamente tóxico para os tecidos. Por isso o cérebro e o pâncreas monitoram e estabilizam constantemente níveis de glicose, regulando os níveis do hormônio insulina, que é produzida pelo pâncreas e depois bombeada para a corrente sanguínea sempre que os níveis de açúcar no sangue se elevam, em geral logo depois que você digere alimento. Ela tem várias outras funções, mas a mais crítica é impedir que os níveis de glicose se elevem demais, o que faz de várias maneiras em diferente órgãos. Um local importante de ação da insulina é o fígado, onde cerca de 20% da glicose do bolo vai parar. Normalmente, o fígado quer converter essa glicose em glicogênio, mas ele não pode armazenar muito glicogênio rapidamente, por isso qualquer excesso é convertido em gordura, que ou se acumula dentro do fígado ou é despejada no sangue. Os outros 80% da glicose de seu bolo viajam pelo seu corpo e são absorvidos e depois queimados como combustível por células em dezenas de órgãos, como o cérebro, os músculos e os rins. A insulina faz com que a glicose restante seja absorvida por células de gordura e também transformada em gordura.[5] O ponto essencial a lembrar é que, quando os níveis de glicose se elevam depois de uma refeição, o objetivo imediato do corpo é baixá-los o mais prontamente possível, fazendo a maior parte do excesso de glicose que você não pode usar rapidamente ser armazenado como gordura.

O outro tipo de açúcar no seu bolo é a frutose, que tem sabor doce. Está frequentemente associada com a glicose e aparece naturalmente nas frutas e no mel, bem como no açúcar de mesa (sacarose, que é 50% frutose). Supondo que tenham usado muito açúcar no bolo, ele terá uma boa quantidade de frutose. Diferentemente da glicose, que pode ser metabolizada (essencialmente queimada) por células espalhadas por todo o corpo, a frutose é quase inteiramente metabolizada pelo fígado. Este, portanto, só pode queimar certa quantidade de frutose de uma vez, por isso converte qualquer excesso de frutose em gordura, a qual mais uma vez é armazenada no fígado ou despejada na corrente sanguínea. Como veremos, esses dois destinos causam problemas.

Agora que revimos os fundamentos da maneira como armazenamos gorduras e carboidratos como energia, o que acontece quando precisamos recuperar essa energia algumas horas depois, talvez quando você for à academia para queimar aquele bolo? Quando seus músculos e outros tecidos consomem mais energia, seus níveis de glicose no sangue caem, causando a secreção de vários hormônios cuja função é liberar energia armazenada. Um desses hormônios, glucagon, é também produzido pelo pâncreas, mas tem os efeitos inversos aos da insulina sobre o fígado, fazendo-o transformar tanto glicogênio quanto gorduras em açúcar. Outro hormônio essencial, cortisol, é produzido pelas glândulas adrenais, situadas acima dos rins. Ele tem muitos efeitos, inclusive o de bloquear a ação da insulina, estimular as células musculares a queimar glicogênio e levar células de gordura e musculares a liberar triglicérides na corrente sanguínea. Se você se levantasse agora e corresse alguns quilômetros, seus níveis de glucagon e cortisol iriam às alturas, fazendo seu corpo liberar grande quantidade de energia armazenada.[6]

Deixando de lado os detalhes, o resumo da história é que nosso corpo funciona como um banco de combustível, armazenando energia depois que comemos comida e sacando-a para ser usada em momentos de necessidade. Essa troca, que é mediada por hormônios, ocorre por meio de um interminável fluxo de gordura e carboidratos que vão e vêm entre o fígado, as células de gordura, os músculos e outros órgãos. Os seres humanos, como outros animais, estão portanto maravilhosamente adaptados a permanecer ativos mesmo durante longos períodos de balanço energético negativo. Podemos caçar e coletar de estômago vazio. Convém lembrar, contudo, que nosso corpo armazena apenas uma modesta provisão de glicogênio, que queimamos principalmente quando precisamos de energia logo ou depressa. Portanto, armazenamos a vasta maioria da energia excedente como gordura, que queimamos lentamente para obter grandes quantidades de energia contínua. Em consequência, quando não temos alimento suficiente para manter nosso peso constante (manter o balanço energético), podemos sobreviver por semanas ou meses se queimarmos lentamente nossas reservas de gordura e reduzirmos nossos níveis de atividade. Na realidade, quando os níveis de glicogênio no fígado caem demais, nosso corpo passa automaticamente a queimar principalmente gordura (e, se preciso, alguma proteína) para continuar alimentando nosso cérebro, que não tem nenhuma reserva própria de energia.

Até pouco tempo atrás, a maioria das pessoas suportava regularmente longos períodos de balanço energético negativo. Estar com fome era normal. Ainda que uma em oito pessoas hoje enfrente uma escassez de comida, bilhões de outras se defrontam com a circunstância evolutiva incomum de nunca ter necessidade de comida. Essa superabundância pode ser um problema porque o consumo de mais calorias do que gastamos durante longos períodos de tempo faz nosso corpo armazenar gordura adicional. Mas é muito mais complicado porque grande parte dessa comida (inclusive aquele pedaço de bolo) é extremamente processada para conter copiosas quantidades de açúcar e gordura, e para remover a fibra. Embora esse processamento torne a comida mais saborosa, ele cria uma situação duplamente nefasta para seu corpo. Não só você está obtendo mais calorias do que necessita, como a falta de fibra o leva a absorver as calorias depressa demais para que o fígado e o pâncreas possam lidar com elas. Nosso sistema digestivo nunca evoluiu para queimar tanto açúcar com tanta rapidez, e reage da única maneira que pode: transformando grande parte do excesso de açúcar em gordura visceral. Um pouco de gordura visceral é bom, mas, lamentavelmente, o excesso causa um conjunto de sintomas conhecidos como síndrome metabólica. Esses sintomas incluem pressão sanguínea alta, altos níveis de triglicérides e glicose no sangue, muito pouco de uma proteína chamada HDL (conhecida como colesterol bom) e demais de outra proteína chamada LDL (colesterol ruim). A posse de três ou mais desses sintomas aumenta fortemente o risco de muitas doenças, as mais importantes sendo as cardiovasculares, diabetes tipo 2, cânceres no tecido reprodutivo, cânceres no tecido digestivo e doenças do rim, da vesícula e do fígado.[7] Como a obesidade é um importante fator de risco para a síndrome metabólica, ter um índice de massa corporal elevado (IMC, peso em relação à altura) aumenta o risco de morrer dessas doenças.[8] Se seu IMC excede 35, você tem uma chance 4.000% maior de desenvolver diabetes tipo 2 e uma chance 70% maior de contrair doenças cardíacas do que se tiver um IMC saudável de 22.[9] Essas probabilidades, contudo, são alteradas por atividade física e outros fatores, inclusive seus genes e quanto de sua gordura é visceral ou subcutânea.

Com esta informação em mãos, examinemos por que os seres humanos atualmente são tão propensos a ganhar peso quando têm energia extra, por que é tão difícil perder peso e por que diferentes dietas têm variados efeitos sobre a capacidade de ganhar ou perder peso.

Por que somos tão propensos a arredondar?

Da perspectiva de um primata, todos os seres humanos – mesmo pessoas magérrimas – são relativamente gordas. Outros primatas geralmente têm em média 6% de gordura corporal quando adultos, e seus bebês nascem com cerca de 3% de gordura corporal, mas essa porcentagem entre caçadores-coletores humanos é tipicamente de 15% em recém-nascidos, eleva-se a cerca de 25% durante a infância e depois cai para cerca de 10% em homens e 20% em mulheres.[10] De uma perspectiva evolutiva, ter muita gordura faz sentido pelas razões discutidas no capítulo 5. Em poucas palavras, os seres humanos têm cérebro volumoso que requer um incessante suprimento de energia abundante, cerca de 20% do metabolismo de repouso. Por isso bebês humanos beneficiam-se de amplas reservas de gordura para assegurar que possam sempre alimentar seu grande cérebro. Além dessa demanda, as mães humanas desmamam seus filhos numa idade relativamente precoce e por isso têm de alimentar não apenas seus próprios corpos dotados de cérebro grande, como também seus bebês de cérebro grande, bem como outras crianças, mais velhas, de cérebro ainda maior. Apenas para produzir leite, uma mãe gasta de 20% a 25% mais calorias por dia, e seu leite ainda precisa fluir durante momentos em que lhe falta alimento suficiente.[11] A reserva de gordura corporal de uma mãe é portanto uma medida de segurança decisiva para ajudar seus filhos a sobreviver e prosperar. Por fim, para caçar e coletar é preciso viajar por longas distâncias todos os dias, mesmo quando se tem fome. Assim, caçadores-coletores beneficiam-se imensamente por ter abundantes reservas de energia para caçar, coletar e alimentar seus filhos durante períodos inevitáveis em que não têm comida suficiente para manter um peso corporal constante. Ter alguns quilos extras de gordura corporal pode fazer a diferença entre a vida e a morte, afetando fortemente o sucesso reprodutivo.

Durante a evolução do gênero humano, a seleção natural favoreceu seres com mais gordura corporal que outros primatas, e, como a gordura é tão decisiva para a reprodução, a seleção natural moldou particularmente o sistema reprodutivo das mulheres para ser primorosamente sintonizado com seu status energético, em especial com mudanças no balanço.[12] Quando está grávida, uma mulher deve consumir calorias suficientes para alimentar a si mesma e ao feto, e depois que dá à luz deve produzir grande quantidade de leite, o que é energeticamente dispendioso. Em economias de subsistência, em que o alimento é limitado e as pessoas são muito ativas fisicamente, mães em potencial têm menos chances de conceber quando estão perdendo peso. Se uma mulher de peso normal perde mesmo meio quilo no curso de um mês, sua capacidade de engravidar declina consideravelmente nos meses subsequentes. Como mulheres que armazenaram mais energia na forma de gordura têm maior probabilidade de ter mais filhos sobreviventes, a seleção natural favoreceu de 5% a 10% mais gordura corporal em mulheres do que em homens.[13]

O importante é que a gordura é vital para todas as espécies, mas especialmente para seres humanos. A importância evolutiva da gordura corporal humana deu origem a muitas teorias sobre a razão por que os seres humanos ficam obesos tão facilmente e contraem doenças metabólicas como diabetes, e por que algumas pessoas têm maior suscetibilidade a essas doenças que outras. A primeira dessas teorias, ainda invocada, é a hipótese do genótipo econômico, proposta por James Neel em 1962.[14] Esse artigo capital argumentou que a seleção natural durante a Idade da Pedra favoreceu genes econômicos, que davam a seus donos uma propensão a armazenar a maior quantidade de gordura possível. Como os agricultores têm mais alimento que os caçadores-coletores e podem se beneficiar da perda desses genes, Neel previu que populações que começaram a cultivar a terra mais recentemente têm maior probabilidade de conservar genes econômicos. Esses indivíduos são portanto mais desajustados a ambientes modernos com abundância de comida rica em energia. A hipótese do genótipo econômico é muitas vezes invocada para explicar por que populações como sul-asiáticos, ilhéus do Pacífico e indígenas americanos, que começaram recentemente a comer dietas ocidentais, são especialmente suscetíveis a obesidade e diabetes. Um grupo bem estudado é o dos índios pimas, que vivem na fronteira entre o México e os Estados Unidos. Enquanto cerca de aproximadamente 12% dos pimas adultos que vivem no México têm diabetes tipo 2, mais de 60% dos que vivem nos Estados Unidos têm a doença.[15]

Neel estava certo ao dizer que seres humanos geralmente têm um genótipo econômico que nos permite armazenar gordura com facilidade, mas décadas de pesquisas intensivas não sustentaram muitas das previsões da hipótese do genótipo econômico. Um problema é que vários genes econômicos foram identificados, mas nenhum parece ser mais comum em populações como os pimas, e eles não parecem ter efeitos fortes.[16] Genes são importantes, mas dieta e atividade física são preditores muito mais poderosos de obesidade e doença. Um segundo problema da hipótese do genótipo econômico é que há poucas evidências da ocorrência de períodos de fome regulares durante a Idade da Pedra. Caçadores-coletores raramente têm excedentes alimentares, mas quase nunca ficam sem comida também, e seu peso corporal flutua apenas modestamente entre as estações.[17] Como o capítulo 8 analisou, fomes se tornaram muito mais comuns e severas *depois* que a agricultura começou. Seria de esperar, portanto, que genes econômicos fossem mais comuns em populações que começaram a cultivar a terra mais cedo, não mais tarde. As evidências tampouco sustentam essa previsão. Embora algumas populações com altas taxas de obesidade e síndrome metabólica, como os ilhéus do Pacífico, tenham adotado a agricultura em data relativamente recente, isso não pode ser dito de outras como os sul-asiáticos. De fato, as características mais comuns de populações de risco é tender a ser economicamente pobres e a comer alimentos baratos, cheios de amido, ter feito a transição para essas dietas muito recentemente e carecer dos genes que protegeriam do risco de se tornar insensível à insulina (ver abaixo).[18]

Uma importante explicação alternativa para esses e outros dados é a hipótese do fenótipo econômico, proposta por Nick Hales e David Barker em 1992.[19] A base para essa ideia é a observação de que bebês com baixo peso ao nascer são muito mais propensos a se tornar obesos e a desenvolver sintomas de síndrome metabólica quando adultos. Um exemplo bem estudado é a fome holandesa, que durou de novembro de 1944 a maio de 1945. As pessoas que estavam *in utero* durante essa fome intensa tiveram taxas significativamente mais altas de problemas de saúde quando adultas, inclusive doenças cardíacas, diabetes tipo 1 e doenças renais.[20] Roedores experimentalmente submetidos a privação de energia no útero têm resultados similares. Esses efeitos fazem sentido tanto da perspectiva do desenvolvimento quanto da evolução. Se uma mãe grávida não tem energia suficiente, o filho que ela espera se ajusta, crescendo menos e tendo menos massa muscular, menos células pancreáticas que produzem insulina e órgãos menores, como rins. Esses indivíduos menores estão pois adaptados a lidar com um ambiente pobre em energia não só no útero, mas também depois que nascem. No entanto, estão menos bem-adaptados a enfrentar um ambiente rico em energia quando adultos porque desenvolvem características econômicas, como uma propensão a armazenar gordura abdominal.[21] Além disso, como têm órgãos menores, têm menos capacidade de lidar com demandas metabólicas de um excesso de alimentos ricos em energia.[22] Consequentemente, quando bebês com baixo peso ao nascer se transformam em adultos baixos e magros, tendem a ser saudáveis, mas quando se tornam grandes e altos, correm maior risco de sofrer de síndrome metabólica.[23] A hipótese do fenótipo econômico explica portanto por que adaptações para ambientes pobres em energia tornam as pessoas mais suscetíveis a doenças de desajuste em ambientes ricos em energia.

A hipótese do fenótipo econômico é uma ideia importante porque considera o modo como genes e ambiente interagem durante o desenvolvimento para moldar o corpo, e explica a prevalência da síndrome metabólica entre bebês com baixo peso ao nascer e talvez entre populações com corpo pequeno. Mas a hipótese do fenótipo econômico não explica por que tantas crianças nascidas de mãe saudáveis ou com sobrepeso também desenvolvem doenças da afluência. A maior parte das pessoas em países desenvolvidos que apresentam síndrome metabólica não era pequena ao nascer. De fato, esses indivíduos nasceram com peso elevado (especialmente a partir de uma perspectiva evolutiva do que é normal), e em vez de desenvolver fenótipos econômicos desenvolveram fenótipos pródigos. Com isto quero dizer que crianças com peso elevado ao nascer são grandes principalmente porque têm grande quantidade de gordura corporal, muitas vezes o dobro do que costumava ser normal. Estudos de longo prazo mostram que esses bebês tipicamente são saudáveis se não permanecem com sobrepeso, mas têm muito mais chances de desenvolver síndrome metabólica caso continuem a ganhar uma quantidade desproporcional de gordura à medida que amadurecem.[24]

Reunindo as evidências, o ponto essencial é que excessivo ganho de peso relativo à altura durante a infância é um forte fator de risco para futuras doenças associadas à síndrome metabólica. Uma razão importante pela qual crianças com sobrepeso tendem a se tornar adultos com sobrepeso ou obesos é que elas desenvolvem e depois retêm pelo resto da vida mais células de gordura que as crianças de peso médio. De maneira decisiva, essas células de gordura extras estão muitas vezes dentro do abdome, comprimidas em torno de órgãos como o fígado, os rins e o intestino. Essas células de gordura visceral (da barriga) se comportam de maneira diferente da gordura em todas as outras partes do corpo em dois importantes aspectos.[25] Primeiro, elas são várias vezes mais sensíveis a hormônios e por isso tendem a ser mais ativas metabolicamente, o que significa que são capazes de armazenar e liberar gordura mais depressa que células de gordura em outras partes do corpo. Segundo, quando células viscerais liberam ácidos graxos (algo que células de gordura fazem o tempo todo), elas despejam as moléculas quase diretamente no fígado, onde a gordura se acumula e acaba por prejudicar a capacidade que tem esse órgão de regular a liberação de glicose no sangue. Um excesso de gordura na barriga (uma pança) é portanto um fator de risco muito mais perigoso para doença metabólica que um IMC elevado.[26]

Embora ainda não compreendamos por que algumas pessoas armazenam gordura com mais facilidade que outras, é incontroverso declarar que todos os seres humanos são hábeis em armazenar energia extra como gordura e que todos nós herdamos desvantagens como um preço a pagar por certos benefícios nas maneiras como usamos energia para crescer e nos reproduzir que não nos adaptaram a prosperar em condições de excesso de energia. No entanto, se você examinar qualquer gráfico de taxas de obesidade durante as últimas décadas, fica evidente que a porcentagem de pessoas com sobrepeso permaneceu constante, ao passo que a de pessoas obesas começou a subir rapidamente nos anos 1970 e 1980. O que mudou?

Como e por que estamos ficando mais gordos?

A explicação mais difundida, parcialmente verdadeira, mas um tanto simplista, da razão por que mais pessoas do que nunca estão ficando gordas é que mais pessoas do que nunca estão comendo mais e sendo menos ativas. Como o capítulo 9 descreveu, há muitas evidências de que a industrialização dos alimentos durante as últimas décadas aumentou o tamanho das porções e tornou a comida mais calórica. Outros "avanços" industriais, como a proliferação de carros e inventos que poupam trabalho, bem como o maior tempo que se passa sentado, levaram as pessoas a ser menos ativas. Se você soma quantas calorias extras as pessoas consomem e quantas despendem a menos, obtém maiores excedentes de energia, que se traduzem em mais gordura.

A explicação "calorias que entram *versus* calorias que saem" para a epidemia de obesidade não está inteiramente errada, mas a situação é mais complicada porque também mudamos *o que* estamos comendo. Lembre-se de que o balanço energético é regulado por hormônios, especialmente insulina. A principal função dela é transportar energia do alimento que digerimos para dentro das células do corpo. Convém repetir que a insulina se eleva quando os níveis de glicose no sangue se elevam, fazendo as células musculares e de gordura absorver e armazenar alguma fração desse açúcar como gordura. A insulina também faz a gordura (triglicérides) na corrente sanguínea penetrar nas células de gordura e simultaneamente inibe a liberação de triglicérides de volta na corrente sanguínea por células de gordura.[27] Desta maneira ela nos torna mais gordos, quer a gordura venha da ingestão de carboidratos ou de gordura. Segundo algumas estimativas, os adolescentes do século XXI nos Estados Unidos secretam muito mais insulina do que seus pais quando tinham a mesma idade em 1975.[28] Não admira que um maior número deles esteja com sobrepeso. Como a insulina só se eleva depois que comemos alimentos que contêm glicose, um culpado óbvio para níveis mais altos de insulina e mais gordura deve ser a ingestão de mais alimentos ricos em glicose, como refrigerante e bolo. Há, no entanto, outros fatores que promovem obesidade, inclusive dois fatores adicionais relacionados ao açúcar. Um é a taxa em que decompomos alimentos em glicose, que determina a rapidez com que nosso corpo produz insulina. Outro, mais indireto, é a quantidade de frutose que comemos, e a rapidez com que chega ao nosso fígado.

Para explorar esses efeitos do açúcar sobre a obesidade, vamos comparar como nosso corpo reage à ingestão de uma maçã crua que pesa cem gramas e uma barra de 56 gramas do que outrora foram maçãs, mas agora processadas industrialmente com adição de açúcar para torná-las mais doces e tiveram todas as fibras removidas (juntamente com os nutrientes da maçã) para permitir um maior prazo de validade ao produto. Se nos concentrarmos somente no açúcar, uma importante diferença evidente entre esses dois alimentos é que a maçã tem cerca de treze gramas de açúcar, ao passo que a barrinha foi abarrotada com 21 gramas de açúcar, portanto quase o dobro de calorias. Uma segunda diferença é a porcentagem de tipos de açúcar. A maçã é cerca de 30% glicose, enquanto a barra de fruta é cerca de 50% glicose. Portanto, a ingestão da barra de fruta fornece mais ou menos a mesma quantidade de frutose e mais do dobro da glicose. Por fim, a maçã vem com uma casca, e o açúcar da maçã encontra-se dentro de células, e ambas contêm fibra. A fibra é a porção da maçã que não podemos digerir, mas ela desempenha um papel decisivo no modo como digerimos o açúcar da maçã. A fibra compõe as paredes das células que encerram os açúcares na maçã, desacelerando o ritmo em que decompomos carboidratos em açúcares. Ela também cobre o alimento e as paredes do intestino, funcionando como uma barreira para tornar mais lento o ritmo em que ele transporta todas essas calorias, especialmente o açúcar, para a corrente sanguínea e os órgãos. Por fim, a fibra acelera o ritmo em que o alimento passa por nosso intestino, e nos faz sentir saciedade. Em consequência, quando comparamos os dois produtos de maçã, a verdadeira maçã não só fornece menos açúcar, mas faz com que nos sintamos mais saciados e nos leva a digerir esses açúcares num ritmo muito mais gradual. Em contraposição, a barra de fruta tem *alto índice glicêmico*, porque eleva os níveis de açúcar no sangue de maneira rápida e acentuada (uma condição conhecida como hiperglicemia).[29]

É possível engordar comendo um número excessivo de maçãs, mas agora você tem informação suficiente para saber por que a barra de fruta tem chances tão maiores de causar ganho de peso. Mais obviamente, a barra de fruta tem mais calorias. Um segundo problema é o ritmo em que obtemos essas calorias. Quando comemos a maçã, nossos níveis de insulina sobem, mas gradualmente, porque a fibra da fruta desacelera o ritmo em que extraímos a glicose. Em consequência, nosso corpo tem muito tempo para descobrir quanta insulina deve fazer para manter os níveis de açúcar no sangue constantes. Em contraposição, a dupla carga de glicose da barra de fruta penetra rapidamente na nossa corrente sanguínea, fazendo os níveis de açúcar em nosso sangue subir repentinamente, o que por sua vez leva o pâncreas a produzir freneticamente grande quantidade de insulina, com frequência demais. Esse excesso em geral faz os níveis de açúcar no sangue cair a prumo em seguida, e então nos sentimos famintos, passando a ansiar por mais barras de fruta e outros alimentos altamente calóricos para levar o açúcar no sangue rapidamente de volta ao normal. Trocando em miúdos, alimentos ricos em glicose, que é rapidamente digerida, fornecem grande quantidade de calorias e nos deixam famintos mais cedo. Pessoas que fazem refeições com maior porcentagem de calorias de proteína e gordura ficam menos esfomeadas por mais tempo e por isso comem menos em geral do que aquelas cujas calorias provêm principalmente de alimentos com muito açúcar e amido.[30] Alimentos menos processados, com mais fibra, também induzem fome menos rapidamente porque permanecem mais tempo no estômago, o qual libera hormônios supressores do apetite.[31]

A glicose, no entanto, não é toda a história, e o outro elefante doce na sala (ou na maçã) é a frutose. Tornou-se comum (por vezes justificavelmente) demonizar a frutose, em grande parte porque a invenção do xarope de milho de alta frutose tornou o açúcar absurdamente barato e abundante. Mas espero que você tenha notado que a maçã e a barra de fruta contêm mais ou menos a mesma dose de frutose. De fato, os chimpanzés comem uma dieta constituída quase inteiramente por frutas, de modo que devem digerir grande quantidade de frutose. No entanto, eles e outros amantes de frutas não engordam. Por que a frutose em frutas cruas tem menos chances de promover obesidade que a frutose nas frutas processadas ou em outros alimentos repletos de frutose como refrigerante e suco de caixinha?

A resposta mais uma vez tem a ver com a combinação da quantidade e do ritmo com que a frutose é tratada pelo fígado. Em termos de quantidade, um fator é a domesticação. A maior parte das frutas que comemos hoje foi intensamente domesticada para ser muito mais doce que seus progenitores silvestres. Até recentemente, a maioria das maçãs era como a maçã silvestre e tinha consideravelmente menos frutose. De fato, quase todas as frutas que nossos ancestrais comiam eram mais ou menos tão doces como cenouras – que estão longe de ser um alimento que promove a obesidade. Ainda assim, as frutas domesticadas não são tão repletas de frutose quanto alimentos processados como barras de fruta e sucos de caixinha, e contêm grande quantidade de fibra, a qual, como discutimos, é retirada de muitos alimentos industriais. Por causa da fibra, a frutose de uma maçã crua é digerida gradualmente e por isso chega mais devagar ao fígado. Em consequência, ele tem muito tempo para lidar com a frutose da maçã e pode facilmente queimá-la num ritmo descansado. No entanto, quando alimentos processados inundam o fígado com frutose demais e rapidamente demais, o órgão fica sobrecarregado e converte a maior parte dela em gordura (triglicérides). Parte dessa gordura enche o fígado, causando inflamação, que depois bloqueia a ação da insulina no órgão. Isso gera uma reação em cadeia perniciosa: o fígado libera suas reservas de glicose na corrente sanguínea, o que por sua vez impele o pâncreas a liberar mais insulina, a qual em seguida transporta a glicose e a gordura extras para as células.[32] O resto da gordura que o fígado produz a partir de rápidas doses de frutose é despejado na corrente sanguínea, onde também acaba em células de gordura, em nossas artérias e em outros lugares potencialmente ruins.

A frutose pode ser perigosa, mas em doses rápidas e grandes. Durante a maior parte da evolução humana, a única fonte grande e rapidamente digerível de frutose que nossos ancestrais podiam adquirir era o mel. Como o capítulo 9 descreveu, quantidades gigantescas e baratas de frutose tornaram-se disponíveis pela primeira vez nos anos 1970 graças ao xarope de milho de alta frutose. Antes da Primeira Guerra Mundial, o americano médio consumia cerca de quinze gramas de frutose por dia, sobretudo comendo frutas e vegetais que liberam a frutose lentamente; hoje, o americano médio consome 55 gramas por dia, grande parte dela proveniente de refrigerantes e alimentos processados feitos com açúcar.[33] No fim das contas, a principal razão por que mais pessoas estão engordando, especialmente na barriga, é que comidas processadas estão lhes fornecendo calorias demais, muitas provenientes de açúcar – tanto glicose quanto frutose – em doses ao mesmo tempo altas demais e rápidas demais para o sistema digestivo que herdamos. Embora tenhamos evoluído para comer grande quantidade de carboidratos e armazená-los com eficiência, não estamos bem-adaptados para consumi-los em tanta abundância na forma crua encontrada em bebidas doces como refrigerantes e sucos (sim, suco de caixinha é junk food!), bem como bolos, barras de fruta, chocolate e inúmeras outras comidas industriais. O problema causado por dietas industriais explica por que muitas dietas tradicionais que se desenvolveram de maneira independente em diferentes sociedades agrícolas em todo o globo parecem fazer um bom trabalho na prevenção do ganho de peso. Dietas mediterrâneas e asiáticas clássicas, por exemplo, aparentam ter pouco em comum, e ambas incluem abundância de amido (arroz, pão e massa), no entanto ambas incorporam grandes quantidades de legumes frescos que contêm fibra e são ricas tanto em proteínas quanto em gorduras saudáveis, como peixes e azeite de oliva (mais sobre gorduras depois). Essas dietas também tendem a ser ricas em outros nutrientes benéficos à saúde (outro tópico importante). Em suma, é mais difícil ficar com sobrepeso e mais fácil perder peso quando obtemos nossos carboidratos de uma dieta à moda antiga, sensata, com grande quantidade de frutas e legumes não processados.[34]

As dietas desempenham um papel dominante na explicação de por que mais pessoas no mundo todo estão ficando mais gordas, mas vários fatores adicionais são importantes: genes, sono, estresse, bactérias em nosso intestino e exercício.

Primeiro: genes. Não seria bom se encontrássemos um gene que causa a obesidade? Nesse caso, poderíamos inventar uma droga que o desligasse, resolvendo o problema. Lamentavelmente, não existe nenhum gene assim, mas como todos os aspectos do corpo derivam de interações entre genes e ambiente, não deveria nos surpreender que tenham sido identificadas dezenas de genes que de fato aumentam a suscetibilidade das pessoas ao ganho de peso, sobretudo afetando o cérebro.[35] O mais poderoso gene descoberto até agora, *FTO*, afeta o modo como o cérebro regula o apetite. Se você só tem uma cópia desse gene comum, é de todo provável que pese em média 1,2 quilo mais que qualquer pessoa sem o gene; mas se tiver a falta de sorte de ter duas cópias, provavelmente é três quilos mais pesado.[36] Portadores do gene *FTO* lutam um pouco mais para controlar o apetite, mas sob outros aspectos não diferem de não portadores quando tentam perder peso por meio de exercício e dieta.[37] Além disso, *FTO* e outros genes associados ao sobrepeso precedem de muito o recente aumento da obesidade humana. Genes de ganho de peso não tomaram a espécie humana de assalto nas últimas décadas. Na verdade, durante milhares de gerações, quase todas as pessoas que possuíam esses genes tinham peso corporal normal, o que enfatiza que o que mais mudou foram os ambientes, não os genes. Assim, se quisermos subjugar essa epidemia, precisamos nos concentrar não em genes, mas em fatores ambientais.

E como nossos ambientes mudaram em muitos aspectos além da dieta! Como foi observado no capítulo 9, um importante domínio de mudança é que estamos mais estressados e dormimos menos – dois fatores relacionados que contribuem para o ganho de peso de maneiras perniciosas. A palavra "estresse" tem conotações negativas, mas trata-se de uma adaptação antiga para nos salvar de situações perigosas e ativar reservas de energia quando precisamos delas. Se um leão ruge nas proximidades, um carro nos atropela ou saímos para uma corrida, nosso cérebro dá sinal para que as glândulas adrenais (situadas acima dos rins) secretem uma pequena dose do hormônio cortisol. O cortisol não nos *deixa* estressado; ele é liberado *quando* estamos estressados. Entre suas muitas funções, o cortisol nos dá a energia instantânea a necessária, que faz o fígado e as células de gordura, especialmente a visceral, liberar glicose na corrente sanguínea, acelerando o ritmo cardíaco e elevando a pressão sanguínea, tornando-nos mais alertas e inibindo o sono. O cortisol também nos deixa prontos para nos recobrar do estresse fazendo-nos ansiar por comidas ricas em energia. No geral, é um hormônio necessário que nos mantém vivos.

O estresse, no entanto, tem um lado sombrio e engordativo quando não declina. Um dos problemas do estresse crônico, prolongado, é que eleva os níveis de cortisol por períodos extensos de tempo. Muitas horas, semanas e até meses de cortisol são nocivos por várias razões, inclusive por promover obesidade por meio de um círculo vicioso que funciona da seguinte maneira: primeiro, o cortisol nos leva não só a liberar glicose, mas também a ansiar por comidas muito calóricas (é por isso que o estresse nos faz desejar ardentemente substanciosas refeições).[38] Como sabemos agora, ambas as reações elevam nossos níveis de insulina, que depois promovem armazenamento de gordura, especialmente a visceral, que é cerca de quatro vezes mais sensível a cortisol que a subcutânea.[39] Para agravar as coisas, níveis de insulina constantemente elevados também afetam o cérebro, inibindo suas resposta a outro hormônio importante, a leptina, que células de gordura secretam para sinalizar saciedade. Em consequência, o cérebro estressado pensa que você está carente de alimento, por isso ativa reflexos para deixá-lo com fome ao mesmo tempo que ativa outros para torná-lo menos ativo.[40] Por fim, enquanto as causas ambientais de estresse permanecem (seu emprego, a pobreza, o trajeto para o trabalho etc.), você continua secretando um excesso de cortisol, o que leva em seguida a um excesso de insulina, que aumenta o apetite e reduz a atividade. Outro círculo vicioso é a privação de sono, que é por vezes causada por níveis elevados de estresse, daí elevados níveis de cortisol, e que em seguida aumenta ainda mais o cortisol. Sono insuficiente também eleva níveis de mais um hormônio, a grelina. Esse "hormônio da fome" é produzido pelo estômago e pelo pâncreas e estimula o apetite. Muitos estudos constatam que pessoas que dormem menos têm níveis mais elevados de grelina e são mais propensas a ter sobrepeso.[41] Aparentemente, nossa história evolutiva não nos adaptou bem para lidar com estresse constante, interminável, e privação de sono.

Também nunca nos adaptamos a ser fisicamente inativos, mas a relação entre exercício e obesidade é muitas vezes mal compreendida, por vezes gravemente mal compreendida. Se você se levantasse de um pulo neste instante e corresse cinco quilômetros, queimaria cerca de trezentas calorias (dependendo do seu peso). Você pode pensar que essas calorias gastas extras o ajudarão a perder peso, mas numerosos estudos mostraram que exercício moderado a vigoroso regular leva apenas a modestas reduções em peso (em geral, um a dois quilos).[42] Uma explicação para esse fenômeno é que a queima de trezentas calorias adicionais algumas vezes por semana corresponde a um número relativamente pequeno de calorias comparado ao gasto metabólico total do corpo, especialmente se já estivermos acima do peso. Mais ainda, o exercício estimula hormônios que suprimem temporariamente o apetite, mas também estimula outros hormônios (como o cortisol) que nos deixam com fome.[43] Por isso, se corrermos dezesseis quilômetros por semana, só perderemos peso se conseguirmos suplantar o impulso natural de comer ou beber mil calorias adicionais (cerca de dois ou três bolinhos) que nos mantêm em equilíbrio energético.[44] Além disso, algumas formas de exercício substituem gordura por músculo, não levando a nenhuma perda líquida de peso (embora de uma maneira saudável). Ser fisicamente ativo pode não nos ajudar a perder quilos facilmente, mas pode nos ajudar a evitar ganhar peso. Um dos mecanismos mais importantes da atividade física é aumentar a sensibilidade dos músculos, mas não das células de gordura, à insulina, causando absorção de gordura nos músculos, e não na barriga.[45] Atividade física também aumenta o número de mitocôndrias que queimam gordura e açúcar. Essas e outras alterações metabólicas ajudam a explicar por que pessoas muito ativas podem comer tanto sem nenhum efeito negativo aparente.

Um fator ambiental final, mal-explorado, é que não somos os únicos organismos a comer o que comemos. Nosso intestino está cheio de micróbios (nosso microbioma) que digerem proteínas, gorduras e carboidratos, fornecem enzimas que nos ajudam a absorver calorias e certos nutrientes, e até sintetizam vitaminas. São uma parte tão natural e decisiva de nosso ambiente quanto as plantas e os animais que observamos todos os dias. Há boas evidências de que mudanças dietéticas, bem como o uso de antibióticos de largo espectro, podem contribuir para a obesidade ao alterar anormalmente o microbioma das pessoas.[46] De fato, uma das razões por que se dão antibióticos para animais industrialmente criados é promover ganho de peso.

Como quer que examinemos a questão, os seres humanos estão adaptados a armazenar gordura, muita gordura, mas principalmente gordura subcutânea. Uma perspectiva evolutiva sobre o metabolismo humano também ajuda a explicar por que é tão difícil para pessoas com sobrepeso perdê-lo. Considere que pessoas que têm sobrepeso ou são obesas não estão em balanço energético positivo se não estiverem mais ganhando peso. Elas estão em balanço energético neutro tanto quanto uma pessoa magra. Se entram numa dieta ou começam a se exercitar mais, o que significa comer menos calorias do que gastam, inevitavelmente ficam famintas e cansadas, o que ativa impulsos primais para comer mais e exercitar-se menos. Fome e letargia são adaptações antigas. Provavelmente não houve nenhum momento em nossa história evolutiva em que foi adaptativo superar ou ignorar a fome. Mas isso não significa que estejamos adaptados a ser gordos demais. Como veremos a seguir, algumas pessoas conseguem ter sobrepeso e se manter em forma, mas a obesidade, especialmente em decorrência de excesso de gordura visceral, está associada com doenças metabólicas como diabetes tipo 2, doenças cardiovasculares e cânceres reprodutivos. Por quê? E como nossas maneiras de tratar os sintomas dessas doenças contribuem algumas vezes para a disevolução?

Diabetes tipo 2: Uma doença que pode ser prevenida

Uma de minhas avós sofreu de diabetes tipo 2 por décadas e considerava açúcar uma forma de veneno, em pé de igualdade com a mortal beladona.

Para ensinar a mim e a meu irmão sobre seus perigos, ela mantinha um açucareiro sobre a mesa da cozinha como um chamariz e depois nos repreendia sempre que ousávamos adoçar nosso chá ou cereal. A atitude de minha avó fazia certo sentido porque excesso de açúcar no sangue – a principal característica diagnóstica do diabetes – é tóxico para tecidos em todo o corpo. Mas quando criança eu não dava nenhuma atenção às advertências dela. Todas as outras pessoas que eu conhecia, inclusive meus outros avós, consumiam açúcar em abundância, e nenhuma delas tinha diabetes.

O diabetes é na realidade um grupo de doenças, todas caracterizadas pela incapacidade de produzir insulina suficiente. O diabetes tipo 1, que se desenvolve sobretudo em crianças, ocorre quando o sistema imunológico destrói células produtoras de insulina no pâncreas. O diabetes gestacional surge ocasionalmente durante a gravidez quando o pâncreas da mãe produz pouca insulina, dando tanto a si própria quanto ao feto um prolongado e perigoso aumento do nível do açúcar. Minha avó tinha a terceira e mais comum forma da doença, diabetes tipo 2 (também chamado diabetes melito tipo 2), que é o foco dessa discussão por ser uma doença de desajuste outrora rara associada à síndrome metabólica que hoje é uma das que se desenvolvem mais rapidamente no mundo. Entre 1975 e 2005, a incidência de diabetes tipo 2 no mundo aumentou mais de sete vezes, e o ritmo continua se acelerando, não apenas em países desenvolvidos.[47] Minha avó estava parcialmente certa ao pensar que o diabetes tipo 2 é causado por excesso de açúcar, mas é também causado por excesso de gordura visceral e atividade física insuficiente.

Num nível fundamental, o diabetes tipo 2 começa quando células de gordura, musculares e do fígado tornam-se menos sensíveis aos efeitos da insulina. Essa perda de sensibilidade, conhecida como resistência à insulina, desencadeia um perigoso circuito de retroalimentação. Normalmente, depois que fazemos uma refeição, nossos níveis de glicose no sangue sobem, fazendo o pâncreas produzir insulina, a qual ordena em seguida às células do fígado, de gordura e musculares que extraiam a glicose da corrente sanguínea. Mas, se essas células deixam de responder adequadamente à insulina, os níveis de glicose no sangue continuarão altos (ou continuarão se elevando, se a pessoa comer mais), estimulando o pâncreas a responder produzindo ainda mais insulina para compensar. Um diabético tipo 2 sofre de altos níveis de açúcar no sangue, que leva a uma frequente necessidade de urinar, sede, visão borrada, palpitações e outros problemas. Durante os primeiros estágios da doença, dieta e exercício podem reverter ou sustar sua progressão, mas, se o circuito de retroalimentação se prolongar por muito tempo, a resistência à insulina se intensifica pouco a pouco no corpo todo, e as células do pâncreas que sintetizam insulina ficam exaustas em decorrência do trabalho excessivo. Finalmente essas células deixam de funcionar, exigindo que pacientes com diabetes tipo 2 avançado recebam injeções regulares de insulina para manter os níveis de açúcar no sangue sob controle e evitar doença cardíaca, falência dos rins, cegueira, perda de sensação nos membros, demência e outras horríveis complicações. O diabetes é uma importante e dispendiosa causa de morte e incapacidade em muitos países.

O diabetes tipo 2 é uma doença penosa por causa do sofrimento que provoca, e uma doença frustrante porque é quase sempre evitável, costumava ser rara e hoje é considerada uma consequência inevitável da afluência – um subproduto da transição epidemiológica discutida no capítulo 9. De fato, já sabemos como prevenir a maior parte dos casos, e até como curar a doença em seus estágios iniciais. Na busca de tratamentos, muitos cientistas médicos se concentram em maneiras de ajudar diabéticos a lidar com sua doença e em descobrir por que alguns a desenvolvem e outros não. Essas são questões essenciais, mas houve menos consideração séria de como impedir que a doença ocorra, em primeiro lugar. Como uma perspectiva evolutiva pode ajudar nessa questão?

Para avaliar, vamos examinar interações entre genes e fatores ambientais que geram resistência à insulina, causa fundamental do diabetes tipo 2. Como discutimos repetidamente, os níveis de glicose no sangue se elevam quando digerimos uma refeição, fornecendo combustível para nossas células queimarem. Para passar do sangue para dentro de cada célula, a glicose precisa ser transportada através da membrana externa da célula por proteínas especiais chamadas transportadores de glicose, que estão presentes em quase todas as células do corpo. Os transportadores de glicose nas células do fígado e do pâncreas são passivos e deixam a glicose penetrar livremente, tal como partículas pequenas passam através de uma peneira. No entanto, os transportadores de glicose em células de gordura e músculo não deixam nenhuma molécula de glicose entrar numa célula a menos que a insulina se ligue a receptores próximos. Como a figura 23 mostra, quando uma molécula de insulina se liga a um desses receptores, ocorre dentro da célula uma cascata de reações que faz o transportador de glicose permitir que o açúcar do sangue entre na célula. Uma vez lá dentro, as moléculas de glicose são ou queimadas rapidamente ou convertidas em glicogênio ou gordura (também guiadas por insulina). Em resumo, em condições normais, células de gordura, fígado e músculo absorvem açúcar sempre que insulina estiver presente, em especial depois de uma refeição.

A resistência à insulina pode ocorrer em muitos tipos de células diferentes, inclusive em músculos, gordura, no fígado e até no cérebro. Embora as causas precisas da resistência à insulina sejam incompletamente compreendidas, em células dos músculos, de gordura e do fígado ela está fortemente associada com elevados níveis de triglicérides decorrentes do excesso de gordura visceral. Mais notavelmente, pessoas com gordura visceral abundante, sobretudo com gordura no fígado, e cuja dieta leva a níveis altos de triglicérides no sangue, correm um risco significativamente maior de desenvolver resistência à insulina.[48] Em termos práticos, pessoas com formato de maçã, que armazenam gordura sobretudo em torno do abdome, tendem a correr um risco maior de desenvolver diabetes que pessoas em forma de pera, que armazenam gordura sobretudo no traseiro ou nas coxas. De fato, algumas pessoas que desenvolvem resistência a insulina não são francamente obesas (têm IMC normal), mas têm gordura no fígado (magras por fora, gordas por dentro).[49] Como já vimos, as maiores contribuições para fígado gorduroso e outras formas de gordura visceral são dadas por alimentos com grandes quantidades de glicose e frutose rapidamente digerível, com frequência oriundas de grandes quantidades de xarope de milho de alta frutose ou açúcar (sacarose). Sob esse aspecto, refrigerantes, sucos de caixinha e outras comidas açucaradas com grandes quantidades de frutose e nenhuma fibra são especialmente perigosos porque o fígado converte facilmente a maior parte da frutose em triglicérides, que se acumulam no fígado e são também despejados direto na

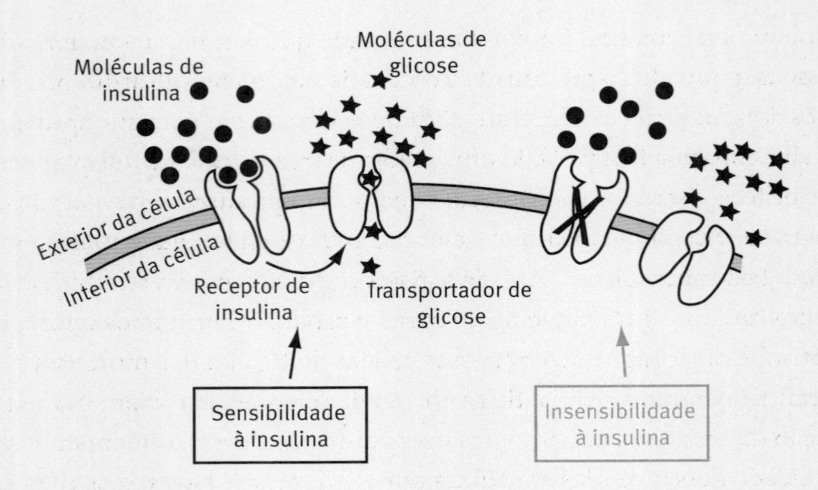

FIGURA 23. Como a insulina afeta a absorção de glicose em células. Células musculares, de gordura e de outros tipos têm receptores de insulina localizados perto de transportadores de glicose em sua superfície. Normalmente, a insulina na corrente sanguínea se liga a seu receptor, que depois faz sinal ao transportador de glicose para admiti-la. Na resistência à insulina (como mostrado à direita), o receptor torna-se insensível, impedindo que o transportador faça a glicose entrar, levando a níveis elevados de açúcar no sangue.

corrente sanguínea.[50] Falta de atividade física e dietas pobres em gorduras insaturadas também contribuem para gordura visceral, e portanto para a resistência à insulina (mais sobre estes fatores a seguir).

O reconhecimento de que gordura visceral em excesso provoca resistência à insulina, que por sua vez está subjacente ao diabetes tipo 2, explica por que essa doença de desajuste é quase inteiramente evitável e por que vários fatores inter-relacionados levam algumas pessoas a desenvolver a doença e outros a evitá-la. Você não tem como controlar dois desses fatores: seus genes e seu ambiente pré-natal. Mas tem algum grau de controle sobre os outros dois mais importantes fatores que determinam seu balanço energético: dieta e atividade. De fato, vários estudos mostraram que perder peso e exercitar-se vigorosamente pode algumas vezes *reverter* o diabetes, pelo menos durante seus estágios iniciais. Um estudo extremo submeteu onze diabéticos a uma penosa dieta de apenas seiscentas calorias por dia durante oito semanas. É uma dieta extrema que desafiaria a maioria das pessoas (equivale a aproximadamente dois sanduíches de atum por dia). Após dois meses, contudo, esses diabéticos submetidos a drástica privação de alimentos haviam perdido uma média de trezes quilos, principalmente de gordura visceral, seus pâncreas conseguiam produzir uma quantidade duas vezes maior de insulina, e eles recobraram níveis quase normais de sensibilidade à insulina.[51] Atividade física vigorosa também tem poderosos efeitos de reversão levando nosso corpo a produzir hormônios (glucagon, cortisol e outros) que fazem nossas células do fígado, dos músculos e de gordura liberarem energia. Esses hormônios bloqueiam temporariamente a ação da insulina enquanto nos exercitamos, e depois aumentam a sensibilidade dessas células à insulina por até dezesseis horas após cada sessão de exercícios.[52] Quando adolescentes obesos com elevados níveis de resistência à insulina são instigados a se exercitar moderadamente (trinta minutos por dia, quatro vezes por semana, durante doze semanas), sua resistência à insulina reduz-se a níveis quase normais.[53] Em termos simples, o aumento dos níveis de atividade física e a redução da gordura visceral podem reverter o diabetes do tipo 2 no início. Em um estudo notável, dez aborígenes australianos de meia-idade e com sobrepeso que sofriam de diabetes tipo 2 foram solicitados a retornar a um estilo de vida caçador e coletor. Depois de sete semanas, a combinação de dieta e exercício havia revertido a doença quase completamente.[54]

São necessárias mais pesquisas sobre os efeitos no longo prazo de intervenções com dieta e exercício sobre o diabetes tipo 2, mas estes e outros estudos suscitam a questão: por que não temos mais sucesso em seguir prescrições de atividade física vigorosa e dietas melhores para evitar que a doença surja ou progrida? O maior problema, é claro, é o ambiente que criamos. Por causa da industrialização, as comidas mais baratas e mais abundantes têm baixo teor de fibras e são ricas em carboidratos simples e açúcar, especialmente alto teor de xarope de milho de alta frutose – coisas que promovem obesidade, especialmente visceral, por isso a resistência à insulina. Robert Lustig e colegas descobriram que, para cada 150 calorias a mais de açúcar consumidas por dia, a prevalência de diabetes tipo 2 aumenta 1,1% depois que fatores como obesidade, atividade física e uso do álcool foram corrigidos.[55]

Carros, elevadores e outras máquinas reduziram os níveis de atividade física, agravando o problema. Quando as pessoas ficam com sobrepeso ou obesas, e muito mais quando contraem diabetes tipo 2, mudar dieta ou hábitos de exercício é difícil, dispendioso e requer muito tempo.

Um problema secundário pode ser o modo como tratamos a doença. Muitos médicos não veem pacientes até que adoeçam, e nessa altura têm pouca escolha senão adotar o que é em geral considerada uma abordagem sensata em duas frentes ao tratamento da doença. Primeiro, estimulam os pacientes a aumentar sua atividade física e reduzir seu consumo de calorias, especialmente evitando açúcar demais, amido e gordura. Ao mesmo tempo, a maioria dos médicos também prescreve medicamentos, permitindo aos pacientes combater os sintomas da doença. Algumas drogas antidiabetes muito populares melhoram a sensibilidade à insulina nas células de gordura e do fígado, algumas aumentam a capacidade de sintetizar insulina das células pancreáticas e outras bloqueiam a absorção de glicose pelo intestino. Embora esses medicamentos possam manter os sintomas do diabetes tipo 2 afastados durante anos, muitos têm efeitos colaterais nefastos e são apenas parcialmente eficazes. Um grande estudo que comparou a eficácia da droga mais popular, a metformina, com uma intervenção no estilo de vida em mais de 3 mil pessoas descobriu que mudar a dieta e o exercício era quase duas vezes mais eficaz e tinha efeitos mais duradouros.[56]

Visto sob esta luz, o diabetes tipo 2 é um caso de disevolução, em que a doença está crescendo em prevalência de uma geração para a seguinte porque não estamos prevenindo suas causas. É antes de mais nada uma doença de desajuste que está se tornando rapidamente mais comum à medida que excedentes crônicos de energia contribuem durante muitos anos para a obesidade, especialmente a visceral, e a resistência à insulina. Embora uma boa e antiquada dieta e atividade física sejam de longe as melhores maneiras de evitar diabetes tipo 2, um número excessivo de pessoas espera até experimentar os sintomas da doença para agir. Alguns diabéticos se curam por meio de mudanças drásticas na dieta e exercícios; outros estão doentes demais para se exercitar vigorosamente ou alterar muito a dieta; a maioria dos diabéticos combina medicações com alterações na dieta e exercícios moderados, administrando assim a doença por décadas. Até certo ponto, essa abordagem faz sentido para muitas pessoas porque é pragmática, limitada pelas necessidades e capacidades imediatas daqueles que talvez não sejam capazes de se aventurar num programa de dieta e exercício drástico. Além disso, após anos de tentativas inúteis de ajudar pacientes a perder peso e exercitar-se mais, muitos médicos tornaram-se pessimistas (ou realistas) e sugerem apenas metas modestas de perda de peso e exercício, porque prescrições mais extremas tendem a fracassar e ser contraproducentes. Lamentavelmente, resignarmo-nos a lidar sobretudo com os sintomas da doença num crescente número de pessoas é perpetuar esse ciclo infeliz. Para piorar as coisas, muitas pessoas que enfrentam o diabetes também sofrem de outras doenças relacionadas, as mais comuns sendo as cardíacas.

O silencioso assassino inflamatório

Em geral, quando nos exercitamos, prestamos pouca atenção a nosso coração. Ele simplesmente continua bombeando, forçando sangue a entrar e sair dos pulmões e atravessar cada artéria e veia. Cerca de um terço de nós, no entanto, morre porque nosso sistema circulatório se deteriora pouco a pouco e de maneira silenciosa ao longo de décadas. Algumas formas de doença cardíaca, como falência cardíaca congestiva, podem nos matar muito lentamente, mas a causa mais comum de morte por doença cardiovascular é o infarto. Muitas vezes, essa crise começa com aperto no peito, dor nos ombros e no braço, náusea e falta de ar. Sem pronto tratamento esses sintomas se intensificam em dor causticante antes de uma perda de consciência seguida da morte. Um tipo de assassino relacionado é o derrame. Você não pode sentir quando um vaso se rompe em seu cérebro, mas de repente experimenta dor de cabeça, uma parte de seu corpo torna-se fraca ou entorpecida, e você fica confuso e incapaz de falar, pensar ou funcionar.

Num nível aproximado, ataques cardíacos e derrames ocorrem em decorrência do que parece ser uma óbvia falha de projeto no sistema circulatório. O coração e o cérebro, como outros tecidos, são abastecidos com vasos extremamente estreitos que conduzem oxigênio, açúcar, hormônios e outras moléculas necessárias para eles. À medida que envelhecemos, as paredes endurecem e se espessam. Se um coágulo se forma numa das delgadas artérias coronárias que abastecem os músculos do coração, essa região morre, e o coração para. De maneira semelhante, se um dos milhares de minúsculos vasos que abastecem o cérebro fica obstruído, ele se rompe, matando vasto número de células cerebrais. Por que esses e outros vasos críticos são tão pequenos e assim estão sujeitos a ficar bloqueados? Por que derrames e ataques cardíacos ocorrem com tanta frequência em seres humanos? E em que medida a doença vascular é um exemplo de disevolução: uma doença de desajuste que permitimos que persista e se prolifere porque com demasiada frequência deixamos de tratar suas causas? Para responder a esta questão e outras relacionadas, consideremos primeiro os mecanismos básicos que causam doenças cardiovasculares e como são males de desajuste causados por excesso de energia.

Um derrame ou infarto pode parecer um evento súbito, mas na maioria dos casos as crises são parcialmente o fim de um longo e gradual processo de endurecimento das artérias chamado *aterosclerose*. É uma inflamação crônica das paredes arteriais que resulta do modo como transportamos colesterol e triglicérides (gorduras) pelo corpo. O colesterol – uma molécula muito difamada – é uma substância pequena, cérea, semelhante a uma gordura. Todas as nossas células usam colesterol para muitas funções vitais, de modo que, se não comermos colesterol suficiente, o fígado e o intestino o sintetizam rapidamente a partir de gordura. Como nem colesterol nem triglicérides são solúveis em água, precisam ser transportados dentro da corrente sanguínea por proteínas especiais conhecidas como lipoproteínas. Esse sistema de transporte é complexo, mas vale a pena conhecer alguns fatos. Primeiro, lipoproteínas de baixa densidade (LDLs, muitas vezes chamadas de colesterol ruim) transportam colesterol e triglicérides do fígado para outros órgãos, mas variam consideravelmente em tamanho e densidade: as LDLs que carregam sobretudo triglicérides são mais densas e menores que as que carregam sobretudo colesterol, que são maiores e mais flutuantes. Lipoproteínas de alta densidade (HDLs, ou colesterol bom) transportam sobretudo colesterol de volta para o fígado.[57] Os diagramas da figura 24 mostram como a aterosclerose começa quando LDLs (especialmente as menores, mais densas) ficam pregadas na parede de uma artéria e depois reagem com moléculas de oxigênio que passam. Elas se queimam lentamente assim como a polpa de uma maçã que vai ficando marrom.

Queimar lentamente as paredes das artérias parece ruim, e realmente é. Essa oxidação é um de inúmeros processos que causam em vários tecidos do corpo uma inflamação crônica que contribui para o envelhecimento e para uma ampla série de doenças. No caso de artérias, a oxidação de LDLs causa uma inflamação nas células que compõem a parede arterial, o que em seguida estimula células brancas do sangue (leucócitos) a limpar a sujeira. Lamentavelmente, os leucócitos desencadeiam um circuito de retroalimentação positivo, porque parte de sua resposta é criar uma espuma que prende outras pequenas LDLs, as quais depois também ficam oxidadas. Finalmente, essa mistura espumosa coagula num acúmulo endurecido de lixo sobre a parede da artéria, conhecido como placa. Nosso corpo combate placas principalmente com HDLs, que recolhem colesterol e o devolvem ao fígado. Assim, placas se desenvolvem não apenas quando os níveis de LDL (mais uma vez, sobretudo as pequenas) estão elevados, mas também quando os níveis de HDL estão baixos. Se a placa se expande, a parede da artéria por vezes cresce sobre ela, estreitando e endurecendo permanentemente a artéria. Placas também aumentam as chances de bloqueio ou de que um espesso coágulo seja liberado na corrente sanguínea. Coágulos flutuantes são perigosos porque podem ficar alojados numa artéria menor, muitas vezes no coração ou no cérebro, causando um bloqueio que pode levar a infarto ou derrame. Para piorar as coisas, quando tubos se estreitam, maiores pressões são necessárias para transportar o mesmo volume de fluxo. Segue-se um círculo vicioso à medida que artérias mais rígidas, mais estreitas, aumentam a pressão sanguínea (hipertensão), exigindo que o coração trabalhe mais arduamente e aumentando as chances de coágulo ou ruptura.

A maneira como placas se formam e causam doenças cardiovasculares é inquestionavelmente um exemplo de projeto ruim. Como e por que a seleção natural cometeu um erro tão grande? Como se poderia esperar para uma doença complexa, certas variantes de genes podem aumentar modestamente seu risco, mas a doença é causada sobretudo por outros fatores, inclusive o inevitável inimigo: idade. À medida que os anos avançam, o dano às

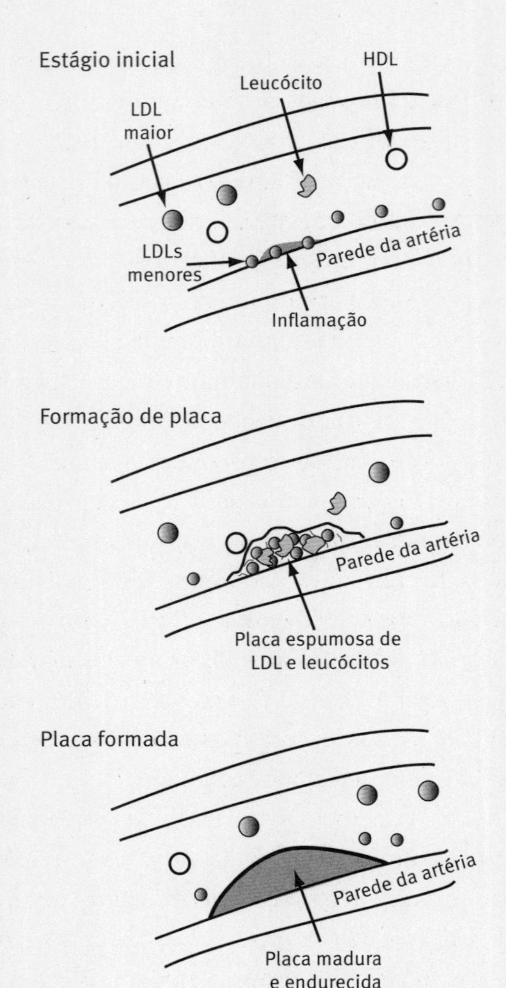

FIGURA 24. Formação de placa numa artéria. Primeiro, a oxidação de lipoproteínas de baixa densidade (LDLs, em geral as menores, que transportam sobretudo triglicérides) provoca uma inflamação na parede da artéria. A inflamação atrai leucócitos e desenvolve-se uma placa espumosa que depois se estreita e endurece a artéria.

nossas artérias acumula-se implacavelmente, fazendo-as endurecer. Estudos de múmias antigas cujo coração e cujos vasos passaram por tomografia computadorizada (TC, uma forma de raio X tridimensional) confirmam que essa forma de envelhecimento também ocorria em populações antigas, inclusive caçadores-coletores árticos.[58] Embora algum grau de aterosclerose seja inevitável e certamente nada novo, há boas evidências de que a maioria das formas de doenças cardiovasculares são em parte, senão em grande medida, de desajuste. Para começar, diagnósticos de aterosclerose em múmias antigas não são evidências de que esses indivíduos morreram de infarto, e todos os estudos (inclusive autópsias) conduzidos até agora em caçadores-coletores e outras populações tradicionais confirmam que, apesar de ter algum grau de aterosclerose, aparentemente não sofreram infarto ou têm outros marcadores de doença cardíaca, como pressão sanguínea elevada.[59] Além disso, infartos são causados especificamente por aterosclerose nas pequeninas artérias coronárias que alimentam o coração, e a incidência de aterosclerose coronária entre as múmias escaneadas foi pelo menos 50% mais baixa que em populações ocidentais. A hipótese mais razoável é que, até recentemente, seres humanos raramente desenvolviam aterosclerose suficiente para causar infarto. Hoje, no entanto, a doença cardíaca se alastra de maneira desenfreada por causa das mesmas novas condições que contribuem para elevar os níveis de diabetes tipo 2: inatividade física, dieta deficiente e obesidade. A elas se acrescentam novos fatores de risco, mais notavelmente bebida, fumo e estresse emocional.

O primeiro desses fatores a considerar é atividade física, necessária para que o sistema cardiovascular se desenvolva e funcione apropriadamente. A atividade aeróbica não só fortalece o coração, mas também regula a maneira como gorduras são armazenadas, liberadas e usadas em todo o corpo, inclusive no fígado e nos músculos. Muitos estudos descobriram de maneira invariável que mesmo níveis moderados de atividade física como caminhar 25 quilômetros por semana elevam substancialmente o nível de HDL e reduzem os níveis de triglicérides no sangue – o que reduz o risco de doenças cardíacas.[60] Outro benefício vital da atividade física é reduzir o nível de inflamação nas artérias, que como vimos é o verdadeiro culpado pela aterosclerose.[61] Em geral, a duração da atividade parece ter efeitos mais benéficos sobre esses fatores de risco que sua intensidade. Atividade física vigorosa também reduz a pressão sanguínea ao estimular o crescimento de novos vasos, e fortalece os músculos do coração e as paredes das artérias. Adultos que se exercitam regularmente reduzem quase à metade suas chances de infarto ou derrame (corrigidos outros fatores de risco) e, quanto mais intenso o exercício, maior a redução no risco.[62] De uma perspectiva evolutiva, essas estatísticas fazem sentido porque o sistema cardiovascular espera e requer estímulos que vêm da atividade física para estimular seus mecanismos normais de reparo (mais sobre o como e o porquê disso no capítulo 11). É normal ser vigorosamente ativo ao longo de toda a vida, portanto não deveria ser nenhuma surpresa que uma ausência de atividade física permita ao corpo acumular vários tipos de patologia, inclusive aterosclerose.

Dieta, o outro importante determinante de balanço energético, também tem poderosos efeitos sobre a aterosclerose e as doenças cardíacas. Uma opinião comum é que níveis elevados de gordura dietética contribuem para níveis elevados de LDL (também conhecido como colesterol ruim), baixos níveis de HDL (também conhecido como colesterol bom), e níveis elevados de triglicérides – um trio de sintomas coletivamente denominados dislipidemia, que significa "gordura ruim". Consequentemente, a maioria das pessoas acredita que uma elevada porcentagem de gordura dietética faz mal para a saúde. Na realidade, a extensão em que gordura contribui para aterosclerose é muito mais complicada por várias razões, em especial porque nem todas as gorduras são iguais. Lembre-se de que gorduras contêm moléculas conhecidas como ácidos graxos que têm longas cadeias de átomos de carbono e hidrogênio. Diferenças na estrutura dessas cadeias produzem tipos alternativos de ácidos graxos com propriedades decisivamente diferentes. Ácidos graxos com menos átomos de hidrogênio são óleos insaturados líquidos à temperatura ambiente; ácidos graxos com um conjunto completo de átomos de hidrogênio são gorduras saturadas sólidas à temperatura ambiente. Após a digestão, essas diferenças aparentemente sem importância são relevantes porque ácidos graxos saturados estimulam o fígado a produzir mais LDLs, supostamente nefastas à saúde, ao passo que ácidos graxos insaturados fazem o fígado produzir mais HDLs saudáveis.[63] Esta diferença está por trás do consenso geral de que o consumo de dietas com teor mais alto de gorduras saturadas eleva o risco de aterosclerose, portanto de doença cardíaca.[64] Ela explica também os claros benefícios de se comer gorduras não saturadas, especialmente aquelas que consistem em ácidos graxos ômega 3, comuns em óleo de peixe, linhaça e castanhas. Demonstrou-se que dietas ricas nesses e outros alimentos com abundantes ácidos graxos insaturados elevam a HDL e diminuem LDL e triglicérides, reduzindo os fatores de risco associados a doenças cardiovasculares.[65] As piores de todas as gorduras possíveis são gorduras insaturadas que foram industrialmente convertidas em gorduras saturadas sob calor e pressão elevados. Essas gorduras trans artificiais não ficam rançosas (por isso seu uso em muitos alimentos empacotados), mas causam devastação no fígado: elevam LDL, reduzem HDL e interferem no modo como o corpo usa gorduras ômega 3.[66] Gorduras trans são essencialmente um veneno de ação lenta.

Se você está lendo isto ceticamente (como todos deveriam), talvez esteja pensando: "Ah, mas como caçadores-coletores na África e em outros lugares conseguiam alimentos contendo gorduras benéficas para o coração como azeite de oliva, sardinhas e linhaça? Não é verdade que comiam grande quantidade de carne vermelha?" Há duas respostas para essa pergunta. A primeira é que estudos de alimentos de caçadores-coletores revelam que sua dieta era realmente dominada por gorduras insaturadas, inclusive ácidos graxos ômega 3. Eles são abundantes em sementes e castanhas e também vêm da carne que consumiam, porque animais silvestres que comem capim e arbustos em vez de milho armazenam mais ácidos graxos insaturados no músculo. A carne de animais alimentados com capim é mais magra e contém cinco a dez vezes menos gorduras saturadas que a de animais alimentados com milho.[67] Além disso, ainda que caçadores-coletores árticos, como os inuítes, comam grandes quantidades de gordura animal, também comem óleos de peixe muito saudáveis, o que ajuda a manter suas taxas de colesterol dentro dos limites.[68]

Outra resposta, e francamente controversa, é que talvez tenhamos superdemonizado as gorduras saturadas, que possivelmente não são tão nocivas quanto quer o consenso. Consumir gorduras saturadas eleva os níveis de LDL, mas há muito se sabe e já se demonstrou repetidamente que níveis baixos de HDL estão muito mais fortemente associados a doença cardíaca que níveis elevados de LDL.[69] Lembre-se também de que aterosclerose é causada por uma combinação de níveis altos de LDL com níveis baixos de HDL e níveis altos de triglicérides. Pessoas com dietas com alto teor de gordura, mas baixo teor de carboidratos (como na Dieta Atkins), tendem a ter níveis de HDL mais altos e níveis de triglicérides mais baixos que pessoas com dietas com baixo teor de gordura e alto teor de carboidratos.[70] Em consequência, pessoas com dietas pobres em carboidratos podem estar mais bem protegidas da aterosclerose que pessoas que comem dietas pobres em gordura, mas muito ricas em carboidratos simples (essas dietas reduzem os níveis de LDL, mas também os de HDL, e elevam os de triglicérides). Outro fator muito importante é que LDLs menores, mais densas, causam muito mais inflamação em paredes arteriais que LDLs maiores, menos densas, mas dietas com alto teor de gorduras saturadas tendem a aumentar o tamanho das menos perniciosas LDLs maiores.[71] Embora gorduras insaturadas sejam em geral mais saudáveis que as saturadas, estas últimas talvez não sejam tão ruins quanto alguns pensam.[72]

Por fim, lembre-se de que nem todos os carboidratos presentes na sua dieta são iguais, e que muitos deles são convertidos em gorduras que, por sua vez, podem aumentar seu risco de aterosclerose. Como já discutimos, alimentos que liberam rapidamente grandes quantidades de glicose na corrente sanguínea e frutose no fígado são especialmente letais porque prejudicam a função do fígado e aumentam os níveis de triglicérides no sangue. Essas junk foods são aquelas que mais contribuem para o excesso de gordura visceral, o verdadeiro arqui-inimigo, porque é a gordura visceral que mais derrama em nossa corrente sanguínea os triglicérides que acabam causando inflamação, por isso aterosclerose. Por essa razão, uma dieta rica em legumes e frutas frescas, que são em sua maior parte carboidratos complexos e contêm poucos carboidratos simples, é inquestionavelmente saudável. Esses alimentos não só evitam o acúmulo de gordura, mas também fornecem antioxidantes que ajudam a reduzir a inflamação.[73]

Deixando de lado a discussão sobre as gorduras, outras características de estilos de vida modernos também diferem das de nossos ancestrais de maneiras que contribuem para aterosclerose e doença cardíaca. Uma delas é o excessivo consumo de sal – a única rocha que comemos. A maior parte dos caçadores-coletores obtém sal suficiente, cerca de um a dois gramas por dia, da carne, e têm poucas outras fontes naturais desse mineral, a menos que vivam perto do oceano.[74] Hoje nós temos sal em superabundância, usamos para preservar comida, e é tão saboroso que muitas pessoas consomem mais de três a cinco gramas por dia. O excesso de sal, entretanto, vai parar no sangue, onde absorve água do resto do corpo. Assim como mais ar num balão aumenta a pressão, mais água no sistema circulatório eleva a pressão sanguínea nas artérias. Pressão sanguínea crônica, por sua vez, estressa o coração e as paredes arteriais, o que leva a dano e depois a inflamação que causa formação de placa, como descrito anteriormente.[75] O estresse emocional crônico tem efeitos semelhantes, elevando a pressão sanguínea. Outro problema é a deficiência de fibra a partir de alimentos excessivamente processados. Fibra digerida suficiente mantém os níveis de LDL baixos acelerando a passagem da comida pelo intestino grosso e absorvendo gorduras saturadas.[76] E por fim não nos esqueçamos do álcool e de outras drogas. O consumo moderado reduz a pressão sanguínea e melhora as taxas de colesterol, mas o consumo excessivo danifica o fígado, que cessa então de funcionar apropriadamente para regular níveis de gordura e glicose. Fumantes também prejudicam o fígado, elevando níveis de LDL, e as toxinas que inalam inflamam paredes de artérias, estimulando a formação de placas.

Reunindo as evidências, não deveria ser nenhuma surpresa que levantamentos da saúde de caçadores-coletores indiquem que têm probabilidade muito menor de desenvolver doenças cardíacas à medida que envelhecem porque são fisicamente ativos e têm uma dieta naturalmente saudável. Nossos ancestrais paleolíticos também não tinham acesso a cigarros. Apesar de uma dieta de muita carne, os níveis de colesterol medidos em caçadores-coletores são muito mais saudáveis que os dos ocidentais industrializados.[77] Além disso, como observado acima, avaliações da saúde de caçadores-coletores tanto em contextos clínicos quanto a partir de autópsias forneceram poucas evidências de doenças cardíacas, mesmo em indivíduos idosos. Esses dados são necessariamente limitados, e não vêm de estudos controlados e aleatórios, mas podemos apenas concluir que infartos e derrames são principalmente desajustes evolutivos, causados em grande parte pela combinação de dietas agrícolas (especialmente industriais) e estilos de vida sedentários. Agricultores de subsistência, que são muito ativos fisicamente, também não correm muito risco de sofrer essas doenças, e a tendência a ser vítima de doenças cardíacas provavelmente não ganhou força até que as civilizações permitissem a emergência de classes altas. Um dos mais antigos casos conhecidos de aterosclerose (revelado por uma TC) é uma múmia egípcia, da princesa Ahmose-Meryet-Amon, que morreu em 1550 a.C.[78] Essa rica mulher, filha do faraó, levava presumivelmente uma vida de muitos mimos, sedentária, e consumia uma dieta rica em energia.

A doença das freiras

Se há uma doença com que todos deveriam se preocupar, é o câncer. Aproximadamente 40% dos americanos receberão um diagnóstico de câncer em algum momento de sua vida, e cerca de um terço morrerá da doença, o que faz dela a segunda mais importante causa de morte, atrás apenas das doenças cardíacas, nos Estados Unidos e em outros países ocidentais.[79] Cânceres são um problema antigo que certamente não está restrito a seres humanos. Eles podem se desenvolver em outros mamíferos, como macacos antropoides e cães (embora com menor frequência),[80] e alguns têm afligido seres humanos há milênios. Na realidade, o câncer foi nomeado e descrito pela primeira vez pelo médico grego Hipócrates (460-370 a.C.). Apesar de ser antiga, há pouca dúvida de que a doença é mais comum hoje do que no passado. A primeira análise de taxas de câncer foi publicada em meados do século XIX por Domenico Rigoni-Stern, médico chefe do Hospital de Verona.[81] Das 150.637 mortes veronenses que Rigoni-Stern documentou entre 1760 e 1839, menos de 1% (1.136) foram devidas a câncer, e destas, 88% foram de mulheres. Mesmo que suponhamos que Rigoni-Stern e seus colegas deixaram de fazer muitos diagnósticos de câncer, e que a prevalência da doença teria sido maior se mais veronenses tivessem vivido até idade mais avançada, essas taxas são pelo menos dez vezes mais baixas que as contemporâneas.

O câncer é uma doença difícil de tratar porque há muitos tipos, cada um com diferentes causas. Todos, contudo, começam a partir de mutações aleatórias em alguma célula extraviada. Provavelmente você já tem várias dessas células potencialmente letais. Felizmente, a maioria continuará adormecida, nada fazendo, mas por vezes uma sofre mutações adicionais que a levam a funcionar anormalmente, clonando-se sem restrição para formar um tumor. Mais mutações ainda permitem a essas células se espalhar depressa de tecido em tecido, consumindo recursos destinados a outras células, acabando por levar outros órgãos ao colapso. Como Mel Greaves ressaltou, o câncer é na realidade um tipo de seleção natural desenfreada que deu errado dentro do corpo, porque cânceres são células egoístas cujas mutações lhes dão uma vantagem reprodutiva sobre outras células, normais.[82] Além disso, assim como estresses ambientais promovem evolução dentro de uma população, toxinas, hormônios e outros fatores que estressam o corpo criam condições que ajudam células cancerosas a se reproduzir mais eficazmente que células normais e invadir tecidos e órgãos a que não pertencem. Aqui, no entanto, a comparação com a seleção natural termina porque as vantagens comparativas das células cancerosas têm vida breve e são em última análise contraproducentes. Os fatores que levam células mutantes a prosperar dentro de um organismo também levam o hospedeiro a morrer, e elas raramente são passadas de uma geração à seguinte. Com exceção dos poucos cânceres transmitidos por vírus, essa é portanto uma doença que se recapitula de maneira independente e ligeiramente diferente em quase todo indivíduo em que ocorre.

Cânceres têm muitas causas. Uma é simplesmente o processo de envelhecimento, que dá mais tempo para que mutações ocorram, o que explica por que o risco de câncer aumenta com a idade. Além disso, alguns ocorrem porque herdamos genes azarados que interferem com a capacidade que têm nossas células de reparar mutações ou de parar de se replicar.[83] Outro conjunto comum e muito difundido de causas de câncer inclui toxinas, radiação e outros agentes ambientais que provocam potencialmente mutações carcinogênicas. Alguns cânceres são causados por vírus. Aqui, no entanto, nosso foco são cânceres causados por balanço de energia positivo de longo prazo e obesidade. Esses cânceres da afluência são mais comuns em órgãos reprodutivos – especialmente mamas, útero e ovários em mulheres e próstata em homens –, mas cânceres em outros órgãos como o cólon por vezes são também afetados por um excesso crônico de energia.

Foi difícil investigar como e por que o balanço de energia positivo contribui para cânceres reprodutivos, porque a relação causal é indireta e complexa. As primeiras pistas de um caminho relacionado à energia para o câncer apareceram na forma de intrigantes correlações entre bebês e câncer de mama. Médicos antigos como Rigoni-Stern perceberam e se perguntaram por que freiras eram muito mais propensas a desenvolver câncer de mama que mulheres casadas (durante anos, o câncer de mama foi conhecido como "a doenças das freiras"). Mais tarde essas observações foram sustentadas por estudos de grande escala que mostraram que as chances de uma mulher de desenvolver câncer de mama, ovariano ou uterino aumentam significativamente com o número de ciclos menstruais que ela experimenta e diminui com o número de filhos que tem.[84] Décadas de pesquisa indicam agora que a exposição cumulativa a níveis elevados de hormônios reprodutivos, especialmente estrogênio, é uma causa importante dessas associações. O estrogênio age amplamente no corpo todo, mas é um estimulante particularmente poderoso da divisão celular nas mamas, nos ovários e no útero. Durante cada ciclo menstrual, os níveis de estrogênio se elevam (como os de outros hormônios relacionados, como progesterona), fazendo com que as células que forram a parede do útero se multipliquem e aumentem, preparando-se para a implantação de um embrião fertilizado. Esses súbitos aumentos também estimulam as células das mamas a se dividir. Assim, quando menstruam, as mulheres experimentam repetidamente altas doses de estrogênio, as quais levam células reprodutivas a proliferar, aumentando a cada vez as probabilidades de que ocorram mutações cancerosas e aumentando o número de cópias para células mutantes. No entanto, quando uma mulher se torna mãe, ficando grávida e depois amamentando, ela reduz seu risco de câncer de mama e de outros tecidos reprodutivos ao reduzir sua exposição a hormônios reprodutivos.[85] A amamentação pode também ajudar a lavar o revestimento dos dutos mamários, removendo células potencialmente mutantes.[86]

A associação entre estrogênio e alguns outros hormônios relacionados com cânceres reprodutivos realça a razão por que essas doenças são desajustes evolutivos influenciados por um estado crônico de balanço de energia positivo. Lembre-se de que durante milhões de anos a seleção natural favoreceu mulheres que dedicavam toda e qualquer energia extra que possuíam à reprodução, em parte por meio da ação de hormônios reprodutivos como estrogênio. A seleção natural, no entanto, nunca equipou o corpo das mulheres para lidar com excessos prolongados de energia, estrogênio e outros hormônios relacionados. Em consequência, as mulheres hoje são muito diferentes e correm um risco amplamente maior de desenvolver câncer que mães de muito tempo atrás, porque seu corpo continua funcionando tal como evoluiu, isto é, para ter o maior número possível de filhos sobreviventes. O resultado é que mulheres que têm mais energia também têm uma maior exposição cumulativa a hormônios reprodutivos que, em abundância, elevam o risco de câncer.[87]

Olhando mais de perto, há dois caminhos que ligam energia e estrogênio a taxas mais elevadas de cânceres reprodutivos entre mulheres em países desenvolvidos. O primeiro é o número de ciclos menstruais que as mulheres experimentam. A mulher típica em países como Estados Unidos, Inglaterra e Japão começa a menstruar aos doze ou treze anos e continua menstruando até os cinquenta e poucos. Como tem acesso ao controle da natalidade, engravida apenas uma ou duas vezes. Além disso, depois que dá à luz, amamenta provavelmente por menos de um ano. No total, pode esperar experimentar cerca de 350 a quatrocentos ciclos menstruais durante a vida. Em contraposição, uma mulher caçadora-coletora típica começa a menstruar quando tem dezesseis anos e passa a maior parte de sua vida adulta grávida ou amamentando, muitas vezes esforçando-se para obter energia suficiente para isso. Ela experimenta, portanto, um total de apenas 150 ciclos menstruais. Como cada ciclo inunda o corpo de uma mulher com fortes hormônios, não é de surpreender que as taxas de câncer reprodutivo tenham se multiplicado em gerações recentes à medida que o controle da natalidade e a afluência se difundiram.

O outro caminho decisivo que associa o balanço de energia positivo aos cânceres reprodutivos entre mulheres passa pela gordura. Discuti anteriormente como seres humanos do sexo feminino estão especialmente bem-adaptados a armazenar energia extra em células de gordura, as quais agem coletivamente como uma espécie de órgão endócrino para sintetizar estrogênio, que é liberado na corrente sanguínea. Mulheres obesas podem ter níveis de estrogênio 40% mais elevados que os de mulheres sem sobrepeso.[88] Em consequência, taxas de cânceres de tecidos reprodutivos entre mulheres estão fortemente correlacionadas com obesidade após a menopausa. Num estudo de mais de 85 mil mulheres americanas na menopausa, as obesas corriam um risco 2,5 vezes maior de desenvolver câncer de mama do que as que não tinham sobrepeso.[89] Essas relações explicam por que taxas em elevação de muitos cânceres reprodutivos refletem de perto taxas em elevação de obesidade.

Uma relação entre excedentes de energia e câncer reprodutivo pode também se aplicar a homens, embora com menos força. Uma das muitas funções do principal hormônio reprodutivo masculino, a testosterona, é estimular a próstata a produzir um fluido leitoso que ajuda a proteger o esperma. As glândulas da próstata estão constantemente produzindo esse fluido. Vários estudos mostram que exposição durante toda a vida a níveis elevados de testosterona aumentam o risco de câncer de próstata, especialmente em homens que vivem em países desenvolvidos e em frequente balanço de energia positivo.[90]

Como cânceres reprodutivos são doenças de desajuste associadas por meio de hormônios reprodutivos a um excesso de energia, a atividade física tem fortes efeitos sobre suas taxas de incidência. Isso faz sentido: quanto mais energia seu corpo despende em atividade física, menos ele pode gastar bombeando hormônios reprodutivos. Mulheres fisicamente ativas têm taxas de estrogênio cerca de 25% mais baixas que as sedentárias.[91] Essas diferenças podem explicar em parte por que vários estudos documentaram que apenas algumas horas por semana de exercício moderado reduzem substancialmente as taxas de muitos cânceres, inclusive de mama, útero e próstata.[92] Vários desses estudos descobriram que, quanto mais intensivo é o exercício, mais baixo o risco de câncer. Em um estudo de mais de 14 mil mulheres divididas em grupos de baixa, moderada e alta aptidão física, as moderadamente aptas tinham taxas de câncer de mama 35% mais baixas, e as muito aptas tinham taxas mais de 50% mais baixas (depois de controlados os fatores idade, peso, fumo e outros).[93]

Em suma, uma perspectiva evolutiva explica por que a excessiva afluência de que muitos desfrutam hoje eleva seus níveis de hormônios reprodutivos, que, juntamente com o controle da natalidade, aumentam depois a probabilidade de que se desenvolvam cânceres de mama, ovário, útero e próstata. Muitos cânceres reprodutivos são, portanto, doenças de desajuste ligadas em última análise ao fato de termos grande quantidade de energia de sobra. À medida que o desenvolvimento econômico e as dietas com alimentos processados se espalham pelo globo, mais pessoas têm balanço energético positivo, com frequência extremamente positivo, elevando a porcentagem de mulheres e homens com câncer de tecido reprodutivo.[94] Mas são esses cânceres exemplos de disevolução? Estamos tornando-os piores ou mais prevalentes pela maneira como os tratamos?

Na maior parte dos aspectos, a resposta parece ser não. Embora algumas pessoas possam reduzir suas chances de desenvolver câncer de tecido reprodutivo exercitando-se mais e comendo menos, o modo como tratamos o câncer parece sensato. Se algum dia eu receber um diagnóstico de câncer, suspeito que vou querer empregar todas as armas disponíveis – medicamentos, cirurgia e radiação – para matar as células mutantes o mais cedo possível e impedir que se espalhem pelo corpo. Essas abordagens aumentaram a taxa de sobrevivência para alguns tipos de câncer, inclusive de mama. Em dois aspectos importantes, contudo, nossa abordagem ao tratamento do câncer pode por vezes ser disevolutiva. O primeiro é que o câncer é mais evitável do que costumamos supor. As taxas de câncer reprodutivo poderiam ser significativamente reduzidas por meio de mais atividade física e mudanças na dieta, e outros tipos de câncer causados por substâncias carcinogênicas que respiramos e ingerimos poderiam ser enormemente reduzidos se fizéssemos mais para regular a poluição e erradicar o fumo. Além disso, é preciso lembrar que o câncer é basicamente um tipo de evolução que se destrambelhou, em que células mutantes se reproduzem sem restrição num corpo. Assim como tratar bactérias com antibióticos cria algumas vezes condições que estimulam a evolução de linhagens resistentes de bactérias, tratar câncer com substâncias químicas venenosas pode por vezes favorecer novas células cancerosas resistentes a drogas.[95] Assim, pensar sobre câncer a partir de uma perspectiva evolutiva pode nos ajudar a criar estratégias mais eficazes para combater a doença. Uma ideia é estimular células benignas para suplantar as nocivas, cancerosas; outra é capturar células cancerosas estimulando em primeiro lugar aquelas que são sensíveis a uma substância química particular e depois as atacando quando estão num estado vulnerável. Como o câncer é um tipo de evolução dentro do corpo, talvez a lógica evolutiva possa nos ajudar a encontrar uma maneira de combater melhor essa assustadora doença.

Riqueza demais pode ser um problema?

Diabetes tipo 2, doenças cardíacas e câncer de tecidos reprodutivos não são as únicas doenças da afluência. Entre as outras estão a gota e a síndrome do fígado gorduroso (cujo nome diz tudo). Estar acima do peso também contribui para uma grande quantidade de outros males, como respiração interrompida durante o sono (apneia), doença dos rins e da vesícula, e maiores chances de sofrer lesões nas costas, nos quadris e nos pés. À medida que pessoas no mundo todo se exercitam menos e comem mais calorias, especialmente açúcares e carboidratos simples, essas e outras doenças da afluência – todas doenças de adaptação previamente raras durante a evolução – continuarão a aumentar como fizeram nos últimos anos.[96]

Em que medida as doenças da afluência são exemplos de disevolução em que adoecemos em consequência de desajustes e permitimos que as doenças se tornem prevalentes ou se agravem ao deixar de tratar suas causas? O capítulo 7 concluiu com três características dessas doenças de desajuste. Primeiro, tendem a ser doenças crônicas, não infecciosas, com múltiplas causas interatuantes que é difícil tratar ou prevenir. Segundo, essas doenças tendem a ter um efeito baixo ou negligenciável sobre a aptidão reprodutiva. Terceiro, os fatores que contribuem para elas têm outros valores culturais, levando a compromissos entre seus custos e benefícios.

Diabetes tipo 2, doenças cardíacas e câncer de mama têm todas essas características. São promovidos por numerosos e complexos estímulos ambientais, mais especialmente por novas dietas e inatividade física, mas também por se viver mais longamente, amadurecer-se mais cedo, usar mais controle de natalidade e outros fatores. Ademais, essas doenças em geral não ocorrem até a meia-idade, o que as faz ter efeitos desprezíveis sobre a quantidade de filhos que as pessoas têm (a maior parte das mulheres diagnosticadas com câncer de mama está na casa dos sessenta anos).[97] Finalmente, é difícil calcular os custos e benefícios da agricultura, da industrialização e de outros desenvolvimentos culturais que desempenharam um papel na promoção de doenças da afluência. Por exemplo, a agricultura e a industrialização tornaram a comida menos cara e mais abundante, permitindo-nos alimentar mais bilhões de pessoas. Ao mesmo tempo, muitas dessas calorias baratas vêm de açúcares, amido e gordura nefastos à saúde. Temos recursos para alimentar o mundo com frutas e legumes saudáveis, para não mencionar carne de animais alimentados com capim? Forças econômicas também são fatores. Por um lado, sistemas de mercado que tornaram possíveis muitas formas de progresso que permitem a mais pessoas no mundo desenvolvido viver uma vida mais longa e mais saudável do que seus avós. No entanto, nem todo o capitalismo foi benéfico para o corpo humano, porque comerciantes e fabricantes tiram vantagem dos impulsos e da ignorância das pessoas. Por exemplo, anúncios enganosos de alimentos "sem gordura" instigam pessoas a comprar produtos altamente calóricos ricos em açúcar e carboidratos simples que na verdade as tornam mais gordas. Paradoxalmente, hoje é preciso despender mais esforço e dinheiro para consumir alimentos com menos calorias. Um rápido olhar revela que uma aparentemente saudável e modesta garrafa de suco de mirtilo de 440 mililitros em minha geladeira contém 120 calorias, mas um exame mais atento revela que se considera que há duas porções na garrafa. Assim, ingerimos na realidade 240 calorias quando a tomamos, a mesma quantidade contida numa garrafa de 600 mililitros de Coca-Cola. Não hesitamos também em encher os ambientes de carros, cadeiras, escadas rolantes, controles remotos e outros inventos que reduzem os níveis de atividade física. Nosso ambiente é desnecessariamente *obesogênico*. E, ao mesmo tempo, a indústria farmacológica desenvolveu uma espantosa coleção de drogas, algumas extremamente eficazes, para tratar os sintomas dessas doenças. Essas drogas e outros produtos salvam vidas e reduzem incapacidades, mas podem também ser permissivos e indulgentes. No geral, criamos um ambiente que deixa as pessoas doentes por meio de um excesso de energia e depois as mantém vivas sem ter de reduzir o fluxo de energia.

O que fazer? A solução óbvia, fundamental, é ajudar mais pessoas a comer uma dieta mais saudável e se exercitar mais, mas este é um dos maiores desafios que nossa espécie enfrenta (e assunto do capítulo 13). A outra solução essencial é nos concentrar de maneira mais inteligente e racional nas causas, e não nos sintomas, dessas doenças. Ter gordura demais, especialmente visceral, é correr o risco de sofrer de muitas doenças e um sintoma de desequilíbrio, mas o excesso de peso ou a obesidade não são doenças. A maioria das pessoas com excesso de peso ou obesas se sente justificadamente irritada com aqueles que se concentram no peso e não na saúde e os estigmatizam ou culpam por ser assim. A mesma lógica desprezível leva a culpar os pobres por serem pobres. Na realidade, tais condenações estão frequentemente associadas porque a obesidade tem forte correlação com a pobreza.[98]

A obsessão generalizada com a "epidemia" de obesidade levou a uma reação contrária compreensível. Alguns se perguntam se alarmistas não teriam exagerado o problema.[99] Segundo essa visão, nós não somente estigmatizamos pessoas desnecessariamente, como também desperdiçamos bilhões de dólares para combater uma crise inventada. Em alguma medida, os antialarmistas têm razão. Exceder um peso corporal recomendado não é necessariamente ruim para a saúde, como fica evidente pelos muitos indivíduos com sobrepeso que vivem uma vida longa e razoavelmente saudável. Cerca de um terço das pessoas com sobrepeso não mostra nenhum sinal de distúrbio metabólico, talvez por ter genes que as adaptam a ser pesadas.[100] Mas, como este capítulo enfatizou repetidamente, o que mais importa para a saúde não é a gordura em si. Indicadores ainda mais importantes de saúde e longevidade são o lugar em que armazenamos nossa gordura corporal, o que comemos e nosso grau de atividade física.[101] Um estudo capital, que acompanhou quase 22 mil homens de todos os pesos, tamanhos e idades durante oito anos, constatou que homens magros que não se exercitavam corriam um risco duas vezes maior de morrer que homens obesos que se dedicavam a atividade física regular (depois de corrigir outros fatores, como fumo, álcool e idade).[102] A aptidão física pode mitigar os efeitos negativos da gordura. Portanto, uma porcentagem considerável de indivíduos aptos fisicamente, mas com sobrepeso e até levemente obesos, não corre um risco maior de morte prematura.

Para compreender melhor como e por que atividade física adequada é tão importante para a saúde, é hora de considerar outra classe de problemas de desajuste que estão sujeitos a disevolução: doenças de desuso. Elas são causadas por muito pouco, não o excesso, de uma coisa boa.

11. Desuso

Por que estamos perdendo capacidades por não utilizá-las

> Porque a todo aquele que tem será dado e terá em abundância, mas daquele que não tem, até o que tem será tirado.
>
> Mateus 25,29

Você já ficou preso num engarrafamento numa ponte e se perguntou se ela era forte o suficiente para aguentar o peso de todos aqueles carros e pessoas? Imagine o caos e o horror da ponte desabando, mergulhando todo mundo no rio lá embaixo em meio a uma chuva fatal de metal, tijolos e concreto. Felizmente, esse tipo de acidente é extraordinariamente improvável, porque a maioria das pontes é construída para suportar muito mais carros do que pode realmente conter. Por exemplo, John Roebling projetou intencionalmente a ponte do Brooklyn para suportar seis vezes mais peso do que previa que suportaria algum dia. Na linguagem da engenharia, a ponte do Brooklyn tem um fator de segurança seis.[1] Podemos nos tranquilizar sabendo que os engenheiros são usualmente solicitados a usar fatores de segurança similarmente altos quando projetam toda sorte de estruturas importantes, como pontes, cabos de elevador e asas de avião. Embora elevem custos de construção, fatores de segurança são sensatos e necessários porque nunca sabemos realmente em que grau devemos reforçar as coisas.

E quanto ao corpo? Como qualquer pessoa que tenha quebrado um osso ou rompido um ligamento ou tendão pode atestar, a seleção natural parece ter deixado de dar a essas estruturas um fator de segurança suficientemente grande para fazer face às nossas atividades. Obviamente, a evolução não adaptou ossos e ligamentos humanos para resistir às forças causadas por batidas de carro em alta velocidade e acidentes de bicicleta, mas por que tantas pessoas fraturam pulso, queixo e dedos do pé em consequência de uma simples queda ao caminhar ou correr? Ainda mais preocupante é a prevalência de osteoporose, uma doença em que ossos se desgastam pouco a pouco, tornando-se tão quebradiços e frágeis que se fragmentam e depois se desmancham. A osteoporose leva mais de um terço das mulheres idosas nos Estados Unidos a fraturar ossos, mas a doença era rara entre os idosos até recentemente. Como o capítulo 4 descreveu, avós humanas não evoluíram para andar por aí com uma bengala ou ficar acamadas na velhice, e sim para ajudar ativamente a prover seus filhos e netos.

Infelizmente, desajustes de capacidade inadequada em relação à demanda não se manifestam apenas no esqueleto. Por que algumas pessoas pegam resfriados a toda hora, mas outras têm sistemas imunológicos mais capazes de evitar infecções? Por que algumas são menos capazes de se adaptar a temperaturas extremas? Por que outras conseguem inspirar oxigênio suficientemente rápido para vencer o Tour de France, mas outras mal conseguem puxar ar suficiente para subir um lance de escada? Por que esses outros desajustes do gênero são tão generalizados apesar de suas importantes consequências para a sobrevivência e a reprodução?

A capacidade insuficiente de lidar com as demandas que fazemos a nossos corpos, como todos os desajustes, é muitas vezes uma consequência de alterações interações gene-ambiente, em que ambientes mudaram recentemente de maneiras para as quais nossos corpos estão inadequadamente adaptados. À medida que amadurecemos, os genes que herdamos interagem intensa e constantemente com o ambiente para afetar o modo como nosso corpo cresce e se desenvolve. No entanto, em contraste com as doenças da afluência discutidas no capítulo 10, que resultam de um excesso de um estímulo outrora raro (como açúcar), essas doenças resultam de muito pouco de um estímulo outrora comum. Se você não põe peso sobre seu esqueleto quando é jovem, ele nunca ficará forte, e se você não estimula seu cérebro o suficiente à medida que amadurece, corre o risco de perder a função cognitiva mais depressa, levando potencialmente a doenças como demência.[2] Quando deixamos de prevenir as causas dessas doenças, permitimos que ocorra o circuito pernicioso de retroalimentação em que transmitimos os mesmos ambientes a nossos filhos, deixando que a doença continue comum ou cresça em prevalência. Doenças de desuso explicam grande parte da incapacidade e da doença em nações desenvolvidas. Depois que se manifestam, tendem a ser difíceis de tratar, mas são amplamente evitáveis se prestarmos atenção ao modo como nosso corpo evoluiu para crescer e funcionar.

Por que crescer é necessariamente estressante

Como um experimento mental, imagine que você é um engenheiro robótico no futuro distante, capaz de construir robôs tecnicamente assombrosos que podem falar, andar e executar outras tarefas sofisticadas. Provavelmente você construiria cada robô para finalidades específicas, ajustando suas capacidades para as funções a que se destinasse (um robô policial teria armas, um robô garçom teria uma bandeja). Você também projetaria cada robô para condições ambientais particulares, como calor extremo, frio de congelar, ou para ficar submerso na água. Agora imagine ser solicitado a projetar robôs sem saber para que funções serviriam ou que condições ambientais iam experimentar. Como você criaria um robô superadaptável?

A resposta é que você projetaria cada robô para se desenvolver dinamicamente de modo a ajustar sua capacidade e função a suas condições. Se o robô encontrasse água, desenvolveria impermeabilidade; se precisasse salvar pessoas de incêndios, desenvolveria a capacidade de resistir a queimaduras. Como robôs são feitos de uma multidão de partes integradas, você também precisaria fazer os componentes do robô interagir à medida que se desenvolvessem, permitindo que tudo se encaixasse e trabalhasse junto. Dessa maneira, por exemplo, sua impermeabilidade não interferiria com os movimentos de seus braços e pernas.

Talvez engenheiros do futuro possam adquirir tais habilidades, mas, graças à evolução, plantas e animais já as possuem. Desenvolvendo-se através de miríades de interações entre genes e ambientes, os organismos são capazes de construir corpos extremamente complexos, que não só trabalham bem, mas também podem se adaptar a uma ampla variedade de circunstâncias. Sem dúvida não podemos simplesmente desenvolver novos órgãos à vontade, mas muitos adaptam de fato suas capacidades a exigências, reagindo a estresses à medida que se desenvolvem. Por exemplo, se você corre mais quando é criança, põe peso sobre suas pernas e elas ficam mais grossas. Outro exemplo menos apreciado é a capacidade de suar. Os seres humanos nascem com milhões de glândulas sudoríparas, mas a porcentagem delas que realmente secretam suor quando você sente calor é influenciada por quanto estresse de calor sofreu nos primeiros anos de vida.[3] Outros ajustamentos respondem dinamicamente ao longo de toda a vida a estresses ambientais, mesmo em adultos. Se você levantasse pesos regularmente durante as próximas semanas, os músculos dos seus braços se cansariam e depois ficariam maiores e mais fortes. Inversamente, se passasse meses ou anos de cama, seus músculos e ossos definhariam.

A capacidade que têm os corpos de ajustar suas características observáveis (seu fenótipo) em resposta a estresse ambiental é formalmente conhecida como *plasticidade fenotípica*. Todos os organismos precisam de plasticidade fenotípica para se desenvolver e funcionar, e quanto mais os biólogos procuram, mais exemplos descobrem.[4] Faz sentido para meu corpo desenvolver mais glândulas sudoríparas se eu viver num ambiente realmente quente, ter ossos mais grossos se eu tiver maior probabilidade de quebrar pernas e braços, e ter pele mais escura durante o verão quando ela tem maior probabilidade de se queimar. No entanto, a dependência dessas interações tem inconvenientes que levam potencialmente a desajustes quando pistas ambientais decisivas estão ausentes, reduzidas ou são anormais. Quando o inverno se transforma em primavera, desenvolvo naturalmente uma cor bronzeada, que impede minha pele de queimar, mas se entro num avião durante o inverno e voo para o equador, minha pele usualmente pálida ficará queimada num instante, a menos que eu a proteja com roupas ou bloqueador solar. Uma perspectiva evolutiva sobre o corpo sugere que esses desajustes são mais comuns agora do que nunca porque nas últimas gerações mudamos as condições em que nos desenvolvemos, por vezes de maneiras para as quais a seleção natural nunca nos preparou (como viagem a jato). Esses desajustes podem ser perniciosas porque por vezes surgem cedo na vida e causam problemas muitos anos depois, quando é muito tarde para corrigi-los.

O que nos leva de volta a fatores de segurança. Por que a natureza não constrói corpos como engenheiros constroem pontes – com generosos fatores de segurança, de modo que possamos nos adaptar a uma ampla variedade de condições? A principal explicação é que tudo envolve compromissos: mais de uma coisa significa menos de outra. Ossos das pernas mais grossos, por exemplo, são menos propensos a quebrar, mas é preciso mais energia para movê-los. Pele escura impede que sua pele queime, mas limita a quantidade de vitamina D que você sintetiza.[5] Ao favorecer mecanismos que ajustam fenótipos a ambientes particulares, a seleção ajuda corpos a encontrar o equilíbrio ideal entre diversas tarefas e a alcançar o nível certo de função: o suficiente, mas não demais.[6] Alguns traços, como cor da pele e tamanho dos músculos, podem assim se adaptar ao longo de toda a vida. O músculo, por exemplo, é um tecido dispendioso para manter, consumindo cerca de 40% do metabolismo de repouso do corpo. Por isso faz sentido deixar seu músculos atrofiarem quando você não precisa deles e desenvolvê-los quando precisa. No entanto, a maior parte dos traços como comprimento das pernas ou tamanho do cérebro não pode se adaptar continuamente a mudanças no ambiente porque não podem ser reestruturados depois que se desenvolveram. Para essas características, o corpo tem de usar pistas ambientais – estresses – para prever a configuração adulta ótima da estrutura durante o início do desenvolvimento, muitas vezes *in utero* ou durante os primeiros anos de vida. Embora essas previsões possam nos ajudar a nos ajustar adequadamente a nosso ambiente particular, estruturas que não experimentaram os estímulos certos durante o início da vida podem terminar sendo mal adequadas para condições que experimentamos mais tarde.

Em resumo, realmente evoluímos para "usar ou perder". Como corpos não são construídos, mas crescem e evoluem, o nosso espera e de fato requer certos estresses quando estamos amadurecendo para se desenvolver adequadamente. Essas interações são amplamente vistas no cérebro: se você priva uma criança de linguagem ou de interações sociais, seu cérebro nunca se desenvolverá adequadamente, e a melhor hora de aprender uma língua ou a tocar violino é quando somos crianças. Interações similarmente importantes também caracterizam outros sistemas que interagem intensivamente com o mundo externo, como nosso sistema imunológico e os órgãos que nos ajudam a digerir comida, manter uma temperatura corporal estável etc.

Vendo sob essa luz, prevemos que muitas doenças de desajuste vão ocorrer quando corpos em desenvolvimento deixam de experimentar tanto estresse quanto a seleção natural os equipou para esperar. Alguns desses desajustes se manifestam cedo no desenvolvimento, mas outros, como a osteoporose, não começam a causar problemas até a velhice. Sem dúvida essa e outras doenças relacionadas à idade são mais comuns porque agora os seres humanos estão vivendo até uma idade mais avançada, mas as evidências sugerem que estão longe de ser inevitáveis. Ossos quebradiços num corpo de sessenta anos é um desajuste evolutivo. Esses desajustes, ademais, são suscetíveis de disevolução quando deixamos de prevenir suas causas. Há muitas doenças de desuso, mas este capítulo se concentra em alguns exemplos mais comuns e ilustrativos. Vamos começar com dois exemplos no esqueleto: por que as pessoas desenvolvem osteoporose e por que temos dentes do siso impactados. Ambas as coisas decorrem do modo como os ossos se desenvolvem em resposta a estresse.

Por que ossos precisam ser estressados o bastante (mas não demais)

Nossos ossos, como as vigas de uma casa, têm de suportar muito peso. Mas, diferentemente das vigas de uma casa, eles precisam também ser movimentados, armazenam cálcio e medula óssea, e fornecem lugares a que músculos, ligamentos e tendões podem se prender. Além disso, nossos ossos têm de crescer e assim mudar de tamanho e de forma ao longo de toda a vida sem comprometer sua capacidade de funcionar. Quando danificados, também precisam se reparar. Nenhum engenheiro jamais conseguiu criar um material tão versátil e funcional como o osso.

Os ossos realizam tanta coisa e o fazem tão bem graças à seleção natural. Ao longo de centenas de milhões de anos, evoluíram para ser um tecido único com múltiplos componentes que trabalham juntos como concreto reforçado para criar um material ao mesmo tempo rígido e forte e que também cresce dinamicamente em resposta a uma combinação de deixas genéticas e ambientais. A forma inicial de um osso é extremamente controlada por genes, mas para se desenvolver da maneira apropriada ele precisa de nutrientes e hormônios adequados que lhe permitam crescer em harmonia com o resto do corpo. Além disso, para que um osso adulto alcance a forma correta, ele deve experimentar certos estresses mecânicos enquanto cresce. Cada vez que nos movemos, o peso e os músculos do corpo aplicam forças nos ossos, o que por sua vez gera deformações muito pequenas. Essas deformações são tão ligeiras que não as notamos, mas são grandes o bastante para que células ósseas constantemente as confrontem e reajam a elas. De fato, essas deformações são necessárias para que um osso desenvolva tamanho, forma e força apropriados. Um osso em crescimento que não experimenta carga suficiente permanecerá fraco e frágil, como os ossos das pernas de uma criança confinada a uma cadeira de rodas. Em contraposição, se pomos muito peso sobre um osso durante o desenvolvimento, ele crescerá mais grosso, por isso mais forte. Jogadores de tênis ilustram muito bem este princípio. Pessoas que jogaram muito tênis quando jovens têm ossos em seu braço dominante, o que empunha a raquete, até 40% mais grossos e fortes que o outro.[7] Outros estudos mostram que crianças que correm e andam mais desenvolvem ossos das pernas mais grossos, e criança que mastigam comidas mais duras, mais rijas, desenvolvem ossos dos maxilares mais grossos.[8] Sem esforço nada se ganha.

Fatores como genes e nutrição também têm importantes efeitos sobre a maneira como os ossos crescem, mas a capacidade de nosso esqueleto de responder a cargas mecânicas durante o desenvolvimento é especialmente adaptativa. Sem essa plasticidade, nossos ossos precisariam ser como a ponte do Brooklyn e ser pesadamente superconstruídos para evitar colapso, o que os tornaria mais volumosos e difíceis de mover. No entanto, a maneira como o esqueleto se adapta a seu ambiente mecânico está sujeita a uma lamentável restrição: depois que ele para de crescer, os ossos não podem mais engrossar muito. Se começamos a dar muitas raquetadas quando adulto, os ossos do braço podem ficar um pouco mais grossos, mas não como os de um jogador de tênis adolescente. Na verdade, nosso esqueleto alcança seu tamanho máximo logo depois que nos tornamos adultos, entre dezoito e vinte anos em moças e entre vinte e 25 anos em rapazes.[9] Depois disso, há pouco que possamos fazer para tornar nossos ossos maiores, e logo depois nosso esqueleto começa a perder osso pelo resto da vida.

Nossos ossos talvez não fiquem muito mais grossos, mas estão longe de ser inertes e podemos nos consolar sabendo que conservam a capacidade de se reparar. Como foi observado, cada vez que nos movemos, as forças que aplicamos em cada osso podem causar deformações muito ligeiras (tensões). Essas deformações são normais e saudáveis, mas, se forem numerosas, rápidas e fortes demais, podem causar a formação de rachaduras danosas. Caso essas rachaduras se acumulassem, crescessem e começassem a se unir em rachaduras maiores, o osso se romperia como uma ponte que desabasse por ter sido submetida ao peso de automóveis demais. Em circunstâncias comuns, contudo, esses desastres não acontecem porque nossos ossos reparam a si mesmos. Durante esse processo de reparação, o osso velho e danificado é escavado e substituído por osso novo, saudável. De fato, o processo de reparação é muitas vezes iniciado quando o osso é estressado. Sempre que você corre, pula ou sobe numa árvore, a deformação resultante gera sinais que estimulam reparos exatamente nos lugares em que são mais necessários.[10] Quanto mais usamos nosso esqueleto, mais ele se mantém em boas condições. Lamentavelmente, o contrário também é verdadeiro: a falta de uso suficiente dos ossos leva a perda óssea. Astronautas que vivem no ambiente quase isento de gravidade do espaço, que põem pouco estresse sobre o esqueleto, perdem osso num ritmo rápido e retornam de períodos de serviço prolongados com ossos perigosamente fracos. Quando chegam de volta, muitas vezes precisam ser carregados para evitar que os ossos de suas pernas quebrem quando andam. Obviamente, a seleção natural não adaptou os seres humanos para viver no espaço, mas não usar nossos ossos aqui na Terra tanto quanto a evolução ajustou nosso corpo leva a doenças de desajuste comuns do esqueleto, inclusive osteoporose e dente do siso impactado.

Osteoporose

A osteoporose é uma doença debilitante que muitas vezes avança sorrateiramente sobre pessoas mais velhas, sobretudo mulheres. Uma situação extremamente comum é que uma mulher idosa caia e quebre o quadril ou o pulso. Em circunstâncias comuns, seu esqueleto deveria ser capaz de suportar um tombo, mas seus ossos se tornaram tão finos que lhes falta força para suportar o impacto da queda. Outro tipo comum de fratura ocorre quando um osso enfraquecido na coluna vertebral não pode mais suportar o peso do corpo e se achata de repente como uma panqueca. Essas fraturas de compressão causam dor crônica, perda de altura e postura encurvada. Em geral, a osteoporose aflige pelo menos um terço de todas as mulheres com mais de cinquenta anos e pelo menos 10% dos homens da mesma idade, e sua prevalência vem aumentando rapidamente em nações em desenvolvimento.[11] Essa epidemia crescente é uma séria preocupação social e econômica, causando muito sofrimento e bilhões de dólares em custos de serviços de saúde.

Aparentemente, a osteoporose é uma doença da velhice, portanto sua crescente prevalência não deveria ser muito surpreendente, já que mais pessoas estão vivendo mais tempo. Entretanto, fraturas relacionadas a osteoporose são extremamente incomuns no registro arqueológico, mesmo depois que a agricultura começou.[12] Ao contrário, as evidências sugerem que a osteoporose é sobretudo uma doença de desajuste causada por interações entre os genes que herdamos e vários fatores de risco: atividade física, idade, sexo, hormônios e dieta. A pior situação concebível é ser uma mulher na pós-menopausa que não se exercitou muito quando mais jovem, não come cálcio suficiente e tem insuficiência de vitamina D. O fumo também exacerba a doença.

Para compreender como idade, exercício, hormônios e dieta interagem para causar osteoporose, vamos explorar como esses fatores de risco influenciam os dois maiores tipos de células que criam nossos ossos: osteoblastos e osteoclastos. Osteoblastos são as células que fazem osso novo, e osteoclastos são aquelas que dissolvem e removem osso velho. Ambos os tipos de células são necessários, porque assim como às vezes derrubamos paredes velhas para construir novas quando expandimos ou restauramos uma casa, ambos os tipos de células devem trabalhar em conjunto para desenvolver e reparar ossos. Quando um osso está crescendo normalmente, os osteoblastos são mais ativos que os osteoclastos (de outro modo os ossos não ficariam mais grossos). Mas, à medida que amadurecemos e o crescimento do nosso esqueleto se torna mais lento ou cessa, os osteoblastos produzem menos osso e levam cada vez mais tempo regulando o reparo, como mostrado na figura 25. Durante esse processo, os osteoblastos primeiro sinalizam aos osteoclastos que devem escavar osso num lugar particular e depois osteoblastos enchem o buraco com osso novo, saudável.[13] Sob condições normais, os osteoblastos substituem mais ou menos todo o osso removido pelos osteoclastos. No entanto, a osteoporose se desenvolve quando a atividade dos osteoclastos ultrapassa a dos osteoblastos. Esse desequilíbrio torna os ossos mais finos e mais porosos, um problema sério em osso esponjoso, que enche certos ossos como as vértebras, bem como articulações (figura 25). Esse tipo de osso consiste numa multidão de bastões e placas pequeninos e leves. Um esqueleto em crescimento cria milhões desses suportes vitais, mas infelizmente perde a capacidade de fazer novos suportes depois que para de crescer. Daí em diante, quando um osteoclasto excessivamente zeloso remove ou corta um suporte, ele nunca pode voltar a crescer ou ser reparado. Suporte por suporte, o osso se enfraquece permanentemente, até que um dia seu fator de segurança fica baixo demais e ele se fratura.

Sob essa luz, a osteoporose é basicamente uma doença causada por excesso de reabsorção óssea por osteoclastos relativamente à deposição óssea deficiente por osteoblastos. À medida que vamos ficando mais velhos, os efeitos desse desequilíbrio fazem os ossos se tornarem frágeis e depois quebrarem. E, de todos os fatores relacionados à idade que levam os osteoclastos a ultrapassar os osteoblastos, o maior é a insuficiência de estrogênio. Entre seus muitos papéis, o estrogênio liga os osteoblastos para fabricar osso e desliga os osteoclastos, impedindo-os de remover osso. Essa função dual torna-se um risco quando mulheres passam pela menopausa e seus níveis de estrogênio caem a prumo. De repente, os osteoblastos se desaceleram enquanto os osteoclastos se tornam mais ativos, causando um

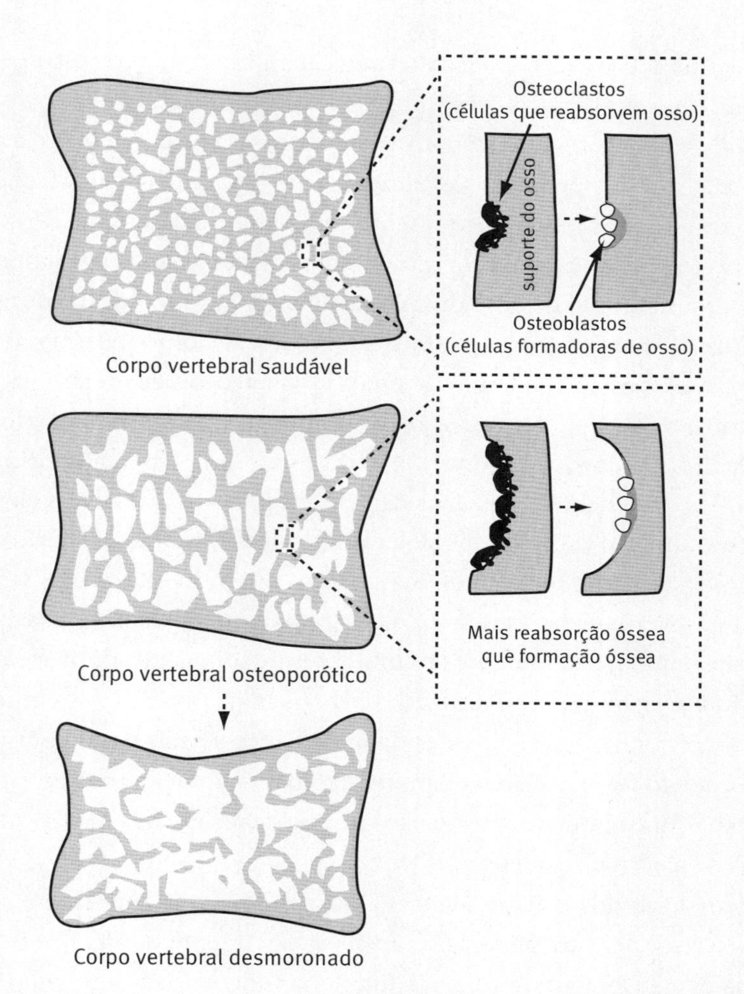

FIGURA 25. Osteoporose. Ilustração esquemática de um corte transversal através do corpo de uma vértebra normal (no alto) cheia de osso esponjoso. O detalhe à direita mostra como células que reabsorvem osso (osteoclastos) o removem, sendo depois substituído por células formadoras de osso (osteoblastos). A osteoporose ocorre quando a reabsorção óssea é mais veloz que a substituição, levando a uma perda de massa e densidade ósseas (no meio). Finalmente a vértebra fica fraca demais para suportar o peso do corpo e desmorona (embaixo).

ritmo rápido de perda óssea. Os homens também correm risco, mas menos que as mulheres, porque convertem testosterona em estrogênio dentro de seus ossos. Homens mais velhos não passam pela menopausa, mas, à medida que seus níveis de testosterona caem, criam menos estrogênio e também enfrentam taxas crescentes de fraturas ósseas.

Dos vários fatores que tornam a osteoporose uma doença de desajuste moderna, um dos principais é a atividade física, cujos efeitos benéficos sobre a saúde dos ossos dificilmente podem ser exagerados. Primeiro, como o esqueleto se forma sobretudo antes de chegarmos aos vinte anos, muito levantamento de peso durante a juventude – em especial durante a puberdade – leva a maiores picos de massa óssea. Como mostra o gráfico da figura 26, pessoas sedentárias quando jovens começam a meia-idade com consideravelmente menos ossos do que as que eram mais ativas. A atividade física também continua a afetar a saúde óssea à medida que as pessoas envelhecem. Dezenas de estudos provam que níveis elevados de levantamento de peso desaceleram e por vezes até detêm ou revertem modestamente o ritmo de perda óssea em indivíduos mais velhos.[14] Mudanças na maneira como amadurecemos e envelhecemos exacerbam esse problema, especialmente em mulheres. Meninas caçadoras-coletoras geralmente entram na puberdade três anos mais tarde que meninas em nações desenvolvidas, o que lhes dá vários anos a mais para desenvolver um esqueleto forte e saudável, preparado para suportar anos de envelhecimento.[15] E, é claro, quanto mais vivemos, mais nossos ossos se tornam frágeis e sujeitos a se quebrar.

Além de atividade física e estrogênio, o outro fator importante que aumenta o risco de osteoporose é a dieta, especialmente o cálcio. Um corpo precisa de cálcio abundante para funcionar adequadamente, e uma das muitas funções do osso é servir como reservatório desse mineral vital. Se os níveis de cálcio baixam demais por causa de sua ingestão insuficiente na comida, hormônios estimulam osteoclastos a reabsorver osso, restaurando o equilíbrio de cálcio. Essa resposta, no entanto, enfraquece os ossos se o tecido não for substituído. Consequentemente, tanto animais quanto pessoas cuja dieta é permanentemente deficiente em cálcio desenvolvem ossos quebradiços e perdem osso mais depressa quando envelhecem. Dietas modernas baseadas em grãos, ademais, tendem a ser deploravelmente deficientes em cálcio – contendo entre duas e cinco vezes menos que dietas típicas de caçadores-coletores, e somente uma minoria dos americanos

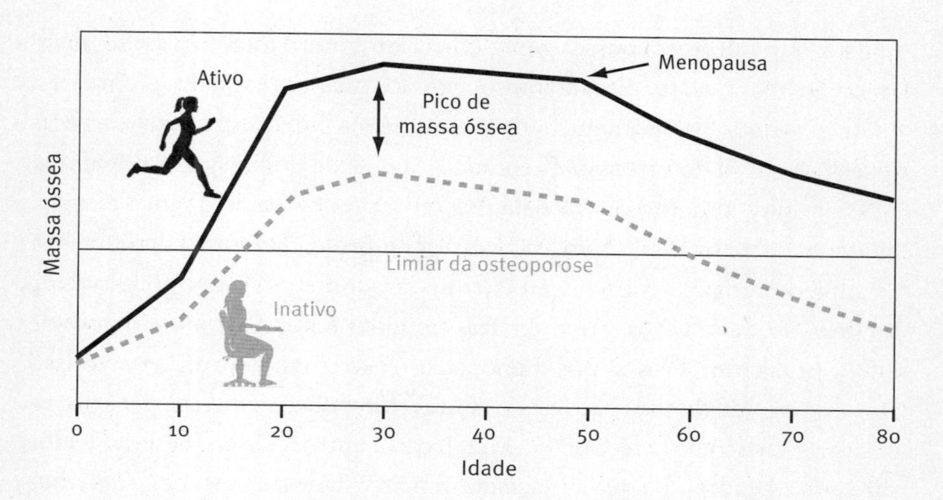

FIGURA 26. Modelo geral de osteoporose. Pessoas fisicamente inativas desenvolvem menos massa óssea à medida que amadurecem. Depois que o pico de massa óssea ocorre, todas as pessoas perdem osso, especialmente as mulheres após a menopausa. Indivíduos inativos perdem osso num ritmo mais rápido e transpõem o limiar para a osteoporose mais cedo porque começaram com menor pico de massa óssea.

adultos consome cálcio suficiente.[16] Além disso, esse problema é muitas vezes exacerbado por baixos níveis de vitamina D, que ajuda o intestino a absorver cálcio, e por baixos níveis de proteína dietética, que é também necessária para sintetizar osso.[17] Se você estiver preocupado com osteoporose, tenha em mente que apenas ingerir cálcio e vitamina D suficientes não basta para evitar ou prevenir a doença. Você ainda precisa pôr peso sobre seu esqueleto para estimular seus osteoblastos a usar esse cálcio.

Tudo considerado, milhões de anos de seleção natural não equiparam nosso esqueleto para amadurecer na ausência de abundante atividade física juntamente com grandes quantidades de cálcio, vitamina D e proteína. Além disso, até recentemente, as mulheres só ingressavam na puberdade aos dezesseis anos, o que lhes dava vários anos extras para construir um esqueleto maior, mais forte. Variações genéticas também desempenham um papel, dando a algumas pessoas uma maior predisposição para desenvolver osteoporose. Mas, como ocorre com muitas outras doenças de desajuste, indivíduos com esses genes correriam muito menos risco se nosso ambiente não tivesse mudado tanto. Um dos maiores problemas com essa epidemia é que no momento em que a doença é diagnosticada – muitas vezes por causa de um osso quebrado – já é tarde demais para preveni-la. Nesse ponto, a melhor estratégia é deter o progresso da doença e evitar qualquer outra fratura. Os médicos em geral prescrevem uma combinação de suplementos dietéticos, exercício moderados (exercício vigoroso pode ser perigoso se os ossos estiverem frágeis) e remédios. Dar suplementos de estrogênio a mulheres na pós-menopausa é extremamente eficaz, mas isso eleva o risco de doença cardíaca e câncer, forçando médicos e pacientes a ponderar o risco de osteoporose em relação a outros. Foram desenvolvidos vários medicamentos que desaceleram a atividade dos osteoclastos, mas têm desagradáveis efeitos colaterais.

A osteoporose é portanto uma doença de desajuste que é em parte um subproduto do ingresso mais precoce na puberdade e da existência mais prolongada, mas pessoas que consomem cálcio suficiente e são mais ativas fisicamente quando jovens constroem um esqueleto mais robusto, portanto mais à prova dessa doença. Além disso, se continuarem fisicamente ativas à medida que amadurecem (mais uma vez, consumindo cálcio suficiente ao mesmo tempo), perderão osso num ritmo muito mais lento. Mulheres na pós-menopausa sempre correrão um risco maior, mas estresses evolutivos normais da juventude até a velhice ajudam seu esqueleto a desenvolver um fator de segurança adequado. Nesse aspecto, a osteoporose é um exemplo muito difundido de disevolução, porque até que façamos um serviço melhor para induzir pessoas, especialmente meninas, a ser mais ativas fisicamente e a comer mais alimentos ricos em cálcio enfrentaremos inevitavelmente taxas crescentes dessa doença desnecessária, debilitante e dispendiosa.

Dente do siso sem juízo

No meu último ano de faculdade, meu maxilar doeu durante meses. Eu tentava ignorar o desconforto e aguentei tomando analgésicos até que, durante uma limpeza de rotina, meu dentista me mandou procurar um cirurgião ortodôntico sem demora. Um raio X mostrou que meus dentes do siso (terceiros molares) estavam tentando desajuizadamente irromper, mas não tinham espaço suficiente para isso. Eles haviam girado no osso e estavam comprimindo as raízes de meus outros dentes. Assim, como a maioria dos americanos, fui submetido a uma cirurgia oral para remover esses dentes importunos. Além de doer, dentes do siso impactados empurram outros dentes para fora de sua posição apropriada, podem causar danos aos nervos e por vezes levam a graves infecções orais. Antes da invenção de antibióticos, essas infecções podiam levar à morte. Como e por que a evolução projetou nossa cabeça de maneira tão deficiente, com espaço insuficiente para todos os dentes, pondo-nos em risco de sofrimento severo e até morte? O que faziam as pessoas com dentes do siso impactados antes da penicilina e da odontologia moderna?

A evolução acaba revelando não ser um projetista tão ruim. Se você observar grandes quantidades de crânios recentes e modernos, perceberá rapidamente que dentes do siso impactados são mais um exemplo de desajuste evolutivo. O museu em que trabalho tem milhares de crânios antigos provenientes de todos os lugares do mundo. A maior parte dos crânios das últimas centenas de anos é o pesadelo de um dentista: estão cheios de cáries e infecções, com dentes encavalados no maxilar, e cerca de um quarto tem dentes impactados. Os crânios de agricultores pré-industriais estão crivados de abcessos penosos de se ver, mas menos de 5% deles têm dentes do siso impactados.[18] Em contraposição, a maioria dos caçadores-coletores tinha saúde dentária quase perfeita. Ao que tudo indica, ortodontistas e dentistas eram raramente necessários na Idade da Pedra. Durante milhões de anos, seres humanos não tiveram nenhum problema com a irrupção de seus dentes do siso, mas inovações nas técnicas de preparo dos alimentos desorganizaram o antigo sistema em que genes e cargas mecânicas provenientes da mastigação interagem para permitir a dentes e maxilares crescerem juntos da maneira adequada. Na verdade, a prevalência de dentes do siso impactados tem muitos paralelos com a osteoporose. Assim como seus membros e coluna não crescerão fortes o bastante se você não estressar seus ossos o suficiente andando, correndo e desenvolvendo outras atividades, seus maxilares não crescerão grandes o bastante para seus dentes e estes não se encaixarão adequadamente se você não estressar seu rosto o suficiente por meio da mastigação da comida.

Aqui está como isso funciona. Com cada mastigação, músculos movem seus dentes inferiores com força contra seus dentes superiores para desintegrar o alimento. Quem quer que já tenha enfiado um dedo acidentalmente na boca de outra pessoa sabe que seres humanos podem gerar intensas forças de mastigação capazes de triturar um osso.[19] Essas forças não só decompõem a comida, mas também estressam nosso rosto. Na verdade, essas mastigações fazem os ossos dos maxilares se deformarem tanto quanto os ossos das pernas quando andamos e corremos.[20] Mastigar também requer que apliquemos essas forças repetidamente. Uma típica refeição da Idade da Pedra – especialmente algo duro como um bife fibroso – poderia requerer milhares de mastigações. Forças intensas repetidas fazem os maxilares se adaptar com o tempo, tornando-se mais grossos da mesma maneira que correr e jogar tênis fazem os ossos dos braços e pernas ficarem mais grossos. Em outras palavras, uma infância passada mastigando comida dura ajuda os maxilares a crescer grandes e fortes. Como um teste, meus colegas e eu criamos híraces (pequenos mas adoráveis parentes de elefantes que mastigam como seres humanos) com dietas duras e moles nutricionalmente idênticas. Os híraces que mastigaram comidas mais duras desenvolveram maxilares significativamente mais longos, grossos e largos que aqueles que mastigaram comidas mais moles.[21]

As forças mecânicas geradas pela mastigação não só ajudam nossos maxilares a crescer até o tamanho e a forma adequados, como também ajudam nossos dentes a se encaixar apropriadamente dentro do maxilar. Nossos molares e pré-molares têm cúspides e depressões que agem como almofarizes e pilões. Durante cada mastigação, você empurra os dentes inferiores contra os superiores com precisão quase exata, de modo que os cúspides dos dentes inferiores se encaixam perfeitamente nas bacias dos dentes superiores e vice-versa. A forma do dente é controlada sobretudo por genes, mas sua posição adequada no maxilar é fortemente influenciada pelas forças de mastigação. Quando mastigamos, as forças que aplicamos sobre nossos dentes, gengivas e maxilares ativam células ósseas no alvéolo do dente, que em seguida conduzem os dentes para a posição correta. Se você não mastiga o bastante, o mais provável é que seus dentes fiquem mal alinhados. Porcos e macacos experimentais criados com comida moída, amolecida, que nunca exigiam que a mastigassem com força, desenvolvem maxilares com formas anormais em que os dentes estão mal alinhados e não se encaixam.[22] Os ortodontistas tiram proveito dos mesmos mecanismos – em que forças empurram, puxam e giram dentes – para retificar e alinhar os dentes de pessoas usando aparelhos dentários. Os aparelhos são basicamente tiras metálicas que aplicam pressão constante sobre dentes para movê-los para onde devem estar.

Em suma, nossos maxilares e dentes crescem e se encaixam através de muitos processos que envolvem mais do que meras forças de mastigação, mas é preciso mascar e triturar em certa medida para que o sistema funcione adequadamente. Se você não mastigar de maneira suficientemente vigorosa quando é jovem, seus dentes não estarão na posição correta, e seus maxilares não ficarão grandes o suficiente para acomodar seus dentes do siso. Por isso muitas pessoas hoje precisam de ortodontistas para retificar seus dentes e cirurgiões orais para remover seus dentes impactados: nossos genes não mudaram muito ao longo das últimas centenas de anos, mas nossa comida tornou-se tão mole e processada que não mastigamos com força e frequência suficientes. Pense sobre o que você comeu hoje. Provavelmente foram coisas extremamente processadas: liquefeitas, moídas, amassadas, batidas ou picadas de outra maneira do tamanho de bocados e em seguida cozidas para ficar moles e tenras. Graças a liquidificadores, moedores e outras máquinas, podemos passar o dia inteiro comendo comida maravilhosa (mingau de aveia, sopa, suflê!) sem ter de mastigar. Como o capítulo 5 discutiu, o cozimento e o processamento da comida foram inovações importantes que permitiram aos dentes tornarem-se menores e mais finos durante a evolução do gênero *Homo*, mas nos últimos tempos levamos o processamento dos alimentos a tais extremos que as crianças muitas vezes não mastigam tanto quanto precisam para um crescimento normal do maxilar. Tente comer como um homem das cavernas durante alguns dias: coma somente carne de caça assada, vegetais toscamente picados, e nada que tenha sido moído, batido, fervido ou amolecido com o uso de tecnologias modernas. Os músculos do seu maxilar ficarão cansados porque não estão acostumados a trabalhar tão arduamente. Como não é de surpreender, os efeitos de dietas modernas, molengas, são abundantemente claros onde quer que dentistas olhem na boca de pessoas. Por exemplo, aborígenes australianos mais jovens, cujas famílias fizeram há pouco a transição para dietas ocidentais, têm maxilares menores e graves problemas de apinhamento dental comparados aos mais velhos, que cresceram comendo comidas mais tradicionais.[23] Na verdade, durante os últimos milhares de anos os rostos humanos tornaram-se cerca de 5% a 10% menores depois de feita a correção do tamanho do corpo, mais ou menos a mesma redução que vemos na face de animais alimentados com comida cozida, amolecida.[24]

Por mais que eu pense que má oclusão e dentes do siso impactados são doenças de desajuste cujas causas deixamos de prevenir, seria absurdo abandonar a ortodontia e obrigar crianças a mastigar sobretudo comidas duras. Posso apenas imaginar as birras e outros problemas que os pais enfrentariam se tentassem poupar em contas ortodônticas dessa maneira. Mas e se pudéssemos reduzir a incidência de problemas ortodônticos estimulando as crianças a mascar mais chiclete? Muitos adultos consideram a mastigação de chiclete inestética e aborrecida, mas há muito os dentistas sabem que chiclete sem açúcar reduz a incidência de cáries.[25] Além disso, alguns experimentos mostraram que crianças que mastigam chiclete duro, resinoso, desenvolvem maxilares maiores e têm dentes mais retos.[26] Mais pesquisa é necessária, mas imagino que mascar mais chiclete ajudaria a próxima geração a manter seus dentes do siso.

Um pouco de sujeira nunca fez mal a ninguém

Para muitas pessoas, micróbios são germes: seres invisíveis que causam doença e fazem as coisas apodrecer. Quanto menos deles, melhor! Por isso desinfetamos assiduamente casa, roupas, comida e corpo com um arsenal de armas matadoras de germes, que inclui sabão, água sanitária, vapor e antibióticos. Muitos pais tentam impedir os filhos de pôr todo tipo de sujeira na boca – um instinto natural que parece impossível deter (minha filha tinha uma queda especial por cascalho quando tinha uns dois anos). Poucas pessoas questionariam o pressuposto de que ser mais limpo é mais saudável, e pais, anunciantes e outros lembram incessantemente que o mundo está cheio de germes perigosos. E não sem justificação. Pasteurização, saneamento e antibióticos salvaram mais vidas que quaisquer outros avanços na medicina.

No entanto, de uma perspectiva evolutiva, esforços recentes para esterilizar o corpo e tudo com que entra em contato são anormais e podem por vezes ter consequências prejudiciais. Uma razão é que você não é inteiramente "você". Seu corpo é o hospedeiro de um microbioma: os trilhões de outros organismos que habitam naturalmente intestino, trato respiratório, pele e outros órgãos. Segundo algumas estimativas, o número de micróbios estranhos em seu corpo é dez vezes superior ao de suas próprias células, e juntos esses micróbios pesam vários quilos.[27] Nós coevoluímos com esses micróbios bem como com muitas espécies de vermes ao longo de milhões de anos, o que explica por que a maior parte de nosso microbioma é inofensivo ou desempenha importantes funções, como ajudar a digerir e a limpar a pele e o couro cabeludo.[28] Dependemos dessas criaturas tanto quanto elas dependem de nós, e caso as erradicássemos sofreríamos. Felizmente, drogas antibióticas e antiparasitárias não matam todo o nosso microbioma, mas o uso excessivo desses poderosos medicamentos elimina de fato alguns micróbios e vermes úteis, cuja ausência pode realmente contribuir para novas doenças.

Uma razão relacionada – relevante para este capítulo – para não esterilizar tudo que está à vista ou abusar de antibióticos e outros medicamentos desse gênero é que certos micróbios e vermes parecem desempenhar um papel decisivo ajudando a estressar o sistema imunológico apropriadamente. Assim como nossos ossos precisam de estresse para crescer, nosso sistema imunológico requer germes para amadurecer da maneira apropriada. Como qualquer outro sistema do corpo, o sistema imunológico em desenvolvimento precisa interagir com o ambiente para ajustar a capacidade apropriadamente à demanda. Uma resposta imunológica insuficiente a um invasor estranho pernicioso pode significar morte, mas uma resposta excessiva é também perigosa, seja na forma de uma reação alérgica ou doença autoimune, quando o sistema imunológico ataca equivocadamente as células do próprio corpo. Além disso, como ocorre com outros sistemas, os primeiros anos de vida têm efeitos especialmente importantes de treinamento sobre o sistema imunológico. Quando você se encontrou pela primeira vez com o mundo cruel fora do ambiente relativamente protegido do útero de sua mãe, foi assaltado por uma multidão de novos patógenos. Como outros bebês, provavelmente suportou uma série interminável de pequenos resfriados e problemas gastrintestinais. Esses resfriados causaram sofrimento, mas o ajudaram a desenvolver seu sistema imunológico adaptativo, em que seus leucócitos aprendem a reconhecer e depois matam uma ampla série de patógenos estranhos, como bactérias e vírus nocivos.[29] Se você foi amamentado no seio, foi também mantido saudável pelo leite de sua mãe, que está repleto de anticorpos e outros fatores protetores, fornecendo um guarda-chuva imunológico.[30] Crianças caçadoras-coletoras mamam tipicamente durante cerca de três anos, o que dá a seu sistema imunológico prematuro uma enorme ajuda à medida que crescem em meio a um mundo de germes e vermes. Quando começaram a desmamar crianças em idades mais precoces, os agricultores reduziram as defesas imunológicas de seus filhos ao mesmo tempo que criavam ambientes com mais patógenos perniciosos.

A ideia de que certa quantidade de sujeira é tanto normal quanto necessária para o desenvolvimento de um sistema imunológico saudável tornou-se conhecida como a hipótese da higiene. Expressa formalmente pela primeira vez por David Strachan,[31] criou uma revolução na maneira como pensamos sobre uma ampla variedade de doenças, que vão desde doença intestinal inflamatória e distúrbios autoimunes a alguns cânceres e até autismo.[32] Sua aplicação original foi propor uma hipótese sobre a razão por que o sistema imunológico às vezes causa alergias. Alergias, diferentemente dos exemplos anteriores discutidos neste capítulo, não ocorrem em decorrência de uma falta de capacidade em resposta à demanda. Ao contrário, são respostas inflamatórias perniciosas que ocorrem quando o sistema imunológico reage em excesso a substâncias normalmente benignas como amendoim, pólen ou lã. Muitas reações alérgicas são brandas, mas, como todos sabem, elas podem ser severas e ameaçar a vida. Algumas das respostas alérgicas mais amedrontadoras são ataques de asma, quando músculos em torno das vias aéreas dos pulmões se contraem e os revestimentos das vias aéreas incham, tornando difícil ou impossível respirar. Outras reações alérgicas causam erupções na pele, coceira nos olhos, corrimento nasal, vômito etc. Uma tendência particularmente perturbadora, sugestiva de disevolução, é o aumento da alergia e da asma em nações desenvolvidas. A incidência de asma e outras doenças relacionadas com o sistema imunológico mais do que triplicou desde os anos 1960 em países de renda elevada, ao passo que a taxa de doenças infecciosas caiu.[33] Por exemplo, alergias a amendoim duplicaram durante as duas últimas décadas nos Estados Unidos e outros países ricos.[34] Como mudanças genéticas e melhores diagnósticos não podem explicar essas tendências rápidas e recentes, sua causa deve ser parcialmente ambiental. Poderia a falta de exposição a certos germes e vermes com que coevoluímos ser um culpado?

Para explorar como e por que higiene demais poderia levar substâncias que de outro modo seriam inócuas como leite ou pólen a provocar super-reações potencialmente fatais, comecemos com uma breve revisão de como nosso sistema imunológico nos protege. Sempre que substâncias estranhas entram em nosso corpo, células especiais digerem os invasores e em seguida exibem os fragmentos (conhecidos como antígenos) em sua superfície, como enfeites numa árvore de Natal. Outras células imunológicas, células T auxiliares, presentes em todo o corpo, são então atraídas, o que as põe em contato com os antígenos. Em geral, as células T auxiliares são tolerantes aos antígenos, e nada fazem. Ocasionalmente, porém, uma célula T auxiliar decide que um antígeno é nocivo. Quando isso acontece, essa célula tem duas opções. Uma é recrutar leucócitos gigantes, que engolfam e depois digerem qualquer coisa com esse antígeno. Esse tipo de resposta celular funciona melhor para remover células inteiras em nosso corpo que foram infectadas por vírus e bactérias. A outra opção, que funciona melhor para combater invasores que estão nadando em nossa corrente sanguínea ou outros fluidos, consiste na ativação pelas células T auxiliares de células que produzem anticorpos específicos para o antígeno estranho. Há vários tipos de anticorpos, mas respostas alérgicas quase sempre envolvem anticorpos IgE (também chamados imunoglobulinas IgE). Quando esses anticorpos se ligam a um antígeno, atraem outras células imunológicas, que desferem um ataque total a qualquer coisa que exiba o antígeno. Entre as armas usadas estão substâncias químicas, como a histamina, que causam inflamação – erupções, corrimento nasal ou vias aéreas entupidas nos pulmões. Desencadeiam também espasmos musculares, contribuindo para asma, diarreia, tosse, vômito e outros sintomas desagradáveis que nos ajudam a expelir os invasores.

Anticorpos nos protegem de muitos patógenos mortais, mas causam alergias quando se voltam contra substâncias comuns, inofensivas. Na primeira vez que isso acontece, a resposta é em geral branda ou moderada. No entanto, nosso sistema imunológico tem memória e, quando encontramos o mesmo antígeno pela segunda vez, células produtoras de anticorpos específicas para ele estão à espera, prontas para se precipitar. Células ativadas se clonam rapidamente e produzem quantidades assombrosas de anticorpos exatamente para esse antígeno. Depois que esse gatilho é acionado, as células de ataque respondem como um enxame de abelhas mortíferas, causando uma resposta inflamatória maciça que pode nos matar. Vistas sob esta luz, reações alérgicas são portanto respostas imunológicas inapropriadas causadas por células T auxiliares desorientadas. Por que células T auxiliares decidiriam erroneamente que substâncias inofensivas são inimigos mortais? E o que essa resposta poderia ter a ver com uma falta de germes e vermes?

Alergias têm múltiplas causas, mas há várias maneiras pelas quais condições anormalmente estéreis durante os primeiros anos do desenvolvimento poderiam ajudar a explicar por que estão se tornando mais comuns. A primeira hipótese tem a ver com diferentes células T auxiliares. A maior parte das bactérias e vírus ativa células T auxiliares 1, que recrutam leucócitos que demolem células infectadas como um peixe grande devorando um pequeno. Em contraposição, células T auxiliares 2 estimulam a produção de anticorpos, que ativam as respostas inflamatórias descritas acima. Quando certas infecções como o vírus de hepatite A estimulam células T auxiliares 1, elas inibem o número de células T auxiliares 2.[35] A hipótese da higiene original é que, como as pessoas estiveram constantemente combatendo infecções brandas durante a maior parte da história humana, seu sistema imunológico estava sempre moderadamente ocupado com bactérias e vírus, limitando o número de células T auxiliares 2. Desde que água sanitária, esterilização e sabonetes antissépticos tornaram os ambientes mais livres de germes, os sistemas imunológicos das crianças têm tido mais células T auxiliares 2 desocupadas, nadando a esmo, aumentando a probabilidade de que uma delas cometa um terrível engano e ataque equivocadamente uma substância inofensiva como se fosse um inimigo. Depois que isso ocorre, uma alergia se desenvolve.

A hipótese da higiene original recebeu muita atenção, mas não explica inteiramente por que tantas alergias estão se tornando mais comuns. Primeiro, embora células T auxiliares 1 por vezes regulem células T auxiliares 2, esses dois tipos de células em geral trabalham juntos.[36] Além disso, durante as últimas décadas quase erradicamos muitas infecções virais, como sarampo, caxumba, rubéola e catapora, todas as quais ativam células T auxiliares 1. No entanto, ter essas doenças não fornece nenhuma proteção contra o desenvolvimento de alergias.[37] Uma ideia alternativa, conhecida como hipótese dos "velhos amigos", é que muitas alergias e outras respostas imunológicas inapropriadas estão ocorrendo com mais frequência porque nosso microbioma está seriamente anormal.[38] Por milhões de anos, vivemos com incontáveis micróbios, vermes e outras minúsculas criaturas sempre onipresentes no ambiente. Esses microrganismos às vezes não são totalmente inofensivos, mas provavelmente era adaptativo tolerá-los, apenas controlando-os em vez de combatendo-os com uma resposta imunológica com força total. Imagine quão horrível e curta a vida poderia ser se estivéssemos sempre doentes, travando uma enorme batalha contra cada micróbio em nosso microbioma! Nosso sistema imunológico e os patógenos com que vivemos desenvolveram conjuntamente uma espécie de equilíbrio semelhante a uma Guerra Fria, um simplesmente ajudando o outro a se manter em equilíbrio.

Vistas nesse contexto, muitas respostas imunológicas inapropriadas como alergias podem estar se tornando mais comuns em nações desenvolvidas porque perturbamos o antigo equilíbrio que nossos sistemas imunes desenvolveram em conjunto com muitos "velhos amigos". Graças a antibióticos, água sanitária, antissépticos bucais, estações de tratamento de água e outras formas de higiene, não encontramos mais um amplo espectro de pequenos vermes e bactérias. Dispensado de enfrentá-los, nosso sistema imunológico tornou-se superativo, envolvendo-se em problemas como jovens vagabundos sem nenhum escoadouro construtivo para sua energia acumulada. A hipótese dos "velhos amigos" explica por que a exposição a uma ampla variedade de germes de animais, sujeira, água e outras fontes está associada a menores taxas de alergias.[39] Além disso, a hipótese pode também ajudar a explicar evidências que se acumulam de que a exposição a certos parasitas por vezes ajuda a tratar doenças autoimunes como esclerose múltipla, doença intestinal inflamatória e outras.[40] No futuro não muito distante, talvez seu médico lhe prescreva vermes ou fezes.[41]

Em suma, há boa razão para acreditar que asma e outras alergias são doenças de desajuste em que muito pouca exposição a microrganismos contribui para um desequilíbrio que, paradoxalmente, provoca resposta excessiva a substâncias estranhas que de outro modo seriam inofensivas. O sistema imunológico, contudo, é muito mais complexo do que sugere a descrição acima, e não há dúvida de que outros fatores – muitos deles genéticos – também desempenham papéis essenciais. Gêmeos, por exemplo, têm mais propensão que outros irmãos a compartilhar a mesma alergia.[42] Embora seja improvável que a frequência de genes causadores de alergia esteja aumentando rapidamente, outros fatores ambientais que perturbam o sistema imune são certamente mais comuns, como poluição e várias substâncias químicas tóxicas na comida, na água e no ar.

As hipóteses da higiene e dos "velhos amigos" sugerem que o modo como temos tratado algumas doenças imunológicas é algumas vezes causa de disevolução. É de extrema importância, por vezes salvador, concentrar-nos nos sintomas de uma resposta alérgica, mas precisamos também tratar melhor as causas para evitá-las em primeiro lugar. Talvez as crianças fossem menos propensas a desenvolver alergias que põem sua vida em risco e certas doenças autoimunes se tratássemos de assegurar que tivessem o microbioma certo. Assim como precisam do tipo certo de comida e exercício, parece que precisam do tipo certo de microrganismos no intestino e no trato respiratório. Além disso, quando adoecem e requerem antibióticos (que de fato salvam vidas), talvez as receitas de *anti*bióticos devam ser sempre seguidas por receitas de *pro*bióticos para restaurar "velhos amigos" e manter seu sistema imunológico apropriadamente ocupado.

Sem esforço nada se ganha

Doenças de desuso em que muito pouco estresse causa capacidade inadequada ou inapropriada estão amplamente disseminadas. Tenho certeza de que você é capaz de pensar em outras doenças de desajuste que pertencem à mesma categoria geral: insuficiência de vitaminas e outros nutrientes, pouco sono, músculos das costas fracos, falta de luz solar e outras. Talvez o exemplo mais óbvio do princípio de que sem esforço nada se ganha seja a necessidade de ser fisicamente ativo para ser fisicamente apto. Atividades vigorosas como correr, andar a pé e nadar requerem que nossos músculos usem mais oxigênio, assim respiramos com mais força, a taxa de batimentos cardíacos aumenta, a pressão sanguínea se eleva, os músculos se fatigam e assim por diante. Esses estresses provocam numerosas respostas adaptativas nos sistemas cardiovascular, respiratório e musculo esqueletal que aumentam nossa capacidade. Músculos do coração se fortalecem e aumentam, artérias crescem e se tornam mais elásticas, músculos ganham mais fibras, ossos engrossam. O reverso desse sistema altamente adaptável, porém, são os problemas causados pela inatividade prolongada. A seleção natural nunca adaptou corpos a crescer em condições patologicamente anormais de baixa atividade. Além disso, adaptações para poupar energia reduzindo capacidades desnecessárias (a manutenção de músculos é muito dispendiosa) levam a graves declínios em aptidão nos indolentes que passam o dia deitados no sofá, cujos músculos se atrofiam, artérias se enrijecem etc. Muitos estudos mostram que pessoas mais ativas fisicamente têm maior probabilidade de viver mais e envelhecer melhor que aquelas inativas.[43]

Muitas doenças de desajuste ou desuso são também doenças de disevolução porque permitimos que continuassem prevalentes ou se agravassem ao não tratar suas causas. Todos os exemplos discutidos aqui – osteoporose, dentes impactados e alergia – ajustam-se às características das doenças de desajuste disevolutivas. Primeiro, tornamo-nos razoavelmente competentes em tratar a maioria desses sintomas ou lidar com eles, mas pouco fazemos para prevenir suas causas, por vezes por ignorância. Segundo, normalmente nenhuma das doenças de desajuste discutidas anteriormente afeta a aptidão reprodutiva das pessoas (a única exceção sendo uma reação alérgica extrema não tratada). Pode-se viver por anos com osteoporose, maus dentes e certas alergias. Terceiro, para todas essas doenças, a relação entre as causas ambientais do desajuste e os efeitos fisiológicos é gradual, obscura, atrasada, marginal ou indireta, e muitas delas são promovidas em certa medida por fatores culturais que prezamos, como comer deliciosa comida processada, minimizar a labuta e manter-nos limpos. Na verdade, muitos desses problemas originam-se de um impulso comum básico de evitar o estresse e a sujeira. Crianças gostam de correr de um lado para o outro e brincar (muitas vezes na imundície), mas à medida que amadurecem as pessoas tipicamente deixam de apreciar esses prazeres. Provavelmente é adaptativo para adultos relaxar e se manter limpos sempre que possível. No entanto, foi só recentemente que um pequeno número de afortunados foi capaz de se entregar a essas predileções em graus extremos, criando ambientes de comodidade, conforto e limpeza com que nenhum homem da caverna teria podido sequer imaginar. No entanto, o simples fato de *podermos* viver uma vida de excepcional limpeza e conforto não significa que ela seja boa para nós, especialmente para as crianças. Para crescer da maneira adequada, quase todas as partes do corpo precisam ser apropriadamente estressadas por interações com o mundo externo. Assim como não exigir que uma criança raciocine criticamente vai tolher seu intelecto, não estressando os ossos, músculos e sistemas imunológicos de uma criança deixaremos de levar as capacidades desses órgãos a corresponder às suas exigências.

A solução para doenças de desuso não é voltar à Idade da Pedra. Muitas invenções recentes tornaram a vida melhor, mais conveniente, mais saborosa e mais confortável. Muitos leitores deste livro poderiam não estar vivos não fossem os antibióticos e o saneamento moderno. Não faz sentido abandonar esses e outros avanços, mas nos beneficiaremos de uma reconsideração do quanto e de quando nós os usamos, permitimos e prescrevemos. A boa notícia sobre as doenças de desuso mais comuns é que esforços para lidar com elas são em geral uma questão de tipo, não de grau. Isso é especialmente verdadeiro em relação à atividade física. A maior parte dos pais estimula seus filhos a se exercitar, e a maioria das escolas exige um nível modesto (embora inadequado) de educação física. O que não descobrimos é quanto exercício é suficiente e como levar as pessoas a ser ativas com mais eficácia, especialmente quando envelhecem. Mas quanta sujeira é suficiente, e não demais? Você pode imaginar anúncios de órgãos do governo encorajando os pais a deixarem os filhos comer sujeira? Consigo imaginar, no entanto, um mundo em que tratamentos com antibióticos deem lugar a consultas de acompanhamento a um gastroenterologista, que prescreverá vermes, bactérias ou matéria fecal especialmente processada para restaurar a ecologia do intestino de um paciente.

Em conclusão, em vez de ser construídos como a ponte do Brooklyn, os corpos humanos evoluíram para crescer interagindo com o ambiente. Por causa de milhões de gerações de seleção natural dessas interações, todo corpo precisa de estresses apropriados, suficientes, para afinar suas capacidades. O velho adágio "sem esforço nada se ganha" é profundamente verdadeiro. Permitir que nossos filhos o ignorem leva a um pernicioso circuito de retroalimentação em que problemas como osteoporose se tornam mais comuns, especialmente à medida que as pessoas vivem mais tempo. Talvez um dia inventemos drogas milagrosas que curem esses problemas, mas duvido. De qualquer modo, já sabemos como prevenir ou reduzir a incidência e a intensidade por meio de dieta e exercício, que produzem miríades de outros benefícios e prazeres. Como poderíamos levar as pessoas a mudar seus hábitos, por conseguinte seus corpos, é o tema do capítulo 13, mas antes que passemos a isso gostaria de considerar uma última categoria de doenças de desajuste que leva a grande número de problemas, em parte por causa da maneira como respondemos a elas: as doenças da novidade.

12. Os perigos ocultos da novidade e do conforto

Por que inovações corriqueiras podem nos fazer mal

> Considere qualquer indivíduo em qualquer período de sua vida e sempre o encontrará preocupado com novos planos para aumentar seu conforto.
>
> ALEXIS DE TOCQUEVILLE, *Da democracia na América*

O PERIGO ESTÁ em toda parte, mas por que tantas pessoas se envolvem com conhecimento de causa em comportamentos potencialmente nocivos que podem evitar? O exemplo arquetípico é o tabaco. Mais de 1 bilhão de pessoas hoje tornaram-se deliberadamente viciadas, apesar de conscientes de que o fumo põe sua saúde em risco. Por várias razões, milhões se envolvem em outras atividades obviamente antinaturais e potencialmente perigosas, como bronzeamento artificial, narcóticos ou *bungee jumping*. Também suspendemos deliberadamente a descrença com relação a muitas das substâncias químicas perigosas em nosso ambiente. Compro produtos como tinta e desodorante que são feitos com substâncias suspeitas, algumas das quais desconfio que sejam tóxicas ou causem câncer, mas que opto por não investigar, ainda que não confie que meu governo as regule tão rigorosamente quanto eu gostaria. Um exemplo é o nitrito de sódio, uma substância química usada para preservar alimentos (ela previne o botulismo) e para fazer carnes parecerem vermelhas, mas que está também ligado ao câncer. Depois que o governo dos Estados Unidos ordenou que os níveis de nitrito de sódio fossem reduzidos nos anos 1930, as taxas de câncer de estômago caíram acentuadamente, mas por que ainda permitimos pequenas quantidades na comida?[1] Por que também permitimos que sejam construídas casas usando chapas aglomeradas que contêm formaldeído, um conhecido carcinógeno? E por que permitimos a companhias poluir o ar, a água e a comida com substâncias químicas que contribuem sabidamente para doença e morte?

Não há nenhuma resposta simples para esses enigmas, mas um fator importante, bem-estudado, é a maneira como avaliamos custos relativamente a benefícios. De maneira habitual atribuímos mais valor a custos e benefícios no curto prazo do que no futuro (os economistas chamam esse comportamento de desconto hiperbólico), permitindo-nos parecer mais racionais com relação a metas de longo prazo do que em relação a nossos desejos, ações e prazeres imediatos menos racionais. Em consequência, toleramos coisas potencialmente nocivas ou nos comprazemos com elas porque melhoram nossa vida agora mais do que acreditamos ser seu custo ou risco final. A dosagem muitas vezes desempenha um papel decisivo nesses julgamentos pessoais. O governo dos Estados Unidos permite pequenas quantidades de nitrito de sódio na comida e formaldeído em chapas aglomeradas com base em estimativas dos riscos para a saúde no longo prazo em relação aos benefícios econômicos no curto prazo de carne e madeira baratas. Aceitamos outros compromissos menos sutis o tempo todo. Ter certa porcentagem de pessoas morrendo em consequência de poluentes automotivos e acidentes de carro é um preço que estamos aparentemente dispostos a pagar pelo benefício de ter carros. A maioria dos estados patrocina jogos de azar para gerar renda, apesar dos custos sociais dos vícios e da corrupção associados ao jogo.

Penso que há outras explicações evolutivas mais profundas para a razão pela qual seres humanos às vezes fazem coisas novas potencialmente perniciosas. A principal delas é que não consideramos realmente muitos comportamentos novos como potencialmente nocivos porque não os consideramos novos e estamos psicologicamente dispostos a julgar o mundo à nossa volta como normal, e portanto benigno. Cresci pensando que é tradicional e corriqueiro ir à escola, viajar em carros e aviões, comer comida enlatada e assistir à TV. Também cresci pensando que é normal que as pessoas algumas vezes sejam vítimas de acidentes de carro, assim como penso que é anormal que as pessoas morram de gripe ou de inanição. É um hábito formar hábitos, e questionar tudo o que fazemos gera grande infelicidade. Em consequência, não questiono meus comportamentos ou ambiente de uma maneira que uma pessoa racional deveria ou poderia fazer. É prática usual pintar as paredes de uma casa, e consideramos a presença de substâncias químicas potencialmente nocivas na tinta como simplesmente um efeito colateral inevitável de viver numa casa. A história nos conta que pessoas comuns podem se acostumar com atos horríveis, normalmente impensáveis – o que a filósofa Hannah Arendt chamou de "banalidade do mal". A lógica evolutiva sugere que seres humanos se acostumam a novos comportamentos e aspectos de nosso ambiente insalubre quando eles se tornam cotidianos.

A tendência inerente a aceitar o mundo à nossa volta como normal (a banalidade do cotidiano) pode ter efeitos insidiosos que conduzem a desajustes e disevolução de maneiras surpreendentes. Olhe à sua volta. Provavelmente você está sentado enquanto lê isto e usando luz artificial para ver as palavras. Pode ser que esteja usando sapatos, e o ar no aposento está ou aquecido ou resfriado. Talvez esteja tomando um refrigerante. Sua avó poderia achar normais essas circunstâncias, mas nenhuma dessas condições, inclusive o fato de você estar sentado lendo, é realmente normal para um ser humano, e todas elas, em excesso, são potencialmente nocivas. Por quê? Porque nosso corpo não está bem adaptado para novidades como ler, passar muito tempo sentado e tomar refrigerante. Isso não é propriamente uma novidade. Assim como todo mundo sabe que tabaco é nocivo, também sabemos que álcool demais faz mal para o fígado, açúcar demais causa cáries e ser fisicamente inativo faz nosso corpo se deteriorar. No entanto, penso que a maioria das pessoas fica surpresa ao saber que muitas outras coisas corriqueiras que fazemos são também potencialmente perniciosas em excesso, exatamente pela mesma razão: nosso corpo não está bem-adaptado a elas.

O que leva à segunda explicação evolutiva para a razão por que seres humanos muitas vezes fazem coisas novas nocivas: com que frequência tomamos conforto por bem-estar? Quem não gosta de um estado de relaxamento físico? É agradável evitar labutar durante longas horas, sentar no chão duro, ou sentir calor demais ou frio demais. Neste exato momento, estou sentado numa cadeira para escrever estas palavras porque é mais confortável do que fazê-lo em pé, e o aquecimento em minha casa está regulado para idílicos 20°C. Mais tarde esta manhã, vou calçar sapatos e vestir um sobretudo para ir ao trabalho, onde posso tomar o elevador para chegar até o andar de minha sala a fim de evitar o esforço de subir as escadas. Vou então poder me sentar em conforto pelo resto do dia em outro aposento de clima controlado. Os alimentos poderão ser obtidos e consumidos com pouco esforço, a água terá a temperatura exata ao sair do chuveiro, e a cama em que dormirei esta noite será macia e cálida. Se, por acaso, eu tivesse uma dor de cabeça, poderia tomar algum remédio para aliviar a dor. Como a maioria dos outros seres humanos, suponho que tudo o que é confortável deve ser bom para mim. E em alguma medida isso é verdade. Sapatos que machucam são em geral ruins, assim como roupas apertadas demais. Mas mais conforto será mesmo melhor? Claro que não. A maioria das pessoas suspeita que colchões macios demais podem levar a problemas na coluna, e todo mundo sabe que evitar esforço físico faz mal para a saúde. No entanto, é da natureza humana deixar nossos anseios por conforto suplantar o julgamento (vou tomar o elevador só desta vez), e com frequência deixamos de reconhecer que certos confortos rotineiros, normais, são nocivos quando levados a extremos. Conforto também é lucrativo. Passamos o dia todo vendo e ouvindo anúncios de produtos que fazem apelo a nosso desejo aparentemente insaciável de mais conforto.

Há abundantes exemplos de coisas corriqueiras, anormais e confortáveis que são realmente novas e que podem levar a prejuízo da saúde. Este capítulo se concentrará em apenas três comportamentos registrados acima que você provavelmente está reproduzindo agora mesmo: usar sapatos, ler e sentar. Essas atividades podem contribuir para o círculo vicioso da disevolução porque os desajustes evolutivos que por vezes causam (pés anormais, miopia, dor nas costas) estimularam a invenção de remédios (ortóptica, óculos, cirurgia na coluna) para tratar seus sintomas, mas fazemos um péssimo trabalho para evitar que os problemas ocorram em primeiro lugar. Em consequência, essas doenças se tornaram tão comuns que a maioria das pessoas pensa que elas, também, são normais e inevitáveis. Mas não precisam ser, e a solução não é abandoná-las, e sim adotar uma perspectiva evolutiva sobre o que é normal para nos ajudar a inventar sapatos, livros e cadeira melhores.

A razão e sensibilidade dos sapatos

Às vezes corro descalço e ao longo dos anos me acostumei a ouvir gritarem para mim: "Isso não dói?", "Cuidado com o cocô de cachorro!", "Não vá pisar em vidro!". Aprecio especialmente essas reações da parte de pessoas que estão passeando com cachorros. Por alguma razão, elas pensam que é aceitável deixar os cães andar e correr sem sapatos, mas é anormal para seres humanos fazer o mesmo. Essas e outras reações lançam luz sobre o grau em que perdemos contato com nosso corpo, levando a uma perspectiva deformada da novidade e da normalidade. Afinal, seres humanos passaram milhões de anos andando e correndo descalços, e muita gente ainda o faz. Além disso, quando as pessoas começaram a usar sapatos, provavelmente por volta de 45 mil anos atrás,[2] eles eram mínimos pelos padrões atuais, sem calcanhares grossos e acolchoados, suporte para o arco e outras características comuns. As mais antigas sandálias conhecidas, datadas de 10 mil anos atrás, tinham solas finas amarradas em volta do tornozelo com um barbante; os mais antigos sapatos preservados, datados de 5.500 anos atrás, eram basicamente mocassins.[3]

Hoje os sapatos são onipresentes no mundo desenvolvido, onde andar descalço é muitas vezes considerado excêntrico, vulgar ou anti-higiênico. Muitos restaurantes e lojas não atendem fregueses descalços, e acredita-se comumente que sapatos confortáveis, que sustentam os pés, são saudáveis.[4] A mentalidade de que usar sapatos é mais normal e melhor do que andar descalço ficou especialmente evidente na controvérsia sobre a corrida sem sapatos. O interesse pelo assunto foi inflamado em 2009 pelo livro best-seller *Born to Run*, que tratava de uma ultramaratona numa região remota do norte do México, mas que afirmava também que calçados para correr causam lesões.[5] Um ano depois, meus colegas e eu publicamos um estudo sobre como e por que pessoas descalças podem correr confortavelmente em superfícies duras pousando o pé de uma maneira livre de impacto que não requer nenhum acolchoamento de um calçado (mais sobre isto a seguir).[6] Desde então, tem havido muito debate público apaixonado. E, como ocorre com frequência, as ideias mais extremas tendem a receber maior atenção. Num extremo estão os entusiastas da corrida sem sapatos, que criticam os calçados como desnecessários e prejudiciais, e no outro estão vigorosos opositores da corrida sem sapatos, que pensam que a maior parte dos corredores deveria usar sapatos que lhes dessem sustentação para evitar lesões. Alguns críticos zombaram do movimento em prol da corrida sem sapatos como nada mais que "um novo modismo passageiro na comunidade da corrida".[7]

Como biólogo evolutivo, vejo as duas visões extremas como implausíveis e reveladoras. Por um lado, considerando que os seres humanos passaram milhões de anos descalços, deveríamos concluir que usar sapatos é uma moda recente. Por outro, as pessoas vêm também usando sapatos em graus variados há milhares de anos, e muitas vezes sem dano aparente. Na realidade, os sapatos proporcionam benefícios, mas também envolvem alguns custos, que com frequência deixamos de considerar porque calçá-los tornou-se tão normal e lugar-comum como usar roupa de baixo. Ademais, a maioria dos sapatos, especialmente os esportivos, é extremamente confortável. A maior parte das pessoas presume que qualquer sapato confortável deve também ser saudável. Mas será essa presunção verdadeira?

Além de considerações de estilo, a mais importante função dos sapatos é proteger as solas dos pés. Os pés de pessoas e outros animais descalços levam essa função a cabo com calos, que são feitos de queratina, uma proteína flexível semelhante ao fio de cabelo que também constitui chifres de elefante e cascos de cavalo. Nossa pele gera naturalmente calos quando andamos descalços. Toda primavera, quando fica quente o bastante para passar a maior parte do tempo descalço, meus calos crescem, e retrocedem cada inverno quando deixo de fazê-lo Não usar sapatos cria assim um círculo de dependência: é doloroso andar descalço sem calos, o que nos leva a usar sapatos, o que inibe a formação de calos. Não há dúvida de que as solas de um sapato podem ser mais protetoras que calos, mas o inconveniente de sapatos com solas grossas é que limitam a percepção sensorial. Temos uma rica e extensa rede de nervos na parte inferior de nossos pés que fornece informação vital para nosso cérebro sobre o solo sob nós e ativa reflexos essenciais que nos ajudam a evitar lesões quando sentimos alguma coisa aguçada, desnivelada ou quente sob os pés. Qualquer sapato interfere com essa retroalimentação e, quanto mais grossa a sola, menos informação recebemos. Na verdade, até meias reduzem a sensibilidade, o que explica por que muitos dançarinos e praticantes de ioga ou de artes marciais preferem ficar descalços para acentuar sua consciência sensorial.

De todas as partes de um sapato que acolchoam nossos pés, o calcanhar é a que mais o faz. É a primeira parte do corpo (ou sapato) a bater no chão quando andamos, e por vezes quando corremos. Essa colisão gera um rápido pico de força sobre o solo, mostrado na figura 27, conhecido como pico de impacto. Picos de impacto podem ter força igual ao peso de nosso corpo quando andamos e ser nada menos que três vezes esse peso quando corremos.[8] Como toda ação tem uma reação igual e oposta, picos de impacto enviam uma onda de choque de força pelas nossas pernas e coluna acima que chega rapidamente à nossa cabeça (dentro de um centésimo de segundo quando corremos). Pousar o calcanhar com força pode nos dar a impressão de ser golpeado com um martelo de forja. Felizmente, a almofada do calcanhar do pé absorve essas forças o suficiente para que caminhar descalço seja inteiramente confortável, mas pode ser penoso correr descalço por longas distâncias em superfícies duras como concreto ou asfalto quando se bate primeiro o calcanhar no chão. A maioria dos calçados de corrida, portanto, tem calcanhares grossos, acolchoados, feitos com material elástico que reduz cada pico de impacto, tornando a batida confortável e menos danosa (como mostrado na figura 27). Esses sapatos também tornam a caminhada mais confortável.

O que pessoas que andam habitualmente descalças sabem, contudo, é que não precisamos de um sapato com calcanhar acolchoado para evitar desconforto quando andamos e corremos em superfícies duras. Quando andamos descalços, tendemos a pousar o calcanhar mais suavemente no chão, reduzindo o impacto de pico, e quando corremos podemos na realidade evitar todo e qualquer impacto de pico se pousarmos com a bola do pé antes de baixar o calcanhar, no que é conhecido como batida da frente do pé.[9] Você pode demonstrar isto para si mesmo simplesmente pulando descalço (vá em frente, faça agora mesmo). Aposto que naturalmente aterrissa sobre as bolas dos pés antes que seus calcanhares baixem, tornando o pouso ameno, suave e silencioso. No entanto, caso você se obrigasse a pousar primeiro sobre os calcanhares, o impacto seria ruidoso, duro e penoso (tome cuidado se tentar). O mesmo princípio se aplica à corrida,

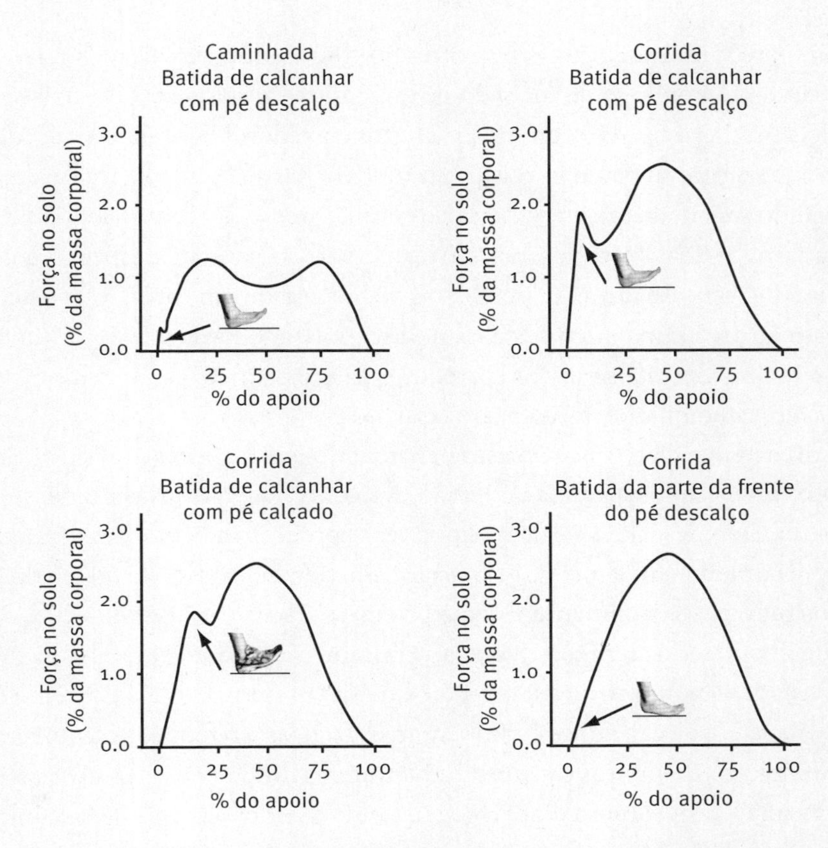

FIGURA 27. Forças no solo durante a marcha e a corrida (com pés descalços e calçados), medidas como unidades de peso corporal. Na marcha, normalmente batemos o calcanhar no chão, o que gera um pequeno pico de impacto. Na corrida com pés descalços, a batida de calcanhar gera um pico de impacto muito mais intenso e mais rápido. Um calçado acolchoado desacelera o ritmo do pico de impacto consideravelmente. Uma batida da parte da frente do pé (calçado ou descalço) não gera nenhum pico de impacto.

que consiste realmente apenas em pular de um pé para o outro. Ao pousar suavemente sobre a frente do pé ou por vezes com o meio dele, você pode correr com rapidez sobre superfícies duras sem nenhum acolchoamento porque não gera nenhum pico de impacto digno de nota – no que diz respeito a seu pé, o pouso é livre de colisão. Como a dor é uma adaptação para evitar comportamentos nocivos, não deveria causar surpresa que muitos corredores descalços experientes ou minimamente calçados tendam à batida da frente ou do meio do pé quando correm longas distâncias em superfícies duras ou irregulares, e muitos corredores habitualmente calçados que em geral batem o calcanhar mudam para a batida da frente do pé quando solicitados a correr descalços numa superfície dura.[10] Sem dúvida, algumas pessoas descalças pousam primeiro os calcanhares, especialmente quando avançam devagar, por curtas distâncias, ou em superfícies macias, mas não precisam correr dessa maneira caso isso se torne penoso.[11] Muitos dos melhores e mais rápidos corredores batem primeiro a frente do pé no chão mesmo quando estão usando sapatos.

Que fique claro que não estou afirmando que é antinatural ou errado bater primeiro o calcanhar no chão. Ao contrário, há várias razões para que pessoas descalças e calçadas por vezes prefiram a batida de calcanhar, especialmente em superfícies macias. A batida de calcanhar nos permite alongar o passo facilmente, e requer muito menos força nos músculos das panturrilhas (que têm de se contrair com força enquanto se alongam para nos ajudar a pousar o pé suavemente quando usamos a batida da frente do pé). A batida de calcanhar é também mais fácil para o tendão de aquiles. O salto grosso de muitos sapatos também torna difícil não usar a batida de calcanhar. O que quero dizer é que, quando usamos a batida de calcanhar num sapato acolchoado, nosso corpo não recebe mais a retroalimentação sensorial que espera para ajudar a modular a marcha para mudar o impacto. Em consequência, se corremos com sapatos acolchoados com formato ruim, é fácil correr de maneira inadequada, batendo no chão com força a cada passo.[12] Graças ao calcanhar acolchoado do sapato, esses picos de impacto não doem. Mas, se corremos quarenta quilômetros por semana dessa maneira, cada perna experimenta cerca de 1 milhão de impactos fortes por ano. Esses impactos, por sua vez, podem ser danosos. Estudos realizados por Irene Davis e outros mostraram que corredores que geram picos de impacto mais intensos, mais rápidos, são significativamente mais propensos a acumular lesões de estresse repetitivo nos pés, nas canelas, nos joelhos e na região lombar.[13] Meus alunos e eu descobrimos que os membros da equipe de *cross-country* de Harvard que usam a batida de calcanhar sofrem duas vezes mais lesões que aqueles que usam a batida da frente do pé.[14] A conclusão é que, quer você bata primeiro a frente do pé ou o calcanhar no chão, deveria fazê-lo suavemente, e estando descalço tem menos escolha.

Sapatos têm outras características projetadas para aumentar o conforto que também afetam nosso corpo. Muitos deles, inclusive os de corrida, têm um suporte que sustenta o arco do pé. Um arco de pé normal parece um meio domo e se achata um pouco naturalmente quando andamos, esticando-se para ajudar a enrijecer o pé e transferir nosso peso para a bola do dedão. Quando corremos, o arco cai um pouco mais, agindo como uma gigantesca mola que armazena e libera energia, ajudando a empurrá-lo para o ar (ver capítulo 4). Nosso pé tem cerca de uma dúzia de ligamentos e quatro camadas de músculos que mantêm os ossos do arco juntos. Assim como um colar cervical alivia os músculos do pescoço do esforço para sustentar a cabeça, um suporte para o arco nos alivia os ligamentos e músculos do pé do esforço de sustentar o arco. Suportes para o arco são por isso incorporados a muitos sapatos porque diminuem a quantidade de trabalho que os músculos do pé têm que fazer. Outra característica que poupa trabalho é uma sola rígida, que permite aos músculos do pé trabalhar menos arduamente para empurrar nosso corpo para a frente e para cima (é por isso que andar na areia fofa de uma praia pode cansar os pés). A maioria dos sapatos tem também uma sola que se curva para cima em direção à frente. Essa curvatura requer menos esforço muscular quando seus dedos do pé empurram no fim do apoio.

Suportes de arcos e solas duras e curvas são inquestionavelmente confortáveis, mas podem levar a vários problemas. Um dos mais comuns é pé chato, que ocorre quando o arco do pé ou não se desenvolve ou cai permanentemente. Cerca de 25% dos americanos têm pé chato,[15] e assim são mais propensos a sofrer desconforto, e por vezes lesão, porque um arco caído muda a maneira como o pé trabalha, causando movimentos impróprios no tornozelo, no joelho e até nos quadris. Os genes de algumas pessoas podem predispô-las a ter pé chato, mas o problema é causado sobretudo por músculos do pé fracos, os quais deveriam ajudar a criar e manter a forma do arco. Estudos que comparam pessoas que andam habitualmente calçadas e descalças descobriram que estas últimas nunca têm pé chato, e sim arcos mais regularmente formados, nem baixos nem altos.[16] Examinei vastos números de pés, e quase nunca vi um arco chato em alguém que andasse habitualmente descalço, reforçando minha crença de que pé chato é um desajuste evolutivo.

Outro problema relacionado e comum que pode ocorrer em decorrência do uso de sapatos é a fascite plantar. Você já teve uma dor aguda, lancinante, na sola do pé ou ao se levantar de manhã ou depois de uma corrida? Essa dor vem de inflamação da fáscia plantar, uma lâmina de tecido semelhante a um tendão na base do pé, que trabalha em conjunção com nossos músculos para enrijecer o arco. A fascite plantar tem múltiplas causas, mas, entre outras circunstâncias, ela se desenvolve quando os músculos do arco do pé ficam fracos e a fáscia tem de compensar sua incapacidade de manter o arco. A fáscia não está bem projetada para tanto estresse e fica dolorosamente inflamada.[17]

Quando os pés doem, todo o corpo dói, por isso a maioria das pessoas com dor no pé fica desesperada por tratamento. Infelizmente, com demasiada frequência ajudamos essas almas infelizes aliviando seus sintomas, em vez de remediar as causas dos problemas. Pés fortes, flexíveis, são pés saudáveis, mas, em vez de fortalecer os pés de seus pacientes, muitos podólogos lhes prescrevem órteses ou aconselham a usar sapatos confortáveis com suportes para o arco e solas duras. Esses tratamentos realmente aliviam os sintomas dos pés chatos e da fascite plantar, mas, se seu uso não for descontinuado, podem criar um circuito de retroalimentação pernicioso, porque não evitam que o problema ocorra, e em vez disso acabam permitindo que os músculos do pé se tornem ainda mais fracos. Consequentemente, pessoas que usam órteses tornam-se cada vez mais dependentes dela. Nesse aspecto, talvez devêssemos tratar o pé mais como as outras partes do corpo. Se torcemos ou danificamos o pescoço ou o ombro, podemos usar um colar para aliviar a dor temporariamente, mas os médicos raramente o prescrevem em caráter permanente. Em vez disso paramos de usar o colar assim que possível e muitas vezes fazemos fisioterapia para recobrar a força.

Como as forças que causam lesões repetitivas resultam da maneira como nosso corpo se move, outra forma insuficientemente usada de prevenção e tratamento é observar como as pessoas realmente se movem quando andam e correm e quão bem seus músculos podem controlar esses movimentos. Embora alguns médicos examinem o andar de um paciente que sofre de uma lesão de esforço repetitivo, um número excessivo deles apenas trata os sintomas do problema prescrevendo medicamentos, órteses ou sapatos acolchoados. Vários estudos descobriram que prescrições de sapatos antipronação, que limitam o grau em que o pé rola para dentro (pronação) ou para fora (supinação), em nada contribuem para reduzir as taxas de lesão entre corredores.[18] Outro estudo descobriu que corredores têm na realidade maior risco de sofrer lesão usando calçados mais caros, acolchoados.[19] Infelizmente, entre 20% e 70% dos corredores sofrem lesões de estresse repetitivo todos os anos, e não há nenhuma evidência de que as taxas declinaram à medida que a tecnologia dos calçados tornou-se mais sofisticada no curso dos últimos trinta anos.[20]

Outros aspectos dos sapatos também levam a desajustes. Com que frequência você usa sapatos desconfortáveis porque são bonitos? Milhões, talvez bilhões de pessoas usam sapatos de bico estreito e salto alto. Esses sapatos podem ser elegantes, mas fazem mal à saúde. Bicos estreitos amassam de maneira antinatural a frente do pé e contribuem para problemas comuns como joanetes, artelhos desalinhados e artelhos em martelo.[21] Saltos altos exibem as canelas de uma pessoa, mas alteram a postura normal, encurtam permanentemente os músculos das canelas e submetem a bola do pé, o arco e até o joelho a forças anormais que causam lesão.[22] Encerrar os pés o dia todo em couro ou plástico é comumente considerado higiênico, mas na realidade cria um ambiente úmido, quente, livre de oxigênio que é o paraíso para muitos fungos e bactérias que causam infecções irritantes, como pé de atleta.[23]

Em suma, muitas pessoas sofrem de problemas nos pés porque eles evoluíram para ficar nus. Sapatos exíguos existem há muitos milhares de anos, mas alguns sapatos modernos projetados para uma combinação de conforto e elegância podem interferir substancialmente em outras funções naturais do pé. Suspeito que não precisamos abandonar os sapatos por completo, e um número crescente de consumidores de calçados estão reagindo a esses desajustes usando sapatos mínimos, sem salto, sem sola rígida, sem suporte para o arco nem bico estreito. Será interessante ver se eles se saem melhor, e precisamos urgentemente compreender como adaptar pessoas com pés fracos às exigências musculares maiores de usar sapatos exíguos. Também suspeito que é saudável encorajar bebês e crianças a andar descalços e assegurar que seus sapatos sejam mínimos, de modo que seus pés se desenvolvam da maneira apropriada e se tornem fortes. Infelizmente, no entanto, a maioria das pessoas com problemas nos pés hoje reage tratando os sintomas de sua dor com órteses, sapatos cada vez mais confortáveis, cirurgia, medicamentos e grande quantidade de outros produtos disponíveis na ampla seção de cuidados para os pés de sua farmácia local. Enquanto continuarmos a encerrar nossos pés em sapatos confortáveis, aparentemente normais, pedólogos e outros que cuidam dos doloridos pés modernos vão continuar muito ocupados.

Concentrando-se em concentrar-se

Ler é para a mente o que o exercício é para o corpo, e é uma atividade tão comum e essencial que pensamos pouco sobre a tarefa física real de ler palavras. Mesmo que você esteja lendo este livro da maneira como Samuel Goldwyn costumava ler – "parte dele, do começo ao fim"[24]–, ainda assim está se concentrando por longos períodos de tempo numa fileira de letras pretas e brancas que estão provavelmente à distância de um braço de seus olhos. À medida que passam rapidamente de palavra em palavra, seus olhos permanecem atentamente concentrados na página. Por vezes, quando estou absorto num livro realmente bom, perco a consciência sensorial de meu corpo e do mundo à minha volta durante horas a fio. Mas olhar para palavras ou qualquer outra coisa tão perto de nosso rosto durante horas não é natural. A escrita foi inventada cerca de 6 mil anos atrás, as prensas tipográficas foram inventadas durante o século XV, e foi só no século XIX que se tornou banal para uma pessoa comum passar longas horas lendo. Hoje, as pessoas em nações desenvolvidas passam muitas horas olhando atentamente para a tela do computador.

Toda essa concentração traz muitos benefícios, mas seu preço pode ser uma visão deficiente. Se você é míope, não tem nenhum problema de focalizar qualquer coisa bem próxima, como um livro ou uma tela de computador, mas tudo que está distante, em geral além de dois metros, está desfocado. Nos Estados Unidos e na Europa, quase um terço das crianças entre sete e dezessete anos torna-se míope e precisa de óculos para ver apropriadamente; em alguns países asiáticos, a porcentagem de pessoas míopes é ainda maior.[25] A miopia é tão comum que usar óculos é inteiramente ordinário e até elegante. No entanto, as evidências sugerem que ela costumava ser muito rara. Estudos provenientes do globo todo indicam que as taxas de miopia são de menos de 3% entre caçadores-coletores e populações que praticam agricultura de subsistência.[26] Além disso, a miopia entre europeus costumava ser incomum, exceto em classes mais altas e instruídas. Em 1813, James Ware observou que "em meio à Guarda da Rainha, muitos eram míopes, ao passo que entre os 10 mil soldados de infantaria com funções cerimoniais havia menos de meia dúzia de míopes".[27] Na Dinamarca no fim do século XIX, a incidência de miopia entre operários não especializados, marinheiros e agricultores era de menos de 3%, mas de 12% entre artesãos e 32% entre estudantes universitários.[28] Mudanças similares na prevalência da miopia foram também documentadas em populações de caçadores-coletores que passam a adotar estilos de vida ocidentais. Um desses estudos, dos anos 1960, testou a visão entre inuítes na ilha Barrow, no Alasca.[29] Embora menos de 2% dos idosos tivessem uma miopia branda, a maioria dos adultos jovens e escolares era míope, alguns severamente. Evidências de que a miopia é uma doença moderna fazem sentido porque é extremamente provável que ser míope fosse uma séria desvantagem até pouco tempo atrás. Antigamente, pessoas com visão à distância deficiente provavelmente eram menos capazes de caçar animais ou coletar comida com eficiência, e menos capazes de perceber predadores, cobras e outros perigos. Pessoas com genes que contribuíam para a miopia provavelmente morriam mais jovens e tinham menos filhos, o que mantinha o traço pouco frequente.

A miopia é uma característica complexa causada por muitas interações entre um grande número de genes e múltiplos fatores ambientais.[30] No entanto, como os genes das pessoas não mudaram muito nas últimas centenas de anos, a recente epidemia mundial de miopia deve resultar principalmente de mudanças ambientais. De todos os fatores identificados, o culpado mais comumente observado é o trabalho minucioso: a focalização atenta por longos períodos de tempo em imagens próximas, como uma costura e palavras numa página ou tela.[31] Um estudo de mais de mil crianças singapurenses descobriu que aquelas que liam mais de dois livros por semana eram três vezes mais propensas a ter miopia forte (depois de controle para sexo, raça, escola e grau de miopia dos pais).[32] Alguns estudos, entretanto, descobriram que jovens que passam menos tempo ao ar livre têm maior probabilidade de adquirir miopia, não importa quanto leiam. Portanto, uma causa relacionada, mas mais importante, pode ser a falta de estímulos visuais suficientemente intensos e diversos durante a infância e a adolescência.[33] Fatores adicionais cujos papéis não estão bem provados, mas que merecem mais estudos, incluem dietas ricas em amido e aumentos grandes e repentinos da estatura no início da adolescência.[34]

Para investigar que fatores causam miopia e reavaliar o modo como tratamos o problema, vamos considerar primeiro como o olho funciona normalmente para focalizar luz. O processo de focalizar envolve dois passos principais, resumidos na figura 28. O primeiro ocorre na córnea, a cobertura externa transparente na frente do olho. Como ela é naturalmente curva como uma lupa, curva os raios de luz, redirecionando-os através das pupilas e sobre o cristalino. O passo seguinte, focalização fina, ocorre no cristalino, um disco transparente do tamanho de um botão de camisa. Como a córnea, o cristalino é convexo, o que lhe permite focalizar luz proveniente dela sobre a retina, no fundo do globo. Ali, células nervosas especializadas transformam luz numa sucessão de sinais que são enviados ao nosso cérebro e transformados numa imagem perceptível. No entanto, diferentemente da córnea, o cristalino pode mudar sua forma para alterar seu foco. Essas mudanças são levadas a cabo por centenas de pequeninas fibras que o suspendem atrás da pupila.[35] Um cristalino normal é convexo, mas as fibras são como molas que o puxam constantemente, achatando-o como um trampolim. Nesse estado achatado, ele focaliza luz vinda de objetos distantes sobre a retina. No entanto, para focalizar raios de luz provenientes de objetos próximos relativamente maiores sobre a retina, precisa tornar-se mais convexo. Esse ajuste (denominado *acomodação*) ocorre quando os pequeninos músculos ciliares que se prendem a cada fibra se contraem, reduzindo a tensão colocada sobre o cristalino, permitindo-lhe retornar à sua forma natural, mais convexa. Em outras palavras, enquanto você está lendo estas palavras, centenas de pequeninos músculos estão se contraindo em cada globo ocular para afrouxar as fibras e manter seus cristalinos curvos, com isso focalizando luz da página ou da tela próxi-

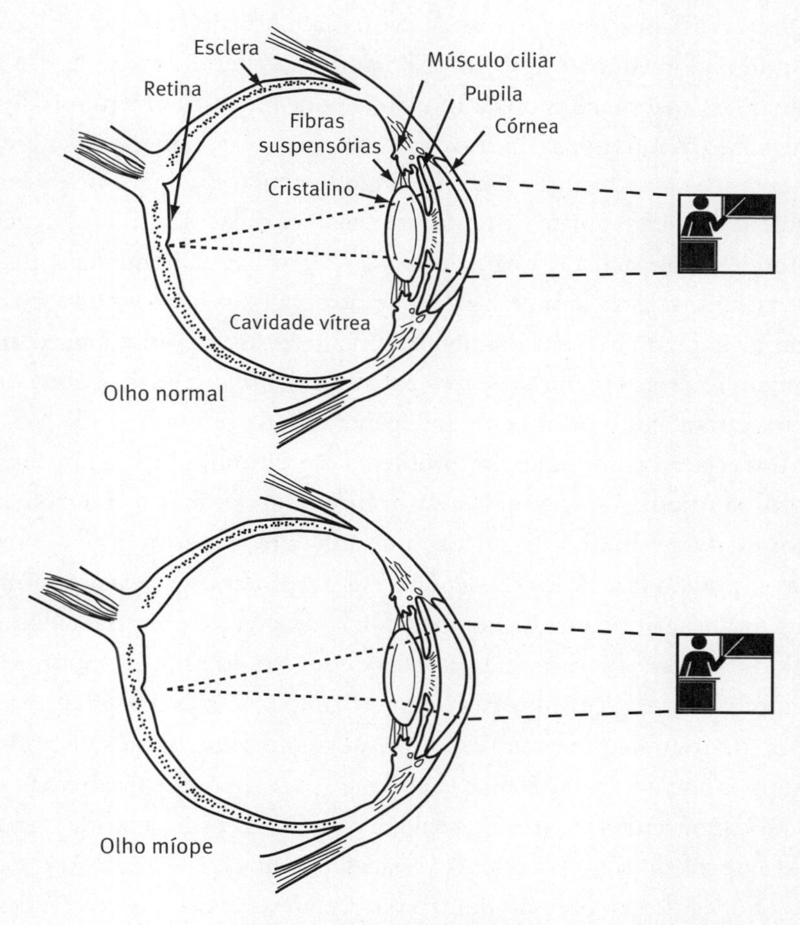

FIGURA 28. Como o olho focaliza objetos distantes. Num olho normal, a luz é direcionada primeiro pela córnea e depois pelo cristalino (que é relaxado por contrações dos músculos ciliares) para focalizar no fundo da retina. Um olho míope (embaixo) é longo demais, o que faz com que o ponto de foco de objetos distantes fique aquém da retina.

mas sobre suas retinas. Se você levanta os olhos e olha à distância, esses músculos vão se relaxar, e as fibras se retesarão, achatando o cristalino de modo que você possa focalizar objetos distantes.

Muitas centenas de milhões de anos de seleção natural aperfeiçoaram o globo ocular. Seu sistema de focalização em geral trabalha tão bem que para a maioria de nós uma visão clara parece natural. Mas, como em qualquer sistema com alguma complexidade, pequenas variações podem prejudicar a função, e a miopia não é exceção. A maioria dos casos ocorre quando o globo ocular fica comprido demais, como mostra a figura 28.[36] Quando isso acontece, o cristalino ainda pode focalizar objetos próximos contraindo os músculos ciliares, o que lhe permite tornar-se mais convexo. No entanto, quando alguém com um globo ocular excessivamente longo tenta focalizar um objeto distante relaxando os músculos ciliares, o ponto de foco da lente achatada não alcança a retina. Em consequência, tudo o que está à distância (em geral além de dois metros) fica fora de foco, por vezes de maneira horrível. Lamentavelmente, pessoas com miopia correm também um risco maior de sofrer outros problemas oculares, como glaucoma, catarata, deslocamento ou degeneração da retina.[37]

Poderíamos supor que um problema tão difundido e tão importante quanto a miopia estaria mais bem compreendido, mas os mecanismos pelos quais o trabalho minucioso ou uma falta de estímulos visuais ao ar livre podem fazer o globo ocular se alongar demais ainda são incertos. Uma hipótese antiga é que horas focalizando objetos próximos alongam o globo ocular por aumentar a pressão dentro do olho. A hipótese é a seguinte: quando você olha para algo próximo (como esta página), os músculos ciliares têm de se contrair continuamente e outros músculos giram os globos oculares para dentro (*convergem*) para manter a visão binocular. Como os músculos ciliares e os que giram o olho estão ancorados na parede externa do olho (a esclera), eles essencialmente espremem o globo ocular, elevando a pressão dentro da grande câmara posterior (vítreo), fazendo-a alongar-se.[38] Experimentos que implantaram sensores dentro da câmara posterior do globo ocular em macacos do gênero *Macaca* mediram elevações na pressão quando os animais foram forçados a focalizar objetos próximos.[39] Embora medidas diretas de pressão não tenham sido feitas em seres humanos, os globos oculares das pessoas alongam-se muito ligeiramente quando focalizam objetos próximos.[40] Foi portanto aventada a hipótese de que crianças em crescimento cujos globos oculares ainda precisam se fortalecer plenamente e que olham persistentemente para objetos próximos esticam tanto as paredes dos globos oculares que eles se alongam em caráter permanente, de maneira muito ligeira, mas o bastante para causar miopia. Trabalho minucioso extremo e incessante poderia também causar esse processo em adultos. Pessoas cujo trabalho exige que passem longas horas com seus olhos apertados em lentes de microscópios muitas vezes sofrem de miopia que se agrava progressivamente.[41]

A hipótese do trabalho minucioso é controversa e nunca foi diretamente testada em seres humanos. Ela também não explica os achados de outros experimentos com animais, que indicam que estímulo visual anormal pode causar miopia independentemente de trabalho minucioso. Esse fenômeno foi descoberto por acaso quando um grupo de pesquisadores que estudavam como o cérebro percebe informação visual observou que macacos cujas pálpebras haviam sido costuradas fechadas tinham globos oculares anormalmente alongados, chegando a ser até 21% mais longos que o normal.[42] Intrigados, os pesquisadores os acompanharam com outros experimentos que mostraram que a miopia dos macacos não havia sido provocada por excesso de trabalho minucioso, e sim por uma falta de estímulos visuais normais (se é que é possível considerar normal o que um macaco vê num laboratório).[43] Estudos mais recentes que embaçaram experimentalmente a visão de gatos e galinhas confirmaram que a miopia pode ser causada por imagens desfocadas, as quais, de alguma maneira, perturbam o crescimento normal do globo ocular.[44] Além disso, crianças que passam mais tempo dentro do que fora de casa têm maior probabilidade de desenvolver miopia.[45] O mecanismo pelo qual esse crescimento anormal ocorre é desconhecido atualmente, mas essas várias evidências levaram à hipótese de que o alongamento do olho normal requer um misto de estímulos visuais complexos, como diferentes intensidades de luz e diferentes cores, e não as cores pardacentas, veladas, típicas do interior de uma casa ou das páginas de um livro.

Sejam quais forem os fatores ambientais que contribuem para a miopia, o problema existe há alguns milênios, embora com menos frequência no passado que agora. Na verdade, uma incapacidade de ver objetos distantes é usada como metáfora no Novo Testamento: "Todavia, se alguém não as tem, está cego, só vê o que está perto, esquecendo-se da purificação dos seus antigos pecados."[46] A doença foi também diagnosticada pelo médico do século II Galeno, que supostamente cunhou o termo "miopia". Mas até que os óculos fossem inventados no Renascimento, os míopes tiveram de suportar sua incapacidade sem muita ajuda. Desde então eles foram aperfeiçoados e refinados mediante numerosas inovações, entre as quais o desenvolvimento de lentes bifocais por Benjamin Franklin em 1784. Hoje, pessoas com globos oculares excessivamente longos podem ver objetos distantes muito bem com a ajuda da tecnologia, e é duvidoso que a miopia tenha atualmente algum efeito negativo sobre a aptidão física de alguém. Sob esse aspecto, óculos protegem os míopes da seleção natural. Na verdade, os óculos foram eles próprios o foco de muita evolução cultural à medida que se tornaram mais leves, mais finos, multiuso e até invisíveis (lentes de contato). As modas de óculos mudam constantemente, instigando os míopes a comprar novas armações a poucos anos de intervalo para ver e ser vistos elegantemente.

A recente evolução cultural dos óculos combinada com a importância de ser capaz de focalizar levou à formulação da intrigante hipótese de que óculos causaram coevolução. Como um lembrete, esse tipo de evolução ocorre quando desenvolvimentos culturais realmente estimulam a seleção natural de genes, como no caso clássico da maneira como o consumo do leite de animais domésticos favorece a prevalência de genes para a persistência da lactase (ver capítulo 8). É difícil testar a hipótese de que óculos causaram coevolução, mas é concebível que, como eles se tornaram acessíveis e comuns no curso das últimas centenas de anos, tenha havido um relaxamento da seleção contra genes deletérios que contribuem para a miopia. Nesse caso, poderíamos prever que a prevalência da miopia cresceu pouco a pouco e independentemente de fatores ambientais que também causam o problema. Essa hipótese é improvável dada a rapidez com que a prevalência da miopia aumentou. Uma ideia mais extrema e francamente perturbadora é que a invenção dos óculos foi tão benéfica para tantos indivíduos que eles realmente permitiram seleção indireta para genes para inteligência que indiretamente causam miopia. Um estudo muito discutido de 1958 descobriu que crianças míopes nos Estados Unidos tinham quocientes intelectuais (QIs) significativamente mais altos que as de visão normal, e desde então essa correlação foi replicada em outros lugares como Singapura, Dinamarca e Israel.[47] Correlação não é causação, mas foram propostas numerosas hipóteses para explicá-la. Uma possibilidade é que, como o tamanho do globo ocular e o do cérebro estão fortemente correlacionados, óculos permitiram a seleção para cérebros maiores, portanto globos oculares maiores, que poderiam ser mais propensos a se tornar míopes.[48] Nesse caso, a alta incidência de miopia poderia ser um subproduto de seleção para cérebros maiores. Essa hipótese provavelmente está errada por uma série de razões, e uma das mais relevantes é que o tamanho do cérebro na realidade diminuiu desde a Idade do Gelo (ver capítulo 5), e é duvidoso que seres humanos de cérebro maior da Idade do Gelo fossem míopes. Hipóteses alternativas são que alguns dos genes que afetam a inteligência também afetam o crescimento do globo ocular, ou que genes que contribuem para a inteligência estão localizados em cromossomos próximos de genes que causam miopia.[49] Nesse caso, a invenção de óculos não só removeu qualquer seleção negativa sobre a miopia, mas também permitiu seleção para inteligência que resultou numa maior proporção de pessoas inteligentes e míopes. Sou cético em relação a essa hipótese porque crianças que leem com mais frequência são simplesmente mais propensas a desenvolver miopia, e é também possível que crianças com miopia acabem lendo mais e passando mais tempo dentro de casa porque não focalizam bem objetos distantes. Em ambos os casos, crianças míopes acabam lendo mais que crianças com visão normal e por conseguinte se saem melhor em testes de QI, que favorecem crianças que leem mais.

Temos muito o que aprender sobre miopia, mas dois fatos são claros. Primeiro, miopia é um desajuste evolutivo outrora raro que é exacerbado por ambientes modernos. Segundo, ainda que não possamos compreender inteiramente que fatores levam os globos oculares de crianças a se alongar demais, sabemos de fato como tratar os sintomas da miopia de maneira eficiente com óculos. Óculos nada mais são que lentes que curvam ondas de luz antes que cheguem ao globo ocular, colocando o ponto de foco de volta sobre a retina. Eles permitem a cerca de 1 bilhão de míopes no mundo ver nitidamente, e à medida que mais países experimentarem desenvolvimento econômico esse número certamente crescerá. Óculos, como sapatos, são hoje tão onipresentes que deixaram de ser pouco atraentes – "homens raramente fazem investidas em mulheres que usam óculos" – para passarem despercebidos ou se tornarem acessórios de moda.

A alta prevalência da miopia, combinada com a maneira como usamos óculos para tratar dos sintomas do problema, não de suas causas, suscita várias hipóteses sobre o modo como promovemos a disevolução dessa doença. Uma ideia controversa, baseada na teoria de que trabalho minucioso causa miopia, é que óculos na verdade exacerbam o problema. Se contrações dos músculos do olho causam miopia em primeiro lugar, então dar óculos corretivos, que fazem todos os objetos distantes aparecerem como se estivessem próximos, instala um circuito de retroalimentação positivo.[50] Como já foi observado, nem todas as evidências são compatíveis com essa teoria, mas ela recebeu alguma confirmação de estudos que aparentemente reduziram a progressão da miopia em crianças dando-lhes óculos de leitura.[51] Uma ideia alternativa, baseada na hipótese da privação visual, é que óculos nem previnem nem exacerbam a miopia, mas podem indiretamente promover outros fatores que a causam ao tornar mais fácil para crianças com risco de miopia passar horas demais lendo ou fazendo outras atividades dentro de casa que fornecem estímulos visuais insuficientes. Uma solução óbvia é estimular essas crianças a passar mais tempo ao ar livre. Outra poderia ser substituir entediantes páginas impressas (como esta) por empolgantes livros eletrônicos que são mais visualmente estimulantes, com intensas mudanças de cor e brilho que desafiariam olhos jovens. Não seria bacana se livros para crianças fossem projetados de maneira brilhante e dinâmica sobre paredes distantes? Iluminar ambientes interiores com mais brilho e cores também poderia ajudar.

Temos muito a aprender sobre miopia, mas o modo e a razão pelos quais as pessoas se tornam míopes e a maneira como as ajudamos realçam várias características típicas da disevolução. Primeiro, como muitos desajustes evolutivos, a miopia é involuntariamente transmitida por pais a seus filhos de uma maneira não darwiniana. Embora certos genes possam predispor algumas crianças a se tornar míopes, os principais fatores que causam miopia e que os pais transmitem a seus filhos são ambientais, e é possível até que os óculos algumas vezes exacerbem o problema. Segundo, provavelmente sabemos o bastante para tentar evitar que a miopia se desenvolva, mas até agora sua prevenção recebeu pouca atenção. Suspeito que nossos esforços nesse sentido seriam muito mais intensos se os óculos fossem menos eficazes e menos atraentes.

Busque a cadeira confortável

No final dos anos 1920, dois homens empreendedores de Michigan promoveram um concurso para dar nome à poltrona estofada reclinável que tinham inventado. Das muitas propostas, escolheram La-Z-Boy (outras sugestões foram Sit-N-Nooze e Slack-Back), e a companhia continua produzindo poltronas de luxo com o mesmo nome. Os modelos atuais distribuem-se em dezoito "níveis de conforto" com espaldar e apoio para os pés que se movem de maneira independente, mais "apoio lombar total em todas as posições". Pagando mais, você pode acrescentar características como motores vibradores para massagem, um assento reclinável que o ajuda a se sentar na cadeira e se levantar, suportes para copo etc. Pelo mesmo preço de algumas poltronas você poderia comprar uma passagem de ida e volta para o deserto de Kalahari ou alguma outra parte remota do mundo, onde terá muita dificuldade para encontrar cadeiras, sem mencionar espaldar acolchoado e reclinável e apoio para os pés. Mas isso não significa que você não encontrará ninguém sentado. Caçadores-coletores e agricultores de subsistência trabalham duro para obter cada caloria que comem, e raramente têm um excedente de energia. Quando pessoas que trabalham arduamente com alimento limitado têm chance, elas sensatamente se sentam ou se deitam, o que custa muito menos energia que ficar de pé. No entanto, quando se sentam, elas em geral se agacham, ou descansam no chão com as pernas dobradas ou esticadas. Cadeiras, quando existem, tendem a ser bancos, e os únicos espaldares são árvores, pedras e paredes.

Para nós que estamos lendo este livro, estar numa poltrona confortável é uma atividade completamente normal e agradável, mas uma perspectiva evolutiva nos ensina que esse tipo de posição sentada é incomum. Mas são as cadeiras ruins para a saúde? Deveria eu abandonar a cadeira de escritório em que estou escrevendo estas palavras e em vez disso escrevê-las de pé, talvez usando uma mesa alta acoplada a uma esteira? Deveria você ler estas palavras agachado? Por falar nisso, deveríamos jogar fora nossos colchões e dormir como nossos ancestrais sobre esteiras duras?

Não se preocupe! Não vou fazê-lo sentir-se mal por se sentar em cadeiras, e que fique registrado por escrito que não tenho nenhuma intenção de me livrar das cadeiras de minha casa. Mas pode haver razão para nos preocuparmos com a quantidade de tempo que passamos em cadeiras, em especial se ficamos o resto do dia inativos. Uma preocupação importante relaciona-se com o balanço de energia (ver capítulo 10). Para cada hora que você passa sentado a uma mesa, gasta cerca de vinte calorias a menos do que se estivesse de pé, porque não está mais tensionando os músculos de pernas, costas e ombros, quando sustenta e desloca seu peso.[52] Passar oito horas por dia em pé corresponde ao gasto total de 160 calorias, o equivalente a meia hora de caminhada. Ao longo de semanas e anos, a diferença energética entre estar sobretudo sentado e em pé é assombrosa.

Um problema diferente causado pelo costume de passar horas e mais horas sentado em cadeiras confortáveis é a atrofia muscular, especialmente nos músculos das costas e do abdome que estabilizam o tronco. Em termos de atividade muscular, sentar numa cadeira não é muito diferente de deitar numa cama. Comumente se reconhece que repouso prolongado na cama tem muitos efeitos deletérios sobre o corpo, inclusive enfraquecimento do coração, degeneração muscular, perda óssea e níveis elevados de inflamação de tecidos.[53] O repouso prolongado numa cadeira tem quase o mesmo efeito porque não usamos nenhum músculo da perna para sustentar nosso peso, e se a cadeira tiver um encosto para as costas, um encosto para a cabeça e apoios para os braços, talvez você não esteja usando tantos músculos assim na parte superior de seu corpo também. É por isso que poltronas La-Z-Boy são tão confortáveis. Tombar para a frente ou reclinar para trás numa cadeira também requer menos esforço muscular que sentar-se ereto.[54] Mas há um preço a pagar por esse conforto. Músculos se deterioram em resposta a períodos prolongados de inatividade, perdendo fibras musculares, em especial fibras de contração lenta que proporcionam resistência.[55] Passar meses e anos sentado com má postura em cadeiras confortáveis, em combinação com outros hábitos sedentários, permite portanto ao tronco e aos músculos abdominais ficar fracos e fatigar-se rapidamente. Em contraposição, acocorar-se e sentar no chão ou mesmo num banco exige maior controle postural da parte de uma variedade de músculos nas costas e no abdome, ajudando a manter sua força.[56]

Outro tipo de atrofia causado quando passamos horas intermináveis sentados é o encurtamento dos músculos. Quando imobilizamos articulações por períodos prolongados, músculos que não são mais esticados podem ficar mais curtos, o que explica por que o uso de sapatos de salto encurta os músculos da panturrilha. As cadeiras não são exceção. Quando nos sentamos numa cadeira comum, nossos quadris e joelhos ficam flexionados em ângulos retos, uma posição que encurta os músculos flexores que cruzam a frente do quadril. Em consequência, passar muitas horas na posição sentada pode encurtá-los permanentemente. Depois, quando nos levantamos, nossos flexores do quadril encurtados estão tensos, por isso inclinam a pelve para a frente, levando a uma curva lombar exagerada. Nossos músculos isquiotibiais, que passam pela parte posterior das coxas, precisam então se contrair para neutralizar essa curvatura, inclinando nossa pelve para trás, o que leva a uma postura de costas chatas, curvando os ombros para a frente. Felizmente, alongar-se aumenta efetivamente o comprimento do músculo e a flexibilidade, o que torna uma boa ideia para qualquer pessoa que passe longas horas numa cadeira levantar-se e esticar-se regularmente.[57]

Foi proposta a hipótese de que desequilíbrios musculares causados por horas sentado em cadeiras contribuem para um dos problemas de saúde mais comuns do planeta: dor na região lombar. Dependendo do lugar onde você mora e do que faz, suas chances de desenvolver dor lombar situam-se entre 60% e 90%.[58] Alguns casos de dor lombar são causados por falências estruturais como um disco colapsado ou um acidente traumático que lesiona a coluna; no entanto, a maior parte das dores lombares são diagnosticadas como "não específicas", um eufemismo médico para problemas cujas causas são mal compreendidas. Apesar de décadas de intensas pesquisas, continuamos deploravelmente ineficientes em diagnosticar, prevenir e tratar dores lombares. Por isso muitos especialistas concluíram que a dor lombar é uma consequência quase inevitável do projeto não inteligente da evolução da curva lombar humana, que atormentou nossa linhagem desde que adotamos a postura ereta cerca de 6 milhões de anos atrás.

Mas será essa conclusão verdadeira? A dor lombar é a causa mais comum de incapacidade atualmente, custando bilhões de dólares por ano. Hoje temos analgésicos, almofadas de calor e outras maneiras em geral ineficientes de aliviar a dor nas costas, mas imagine como uma grave lesão teria afetado um caçador-coletor paleolítico. Mesmo que nossos ancestrais sofressem apenas em decorrência da dor, problemas nas costas teriam certamente reduzido sua capacidade de procurar alimentos, caçar, escapar de predadores, prover a prole e realizar outras tarefas que afetam o sucesso reprodutivo. É provável, portanto, que a seleção natural tenha selecionado indivíduos cujas costas sejam menos suscetíveis a lesões. Como o capítulo 2 discutiu, seleção em resposta às exigências biomecânicas da gravidez provavelmente explica por que mulheres têm adaptações que estendem sua curva lombar sobre mais vértebras e têm articulações mais reforçadas que homens. A seleção para fortalecer a coluna pode também explicar por que os seres humanos hoje tendem a ter cinco vértebras lombares, uma a menos que hominíneos antigos como *H. erectus*. Talvez a região lombar da coluna seja uma estrutura muito mais bem-adaptada do que percebemos. Nesse caso, será então a elevada incidência de dor lombar hoje um exemplo de um desajuste evolutivo em que nossos corpos não estão bem-adaptados à maneira como os usamos? Seria possível que sejamos simplesmente mal adaptados a ficar sentados e a outras formas de inatividade?

Lamentavelmente, a dor lombar é um problema tão complexo e multifatorial que esforços intensos para encontrar respostas simples sobre a razão por que ela ocorre e como preveni-la foram (e continuarão sendo) frustrantes e inconclusivos. Estudos destinados a associar a dor lombar com fatores causais específicos em países desenvolvidos não conseguiram em geral associá-la claramente a nenhum deles, como genes, altura, peso, tempo passado sentado, postura ruim, exposição a vibrações, esportes, ou mesmo levantamento de peso frequente.[59] No entanto, análises abrangentes da incidência de dores nas costas no mundo todo constatam invariavelmente que elas são duas vezes mais altas em países desenvolvidos que nos menos desenvolvidos; além disso, em países de baixa renda, a incidência é duas vezes mais alta nas áreas urbanas que nas áreas rurais.[60] Por exemplo, a dor lombar aflige 40% dos agricultores no Tibete rural, mas 68% dos operadores de máquinas de costura na Índia, muitos dos quais descrevem sua dor como "persistente e insuportável".[61] Nenhuma dessas duas populações vive refestelada em La-Z-Boys, mas uma tendência geral é que pessoas que carregam cargas pesadas com frequência e fazem outros trabalhos "de quebrar as costas" sofrem menos lesões nas costas do que aquelas que passam horas sentadas em cadeiras, curvadas sobre uma máquina.

Se considerarmos padrões transculturais de dor nas costas em conjunção com uma compreensão de como as costas evoluíram para funcionar, há indícios de que a dor lombar é em parte um desajuste evolutivo, embora com múltiplas causas. O ponto essencial a considerar é que, de uma perspectiva evolutiva, nenhuma das populações estudadas até agora usa suas costas de uma maneira normal. Até agora ninguém quantificou a incidência de dor lombar entre caçadores-coletores, mas eles raramente se sentam em cadeiras, nunca dormem em colchões macios,[62] caminham muitas vezes carregando cargas moderadas e também cavam, trepam em árvores, preparam comida e correm. Tampouco se envolvem em horas de trabalho vigoroso como trabalhar com a enxada ou levantar peso, que sobrecarrega repetitivamente as costas. Em outras palavras, caçadores-coletores usam suas costas moderadamente – nem de maneira tão intensa quanto agricultores de subsistência nem tão minimamente quanto empregados de escritório sedentários. Eles caem em geral perto do meio de um importante modelo para o risco de dor lombar proposto por Michael Adams e colegas,[63] ilustrado na figura 29. Segundo esse modelo, costas saudáveis requerem um equilíbrio apropriado entre o grau em que as usamos e quão bem funcionam. Costas normais, aptas, precisam ter considerável grau de flexibilidade, força e resistência, bem como algum grau de coordenação e equilíbrio. Como tendem a ter costas fracas e inflexíveis, as pessoas que passam a maior parte do tempo sentadas são mais propensas a experimentar estiramentos musculares, ligamentos rompidos, articulações estressadas, discos abaulados e outras causas de dor se e quando submetem suas costas a movimentos incomuns, estressantes. Como previsto, pessoas em países desenvolvidos que sofrem de dor nas costas tendem a ter menor porcentagem de fibras de contração lenta, o que significa que suas costas se fatigam mais rapidamente, e elas também têm menor força nos músculos do tronco, flexibilidade reduzida no quadril e na coluna e padrões mais anormais de movimento.[64] Na outra ponta do espectro estão pessoas cuja existência exige grande quantidade de levantamento pesado e outras atividade estressantes que causam lesão de esforço repetitivo para músculos, ossos, ligamentos, discos e nervos das costas. Por essa razão, agricultores de subsistência no Tibete, que passam semanas a fio cavando campos e colhendo seus produtos, e empregados de empresas de mudança, que carregam cargas enormes, sofrem uns e outros de lesões nas costas, mas elas têm um conjunto de causas diferente daquelas sofridas por pessoas que passam o dia todo sentadas, debruçadas sobre computadores e máquinas de costura.

Em suma, provavelmente há um equilíbrio entre o modo como usamos as costas e o grau de saúde que exibem. Costas normais não são mimadas por poltronas, e sim usadas com variados graus de intensidade moderada o dia todo, até durante o sono. A adoção da agricultura provavelmente foi uma notícia ruim para as costas humanas. Agora enfrentamos o problema oposto, graças às cadeiras confortáveis, bem como aos carrinhos de compras, malas com rodinhas, elevadores e mil outros inventos que poupam trabalho. Liberados de superestressar nossas costas, sofremos com sua fraqueza e inflexibilidade. A situação resultante é extremamente comum: durante meses ou até anos, você pode ficar livre de dores, mas suas costas são fracas, portanto suscetíveis a lesão. Depois um belo dia você se abaixa para pegar uma sacola, dorme numa posição ruim ou leva um tombo na rua e pronto, lesionou as costas. Uma visita ao consultório médico resulta em geral num diagnóstico de dor nas costas não específica, mais um punhado de remédios para aliviar o sofrimento. O problema é que, depois que a dor lombar começa, um círculo vicioso se inicia. Quando se sofre uma lesão nas costas,

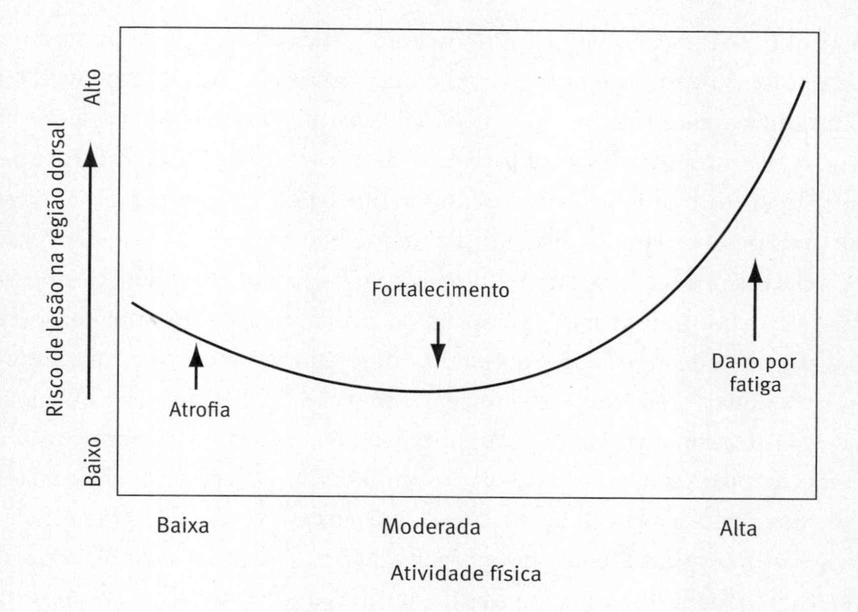

FIGURA 29. Modelo da relação entre níveis de atividade física e lesão nas costas. Indivíduos com níveis de atividade física muito baixos e muito altos correm um maior risco de sofrer lesões, mas por motivos diferentes. Modificado a partir da figura 6.4 em M. Adams et al. *The Biomechanics of Back Pain*. Edimburgo, Churchill-Livingstone, 2002.

um instinto natural é descansar e mais tarde evitar atividades que as estressem. No entanto, repouso demais só enfraquece os músculos, tornando a pessoa mais vulnerável a outra lesão. Felizmente, terapias que melhoram a força das costas, inclusive exercícios aeróbios de baixo impacto, parecem ser maneiras eficazes de melhorar a saúde da coluna.[65]

Além do conforto

Em quase todos os aviões nos Estados Unidos, a bolsa na parte posterior dos assentos oferece uma revista, *SkyMall*, que vende uma bizarra coleção de produtos, muitos projetados para aumentar nosso conforto, como sapatos que absorvem impacto, almofadas infláveis e aquecedores para o ar livre para ficar à beira da piscina em tardes frias. Por vezes, no final de um longo voo, minha filha e eu competimos para ver quem encontra o produto mais absurdo, e o vencedor em geral vem da ampla seleção de invenções para dar mais conforto a bichos de estimação. Meu favorito é uma tigela de comida elevada, de modo que o pobre cachorro não precise forçar o pescoço sendo obrigado a comer e beber no chão. Esse e incontáveis outros produtos atestam o desejo aparentemente insaciável de nossa espécie de aumentar não apenas nosso próprio conforto, mas também o dos bichos de estimação. Supõe-se em geral e anuncia-se amplamente que qualquer coisa que nos faça sentir mais à vontade deve ser boa, e as pessoas pagam vastas somas de dinheiro para evitar ter de sentir muito calor ou muito frio, subir escadas, levantar coisas, torcer-se, ficar de pé etc. No curso das últimas gerações, nossos anseios por conforto e prazer físico inspiraram muitas novas e notáveis invenções, deixando alguns empresários ricos. Ao mesmo tempo, porém, algumas dessas inovações promovem incapacidade, especialmente entre aqueles de nós incapazes de conter a necessidade de "pegar leve".

Máquinas que aumentam o conforto são, é claro, apenas a ponta do iceberg quando se trata da extraordinária variedade de inovações de seres humanos desde o Paleolítico que criaram novos estímulos para o corpo. Imagine transportar um homem das cavernas para uma cidade moderna e tentar lhe explicar as novas tecnologias que nos parecem banais, como telefones, chuveiros, motocicletas, revólveres etc. Assim como a seleção natural extirpa mutações deletérias e promove adaptações, a evolução cultural acaba por distinguir as melhores inovações daquelas que são menos úteis ou perniciosas. Foram-se os dias dos bifaces, dos astrolábios, dos aparelhos de TV preto e branco de imagem granulosa, para não mencionar espartilhos com barbatanas de baleia e amarração de cabeça. Mas a seleção cultural nem sempre opera com os mesmos critérios que a natural. Enquanto a natural só favorece novas mutações que melhoram as capacidades de um organismo de viver e se reproduzir, a seleção cultural pode promover novos comportamentos simplesmente porque são apreciados, lucrativos ou benéficos de algum outro modo. Usar sapatos, ler e sentar em cadeira foram obviamente selecionados dessa maneira porque proporcionam muitos benefícios e prazeres, mas os desajustes evolutivos que causam correspondem facilmente às características da disevolução. Em particular, somos competentes em tratar os sintomas de pés, vista e costas doentes, mas pouco fazemos para prevenir suas causas. Além disso, nenhum desses problemas afeta as capacidades que têm as pessoas de viver uma vida longa e feliz, ou ter muitos filhos. Ademais, esses desajustes continuaram prevalentes ou estão se agravando em parte porque proporcionam muitos benefícios.

Reconhecer que muitas inovações, inclusive aquelas projetadas para conforto e conveniência, nem sempre são benéficas à saúde humana não significa que precisamos evitar todos os novos produtos e tecnologias. No entanto, uma perspectiva evolutiva sobre o corpo humano nos ensina que algumas novidades podem levar a desajustes evolutivos. Nosso corpo simplesmente não foi adaptado por milhões de anos de evolução para lidar com muitas tecnologias modernas, pelo menos não em quantidades ou graus extremos. Considere os três exemplos realçados neste capítulo: uso de sapatos, leitura e hábito de sentar em cadeiras. Por si mesmos, esses comportamentos comuns que eram desconhecidos até recentemente são inofensivos e muitas vezes benéficos. No entanto, em excesso podem causar uma variedade de problemas que com frequência deixamos de reconhecer como nocivos porque o dano que causam se acumula de maneira extremamente gradativa ao longo de extensos períodos de tempo, obscurecendo qualquer relação entre causa e efeito. São também confortáveis, convenientes, prazerosos e considerados normais.

É um exercício interessante tentar contar as coisas comuns que comemos, vestimos ou empregamos de alguma outra maneira que são totalmente novas e poderiam levar a doenças de desajuste quando em excesso. Aqui estão apenas algumas. Seu colchão, que é macio e confortável, pode enfraquecer suas costas se for macio demais e confortável demais. Lâmpadas, que lhe permitem passar mais tempo dentro de casa, podem também privá-lo de luz solar, afetando sua visão e seu humor. Sabões antibacterianos, que matam germes, podem também estar promovendo a evolução de novas bactérias capazes de nos deixar ainda mais doentes. Fones de ouvido que usamos para ouvir música podem nos fazer perder a audição caso não mantenhamos o volume baixo. Perigos ainda mais insidiosos são aqueles que superficialmente tornam nossa vida mais fácil, mas na realidade nos deixam mais fracos: escadas rolantes, elevadores, malas com rodinhas, carrinhos de compras, abridores de lata automáticos etc. Esses inventos são maravilhosos auxiliares para corpos já lesados, mas são potencialmente deletérios para aqueles que ainda são saudáveis. Anos de dependência desnecessária desses inventos poupadores de trabalho podem contribuir para a decrepitude.

A solução para doenças da novidade e do conforto não é nos livrarmos das comodidades modernas, mas deter o ciclo de disevolução em que tratamos os sintomas dos problemas que criam em vez de lidar com suas causas. Retornando aos argumentos apresentados antes neste capítulo, não há nenhuma necessidade de abandonar completamente os sapatos, mas poderíamos ser capazes de evitar alguns problemas nos pés estimulando as pessoas – especialmente as crianças – a andar descalças com mais frequência e usar sapatos mais exíguos (essa hipótese ainda precisa ser testada). Ler, também, é obviamente uma maravilhosa invenção moderna, que não pode nem deve ser desencorajada. No entanto, podemos prevenir ou reduzir alguns casos de miopia levando as crianças a ler de uma maneira diferente (e a sair mais ao ar livre). E não há necessidade de jogar fora todas as cadeiras de sua casa e do escritório e ficar apenas em pé ou agachado, mas talvez mesas altas, em que pudéssemos escrever de pé, devessem ser mais comuns para trabalhadores de escritório sedentários.

Evidentemente, não será fácil levar a cabo essas e outras mudanças por muitas razões. Para começo de conversa, quem não gosta de conforto e comodidade? Há bilhões de dólares a ganhar criando produtos que tornam a vida mais fácil e mais prazerosa e depois nos convencendo a comprá-los e usá-los. Não precisamos abandonar tudo o que é novo, mas uma abordagem evolutiva ao que é normal e confortável pode contribuir para inspirar mais ceticismo bem-informado a fim de nos ajudar a produzir sapatos e cadeiras melhores, sem mencionar colchões, livros, óculos, lâmpadas, casas, vilas e cidades. Como a lógica evolutiva poderia nos ajudar a promover essa transformação é o foco do próximo e último capítulo.

13. Sobrevivência dos mais aptos

Pode a lógica evolutiva nos ajudar a cultivar um futuro melhor para o corpo humano?

> Quando refletimos sobre essa luta, podemos nos consolar com a plena convicção de que a guerra da natureza não é incessante, de que nenhum medo é sentido, de que a morte é geralmente rápida, e de que os vigorosos, os saudáveis e os felizes sobrevivem e se multiplicam.
>
> Charles Darwin, *A origem das espécies*

Há uma piada muito popular sobre um grupo de octogenários discutindo seus problemas de saúde. "Meus olhos estão tão mal que não posso mais enxergar claramente." "A artrite no meu pescoço dói tanto que não consigo virar a cabeça." "O remédio do coração me deixa tonto." "Sim, esse é o preço que pagamos por viver tanto, mas pelo menos ainda podemos dirigir!"

Por diversas razões, a piada é obviamente recente. Os últimos milênios de evolução cultural alteraram de maneira significativa a condição do corpo humano, por vezes para pior (especialmente de início), mas por fim e sobretudo para melhor. Graças à agricultura, à industrialização, ao saneamento, a novas tecnologias, melhores instituições sociais e outros desenvolvimentos, temos mais alimentos, mais energia, menos trabalho e bênçãos adicionais que enriquecem e melhoram imensuravelmente nossa existência. Bilhões de pessoas agora veem como natural uma vida longa e boa saúde. Na verdade, se tivermos a boa sorte de nascer num país rico, bem-governado, podemos esperar viver até a casa dos setenta ou oitenta anos, raramente ou nunca sofrer uma doença grave transmissível, nunca ter de fazer trabalho físico árduo, sempre ter abundância de comida saborosa e gerar filhos similarmente saudáveis e mimados. Para aqueles menos afortunados, um prognóstico assim deve soar como um anúncio para férias vitalícias.

Para ser sincero, as melhorias mais acentuadas para a saúde e o bem-estar humano ocorreram a partir da intensa onda de progresso científico, ainda em curso, que começou nas últimas centenas de anos. Muitos desses avanços resolveram problemas que eram consequências deletérias da Revolução Agrícola. Como vimos, embora tenham mais comida e possam ter mais filhos que caçadores-coletores, os agricultores têm de trabalhar mais intensamente, e experimentam mais fome, desnutrição e doenças infecciosas. No curso das últimas gerações, descobrimos como dominar muitas das doenças contagiosas que surgiram ou se tornaram epidêmicas depois que a agricultura se enraizou. Doenças como varíola, sarampo, peste e até malária foram erradicadas ou podem agora ser curadas ou prevenidas com medidas adequadas. Da mesma maneira, doenças de desnutrição e saneamento deficiente que proliferaram depois que as pessoas se estabeleceram em vilas e cidades permanentes existem hoje em algumas partes do mundo principalmente em decorrência de mau governo, desigualdade social e ignorância. À medida que democracia, informação e progresso econômico avançam pelo globo, as pessoas estão se tornando mais altas, vivendo mais e prosperando de outras maneiras. No entanto, evidentemente há inevitáveis preços a pagar, porque todos devem morrer de alguma coisa. Não morrer cedo de diarreia, pneumonia ou malária significa uma maior probabilidade de morrer na velhice de câncer ou doenças cardíacas. De maneira semelhante, à medida que corpos acumulam desgastes ao longo dos anos, o envelhecimento provoca crescente decrepitude, mesmo quando carros e outras tecnologias ainda nos permitem circular.

Além disso, a viagem evolutiva de nosso corpo está longe de terminar. A seleção natural não parou quando a agricultura começou, mas continuou e continua a adaptar populações a dietas, germes e ambientes que se transformam. No entanto, o ritmo e o poder da evolução cultural suplantaram de longe o ritmo e o poder da seleção natural, e os corpos que herdamos ainda estão adaptados numa medida significativa às várias e diversas condições em que evoluímos durante milhões de anos.

O produto final de toda essa evolução é que somos bípedes de cérebro grande, moderadamente gordos que se reproduzem de maneira relativamente rápida, mas levam um longo tempo para amadurecer. Estamos também adaptados a ser atletas de resistência fisicamente ativos que com frequência andam e correm longas distâncias e trepam em árvores, cavam e carregam coisas. Evoluímos para comer uma dieta que inclui frutas, tubérculos, caça, sementes, castanhas e outros alimentos que tendem a ter baixo teor de açúcar, de carboidratos simples e de sal, mas são ricos em proteínas, carboidratos complexos, fibras e vitaminas. Os seres humanos estão também maravilhosamente adaptados a fazer uso de ferramentas, comunicar-se com eficiência, cooperar intensamente, inovar e usar a cultura para lidar com uma vasta série de desafios. Essas extraordinárias capacidades culturais habilitaram *Homo sapiens* a se espalhar rapidamente pelo planeta e depois, paradoxalmente, deixar de ser caçador-coletor.

O principal preço que tivemos de pagar pelos novos ambientes que criamos e os corpos que herdamos foram doenças de desajuste. Adaptação é um conceito complicado, e não há um único ambiente a que o corpo humano tenha se adaptado, mas nossa biologia continua imperfeitamente adaptada a viver em altas densidades populacionais em povoamentos permanentes e em meio à sujeira que criamos. Estamos também inadequadamente adaptados a ser fisicamente ociosos demais, bem alimentados demais, cercados de confortos demais, limpos demais etc. Apesar do recente progresso na medicina e no saneamento, um número muito grande de nós sofre de uma vasta série de doenças que costumavam ser raras ou desconhecidas. Cada vez mais, essas enfermidades são doenças não infecciosas crônicas, muitas das quais decorrem do fato de termos feito progresso demais. Por milhões de anos, seres humanos lutaram para permanecer em equilíbrio energético, mas atualmente bilhões de pessoas estão obesas por comer mais calorias (especialmente de enormes doses de açúcar) bem como por fazer menos atividade física. À medida que acumulamos excesso de gordura em nossa barriga ao mesmo tempo que a aptidão se reduz, as doenças da afluência aumentam, especialmente doenças cardíacas, diabetes tipo 2, osteoporose, câncer de mama e de cólon. Nos Estados Unidos, a taxa de diabetes tipo 2 está se elevando até entre adolescentes, com 25% deles tendo hoje pré-diabetes, diabetes ou outros fatores de risco para doenças cardiovasculares.[1] O progresso econômico também deu lugar a mais poluição e outras mudanças ambientais potencialmente nocivas (demais, de menos, novo demais) que estão contribuindo para taxas crescentes de doenças de adaptação, como certos cânceres, alergia, asma, gota, doença celíaca, depressão etc. A próxima geração de americanos corre o risco de ser a primeira a viver uma vida mais curta que seus pais.[2]

A transição epidemiológica em curso, que está resultando em mortalidade mais baixa e morbidade mais elevada, não é apenas um problema para nações ricas. O resto do mundo está caminhando na mesma direção.[3] A Índia, por exemplo, alcançou melhorias espetaculares na expectativa de vida, mas agora está enfrentando um tsunami de diabetes tipo 2 na classe média, havendo a expectativa de que o número de casos cresça de 50 milhões em 2010 para mais de 100 milhões até 2030.[4] Países economicamente desenvolvidos já têm problemas para fazer face aos custos crescentes das doenças crônicas em meio aos jovens e à população de meia-idade (por exemplo, o diabetes duplica o custo médio dos serviços de saúde prestados a uma pessoa).[5] Como países menos ricos, como a Índia, enfrentarão o problema?

O quadro geral com que nos defrontamos agora é uma situação paradoxal em que o corpo humano está simultaneamente se saindo melhor em muitos aspectos, mas pior em outros. A compreensão desse paradoxo e do que fazer requer o uso da lente da evolução para considerar dois processos relacionados. O primeiro, resumido acima, é transformar ambientes que nos tornaram cada vez mais propensos a doenças decorrentes de desajustes evolutivos. Compreender por que elas ocorrem é vital para descobrir como preveni-las ou tratá-las, o que realça a importância do segundo processo, o pernicioso circuito de retroalimentação da disevolução. Ainda que muitas (embora não todas) doenças de desajuste sejam evitáveis, com demasiada frequência deixamos de tratar suas causas ambientais, permitindo que permaneçam prevalentes ou se intensifiquem quando transmitimos as mesmas condições ambientais indutoras para nossos filhos através de nossa cultura. As exceções óbvias e importantes a esse circuito de retroalimentação são as doenças infecciosas, que nos tornamos bastante hábeis em prevenir desde o advento da microbiologia e do saneamento moderno. Doenças causadas por desnutrição também são incomuns atualmente, quando o povo tem um bom governo. Mas por várias razões delineadas nos capítulos 10 a 12, parecemos ser incapazes de aplicar a mesma lógica preventiva a uma ampla série de doenças causadas por excesso de consumo de energia, falta de estresse fisiológico e outros novos aspectos dos ambientes. Essas doenças de desajuste são aquelas que têm maior probabilidade de nos incapacitar e matar, e custam dinheiro. Os Estados Unidos, por exemplo, gastam mais de 2 trilhões de dólares por ano em serviços médicos, quase 20% do PIB, e estima-se que aproximadamente 70% das doenças que tratamos são preveníveis.[6]

Em conclusão, embora o corpo humano tenha percorrido um longo caminho durante os últimos 6 milhões de anos, sua jornada está longe de ter terminado. Mas que futuro é esse? Vamos simplesmente progredir de maneira atabalhoada? Conseguiremos desenvolver novas tecnologias para finalmente curar o câncer, solucionar a epidemia de obesidade e tornar as pessoas mais saudáveis e mais felizes sob os demais aspectos? Ou estamos fadados a um futuro como aquele descrito no filme *WALL-E*, em que inchamos até nos transformar numa raça de fracotes gordos, cronicamente doentes, que dependem de remédios, máquinas e grandes corporações para sobreviver? Como uma perspectiva evolutiva pode ajudar a mapear um futuro melhor para o corpo humano? Obviamente não há uma única abordagem a esse nó górdio, portanto vamos examinar cada uma das opções usando a lente da evolução.

Abordagem 1: Deixar a seleção natural resolver o problema

Em 1209, um exército católico massacrou entre 10 e 20 mil pessoas na cidade de Béziers, na França, num esforço para erradicar a heresia. Como não era possível distinguir os fiéis dos heréticos, diz-se que os responsáveis pelo massacre foram instruídos a "matar todo mundo e deixar que Deus os selecionasse". Atitudes tão cruéis felizmente são raras, mas muitas vezes me perguntam se a solução natural resolverá os problemas de saúde que enfrentamos hoje em dia de uma maneira similarmente impiedosa. A seleção natural extirpará aqueles cujo corpo não pode lidar com os ambientes modernos, tornando nossa espécie mais adaptada a junk food e inatividade física?

Vale a pena repetir o que foi dito em capítulos anteriores: a seleção natural não cessou de operar. Isso ocorre porque ela é basicamente o resultado inevitável de dois fenômenos que continuam existindo: variação herdável e sucesso reprodutivo diferencial. Assim como a seleção deve estar agindo em pessoas com menor imunidade a certas doenças infecciosas, presumivelmente há pessoas que são menos adaptadas geneticamente ao ambiente atual de abundância e inatividade física. Se elas tiverem menos filhos sobreviventes, não serão seus genes removidos do *pool* genético? Da mesma maneira, não vão aqueles mais capazes de resistir a adoecer por inatividade, dietas modernas e vários poluentes ter maior probabilidade de transmitir esses genes benéficos?

Não podemos descartar inteiramente essas ideias. Segundo um estudo de 2009, mulheres americanas mais baixas e mais corpulentas têm uma fertilidade ligeiramente maior, sugerindo que futuras gerações poderiam ser mais rechonchudas e menos altas se essas tendências seletivas persistirem por um tempo muito longo (o que está longe de estar claro).[7] Além disso, doenças infecciosas ainda podem ser importantes forças seletivas. Quando a próxima pandemia mortal de fato surgir, qualquer pessoa cujo sistema imunológico lhe confira alguma resistência terá uma importante vantagem física. Talvez a seleção vá também favorecer indivíduos com genes que os ajudem a resistir a toxinas comuns, a câncer de pele ou outras causas ambientais de doença. É também possível que tecnologias de triagem genética venham a permitir a pais do futuro selecionar artificialmente em seus filhos características que proporcionem algum benefício.

A evolução humana não terminou, mas as chances de que a seleção natural adapte nossa espécie de maneiras espetaculares, importantes, a doenças de desajuste não infecciosas comuns são remotas, a menos que as condições mudem drasticamente. Uma razão é que muitas dessas doenças têm pouco ou nenhum efeito sobre a fertilidade. O diabetes tipo 2, por exemplo, em geral se desenvolve depois que as pessoas se reproduziram, e mesmo então é extremamente administrável durante muitos anos.[8] Outra consideração é que a seleção natural só pode agir sobre variações que afetem o sucesso reprodutivo e sejam também geneticamente transmitidas de pai para filhos. Algumas doenças relacionadas a obesidade podem prejudicar a função reprodutiva, mas esses problemas têm fortes causas ambientais.[9] Por fim, embora a cultura por vezes estimule a seleção, ela é também um poderoso amortecedor. Cada ano estão sendo desenvolvidos novos produtos e terapias que permitem a pessoas com doenças de desajuste comuns lidar melhor com seus sintomas. Tudo o que a seleção opera está provavelmente ocorrendo num ritmo lento demais para ser medido durante nossa existência.

Abordagem 2: Investir mais em pesquisa biomédica e tratamento

Em 1795, o marquês de Condorcet previu que a medicina ia acabar por estender a vida humana indefinidamente, e pessoas inteligentes ainda fazem previsões temerariamente otimistas sobre fascinantes novos avanços para deter o envelhecimento, derrotar o câncer e curar outras doenças.[10] Um amigo meu, por exemplo, propõe que um dia modificaremos geneticamente alimentos com componentes que inibirão células de gordura. Ele imagina bolinhos produzidos por bioengenharia que poderemos comer no café da manhã e prevenirão a obesidade. Mesmo que um bolinho assim pudesse ser desenvolvido, e mesmo que não tivesse perigosos efeitos colaterais (o que é quase impossível), prevejo que faria mais mal do que bem, porque as pessoas que comessem o bolinho perderiam o incentivo para ser fisicamente ativas e se alimentar de maneira sensata. Em consequência, não colheriam os muitos benefícios físicos e mentais que decorrem de boa dieta e exercício.

Soluções rápidas para doenças complexas podem ser uma forma perigosa de ficção científica, mas décadas de ciência médica moderna levaram (com grande número de erros ao longo do caminho) a incontáveis tratamentos benéficos para doenças de desajuste que salvam vidas e aliviam sofrimento. Nem deveria ser necessário dizer que temos de continuar investindo em pesquisa biomédica básica para promover mais avanços. Mas deveríamos esperar pouco mais do que progressos lentos, incrementais. A maioria dos medicamentos hoje disponíveis tem eficácia limitada assim como graves efeitos colaterais, e entre os tratamentos para doenças não infecciosas poucos oferecem curas verdadeiras, apenas mitigando sintomas ou reduzindo riscos de morte ou enfermidade. Por exemplo, não há procedimentos farmacêuticos ou cirúrgicos que permitam curar diabetes tipo 2, osteoporose ou doenças cardíacas. Muitos dos medicamentos que ajudam adultos com diabetes tipo 2 são menos eficazes em adolescentes que adquirem a doença.[11] Apesar de investimentos significativos, a taxa de mortalidade para muitos tipos de câncer mal se alterou desde os anos 1950 (após ajustes para idade e tamanho da população).[12] Autismo, doença de Crohn, alergias e um grande número de outras doenças ainda são de difícil tratamento. Temos um longo, longo caminho a percorrer.

Outra razão para não esperar grandes avanços biomédicos para doenças de desajuste num futuro próximo, especialmente aquelas não relacionadas a patógenos, é que não é fácil atacar eficazmente as causas dessas doenças. Germes e vermes perniciosos podem ser derrotados por meio de saneamento, vacinação e antibióticos, mas doenças causadas por má dieta, inatividade física e envelhecimento têm origens complexas que envolvem muitos fatores causais que desafiam remédios simples. Os genes que foram identificados como fatores para muitas dessas doenças crônicas revelam-se assombrosamente numerosos e diversos, e poucos deles têm efeitos fortes em qualquer doença dada.[13] Na prática, isso significa que quaisquer mutações genéticas que tornem seu vizinho mais suscetível a diabetes, doenças cardíacas ou câncer são raras, e é pouco provável que sejam as mesmas mutações que podem afetar você ou seus filhos. Além disso, mesmo que pudéssemos projetar drogas para atacar esses genes incomuns, elas muitas vezes teriam apenas efeitos limitados. Em consequência, não podemos esperar que a ciência crie alguns tratamentos extremamente eficazes para curar a maior parte das doenças de desajuste não infecciosas. Não haverá nenhum Pasteur para elas.

E aí reside um dilema, porque muitas dessas doenças são evitáveis em alguma medida – por vezes muito evitáveis – por meio de mudanças ambientais que é difícil promover ou por meio de mudanças comportamentais a que é difícil aderir. Uma boa e antiquada dieta e exercício não são panaceias, mas dezenas de estudos provam de maneira inequívoca que reduzem substancialmente a taxa das doenças de desajuste mais comuns. Para trazer à baila um exemplo entre muitos, um estudo de 30 mil pessoas idosas em 52 países descobriu que a passagem para um estilo de vida saudável em geral – consumir uma dieta rica em frutas e legumes, não fumar, exercitar-se moderadamente e não beber muito álcool – reduziu as taxas de doenças cardíacas em cerca de 50%.[14] Já se demonstrou que reduzir a exposição a carcinógenos, como tabaco e nitrito de sódio, diminui a incidência de câncer de pulmão e de estômago, e é provável (mais evidências são necessárias) que a redução da exposição a outros carcinógenos conhecidos, como benzeno e formaldeído, diminuirá a incidência de outros cânceres. A prevenção realmente é o remédio mais poderoso, mas nós como espécie carecemos invariavelmente da vontade política ou psicológica de agir preventivamente em nosso próprio interesse.

Vale a pena perguntar em que medida esforços para tratar os sintomas de doenças de desajuste comuns têm o efeito de promover disevolução ao retirar atenção e recursos da prevenção. Num nível individual, é mais provável que eu coma alimentos pouco saudáveis e me exercite de maneira insuficiente se souber que terei acesso a cuidados médicos para tratar os sintomas que essas escolhas causam muitos anos depois? Mais amplamente, dentro da sociedade, estará o dinheiro que alocamos para o tratamento de doenças vindo à custa de dinheiro para evitá-las?

Não sei as respostas para essas questões, mas por qualquer medida objetiva estamos dedicando insuficiente atenção e devotando muito poucos recursos para a prevenção. Para compreender a magnitude dessa ideia, considere que um grande estudo de intervenção de longo prazo, cuidadosamente controlado, mostrou que adultos americanos que estavam fisicamente inaptos, mas depois melhoraram seu nível de aptidão, reduziram *pela metade* suas taxas de doenças cardiovasculares.[15] Como o tratamento de um americano com doença cardíaca custa a quantia extra de 18 mil dólares por ano, podemos estimar que convencer apenas 25% mais da população a tornar-se fisicamente apta poderia permitir a economia de mais de 58 bilhões de dólares apenas para o tratamento de doenças cardíacas.[16] Para pôr esse número em perspectiva, 58 bilhões de dólares é aproximadamente o dobro de todo o orçamento anual para pesquisas dos National Institutes of Health (NIH). Somente 5% do orçamento dos NIH vão para pesquisa sobre prevenção de doenças.[17] Ninguém sabe quanto custaria realmente levar mais 25% de americanos a tornar-se fisicamente aptos (ou como fazer isso), mas um estudo de 2008 estimou que o gasto de dez dólares por ano por pessoa em programas de base comunitária para aumentar a atividade física, evitar o fumo e melhorar a nutrição pouparia aos Estados Unidos mais de 16 bilhões de dólares por ano em custos com serviços de saúde dentro de cinco anos.[18] Os números precisos podem ser discutidos, mas o que quero dizer é que não importa como olhemos para a questão, a prevenção é um meio fundamentalmente preferível e mais econômico de promover saúde e longevidade.

A maioria das pessoas concorda que investimos insuficientemente em prevenção, mas suporia também que é difícil levar pessoas jovens e saudáveis a evitar comportamentos que aumentam seu risco de doenças futuras. Consideremos o fumo, que causa mais mortes evitáveis que qualquer outro fator de risco importante (os outros grandes sendo inatividade física, má dieta e abuso de álcool). Após prolongadas batalhas legais, os esforços de saúde pública para desencorajar o fumo conseguiram reduzir à metade a porcentagem de americanos que fumam desde a década de 1950.[19] Entretanto, 20% dos americanos ainda fumam, causando 443 mil mortes prematuras em 2011 e um custo direto de 96 bilhões de dólares por ano. Da mesma maneira, a maioria dos americanos sabe que deveria ser fisicamente ativa e consumir uma dieta saudável, no entanto apenas 20% dos americanos atendem às recomendações do governo referentes a atividade física, e menos de 20% aderem às suas normas dietéticas.[20]

Há muitas e diversas razões pelas quais somos ruins em persuadir, cutucar ou estimular as pessoas de outras maneiras a usar seu corpo tal como evoluiu para ser usado (mais sobre isso mais tarde), mas um fator contribuinte poderia ser que ainda estamos seguindo as pegadas do marquês de Condorcet, esperando o próximo avanço prometido. Amedrontados com a morte e esperançosos em relação à ciência, gastamos bilhões de dólares tentando descobrir como fazer órgãos doentes voltarem a se desenvolver, buscando novos medicamentos e projetando partes do corpo artificiais para substituir aquelas que gastamos. Não estou sugerindo de maneira alguma que cessemos de investir nessas e em outras áreas. Ao contrário: vamos gastar mais! Mas não façamos isso de uma maneira que promova o pernicioso circuito de retroalimentação de tratar as doenças de desajuste em vez de preveni-las. Em termos práticos, isso significa que os planos de saúde deveriam gastar mais em prevenção (o que, em última análise, poupará dinheiro em tratamento). Além disso, orçamentos de saúde pública não deveriam financiar pesquisas sobre tratamentos para doenças em detrimento do financiamento de pesquisas em medicina preventiva. Lamentavelmente, a pequenina porcentagem de recursos que os NIH dedicam à medicina preventiva sugere que os Estados Unidos estão fazendo exatamente isso.

Outro fator relevante é o dinheiro. Nos Estados Unidos e em muitos outros países, os serviços de saúde são em parte uma indústria com fins lucrativos.[21] Consequentemente, há um forte incentivo para investir em tratamentos como antiácidos e ortóptica, que aliviam os sintomas de doenças e que as pessoas têm de comprar com frequência e por muitos anos, e para promovê-los. Outra maneira de ganhar muito dinheiro é favorecer procedimentos caros como cirurgia em vez de tratamentos preventivos menos dispendiosos como fisioterapia. A medicina preventiva é também distorcida pelo lucro. As dietas, por exemplo, são uma indústria de muitos bilhões de dólares nos Estados Unidos e outros países, em grande parte porque a maioria das dietas é ineficiente, e pessoas acima do peso estão dispostas a continuar gastando grande quantidade de dinheiro em novos planos de dieta, muitos dos quais são literalmente bons demais para ser verdadeiros.

Em última análise, não temos escolha senão continuar investindo e nos concentrando no tratamento de doenças de desajuste, desviando assim tempo, dinheiro e esforço da prevenção, porque tantas pessoas estão doentes atualmente e porque esforços para promover a prevenção não funcionam muito bem. Esta deprimente avaliação nos força a formular a questão: podemos fazer um trabalho melhor para mudar os comportamentos das pessoas?

Abordagem 3: Educar e capacitar

Conhecimento é poder. As pessoas portanto precisam de informações críveis, úteis, sobre como seu corpo funciona e das ferramentas corretas para alcançar suas metas, e merecem isso. Em consequência, um dos focos dos esforços de saúde pública é criar meios para educar e capacitar as pessoas de modo que possam usar e cuidar melhor de seu corpo e tomar decisões mais racionais.

Pesquisas e muita tentativa e erro levaram as estratégias de saúde pública a evoluir rapidamente nas últimas décadas. Antes dos anos 1990, a maior parte dos esforços concentrou-se em fornecer educação básica para saúde, com ênfase no pressuposto de que as pessoas tomam decisões mais racionais quando têm informações. Quando eu estava na escola, davam-nos estatísticas assustadoras sobre fumo, drogas e sexo sem proteção, e nossos professores nos mostravam imagens horripilantes de pulmões de fumantes. Como não é de surpreender, estudos sobre a eficácia desses programas revelaram que fornecer esse tipo de informação é necessário, mas em geral não é suficiente para produzir mudança comportamental duradoura.[22] Agora os programas de saúde defendem uma abordagem agressiva que forneça não apenas informações, mas também habilidades de que as pessoas precisam para fazer mudanças dentro de seu ambiente social.[23] Intervenção de saúde publica eficaz também requer programas que operem em múltiplos níveis: entre indivíduos como médicos e pacientes, dentro de comunidades como escolas e igrejas, e por meio de governos através de campanhas de mídia pública, regulações e impostos.[24] Outros fatores concorrentes, contudo, limitam a eficácia desses esforços. Por exemplo, anunciantes nos Estados Unidos gastam bilhões de dólares anualmente para vender comida saborosa, desejável, mas nefasta para a saúde das crianças. Em 2004, a criança americana média de entre dois e sete anos viu mais de 4.400 anúncios na TV de comida para crianças, mas somente cerca de 164 anúncios de serviço público relacionados a aptidão física ou nutrição – uma diferença de 27 vezes![25]

A eficácia de muitos esforços educacionais é também deprimentemente modesta. Um estudo numa grande universidade americana exigiu que quase 2 mil estudantes fizessem um curso de quinze semanas sobre saúde e bem-estar que incluía informações sobre os benefícios da atividade física e da dieta. Metade dos estudantes assistiu a cinco palestras, e a outra metade fez o curso on-line. Avaliações comportamentais depois do curso revelaram que o nível de atividade de intensidade moderada dos alunos aumentou 8%, mas a atividade vigorosa declinou; eles também comeram 4% mais frutas e legumes e 8% a 11% mais grãos integrais.[26] Aqueles que fizeram o curso on-line mudaram seus hábitos menos do que os que assistiram às palestras. Outros estudos produziram resultados semelhantes.[27] Educação é essencial, mas seus resultados têm um limite.

Não é preciso um estudo de muitos milhões de dólares para saber que não deveríamos ter expectativas irrealistas sobre mudanças comportamentais, mesmo que melhoremos a qualidade e o alcance da educação para a saúde. Se estou com fome e tenho de escolher entre um pedaço de bolo de chocolate ou aipo, não há dúvida de que vou sempre preferir o bolo. Não há nenhuma sabedoria do corpo que oriente as pessoas naturalmente para escolher comidas saudáveis no contexto da abundância atual.[28] Em vez disso, experimentos revelam repetidamente que crianças e adultos preferem instintivamente alimentos que evoluímos para desejar (doces, com alto teor de amido, salgados e gordurosos) e que fatores como publicidade, variedade de escolhas disponíveis, pressão dos pares e custo afetam fortemente decisões modernas de procura de alimento.[29] O mesmo é verdade para a atividade física. Quando posso escolher entre usar uma escada rolante ou uma comum, quase sempre prefiro a rolante. Faço parte da maioria. Além disso, faixas e cartazes em shoppings destinados a estimular os clientes a usar escadas em vez das rolantes aumentam seu uso em apenas 6%, o que é mais ou menos a mesma eficácia de campanhas de mídia de massa que tentam promover a atividade física.[30]

A razão por que nos comportamos irracionalmente com relação à nossa saúde é cada vez mais o tema de pesquisas inovadoras. Numerosos experimentos provaram que seres humanos se comportam de muitas maneiras que estão além de nosso controle consciente. Reagimos através de instinto. Esses julgamentos rápidos tendem a ser em prol de decisões comuns, repetitivas, instantâneas, como ao escolher se vamos comer bolo de chocolate ou aipo, ou se vamos usar as escadas ou o elevador.[31] Embora seja possível reprimir esses instintos com tipos de pensamento mais lentos, mais deliberativos, essas superações comportamentais são desafiadoras. Por exemplo, invariavelmente abatemos o valor de recompensas no presente (como um biscoito a mais) relativamente a recompensas no futuro distante (como saúde na velhice) em proporção à extensão do adiamento. Esses e outros instintos não saudáveis são presumivelmente adaptações antigas que costumavam beneficiar as chances de sobrevivência e de ter mais filhos durante tempos de escassez, e foi só há pouco tempo que se tornaram perversamente adaptativas num ambiente de abundância. Em outras palavras, constantemente tomamos decisões irracionais sem termos nenhuma culpa. Depois essas tendências naturais nos tornam vulneráveis a fabricantes e anunciantes que exploram com facilidade nossos impulsos básicos a comer demais, comer errado e nos exercitar pouco. Como esses comportamentos pouco saudáveis são instintos profundos, é muito difícil suplantá-los.

O resultado é que conhecimento é poder, mas não é o suficiente. A maioria de nós precisa de informações e habilidades, mas também precisamos de motivação e reforço para superar impulsos básicos de modo a fazer escolhas melhores em ambientes repletos de comida abundante e inventos que poupam trabalho.

Abordagem 4: Mudar o ambiente

Se você está preocupado com a epidemia de obesidade, a onda global de doenças não infecciosas crônicas, os crescentes custos dos serviços médicos, ou a saúde de sua família, pergunte a si mesmo se concorda com as três afirmações seguintes:

1. No futuro previsível, as pessoas continuarão a adoecer de doenças de desajuste.
2. Futuros avanços na ciência médica continuarão a melhorar nossa capacidade de diagnosticar e tratar os sintomas de doenças de desajuste, mas não descobrirão muitas curas reais.

3. Esforços para educar pessoas sobre dieta, nutrição e outras maneiras de promover saúde terão efeitos limitados sobre seu comportamento nos ambientes atuais.

Se você concorda, então a última opção que resta é mudar o ambiente das pessoas de maneiras que promovam saúde por meio de prevenção. Mas de que forma?

Como um experimento mental, imagine que um tirano que é ao mesmo tempo um maníaco por saúde e obcecado pelo custo dos serviços médicos assuma o controle de seu país e imponha mudanças radicais à vida diária. Refrigerante, suco de fruta e outros alimentos repletos de açúcar são proibidos, assim como batatas fritas, arroz e pão branco, e outros carboidratos simples. Os donos de restaurantes de fast-food são enviados para a prisão, assim como os fumantes, os bêbados e qualquer pessoa que polua o ar ou a água com algum carcinógeno ou toxina conhecido. Os agricultores não mais recebem subsídios para plantar milho, e as vacas devem ser alimentadas com capim ou feno. Todos são obrigados a seguir um regime de abdominais diários, 150 minutos de exercício vigoroso por semana, oito horas de sono por noite e uso regular do fio dental.

Por mais saudável que possa parecer, esse tipo de acampamento de saúde nacional fascista é felizmente impossível (haveria uma revolta ou um golpe de Estado) e eticamente errado, porque seres humanos têm o direito de decidir o que fazer com seu corpo. Mas é quase certo que muitas das doenças de desajuste mais comuns se tornariam mais raras, assim como a incidência de certos cânceres declinaria. A liberdade é mais preciosa que a boa saúde, mas podemos mudar nossos ambientes eficazmente de uma maneira que também respeite os direitos das pessoas?

Uma perspectiva evolutiva, penso, fornece uma estrutura útil baseada em dois princípios. O primeiro é que como todas as doenças resultam de interações gene-ambiente, e não podemos reconstruir nossos genes, a maneira mais eficaz de evitar doenças de desajuste é reconstruir nossos ambientes. O segundo princípio é que o corpo humano foi adaptado por milhões de gerações do que Darwin chamou de "a luta pela sobrevivência" em condições que diferem substancialmente das de hoje. Até recentemente, os seres humanos tinham pouca escolha, exceto comportar-se tal como a seleção natural ditava. Nossos ancestrais eram geralmente compelidos pelas circunstâncias a comer uma dieta naturalmente saudável, ter muita atividade física, dormir muito e evitar cadeiras, e raramente ou nunca podiam viver em povoamentos apinhados e sujos que promoviam doenças infecciosas. Portanto, os seres humanos não evoluíram sempre para escolher se comportar de maneiras que promoviam saúde; eram coagidos pela natureza. Em outras palavras, uma perspectiva evolutiva sugere que algumas vezes precisamos de auxílio de forças externas para nos ajudarmos.

A lógica de que seres humanos precisam ser encorajados e algumas vezes até obrigados a agir em seu próprio interesse não é controversa quando aplicada a crianças, que não podemos esperar que tomem decisões racionais e não deveriam necessariamente ser punidas por circunstâncias além de seu controle (inclusive pais ruins). Por essa razão, o governo proíbe a venda de álcool e tabaco a menores, exige que os pais vacinem seus filhos e torna a educação física compulsória nas escolas (ainda que em medidas variadas). Hoje muitas escolas proíbem refrigerantes ou outras comidas que fazem mal à saúde. Governos também proíbem que crianças sejam obrigadas a trabalhar longas horas em fábricas.[32] Estas e muitas outras leis são amplamente consideradas aceitáveis por motivos éticos, sociais e práticos, mas também fazem sentido de uma perspectiva evolutiva. Certos tipos de coerção – inconcebíveis durante o Paleolítico – salvaguardam crianças de aspectos novos e nocivos do ambiente dos quais elas são incapazes de se proteger.

E quanto aos adultos? Não sou filósofo, advogado ou político, mas permitam-me compartilhar minha opinião, que é essencialmente uma versão informada evolutiva de "paternalismo libertário", ou "paternalismo suave".[33] Como muitos, penso que os adultos têm o direito de fazer o que bem entendem, contanto que não façam mal aos outros. Tenho o direito de fumar contanto que você não tenha de respirar minha fumaça ou pagar pelo custo médico do tratamento de meu câncer de pulmão. Também tenho o direito de comer tanto doce e tomar tanto refrigerante quanto possa tolerar e pagar. Ao mesmo tempo, nós seres humanos (inclusive eu) por vezes nos comportamos de maneiras que não são de nosso melhor interesse porque nos faltam informações, não podemos controlar o ambiente, somos deslealmente manipulados por outros e – de maneira decisiva – estamos mal-adaptados a controlar anseios profundos por confortos e calorias que outrora eram raros. Em consequência, um papel sensato do governo que beneficia a todos é nos ajudar a fazer escolhas que racionalmente julgaríamos ser de nosso próprio interesse. Em outras palavras, o governo tem o direito e até o dever de nos cutucar ou por vezes até nos empurrar para um comportamento racional, ao mesmo tempo que preservamos o direito de nos comportar irracionalmente se assim escolhermos. O governo também tem o dever de assegurar que tenhamos as informações de que precisamos para tomar decisões racionais e nos proteger contra manipulações desleais. Um exemplo incontroverso desse princípio é que não deve ser permitido aos produtores de alimentos impedir os consumidores de saber que substâncias químicas nocivas estão presentes em seus produtos. Além disso, o governo não deveria me impedir de fumar, mas deveria me informar dos perigos, me dar incentivos para não fumar e me tributar pesadamente para pagar pelo ônus que meu fumo lança sobre você. (Como diz o ditado: "Você é livre para fazer o que quiser, desde que eu não tenha de pagar por isso.")

Se você concorda que a sociedade deveria promover saúde por meio de um paternalismo suave usando sua influência para modificar os ambientes evolutivamente antinaturais em que vivemos, a questão não é agir ou não, mas em que medida e de que maneiras.

Comecemos com as crianças porque, como foi observado, é relativamente incontroverso regular o ambiente das crianças, que muitas vezes não podem tomar decisões racionais em seu próprio interesse. Além disso, falta de aptidão física, obesidade e exposição a substâncias químicas perigosas durante a infância têm fortes efeitos negativos em resultados posteriores para a saúde. Portanto, um lugar óbvio para começar seria tornar obrigatória mais educação física nas escolas, com ênfase na aptidão física em esportes. O diretor de saúde pública dos Estados Unidos recomenda uma hora de atividade física por dia para crianças e adolescentes, mas só uma minoria de estudantes americanos é tão ativa.[34] Por exemplo, um estudo de mais de quinhentas escolas de ensino fundamental americanas descobriu que apenas cerca de metade dos alunos participa da educação física de algum modo, e poucos chegavam a se exercitar durante a metade do tempo recomendado pelo diretor de saúde pública.[35] E o que dizer sobre a faculdade? A maioria delas costumava exigir educação física, mas raramente o faz hoje. A escola em que leciono, Harvard, abandonou sua exigência de educação física em 1970, e levantamentos dos alunos indicam que apenas uma minoria se exercita vigorosamente mais de três vezes por semana.

Um domínio mais contencioso de regras a considerar com relação a crianças é a junk food. Há um consenso quase universal de que devemos proibir que se venda e sirva álcool a menores, porque vinho, cerveja e bebidas destiladas podem ser viciantes e, quando usados em excesso, nocivos para a saúde. Será o excesso de açúcar diferente de alguma maneira? De uma perspectiva evolutiva, de que modo seria diferente limitar a venda para crianças de refrigerantes, bebidas adoçadas e outras comidas cheias de açúcar, que são também viciantes e fazem mal à saúde em grande quantidade?[36] Evoluímos para ansiar por açúcar, mas a maioria das frutas silvestres tem muito pouco, e o único alimento muito doce que crianças caçadoras-coletoras podiam saborear alguma vez era mel. E quanto a fast-foods? Esses alimentos industrialmente produzidos representam baixo risco em quantidades pequenas e pouco frequentes, mas minam lentamente a saúde quando consumidos em excesso, e ansiamos por eles ao ponto do vício.[37] Em consequência, banir ou limitar o consumo de batatas fritas e refrigerantes em escolas será diferente de exigir que crianças usem cintos de segurança? Aliás, será que limitar a venda desses alimentos fora da escola é diferente de limitar os tipos de filmes a que elas podem assistir?

Regular o que crianças podem fazer pode ser aceitável, embora malvisto (especialmente pela indústria de alimentos e seus muitos lobistas), mas adultos são uma questão diferente, porque têm o direito de adoecer. Além disso, em geral conferimos às empresas o direito de vender aos consumidores os produtos que querem, como cigarros e cadeiras, sejam ou não saudáveis. Na realidade, porém, há muitas exceções a esses direitos. Nos Estados Unidos é ilegal vender não apenas LSD e heroína, mas também leite não pasteurizado e *haggis* (o prato nacional da Escócia) importado. No espírito do paternalismo suave, uma tática mais sensata e mais justa é promulgar regras para ajudar as pessoas a fazer escolhas que possam julgar racionalmente ser do seu interesse. Como tributar coisas é menos coercivo que proibi-las, talvez um primeiro passo seja tributar indivíduos ou cobrar deles pelas escolhas prejudiciais à saúde que fazem conscientemente e que afetam os outros. Nesse aspecto, será que tributar refrigerantes ou fastfood é diferente de tributar cigarros e álcool? Tenho certeza de que você pode pensar em muitas cutucadas (ou empurrões) que poderiam ajudar a fazer ambientes modernos promover melhor a prevenção. Uma seria regular a propaganda de junk food, assim como fazemos com cigarros e álcool. (Cada garrafa grande de refrigerante poderia vir com um rótulo dizendo: "ADVERTÊNCIA DO DIRETOR DA SAÚDE PÚBLICA: O consumo excessivo de açúcar causa obesidade, diabetes e doença cardíaca.") Outra seria exigir que o rótulo de alimentos embalados indique o conteúdo e a quantidade de porções de comida de maneira inequívoca e sem trapaça, impedindo a venda de alimentos extremamente engordativos e cheios de açúcar como "sem gordura". Talvez possamos exigir que os edifícios tornem as escadas mais acessíveis que os elevadores. Outras cutucadas ainda seriam parar de recompensar indivíduos e companhias que agem de maneiras que promovem doença e de incentivá-los a fazê-lo. Essa lógica sugere que cessemos de subsidiar agricultores para que cultivem tanto milho, que é transformado em xarope de milho de alta frutose ou usado para alimentar carne bovina.

EM SUMA, se a evolução cultural nos pôs nessa enrascada, não deveria ser capaz de nos livrar dela? Durante milhões de anos, nossos ancestrais dependeram da inovação e da cooperação para obter comida suficiente, para ajudar a cuidar dos filhos e para sobreviver em ambientes hostis, como desertos, tundras e florestas. Hoje precisamos inovar e cooperar para evitar comer demais, especialmente alimentos industriais processados e com açúcar em excesso, e para sobreviver em cidades, subúrbios e outros ambientes antinaturais. Precisamos portanto do governo e de outras instituições sociais de nosso lado, porque nunca evoluímos para escolher estilos de vida saudáveis. A maioria de nós não adoece em razão de nenhuma falha pessoal; o que ocorre é que adquirimos doenças crônicas à medida que envelhecemos porque crescemos num ambiente que as estimula e instiga, e por vezes até nos força a adoecer. Em muitas dessas doenças, a única coisa que podemos fazer é tratar os sintomas. A menos que queiramos acabar como uma espécie cada vez mais dependente de medicamentos e tecnologias dispendiosas para lidar com sintomas de doenças evitáveis, precisamos transformar nossos ambientes. De fato, é questionável se podemos continuar a arcar com o custo de nossa atual trajetória de maiores longevidade e populações combinadas com maior morbidade crônica.

Penso que é razoável concluir que processos evolutivos culturais hoje estão substituindo gradualmente uma forma de coerção por outra. Durante milhões de anos, nossos ancestrais precisaram consumir uma dieta naturalmente saudável e ser fisicamente ativos. A evolução cultural, em especial depois que os seres humanos começaram a cultivar a terra, transformou a maneira como nossos corpos interagem com o ambiente. Muitas pessoas ainda vivem na pobreza e sofrem de doenças causadas por saneamento deficiente, contágio e desnutrição que eram muito menos comuns no Paleolítico. Aqueles de nós que temos a sorte de viver no mundo desenvolvido escapamos desses sofrimentos, e podemos agora escolher ser inativos tanto quanto queiramos e comer qualquer coisa que desejemos muito. Na verdade, para alguns, esses hábitos são o ambiente-padrão. Essas escolhas ou esses impulsos, no entanto, muitas vezes nos adoecem de outras maneiras, que depois nos compelem a tratar sintomas. Neste exato momento, estamos satisfeitos de maneira geral com o sistema que criamos, graças à vida longa e à saúde decente de modo geral. Mas poderíamos fazer melhor. E, à medida que os ambientes de desajuste que criamos e transmitimos para nossos filhos através do circuito de retroalimentação pernicioso se intensificam, aumentamos nosso risco de sofrer de doenças desnecessárias, evitáveis.

Últimas palavras: Andando para trás rumo ao futuro

Algumas pessoas pensam erroneamente que seleção natural significa "sobrevivência do mais apto". Darwin nunca usou essa expressão (ela foi cunhada em 1864 por Herbert Spencer), nem teria usado, porque a seleção natural é mais bem descrita como "sobrevivência dos mais aptos". A seleção natural não produz perfeição; somente extirpa aqueles desafortunados o bastante para ser menos aptos que outros. Terá "sobrevivência dos mais aptos" algum significado útil no mundo de hoje, em que tantos de nós acreditamos ter deixado a evolução para trás?

Uma resposta comum a essa questão é que a evolução ainda importa por explicar por que nossos corpos são como são, inclusive por que adoecemos. Lembre: "Nada na biologia faz sentido exceto à luz da evolução." Nossa história evolutiva explica, portanto, como e por que nosso esqueleto, coração, intestino e cérebro funcionam como funcionam. A evolução também explica como e por que, no curso de meros 6 milhões de anos, nós nos transformamos de macacos antropoides que viviam numa floresta africana em bípedes eretos que andam com passadas largas e esquadrinham galáxias distantes através de telescópios em busca de outras formas de vida. Foram assombrosos 6 milhões de anos, mas a evolução de nossa espécie ocorre por meio de apenas algumas transformações. Nenhuma dessas mudanças foi drástica, foram eventos casuais dependentes de mudanças anteriores, e, muitas vezes, impelidas por mudanças climáticas.

No grande esquema das coisas, se há alguma adaptação humana mais transformadora que desenvolvemos deve ser nossa capacidade de evoluir por meio da cultura e não apenas de seleção natural. Hoje, a evolução cultural está sendo mais rápida que a natural e por vezes passa-lhe a perna. Muitas invenções humanas recentes foram adotadas porque ajudaram nossos ancestrais a produzir mais alimento, utilizar mais energia e ter mais filhos. Subprodutos não intencionais dessas inovações culturais, no entanto, foram maiores níveis de doença infecciosa em consequência de populações maiores e mais densas, saneamento inadequado e comida menos nutritiva. A civilização também trouxe fomes extremas, ditaduras, guerras, escravidão e outros infortúnios modernos. Em anos recentes, fizemos muito progresso para corrigir esses problemas causados pelo homem, e provavelmente as pessoas no mundo desenvolvido são hoje mais felizes do que caçadores-coletores jamais foram.

A evolução, ou a sobrevivência dos mais aptos, trouxe-nos portanto para onde estamos, e ela explica muito do que há de bom e ruim em nossa condição de seres humanos do século XXI. Mas e quanto ao futuro? Será que nossa mente infinitamente inventiva nos permitirá continuar a fazer progresso com novas tecnologias? Ou estamos fadados ao colapso? Pensar sobre a evolução pode nos ajudar a melhorar a condição humana?

Se há alguma lição extremamente útil a aprender com a rica e complexa história evolutiva de nossa espécie é que a cultura não nos permite transcender nossa biologia. A evolução humana nunca foi um triunfo de cérebro sobre força, e deveríamos ser céticos em relação à ficção científica de que o futuro será diferente em alguma medida. Por mais inteligentes que sejamos, não podemos alterar o corpo que herdamos exceto de maneiras superficiais, e é perigosamente arrogante pensar que podemos construir pés, células do fígado, cérebros ou outras partes do corpo melhores em algum grau do que a natureza já o faz. Quer gostemos disso ou não, somos primatas bípedes sem pelo, ligeiramente gordos, que anseiam por açúcar, sal, gordura e amido, mas ainda estamos adaptados a comer uma dieta diversificada de frutas fibrosas e legumes, sementes, tubérculos e carne magra. Gostamos de descansar e relaxar, mas nossos corpos ainda são os daqueles atletas de resistência que evoluíram para andar muitos quilômetros por dia e muitas vezes correr, bem como cavar, subir em árvores e carregar peso. Gostamos de muitas comodidades, mas não estamos bem-adaptados a passar nossos dias dentro de casa sentados em cadeiras, calçando sapatos que dão sustentação a nossos pés, olhando para livros ou telas por horas a fio. Em consequência, bilhões de pessoas sofrem de doenças da afluência, novidade e desuso, que costumavam ser raras ou desconhecidas. Em seguida tratamos os sintomas dessas doenças porque isso é mais fácil, mais lucrativo e mais urgente que tratar suas causas, muitas das quais não compreendemos. Assim, perpetuamos um pernicioso circuito de retroalimentação – disevolução – entre cultura e biologia.

Talvez esse circuito não seja tão ruim. Talvez alcancemos uma espécie de estado estacionário em que aperfeiçoamos a ciência de tratar doenças evitáveis da afluência, desuso e novidade. Mas duvido, e é insensato ficarmos parados, esperando que cientistas do futuro finalmente dominem o câncer, a osteoporose ou o diabetes. Há uma maneira melhor, e ela está disponível imediatamente prestando-se mais atenção ao modo como nossos corpos chegaram a ser da maneira como são. Ainda não sabemos como curar a maior parte das principais doenças que matam ou incapacitam pessoas, mas sabemos como reduzir sua probabilidade e por vezes evitá-las usando os corpos que herdamos da maneira como evoluíram para ser usados. Assim como inovações culturais causaram muitas dessas doenças de desajuste, outras podem nos ajudar a preveni-las. Ao fazer isso estaremos levando a cabo um misto de ciência, educação e ação coletiva inteligente.

Assim como este não é o melhor de todos os mundos possíveis, nosso corpo não é o melhor de todos os corpos possíveis. Mas é o único que temos, e ele merece ser desfrutado, cultivado e protegido. O passado do corpo humano foi moldado pela sobrevivência dos mais aptos, mas o futuro de seu corpo depende da maneira como você o usa. No fim de *Cândido*, a crítica do otimismo complacente, o herói encontra paz, declarando: "Devemos cultivar nosso jardim." A isso eu acrescentaria: devemos cultivar nosso corpo.

Notas

1. Introdução (p.13-32)

1. Haub, C. e O.P. Sharma. "India's population reality: Reconciling change and tradition". *Population Bulletin*, n.61, 2006, p.1-20; http://data. worldbank.org/indicator/SP.DYN.LE00.IN.
2. Retornarei a essas questões no capítulo 9. Um sumário abrangente das evidências da transição epidemiológica pode ser encontrado num número especial sobre a carga global de doenças publicado em dezembro de 2012 em *The Lancet*.
3. Hayflick, N. "How and why we age". *Experimental Gerontology*, n.33, 1998, p.639-53.
4. Khaw, K.-T. et al. "Combined impact of health behaviors and mortality in men and women: The EPIC-Norfolk Prospective Population Study". *PLoS Medicine*, n.5, 2008, p.12.
5. OECD. "Health at a Glance 2011". Paris, Organization of Economic Cooperation and Development Publishing, 2011; http://dx.doi. org/10.178/health_glance-2011-en.
6. Alfred Russell Wallace propôs a mesma teoria básica, que Darwin e Wallace apresentaram conjuntamente em 1858 à Linnaean Society of London. Wallace merece maior reconhecimento do que recebe muitas vezes, mas Darwin tinha uma teoria muito mais completa e documentada, que publicou no ano seguinte em *A origem das espécies*.
7. Por vezes a seleção natural é chamada de "sobrevivência do mais apto", expressão que Darwin nunca usou e que deveria ser na realidade "sobrevivência dos mais aptos".
8. O ENCODE Project Consortium, uma enciclopédia integrada de elementos de DNA no genoma humano. *Nature*, n.489, 2012, p.57-74.
9. Os biólogos muitas vezes se referem a essas características como "tímpanos" por causa de um famoso ensaio de Stephen J. Gould e Richard Lewontin que afirmou que muitas características não são adaptações, e sim propriedades emergentes de desenvolvimento ou estrutura. A analogia que usaram foram tímpanos, os espaços entre arcos adjacentes muitas vezes usados em igrejas para decoração. Segundo Gould e Lewontin, assim como tímpanos eram subprodutos do modo como arcos são construídos, não traços intencionais de projeto, muitas características de organismos que aparentemente têm funções não são originalmente adaptações. Ver Lewontin, R.C. e S.J. Gould. "The spandrels of San Marcos and the Panglossian paradigm: A critique of the adaptationist programme". *Proceedings of the Royal Society of London B*, n.205, 1979, p.581-98.

10. Há muitas excelentes discussões desta questão. Uma obra clássica, que ainda merece ser lida, é Williams, G.C. *Adaptation and Natural Selection*. Princeton, NJ, Princeton University Press, 1966.
11. Embora Darwin tenha escrito primeiro sobre os tentilhões de Galápagos, a maior parte do que sabemos sobre seleção nessas aves vem da obra de Peter e Rosemary Grant. Para sumários de leitura muito agradável de sua pesquisa, ver Grant, P.R. "Natural selection and Darwin's finches". *Scientific American*, n.265, 1991, p.81-87; Weiner, J. *The Beak of the Finch: A Story of Evolution in Our Time*. Nova York, Knopf, 1994.
12. Jablonski, N.G.*Skin: A Natural History*. Berkeley, University of California Press, 2006.
13. Para uma maravilhosa visão geral desses eventos, recomendo Shubin, N. *Your Inner Finch: A Journey into the 3.5-Billion-Year History of the Human Body*. Nova York, Vintage Books, 2008.
14. Para uma cuidadosa análise de como os cientistas contam a história evolutiva tecendo narrativas e de como a análise da estrutura dessas narrativas nos diz alguma coisa sobre ciência, ver Landau, M. *Narratives of Human Evolution*. New Haven, CT, Yale University Press, 1991.
15. Dobzhansky, T. "Nothing in biology makes sense except in the light of evolution". *The American Biology Teacher*, n.35, 1973, p.125-29.
16. Primatas em zoológicos que comem dietas excessivamente processadas e desenvolvem atividade física insuficiente adquirem diabetes tipo 2 por meio de mecanismos similares aos de seus homólogos humanos. Ver Roseblum, I.Y., T.A. Barbolt e C.F. Howard Jr. "Diabetes mellitus in the chimpanzee (Pan troglodytes)". *Journal of Medical Primatology*, n.10, 1981, p.93-101.
17. Para uma introdução ao campo da medicina evolutiva, ver Williams, G.C. e R.M. Nesse. *Why We Get Sick: The New Science of Darwinian Medicine*. Nova York, Vintage Books, 1996. Há outras excelentes edições disponíveis: Stearns, S.C. e J.C. Koella. *Evolution in Health and Disease*, 2ª ed. Oxford, Oxford University Press, 2008; Gluckman, P. e M. Hanson. *Mismatch: The Lifestyle Diseases Timebomb*. Oxford, Oxford University Press, 2006. Trevathan, W.R., E.O. Smith e J.J. McKenna. *Evolutionary Medicine and Health*. Oxford, Oxford University Press, 2008; Gluckman, P., A. Beedle e M. Hanson. *Principles of Evolutionary Medicine*. Oxford, Oxford University Press, 2009; Trevathan, W.R. *Ancient Bodies, Modern Lives: How Evolution Has Shaped Women's Health*. Oxford, Oxford University Press, 2010.

2. Macacos antropoides eretos (p.35-60)

1. É difícil avaliar experimentos que tentam medir a força de chimpanzés por causa de fatores como motivação e inibição. O primeiro desses estudos, de 1926, sugeriu que chimpanzés tinham cinco vezes mais força que seres humanos, mas estudos mais recentes de Finch, Edwards e Scholz et al. sugerem que eles talvez sejam

apenas duas vezes mais fortes que seres humanos. Mesmo assim, a diferença é impressionante. Para referências, ver Bauman, J.E. "Observations on the strength of the chimpanzee and its implications". *Journal of Mammalogy*, n.7, 1926, p.1-9; Finch, G. "The bodily strength of chimpanzees". *Journal of Mammalogy*, n.24, 1943, p.224-28; Edwards, W.E. *Study of monkey, ape, and human morphology and physiology relating to strength and endurance. Phase IX: The strength testing of five chimpanzee and seven human subjects*. Base da Força Aérea em Holloman, NM, 6571º Laboratório de Pesquisa Aeromédico, Holloman, Novo México, 1965; Scholz, M.N. et al. "Vertical jumping performance of bonobo (*Pan paniscus*) suggests superior muscle properties". *Proceedings of the Royal Society B: Biological Sciences*, n.273, 2006, p.2.177-84.

2. Darwin, C. *The Descent of Man*. Londres, John Murray, 1871, p.140-42.
3. Há centenas de macacos antropoides fósseis de dezenas de espécies extintas que viveram durante o período entre cerca de 10 e 20 milhões de anos atrás. No entanto, as relações entre essas espécies e chimpanzés, gorilas e o LCA são obscuras e muito discutidas. Ver Fleagle, J. *Primate Adaptation and Evolution*, 3ª ed. Nova York, Academic Press, 2013.
4. O termo costumava ser "hominídeo". No entanto, de acordo com as complexas regras da classificação lineana, o fato de os seres humanos estarem mais proximamente relacionados a chimpanzés do que a gorilas requer o termo "hominíneo", porque pertencemos à tribo hominina.
5. Shea, B.T. "Paedormophosis and neoteny in the pygmi chimpanzee". *Science* 222, 1983, p.521-22; Berge, C. e X. Penin. "Ontogenetic allometry, heterochrony, and interespecific differences in the skull of Africans apes, using tridimensional Procrustes analysis". *American Journal of Physical Anthropology*, n.124, 2004, p.124-138; Guy, F. et al. "Morphological affinities of the *Sahelanthropus tchadensis* (Late Miocene hominid from Chad) cranium". *Proceedings of the National Academy of Sciences*, n.102, 2005, p.18.836-41.
6. Lieberman, D.E. et al. "A geometric morphometric analysis of hererochrony in the cranium of chimpanzees and bonobos". *Journal of Human Evolution*, n.52, 2007, p.647-62; Wobber, V., R. Wrangham e B. Hare. "Bonobos exhibit delayed development of social behavior and cognition relative to chimpanzees". *Current Biology*, n.20, 2010, p.226-30.
7. O principal proponente dessa ideia foi o grande anatomista britânico Sir Arthur Keith, que a defendeu em seu livro clássico *Concerning Man's Origin* (Londres, Watts, 1927).
8. White et al. "*Ardipithecus ramidus* and the paleobiology of early hominids". *Science*, n.326, 2009, p.75-86.
9. Para as descrições originais do material craniano, ver Brunet, M. et al. "A new hominid from the Upper Miocene of Chad, central Africa". *Nature*, n.418, 2002, p.145-51; Brunet et al. "New material of the earliest hominid from the Upper Miocene of Chad". *Nature*, n.434, 2005, p.752-55. Os pós-crânios ainda estão por ser descritos. Para relatos populares desses restos e como foram encontrados, ver

Reader, J. *Missing Links: In Search of Human Origins*. Oxford, Oxford University Press, 2011; Gibbons, A. *The First Human*. Nova York, Doubleday, 2006.

10. Um método de datação compara fósseis do sítio com fósseis similarmente datados da África oriental. Outro método usou uma nova técnica baseada em isótopos de berilo. Ver Vignaud P. et al. "Geology and paleontology of the Upper Miocene Toros-Menalla hominid locality, Chad". *Nature*, n.418, 2002, p.152-55; Lebatard, A. E. et al. "Cosmogenic nuclide dating of *Sahelanthropus tchadensis* and *Australophitecus bahrelghazali* Mio-Pliocene early hominids from Chad". *Proceedings of the National Academy of Sciences USA*, n.105, 2008, p. 3.226-31.
11. Pickford, M. e B. Senut. "'Millenium ancestor', a 6-million-year-old bipedal hominid from Kenya". *Comptes rendus de l'Académie des Sciences de Paris*, série 2a, n.332, 2001, p.134-44.
12. Haile-Selassie, Y., G. Suwa e T.D. White. "Late Miocene teeth from Middle Awash, Ethiopia, and early hominid dental evolution". *Science*, 303, 2004, p.1.503-5; Haile-Selassie, Y., G. Suwa e T.D. White. "Hominidae", in Y. Haile-Selassie e G. WoldeGabriel (orgs.). *Ardipithecus kadabba: Late Miocene Evidence from the Middle Awash, Ethiopia*. Berkeley, University of California Press, 2009, p.159-236.
13. White, T.D., G. Suwa e B. Asfaw. "*Australopithecus ramidus*, a new species of early hominid from Aramis, Ethiopia". *Nature*, n.371, 1994, p.306-12; White, T.D. et al. "*Ardipithecus ramidus* and the paleobiology ofearly hominids". *Science*, n.326, 2009, p.75-86; Semaw, S. et al. "Early Pliocene hominids from Gona, Ethiopia". *Nature*, n.433, 2005, p.301-5.
14. Para detalhes, ver Guy, F. et al. "Morphological affinities of the *Sahel-anthropus tchadensis* (Late Miocene hominid from Chad) cranium". *Proceedings of the National Academy of Sciences, USA*, n.102, 2005, p.18.836-41; Suwa, G. et al. "The *Ardipithecus ramidus* skull and its implications for hominid origins". *Science*, n.326, 2009, p.68e1-7; Suwa, G. et al. "Paleobiological implications of the *Ardipithecus ramidus* dentition". *Science*, n.326, 2009, p.94-99; Lovejoy, C.O. "Reexamining human origins in the light of *Ardipithecus ramidus*". *Science*, n.326, 2009, p.74e1-8.
15. Wood, B. e T. Harrison. "The evolutionary context of the first hominins". *Nature*, n.470, 2012, p.347-52.
16. O melhor indicador de quando animais andam é sua taxa de desenvolvimento cerebral (acionando o relógio no momento da concepção), e nesse aspecto os seres humanos estão exatamente onde deveriam se comparados a outros animais, do camundongo ao elefante. Ver Garwicz, M., M. Christensson e E. Psouni. "A Unifying model for timing of walking onset in humans and other mammals". *Proceedings of the National Academy of Sciences USA*, n.106, 2009, p. 21.889-93.
17. Lovejoy, C.O. et al. "The pelvis and femur of *Ardipithecus ramidus*: The emergence of upright walking". *Science*, n. 326, 2009, p.71e1-6.
18. Richmond, B.G. e W.L. Jungers. "*Orrorin tugenenis* femoral morphology and the evolution of hominin bipedalism". *Science*, n.319, 2008, p.1.662-65.
19. Lovejoy, C.O. et al. "The pelvis and femur of *Ardipithecus ramidus*: The emergence of upright walking". *Science*, n.326, 2009, p.71e1-6.

20. Zollikofer, C.P. et al. "Virtual cranial reconstruction of *Sahelanthropus tchadensis*". *Nature*, n.434, 2005, p.755-59.
21. Lovejoy, C.O. et al. "Combining prehension and propulsion: The foot of *Ardipithecus ramidus*". *Science*, n.326, 2009, p.71e1-8; Haile-Selassie, Y. et al. "A new hominin foot from Ethiopia shows multiple Pliocene bipedal adaptations". *Nature*, n.483, 2012, p.565-69.
22. DeSilva, J.M. et al. "The lower limb and mechanics of walking in *Australopithecus sediba*". *Science*, n.340, 2013, p.1.232.999.
23. Lovejoy, C.O. "Careful climbing in the Miocene: The forelimbs of *Ardipithecus ramidus* and humans are primitive". *Science*, n.326, 2009, p.70e1-8.
24. Brunet, M. et al. "New material of the earliest hominid form the Upper Miocene of Chad". *Nature*, n.434, 2005, 752-55; Haile-Selassie, Y., G. Suwa e T.D. White. "Hominidae", in Y. Haile-Selassie e G. WoldeGabriel (orgs.). *Ardipithecus kadabba: Late Miocene Evidence from the Middle Awash, Ethiopia*. Berkeley, University of California Press, 2009, p.159-236; Suwa, G. et al. "Paleobiological implications of the *Ardipithecus ramidus* dentition". *Science*, n.326, 2009, p.94-99.
25. Guy F. et al. "Morphological affinities of the *Sahelanthropus tchadensis* (Late Miocene hominid from Chad) cranium". *Proceedings of the National Academy of Sciences USA*, n.102, 2005; Suwa, G. et al. "The *Ardipithecus ramidus* skull and its implications for hominid origins". *Science*, n.326, 2009, p.68e1-7.
26. Haile-Selassie, Y., G. Suwa e T.D. White. "Late Miocene teeth from Middle Awash, Ethiopia, and early hominid dental evolution". *Science*, n.303, 2004, p.1.503-5.
27. Alguns pesquisadores sugeriram que caninos menores são indício de um sistema social com menos lutas entre machos e talvez até relação monogâmica. No entanto, diferenças entre o tamanho dos caninos de machos e fêmeas em outras espécies de primatas não predizem muito bem o grau em que machos competem uns com os outros, e estimativas do tamanho do corpo de espécies posteriores sugerem que os machos hominíneos primitivos eram 50% maiores que as fêmeas – um sinal de que estavam envolvidos em intensa competição uns com os outros. Uma hipótese alternativa é que o comprimento dos caninos limita a abertura de boca e, portanto, a força da mordida. Para ter dois caninos grandes, é preciso ter uma abertura de boca ampla e posicionar os músculos que fecham o maxilar muito mais para trás, o que torna esses músculos menos eficientes para gerar força de mastigação. Por essa razão, caninos menores estão associados a uma menor abertura de boca e mastigação mais forte. Para mais detalhes, ver Lovejoy, C.O. "Reexamining human origins in the light of *Ardipithecus ramidus*". *Science*, n.326, 2009, p.74e1-8; Plavcan, J.M. "Inferring social behavior from sexual dimorphism in the fossil record". *Journal of Human Evolution*, n.39, 2000, p.327-44; Hylander, W.L. "Functional links between canine height and jaw gape in catarrhines with special reference to early hominins". *American Journal of Physical Anthropology*, n.150, 2013, p.247-59.
28. Esses dados vêm de várias fontes, mas as maiores evidências vêm de conchas de pequeninas criaturas marinhas, os foraminíferos, que as formam de carbonato

de cálcio ($CaCO_3$) e depois afundam para o assoalho do oceano quando morrem. Quando os oceanos estão mais quentes, os átomos de oxigênio incorporados a essas conchas têm uma porcentagem mais alta do isótopo de oxigênio mais pesado (O_{18} *versus* O_{16}). Assim, escavando e analisando a razão de O_{18} *versus* O_{16} em grandes partes do assoalho do oceano, é possível medir como a temperatura do oceano mudou ao longo do tempo. A figura 4 é de um estudo especialmente abrangente de isótopos de oxigênio: Zachos, J. et al. "Trends, rhythms and aberrations in global climate 65 Ma to present". *Science*, n.292, 2001, p.686-93.

29. Kingston, J.D. "Shifting adaptive landscapes: Progress and challenges in reconstructing early hominid environments". *Yearbook of Physical Anthropology*, n.50, 2007, p. 20-58.
30. Laden, G. e R.W. Wrangham. "The rise of hominids as an adaptive shift in fallback foods: Plant underground storage organs (USOs) and the origin of the Australopiths". *Journal of Human Evolution*, n.49, 2005, p.482-98.
31. Para uma descrição de como orangotangos enfrentam a situação, ver Knott, C.D. "Energetic responses to food availability in the great apes: Implications for Hominin evolution", in D.K. Brockman e C.P. van Schaik (orgs.). *Primate Seasonality: Implications for Human Evolution*. Cambridge, Cambridge University Press, 2005, 351-78.
32. Thorpe, S.K.S., R. L. Holder e R.H. Crompton. "Origin of human bipedalism as an adaptation for locomotion on flexible branches". *Science*, n.316, 2007, p.1.328-31.
33. Hunt, K.D. "Positional behavior of *Pan troglodytes* in the Mahale Mountains and Gombe Stream National Parks, Tanzania". *American Journal of Physical Anthropology*, n.87, 1992, p.83-105.
34. Carvalho, S. et al. "Chimpanzee carrying behavior and the origins of human bipedality". *Current Biology*, n.22, 2012, p.R180-81.
35. Sockol, M.D., D. Raichlen e H.D. Pontzer. "Chimpanzee locomotor energetics and the origin of human bipedalism". *Proceedings of the National Academy of Sciences USA*, n.104, 2007, p.12.265-69.
36. Pontzer, H.D. e R.W. Wrangham. "The ontogeny of ranging in wild chimpanzees". *International Journal of Primatology*, n.27, 2006, p.295-309.
37. Lovejoy, C.O. "The origin of man". *Science*, n.211, 1981, p.341-50; Lovejoy, C.O. "Reexamining human origins in the light of *Ardipithecus ramidus*". *Science*, n.326, 2009, p.74e1-8.
38. Para ser sincero, não há fósseis suficientes para termos uma ideia do tamanho do corpo masculino em comparação com o corpo feminino em nenhum dos hominíneos mais antigos. A maior evidência para diferenças de tamanho entre machos e fêmeas vem de australopitecos posteriores, cujos machos são cerca de 50% mais dimórficos que as fêmeas. Ver Plavcan, J.M. et al. "Sexual dimorphism, in *Australopithecus afarensis* revisited: How strong is the case for a human-like pattern of dimorphism?". *Journal of Human Evolution*, n.48, 2005, p.313-20.

39. Mitani, J.C., J. Gros-Louis e A. Richards. "Sexual dimorphism the operational sex ratio, and the intensity of male competition among polygynous primates". *American Naturalist*, n.147, 1996, p.996-80.
40. Pilbeam, D. "The anthropoid postcranial axial skeleton: Comments on development, variation, and evolution". *Journal of Experimental Zoology Part B*, n.302, 2004, p.241-67.
41. Whitcome, K.K., L.J. Shapiro e D.E. Lieberman. "Fetal load and the evolution of lumbar lordosis in bipedal hominins". *Nature*, n.450, 2007, p.1.075-78.

3. Muita coisa depende do jantar (p.61-81)

1. Os adeptos da alimentação crua consideram prejudicial cozer a comida acima da temperatura normal do corpo, baseados na lógica de que os seres humanos evoluíram originalmente para comer comida crua, e por acreditarem que o aquecimento destrói vitaminas e enzimas naturais. Embora seja verdade que nossos ancestrais comiam apenas comida crua e que comida excessivamente processada pode fazer mal à saúde, as outras afirmações são em geral falsas. O cozimento na realidade aumenta a disponibilidade de nutrientes da maioria dos alimentos. Além disso, os seres humanos vêm cozendo sua comida há tempo suficiente para terem tornado o cozimento uma necessidade biológica. O movimento pró-comida crua só se tornou possível recentemente por meio do processamento de alimentos extremamente domesticados que são muito menos fibrosos e mais ricos em energia que os alimentos silvestres que costumavam estar disponíveis. Seus adeptos muitas vezes perdem peso, sofrem de baixa fertilidade e aumentam o risco de doenças em razão de bactérias e outros patógenos que de outro modo seriam destruídos pelo calor. Ver Wrangham, R.W. *Catching Fire: How Cooking Made Us Human*. Nova York, Basic Books, 2009. [Ed. bras.: *Pegando fogo: Como cozinhar nos tornou humanos*. Rio de Janeiro, Zahar, 2010.] Para dados comparativos sobre horas de se alimentar, ver Organ, C. et al. "Phylogenetic rate shifts in feeding times during the evolution of *Homo*". *Proceedings of the National Academy of Sciences USA*, n.108, 2011, p.14.555-59.
2. Wrangham, R.W. "Feeding behaviour of chimpanzees in Gombe National Park, Tanzania", in T.H. Clutton-Brock (org.). *Primate Ecology*. Londres, Academic Press, 1977, p.503-38.
3. McHenry, H.M. e K. Coffing. "*Australopithecus* to *Homo*: Transitions in body and mind". *Annual Review of Anthropology*, n.29, 2000, p.145-56.
4. Haile-Selassie, Y. et al. "An early *Australopithecus afarensis* postcranium from Woranso-Mille, Ethiopia". *Proceedings of the National Academy of Sciences USA*, n.107, 2010, p.12.121-26.
5. Dean, M.C. "Tooth microstructure tracks the pace of human life-history evolution". *Proceedings of the Royal Society B*, n.273, 2006, p.2.799-808.

6. Na verdade, não há nenhum esqueleto parcial razoavelmente completo de australopitecos robustos. Assim, embora saibamos muito sobre seu crânio, estamos menos seguros sobre como era o resto do corpo.
7. DeSilva, J.M. et al. "The lower limb and walking mechanics of *Australopithecus sediba*". *Science*, n.340, 2013, p.1.232.999.
8. Cerling. T.E. et al. "Woody cover and hominin environments in the past 6 million years". *Nature*, n.476, 2011, p.51-56. DeMenocal, P.B. "Anthropology. Climate and human evolution". *Science*, v.331, n. 6017, 2011, p.540-42; Passey, B.H. et al. "High-temperature environments of human evolution in East Africa based on bond ordering in paleosol carbonates". *Proceedings of the National Academy of Sciences USA*, n.107, 2010, p.11.245-49.
9. Como foi discutido no capítulo 1, um exemplo especialmente bem-documentado de seleção para alimentos alternativos vem dos tentilhões de Galápagos, primeiro estudados por Darwin e mais recentemente por Peter e Rosemary Grant. Durante secas prolongadas, muitos morrem de inanição, porque alimentos preferidos, como frutos de cacto, tornam-se raros. No entanto, tentilhões com bicos mais grossos têm mais progênie sobrevivente, e como a espessura do bico é herdada a porcentagem de aves com bico grosso aumenta na geração seguinte. Para uma esplêndida descrição dessa pesquisa, ver Weiner, J. *The Beak of the Finch: A Story of Evolution in Our Time*. Nova York, Knopf, 1994.
10. Grine, F.E. et al. "Dental microwear and stable isotopes inform the paleoecology of extinct hominins". *American Journal of Physical Anthropology*, n.148, 2012, p.285-317; Ungar, P.S. "Dental evidence for the diets of Plio-Pleistocene hominins". *Yearbook of Physical Anthropology*, n.54, 2011, p.47-62; Ungar, P. e M. Sponheimer. "The diets of early hominins". *Science*, n.334, 2011, p.190-93.
11. Wrangham, R.W. "The delta hypothesis", in D.E. Lieberman, R.J. Smith e J. Kelley (orgs.). *Interpreting the Past: Essays on Human, Primate and Mammal Evolution*. Leiden, Brill Academic, 2005, p.231-43.
12. Wrangham, R.W. et al. "The raw and the stolen: Cooking and the ecology of human origins". *Current Anthropology*, n.99, 1999, p.567-94.
13. Whangham, R.W. et al. "The significance of fibrous foods for Kibale Forest chimpanzees". *Philosophical Transactions of the Royal Society, Part B Biological Science*, n.334, 1991, p.171-78.
14. Laden, G. e R. Wrangham. "The rise of the hominids as an adaptive shift in fallback foods: Plant underground storage organs (USOs) and australopith origins". *Journal of Human Evolution*, n.49, 2005, p.482-98.
15. Wood, B.A., S.A. Abbott e H. Uytterschaut. "Analysis of the dental morphology of Plio-Pleistocene hominids IV. Mandibular postcanine root morphology". *Journal of Anatomy*, n.156, 1988, p.107-39.
16. Lucas, P.W. *How Teeth Work*. Cambridge, Cambridge University Press, 2004.
17. A produção de força eficiente tira proveito de princípios simples da física newtoniana. Como todos os músculos, os mastigatórios criam forças rotacionais, chama-

das torque, que movem o maxilar. Assim como o cabo mais longo de uma chave inglesa nos permite gerar mais torque com a mesma quantidade de força aplicada, mover as inserções dos músculos mastigatórios para fora da articulação do maxilar aumenta a quantidade de torque, e portanto de força de mordida, desses músculos. Este princípio explica muito sobre a configuração de crânios de australopitecos. Por exemplo, como você pode ver pela figura 6, as maçãs do rosto nos australopitecos eram impressionantemente longas, projetando-se muito para a frente na face, e se estendendo muito para o lado. Maçãs do rosto largas e posicionadas à frente permitiam aos músculos masseteres dos australopitecos gerar intensas forças verticais e para os lados quando mastigavam. Somando a quantidade de força que cada músculo mastigatório podia produzir, podemos estimar que um *Au. boisei* devia ser capaz de morder com cerca de 2,5 vezes mais força que um ser humano. Seria muito imprudente enfiar um dedo na boca de um australopiteco. Para mais detalhes, ver Eng., C.M. et al. "Bite force and occlusal stress production in hominin evolution". *American Journal of Physical Anthropology* online, 2013; http://www.ncbi.nlm.nih.gov/pubmed/23754526.

18. Currey, J.D. *Bones: Structure and Mechanics*. Princeton, Princeton University Press, 2002.
19. Rak, Y. *The Australopithecine Face*. Nova York, Academic Press, 1983; Hylander, W.L. "Implications of in vivo experiments for interpreting the functional significance of 'robust' australopithecine jaws", in F. Grine (org.). *Evolutionary History of the "Robust" Australopithecines*. Nova York, Aldine De Gruyter, 1988, p.55-83; Lieberman, D.E. *The Evolution of the Human Head*. Cambridge, MA, Harvard University Press, 2011.
20. A mudança climática explica portanto a tendência geral que vemos entre os australopitecos a terem dentes mais grossos e rosto, maxilares e dentes maiores, culminando em espécies robustas como *Au. boisei* e *Au robustus*, todas as quais evoluíram 2,5 milhões de anos atrás.
21. Pontzer, H. e R.W. Wrangham. "The ontogeny of ranging in wild chimpanzees". *International Journal of Primatology*, n.27, p.295-309.
22. O custo do andar de Groucho foi medido em Gordon, K.E., D.P. Ferris e A.D. Kuo. "Metabolic and mechanical energy costs of reducing vertical center of mass movement during gait". *Archives of Physical Medicine and Rehabilitation*, n.90, 2009, p.136-44. A comparação de chimpanzés e humanos deriva de dados de Sockol, M.D., D.A. Raichlene H.D. Pontzer. "Chimpanzee locomotor energetics and the origin of human bipedalism". *Proceedings of the National Academy of Sciences USA*, n.104, 2009, p.12.265-69. Esse importante estudo descobriu que, ao andar, um chimpanzé gasta 0,2 mililitro de oxigênio por quilo por metro, ao passo que um homem, ao andar, gasta 0,05. Durante a respiração aeróbica, um litro de oxigênio se converte em 5,13 quilocalorias.
23. Schmitt, D. "Insights into the evolution of human bipedalism from experimental studies of humans and other primates". *Journal of Experimental Biology*, n.206, 2003, p.1.437-48.

24. Latimer, B. e C.O. Lovejoy. "Hallucal tarsometatarsal joint in *Australopithecus afarensis*". *American Journal of Physical Anthropology*, n.82, 1990, p.125-33; McHenry, H.M. e A.L. Joens. "Hallucial convergence in early hominids". *Journal of Human Evolution*, n.50, 2006, p.534-39.
25. Harcourt-Smith, W.E. e L.C. Aiello. "Fossils, feet and the evolution of human bipedal locomotion". *Journal of Anatomy*, n.204, 2004, p.403-16; Ward, C.V., W.H. Kimbel e D.C. Johanson. "Complete fourth metatarsal and arches in the foot of *Australopithecus afarensis*". *Science*, n.331, 2011, p.750-53; DeSilva, J.M. e Z.J. Throckmorton. "Lucy's flat feet: The relationship between the ankle and rearfoot arching in early hominins". *PLoS One*, v.5. n.12, 2010, p.e14432.
26. Latimer, B. e C.O. Lovejoy. "The calcaneus of *Australopithecus afarensis* and its implications for the evolution of bipedality". *American Journal of Physical Anthropology*, n.78, 1989, p.369-86.
27. Zipfel, B. et al. "The foot and ankle of *Australopithecus sediba*". *Science*, 333, 2011, p.1.417-20.
28. Aiello, L.C. e M.C. Dean. *Human Evolutionary Anatomy*. Londres, Academic Press, 1990.
29. Faltam-nos fêmures completos de hominíneos mais antigos, por isso não sabemos se esse traço é único dos australopitecos ou evoluiu mais cedo em hominíneos como *Ardipithecus*.
30. Been, E., A. Gómez-Olivencia e P.A. Kramer. "Lumbar lordosis of extinct hominins". *American Journal of Physical Anthropology*, n.147, 2012, p.64-77; Williams, S.A. et al. "The vertebral column of *Australopithecus sediba*". *Science*, n.340, 2013, p.1.232.996.
31. Richlen, D.A., H. Pontzer e M.D. Sockol. "The Laetoli footprints and early hominin locomotor kinematics". *Journal of Human Evolution*, n.54, 2008, p.112-17.
32. Churchill, S.E. et al. "The upper limb of *Australopithecus sediba*". *Science*, n.340, 2013, p.1.233.447.
33. Wheeler, P.E. "The thermoregulatory advantages of hominid bipedalism in open equatorial environments: The contribution of increased convective heat loss and cuteaneous evaporative cooling". *Journal of Human Evolution*, n.21, 1991, p.107-15.
34. Tocheri, M.W. et al. "The evolutionary history of the hominin hand since the last common ancestor of *Pan* and *Homo*". *Journal of Anatomy*, n.212, 2008, p.544-62.
35. Goodall, J. *The Chimpanzees of Gombe: Patterns of Behavior*. Cambridge, MA, Harvard University Press. 1986; Boesch, C. e H. Boesch. "Tool use and tool making in wild chimpanzees". *Folia Primatologica*, n.54, 1990, p.86-99.

4. Os primeiros caçadores-coletores (p.82-111)

1. Zachos, J. et al. "Trends, rhythms, and aberrations in global climate 65 Ma to present". *Science*, n.292, 2001, p.868-93.

2. Para uma revisão da mudança climática e de seus efeitos sobre a evolução humana, recomendo Potts, R. *Humanity's Desert: The Consequences of Ecological Instability*. Nova York, William Morrow, 1986.
3. Trauth, M.H. et al. "Late Cenozoic moisture history of East Africa". *Science*, n.309, 2005, p.2.051-53.
4. Bobe, R. "The evolution of arid ecosystems in eastern Africa". *Journal of Arid Environments*, n.66, 2006, p.564-84; Passey, B.H. et al. "High-temperature environments of human evolution in East Africa based on bond ordering in paleosol carbonates". *Proceedings of the National Academy of Sciences USA*, n.107, 2010, p.11.245-49.
5. Para uma interessante biografia, ver Shipman, P. *The Man Who Found the Missing Link: The Extraordinary Life of Eugene Dubois*. Nova York, Simon & Schuster, 2001.
6. Na realidade foi um especialista em aves, Ernst Mayr, que reintroduziu sentido nessa confusão taxonômica num ensaio famoso: "Taxonomic categories in fossil hominids". *Cold Spring Harbor Symposia on Quantitative Biology*, n.15, 1951, p.109-18.
7. Ruff, C.B. e A. Walker. "Body size and body shape", in A. Walker e R.E.F. Leakey (orgs.). *The Nariokotome* Homo erectus *Skeleton*. Cambridge, MA, Harvard University Press, 1993, 221-65; Antón, S.C. "Natural history of *Homo erectus*". *Yearbook of Physical Anthropology*, n.46, 2003, p.126-70; Lordkipanidze, D. et al. "Postcranial evidence from early *Homo* from Dmasini, Georgia". *Nature*, n.449, 2007, p.305-10; Graves, R.R. et al. "Just how strapping was KNM-WT 15000?". *Journal of Human Evolution*, v.59. n.5, 2010, p. 542-54.
8. Leakey, M.G. et al. "New fossils from Koobi Fora in northern Kenya confirm taxonomic diversity in early *Homo*". *Nature*, n.488, 2012, p.201-4.
9. Wood, B. e M. Collard. "The human genus". *Science*, n.284, 1999, p.65-71.
10. Kaplan, H.S. et al. "Theory of human life history evolution: Diet, intelligence, and longetivity". *Evolutionary Anthropology*, n.9, 2000, p.156-85.
11. Marlowe, F.W. *The Hadza: Hunter-Gatherers of Tanzania*. Berkeley, University of California Press, 2010.
12. As evidências claras mais antigas são de 2,6 milhões de anos atrás e vêm de vários sítios. Para referências, ver De Heinzelin, J. et al. "Environment and behavior of 2,5-million-year-old stone tools and associated bones from OGS-6 e OGS-7, Gona, Afar, Ethiopia". *Journal of Human Evolution*, n.45, 1999, p.169-77. Ossos datados de 3,4 milhões de anos atrás com supostas marcas de corte foram também encontrados, mas esses achados foram controversos. Ver McPherron, S.P. et al. "Evidence for stone-tool-assisted consumption of animal tissues before 3,39 million years ago at Dikika, Ethiopia". *Nature*, n.466, 2010, p.857-60.
13. Kelly, R.L. *The Foraging Spectrum: Diversity in Hunter-Gartherer Lifeways*. Clinton Corners, NY, Percheron Press, 2007.
14. Marlowe, F.W. *The Hadza: Hunter-Gartherers of Tanzania*. Berkeley, University of California Press, 2010.
15. Hawkes, K. et al. "Grandmothering, menopause, and the evolution of human life histories". *Proceedings of the National Academy of Sciences USA*, n.95, 1998, p.1.336-39.

16. Hrdy, S.B. *Mothers and Others*. Cambridge, MA, The Belknap Press, 2009.
17. Wrangham, R.W. e N.L. Conklin-Brittain. "Cooking as a biological trait". *Comparative Biochesmistry and Physiology – Part A: Molecular & Integrative Physiology*, n.136, 2003, p.35-46.
18. Zink, K.D. "Hominin food processing: material property, masticatory performance and morphological changes associated with mechanical and thermal processing techniques". Tese de doutorado, Universidade Harvard, Cambridge, MA, 2013.
19. Carmody, R.N., G.S. Weintraub e R.W. Wrangham. "Energetic consequences of thermal and nonthermal food processing". *Proceedings of the National Academy of Sciences USA*, n.108, 2011, p.19.199-203.
20. Meegan, G. *The Longest Walk: An Odissey of the Human Spirit*. Nova York, Dodd Mead, 2008.
21. Marlowe, F.W. *The Hazda: Hunter-Gatherers of Tanzania*. Berkeley, University of California Press, 2010.
22. Pontzer, H. et al. "Locomotor anatomy and biomechanics of the Dmasini hominins". *Journal of Human Evolution*, n.58, 2010, p.492-504.
23. Pontzer, H. "Predicting the cost of locomotion in terrestrial animals. A test of the LiMb model in humans and quadrupeds". *Journal of Experimental Biology*, n.210, 2007, p.484-94; Steudel-Numbers, K. "Energetics in *Homo erectus* and other early hominins: The consequences of increased lower limb length". *Journal of Human Evolution*, n.51, 2006, p.445-53.
24. Bennett, M.R. et al. "Early hominin foot morphology based on 1.5-million-year-old footprints from Heret, Kenya". *Science*, n.323, p.1.197-201; Dingwall, H.L. et al. "Hominin stature, body mass, and walking speed estimates based on 1.5-million-year-old fossil footprints at Ileret, Kenya". *Journal of Human Evolution*, 2009, 2013.02.004.
25. Ruff, C.B. et al. "Cross-sectional morphology of the SK 82 e 97 proximal femora". *American Journal of Physical Anthropology*, n.109, 1999, p.509-21; Ruff, C.B. et al. "Postcranial robusticity in *Homo*: I. Temporal trends and mechanical interpretation". *American Journal of Physical Anthropology*, n.91, 1993, p.21-53.
26. Ruff, C.B. "Hindlimb articular surface allometry in Hominoidea and *Macaca*, with comparisons to diaphyseal scaling". *Journal of Human Evolution*, n.17, 1988, p.687-714; Jungers, W.L. "Relative joint size and hominoid locomotor adaptations with implications for the evolution of hominid bipedalism". *Journal of Human Evolution*, n.17, 1988, p.247-65.
27. Wheeler, P.E. "The thermoregulatory advantages of hominid bipedalism in open equatorial environments: The contribution of increased convective heat loss and cutaneous evaporative cooling". *Journal of Human Evolution*, n.21, 1991, p.107-15.
28. Ver Ruff, C.B. "Climate adaptation and hominid evolution: The thermoregulatory imperative". *Evolutionary Anthropology*, n.2, 1993, p.53-60; Simpson, S.W. et al. "A female *Homo erectus* pelvis form Gona, Ethiopia". *Science*, n.322, 2008, p.1.089-92;

Ruff, C.B. "Body size and body shape in early hominins: Implications of the Gona pelvis". *Journal of Human Evolution*, n.58, 2010, p.166-78.

29. Francisco, R.G. e E. Trinkaus. "Nasal morphology and the emergence of *Homo erectus*". *American Journal of Physical Anthropology*, n.75, 1988, p.517-27.
30. Você pode demonstrar isto com um experimento simples num dia frio. Peça a um amigo para expirar através do nariz e depois pela boca. Você notará muito mais vapor quando ele exala oralmente que nasalmente, porque a turbulência nasal prende mais vapor d'água.
31. Van Valkenburgh, B. "The dog-eat-dog of carnivores: A review of past and present carnivore community dynamics", in C.B. Stanford e H.T. Bunn (orgs.). *Meat-Eating and Human Evolution*. Oxford, Oxford University Press, 2001, p.101-21.
32. Wilkins, J. et al. "Evidence for early Hafted hunting technology". *Science*, n.338, 2012, p.942-46; Shea, J.J. "The origins of lithic projectile point technology: Evidence from Africa, the Levant, and Europe". *Journal of Archeological Science*, n.33, 2006, p.823-46.
33. O'Connell, J.F. et al. "Hazda scavenging: Implications for Plio-Pleistocene hominid subsistence". *Current Anthropology*, n.29, 1988, p.356-63.
34. Potts, R. "Environmental hypotheses of human evolution". *Yearbook of Physical Anthropology*, n.41, 1988, p. 93-136; Dominguez-Rodrigo, M. "Hunting and scavenging by early humans: The state of the debate". *Journal of World Prehistory*, n.16, 2002, p.1-54; Bunn, H.T. "Hunting, power scavenging and butchering by Hazda foragers and by Plio-Pleistocene Homo", in C.B. Stanford e H.T. Bunn (orgs.). *Meat-Eating and Human Evolution*. Oxford, Oxford University Press, 2001, p.199-218; Braun, D.R. et al. "Early hominin diet included diverse terrestrial and aquatic animals 1.96 Myr ago in East Turkana, Kenya". *Proceedings of the National Academy of Sciences USA*, 2010, p.107, p.10002-7.
35. Uma lança sem ponta, a menos que seja muito pesada, apenas ricocheteia sobre a pele de um animal. Além disso, em geral não é o furo que ela cria que mata; o que ocorre é que as lacerações causadas pelas arestas dentadas, aguçadas, de uma ponta de lança causam sangramento interno, e em consequência morte. Até hoje, caçadores armados com lanças de metal com ponta precisam chegar a poucos metros de sua presa para ter uma chance de matá-la. Para detalhes, ver Churchill, S.E. "Weapon technology, prey size selection and hunting methods in modern hunter-gatherers: Implications for hunting in the Paleolithic and Mesolithic", in G.L. Peterkin, H.M. Bricker e P.A. Mellars (orgs.). *Hunting and Animal Exploitation in the Later Paleolithic and Mesolithic of Eurasia*. Archeological Papers of the American Anthropological Association, n.4, 1993, p.11-24.
36. Carrier, D.R. "The energic paradox of human running and hominid evolution". *Current Anthropology*, n.25, 1984, p.483-95; Bramble, D.M. e D.E. Lieberman. "Endurance running and the evolution of *Homo*". *Nature*, n.432, 2004, p.345-52.
37. A explicação para esta restrição é que o galope é uma marcha oscilante que faz os intestinos de um animal chacoalhar para a frente e para trás a cada passada, batendo ritmicamente como um pistão no diafragma. Um quadrúpede que galopa

deve portanto sincronizar cada passo com uma única respiração, o que o impede de arquejar (o que envolve grande número de respirações rápidas, curtas, superficiais). Para mais, ver Bramble, D.M. e F.A. Jenkins Jr. "Mammalian locomotor-respiratory integration: Implications for diaphragmatic and pulmonary design". *Science*, n.262, 1993, p.255-40.

38. Caçadores muitas vezes perseguem a maior presa que podem, porque animais maiores superaquecem mais depressa. A razão disto é que o calor corporal aumenta em proporção ao tamanho do corpo, uma função cúbica, mas a capacidade de perder calor aumenta linearmente.

39. Liebenberg, L. "Persistence hunting by modern hunter-gatherers". *Current Anthropology*, n.47, 2006, p.1017-26.

40. Montagna, W. "The skin of nonhuman primates". *American Zoologist*, n.12, 1972, p.109-24.

41. São necessárias 531 calorias para um litro de água evaporar e, por causa da lei da conservação de energia, essa mudança no estado refresca a pele na mesma medida.

42. Schwartz, G.G. e L.A. Rosenblum. "Allometry of hair density and the evolution of human hairlessness". *American Journal of Physical Anthropology*, n.55, 1981, p.9-12.

43. Lembre-se do capítulo 3 que isso é o oposto de caminhar, em que o centro de massa se eleva durante a primeira metade de cada passo. O andar usa sobretudo mecânica pendular para mover o corpo, ao passo que a corrida usa mecânica massa-mola.

44. O mesmo fenômeno foi documentado em cangurus. Para uma explicação completa, ver Alexander, R.M. "Energy-saving mechanisms in walking and running". *Journal of Experimental Biology*, n.160, 1991, p.55-69.

45. Ker, R.F. et al. "The spring in the arch of the human foot". *Nature*, n.325, 1987, p.147-49.

46. Lieberman, D.E., D.A. Raichlen e H. Pontzer. "The human gluteus maximus and its role in running". *Journal of Experimental Biology*, n.209, 2006, p.2.143-55.

47. Spoor, F., B. Wood e F. Zonneveld. "Implications of early hominid labyrinthine morphology for evolution of human bipedal locomotion". *Nature*, n.369,1994, p.645-48.

48. Lieberman, D.E. *Evolution of the Human Head*. Cambridge, MA, Harvard University Press, 2011.

49. Para uma lista completa dessas características e suas funções, ver Bramble, D.M. e D.E. Lieberman. "Endurance running and the evolution of Homo". *Nature*, n.432, 2004, p.345-52.

50. Rolian, C. et al. "Walking, running and the evolution of short toes in humans". *Journal of Experimental Biology*, n.212, 2009, p.713-21.

51. Os seres humanos têm um tronco extremamente móvel que pode girar independentemente dos quadris e da cabeça. Esse giro é importante durante a corrida, porque, diferentemente do que acontece no andar, um corredor despende parte de cada passo no ar, jogando uma perna para a frente e a outra para trás. Esse movimento semelhante ao de uma tesoura cria um momento angular que, se não

controlado, giraria o corpo do corredor para a esquerda ou a direita. Por isso um corredor precisa balançar simultaneamente os braços e girar o corpo no sentido contrário ao das pernas para gerar momento angular na direção oposta. Além disso, o giro independente do tronco ajuda a evitar que a cabeça dê guinadas de um lado para o outro. Ver Hinrichs, R.N. "Upper extremity function in distance running", in P.R. Cavanagh (org.). *Biomechanics of Distance Running*. Champaign, IL, Human Kinetics, 1990, p.107-34; Pontzer, H. et al. "Control and function of arm swing in human walking and running". *Journal of Experimental Biology*, n.212, 2009, p.523-34.

52. Os músculos têm dois tipos principais de fibras: de contração rápida e lenta. As fibras de contração rápida se contraem mais rapidamente e com mais força que as de contração lenta, mas elas se fatigam depressa e usam mais energia. Por isso as fibras de contração lenta são melhores para a economia, mas limitam a velocidade. A maior parte dos animais, inclusive macacos antropoides, tem altas porcentagens de fibras de contração rápida nas pernas, que os ajudam a correr com rapidez em curtas arrancadas, mas as pernas humanas são dominadas por fibras de contração lenta, que nos dão resistência. Por exemplo, 60% das fibras no músculo da panturrilha em seres humanos são de contração lenta, mas somente cerca de 15% a 20% em macacos do gênero *Macaca* e chimpanzés. Só podemos supor que as pernas de *H. erectus* eram também dominadas por fibras de contração lenta. Para referências, ver Acosta, L. e R.R. Roy. "Fiber-type composition of selected hindlimb muscles of a primate (cynomolgus monkey)". *Anatomical Record*, n.218, 1987, p.136-41; Dahame, R. et al. "Spatial fiber type distribution in normal human muscle: Histochemical and tensiomyographical evaluation". *Journal of Biomechanics*, n. 38, 2005, p.2451-59; Myatt, J.P. et al. "Distribution patterns of fiber types in the triceps surae muscle group of chimpanzees and orangutans". *Journal of Anatomy*, n.218, 2011, p.4.012.
53. Goodall, J. *The Chimpanzees of Gombe*. Cambridge, MA, Cambridge University Press, 1986.
54. Napier, J.R. *Hands*. Princeton, NJ, Princeton University Press, 1993.
55. Marzke, M.W. e R.F. Marzke. "Evolution of the human hand: Approaches to acquiring, analysing and interpreting the anatomical evidence". *Journal of Anatomy*, v.197, parte 1, 2000, p.121-140.
56. Rolian, C., D.E. Lieberman e J.P. Zermeno. "Hand biomechanics during simulated stone tool use". *Journal of Human Evolution*, n.61, 2012, p.26-41.
57. Susman, R.L. "Hand function and tool behavior in early hominids". *Journal of Human Evolution*, n.35, 1998, p.23-46; Tocheri, M.W. et al. "The evolutionary history of the hominn hand since the last common ancestor of *Pan* and *Homo*". *Journal of Anatomy*, n.212, 2008, p.544-62; Alba, D. et al. "Morphological affinities of the *Australopithecus afarensis* hand on the basis of manual proportions and relative thumb length". *Journal of Human Evolution*, n.44, 2003, p.225-54.
58. Roach, N.T. et al. "Elastic energy storage in the shoulder and the evolution of high-speed throwing in *Homo*". *Nature*, n.498, 2013, p.483-86.

59. Outra importante característica que ajuda o arremesso humano é a torção baixa do úmero. Na maioria das pessoas, tal como em chimpanzés, o úmero tem uma torção, de modo que a articulação do cotovelo fica naturalmente voltada para dentro, mas pessoas como jogadores de beisebol, que fazem arremessos frequentes, desenvolvem até vinte graus menos de torção umeral em seu braço que arremessa. Essa configuração é uma vantagem porque, quanto menos torção temos, mais podemos empinar o braço para trás e armazenar energia elástica. Os dois esqueletos de *H. erectus* conhecidos têm valores de torção umeral abaixo da maioria dos jogadores de beisebol profissionais. Para detalhes, ver Roach, N.T. et al. "The effect of humeral torsion on rotational range of motion in the shoulder and throwing performance". *Journal of Anatomy*, n.220, 2012, p.293-301; Larson, S.G. "Evolutionary transformation of the hominin shoulder". *Evolutionary Anthropology*, n.16, 2007, p.172-87.
60. A mais antiga evidência arqueológica de fogueira é a de Wonderwerk Cave, no sul da África. Não fica claro se o fogo foi usado para cozinhar nem quando cozinhar se tornou corriqueiro (isto é mais discutido no capítulo 5). Ver Berna, F. et al. "Microstatigraphic evidence of in situ fire in the Acheulean estrata of Wonderwerk Cave, Northern Cape province, South Africa". *Proceedings of the National Academy of Sciences USA*, n.109, 2012, p.1.215-20.
61. Carmody, R.N., G.S. Weintraub e R.W. Wrangham. "Energetic consequences of thermal and nonthermal food processing". *Proceedings of the National Academy of Sciences USA*, n.108, 2011, p.19.199-203.
62. Brace, C.L., S.L. Smith e K.D. Hunt. "What big teeth you had, grandma! Human tooth size, past and present", in M.A. Kelley e C.S. Larsen (orgs.). *Advances in Dental Anthropology*. Nova York, Wiley-Liss, 1991, p.33-57.
63. Ver Alexander, R.M. *Energy for Animal Life*. Oxford, Oxford University Press, 1999.
64. Para o tamanho do cérebro, ver Martin R.D. "Relative brain size and basal metabolic rate in terrestrial vertebrate". *Nature*, n.293, 1981, p.57-60; para dados sobre o tamanho do intestino, ver Chivers, D.J. e C.M. Hladik. "Morphology of the gastrointestinal tract in primates: Comparisons with other mammals in relation to diet". *Journal of Morphology*, 1980, n.166, p.337-86.
65. Aiello, L.C. e P. Wheeler. "The expensive-tissue hypothesis: The brain and the digestive system in human and primate evolution". *Current Anthropology*, n.36,1995, p.199-221.
66. Lieberman, D.E. *The Evolution of the Human Head*. Cambrige, MA, Harvard University Press, 2011.
67. Ver Hill, K.R. et al. "Co-residence patterns in hunter-gatherer societies show unique human social structure". *Science*, n.331, 2011, p.1.286-89; Apicella, C.L. et al. "Social networks and cooperation in hunter-gatherers". *Nature*, n.481, 2012, p.497-501.
68. Para uma descrição detalhada e análise dessas habilidades, ver L. Liebenberg. *The Art of Tracking: The Origin of Science*. Claremont, África do Sul, David Philip Publishers, 2001.

69. Kraske, R.*Marooned: The Strange but True Adventures of Alexander Selkirk*. Nova York, Clarion Books, 2005.
70. Há vários relatos de suas façanhas, o mais famoso sendo a versão um tanto piedosa de Marguerite de Navarro no *Heptameron*. http://digital.library.upenn.edu/women/navarre/heptameron/heptameron.html.

5. Energia na Idade do Gelo (p.112-47)

1. Para uma revisão da teoria evolutiva por trás dessas estratégias alternativas, ver Stearns, S.C. *The Evolution of Life Histories*. Oxford, Oxford University Press, 1992.
2. Mesmo nas melhores circunstâncias, é difícil definir espécies fósseis com precisão. Alguns especialistas consideram que *H. erectus* é uma espécie extremamente variável, mas outros veem variantes na África oriental, na Geórgia e em outros lugares como espécies diferentes, mas estreitamente relacionadas. Para os objetivos deste livro, vamos considerar *H. erectus* no sentido mais amplo (*sensu lato*) sem nos preocupar com a taxonomia precisa.
3. Rigthmire, G.P., D. Lordkipanidze e A. Vekua. "Anatomical descriptions, comparative studies, and evolutionary significance of the hominin skulls from Dmanisi, Republic of Georgia". *Journal of Human Evolution*, n.50, 2005, p.115-41; Lordkipanidze, D. et al. "The earliest toothless hominin skull". *Nature*, n.434, 2005, p.717-18.
4. Antón, S.C. "Natural history of *Homo erectus*". *Yearbook of Physical Anthropology*, n.46, 2003, p.126-70.
5. Alguns estudiosos classificam os primeiros europeus como uma espécie separada, *H. antecessor*, mas as evidências para distinguir esses fósseis de *H. erectus* são muito sutis. Bermúdez de Castro, J. et al. "A hominid from the Lower Pleistocene of Atapuerca, Spain: Possible ancestor to Neandertals and modern humans". *Science*, n.276, 1997, p.1.392-95.
6. Esta estimativa reconhecidamente grosseira supõe uma taxa de crescimento anual de 0,004, uma distância média entre centros de território de 24 quilômetros e o estabelecimento de um novo território mais ao norte a cada quinhentos anos.
7. Ver Shreeve, D.C. "Differentiation of the British late Middle Pleistocene interglacials: The evidence from mammalian biostratigraphy". *Quaternary Science Reviews*, n.20, 2001, p.1.693-705.
8. DeMenocal, P.B. "African climate change and faunal evolution during the Pliocene-Pleistocene". *Earth and Planetary Science Letters*, n.220, 2004, p.3-24.
9. Rightmire, G.P., D. Lordkipanidze, e A. Vekua. "Anatomical descriptions, comparative studies and evolutionary significance of the hominin skulls from Dmasini, Republic of Georgia". *Journal of Human Evolution*, n.50, 2006, p.115-41; Lordkipanidze, D.T. et al. "Postcranial evidence from early *Homo* from Dmasini, Georgia". *Nature*, n.449, 2007, p.305-10.

10. Ruff, C.B., e A. Walker. "Body size and body shape", in A.Walker e R.E.F. Leakey, *The Nariokotome* Homo erectus *Skeleton*. Cambridge, MA, Harvard University Press, 1993, p.221-65; Graves, R.R. et al. "Just how strapping was KNM-WT 15000?". *Journal of Human Evolution*, v.59, n.5, 2010, p.542-54; Spoor, F. et al. "Implications of new early *Homo* fossils from Ileret, east of Lake Turkana, Kenya". *Nature*, n.448, 2007, p.688-91; Ruff, C.B., E. Trinkaus e T.W. Holliday. "Body mass and encephalization in Plestocene *Homo*". *Nature*, n. 387, 1997, p.173-76.
11. Rightmire, G.P. "Human evolution in the Middle Pleistocene: The role of *Homo heidelbergensis*". *Evolutionary Anthropology*, n.6, 1988, p.218-27.
12. Arsuaga, J.L. et al. "Size variation in Middle Pleistocene humans". *Science*, n.277, 1997, p.1.086-88.
13. Reich, D. et al. "Genetic history of an archaic hominin group from Denisova Cave in Siberia". *Nature*, n.468, 2010, p.1.053-60; Scally, A. e R. Durbin. "Revising the human mutation rate: Implications for understanding human evolution". *Nature Reviews Genetics*, n.13, 2012, p.745-53.
14. Reich, D. et al. "Denisova admixture and the first modern human dispersals into Southeast Asia and Oceania". *American Journal of Human Genetics*, n.89, 2011, p.516-28.
15. Klein, R.G. *The Human Career*, 3ª ed. Chicago, University of Chicago Press, 2009.
16. As mais antigas lanças desenterradas até agora vêm de um sítio de 400 mil anos de idade na Alemanha. Esses impressionantes dardos tinham 2,3 metros de comprimento, eram feitos de madeira muito densa e provavelmente eram usados como lanças para matar cavalos, veados e talvez até elefantes. Ver Thieme, H. "Lower Paleolithic hunting spears from Germany". *Nature*, n.385, 1997, p.807-10.
17. Essa maneira de fazer ferramentas de ferro é chamada de técnica Levallois, assim chamada em alusão ao subúrbio de Paris onde ferramentas desse tipo foram descobertas e nomeadas no século XIX. As evidências mais antigas desta técnica vêm, contudo, do sítio de Kathu Pan, na África do Sul. Ver Wilkins, J. et al. "Evidence for early hafted hunting technology". *Science*, n.338, 2012, p.942-46.
18. Berna, F.P. et al. "Microstratigraphic evidence of in situ fire in the Acheulean strata of Wonderwerk Cave, Northern Cave province, South Africa". *Proceedings of the National Academy of Sciences USA*, n.109, 2012, p.1.215-20; Goren-Inbar, N. et al. "Evidence of hominin control of fire at Gesher Benot Ya'aqov, Israel". *Science*, n. 304, 2004, p.725-27. Para uma discussão das limitações das interpretações, ver também Robebroeks, W. e P. Villa. "On the earliest evidence for habitual use of fire in Europe". *Proceedings of the National Academy of Sciences USA*, n.108, 2011, p.5.109-14.
19. Karkanas, P. et al. "Evidence for habitual use of fire at the end of the Lower Paleolithic: Site-formation processes at Qesem Cave, Israel". *Journal of Human Evolution*, 53, 2007, p.197-212.
20. Green, R.E. et al. "A complete Neandertal mitochondrial genome sequence determined by high-throughput sequencing". *Cell*, n.134, 2008, p.416-26.

21. Green, R.E. et al. "A draft sequence of Neandertal genome". *Science*, n.328, 2010, p.710-22; Langergraber, K.E. et al. "Generation times in wild chimpanzees and gorillas suggest earlier divergence times in great ape and human evolution". *Proceedings of the National Academy of Sciences USA*, n.109,2012, p.15.716-21.
22. Evidências de entrecruzamento não significam que neandertais e seres humanos modernos sejam a mesma espécie. Muitas espécies podem se entrecruzar e o fazem, mas se a hibridação for mínima e as espécies continuarem muito diferentes, é mais gerador de confusão do que útil classificá-las como uma única espécie.
23. Análises químicas de seus ossos sugeriram que comiam tanta carne quanto outros carnívoros como lobos e raposas. Ver Bocherens, H.D. et al. "New isotopic evidence for dietary habits of Neanderthals from Belgium". *Journal of Human Evolution*, n.40, 2001, p.497-505; Richards, M.P. e E. Trinkaus. "Out of Africa: Modern human origins special feature: Isotopic evidence for the diets of European Neandethals and early modern humans". *Proceedings of the National Academy of Sciences USA*, n.106, 2009, p.16.034-39.
24. Para ser preciso, a massa do cérebro corresponde à massa corporal à potência de 0,75. Expresso numa equação, massa cerebral = massa corporal^{0,75}. Ver Martin, R.D. "Relative brain size and basal metabolic rate in terrestrial vertebrates". *Nature*, n.293, 1981, p.57-60.
25. Para um resumo desses dados e todas as equações para você mesmo fazer os cálculos, ver Lieberman, D.E. *Evolution of the Human Head*. Cambridge, MA, Harvard University Press, 2011.
26. Ruff, C.B., E. Trinkaus e T.W. Holliday. "Body mass and encephalization in Pleistocene *Homo*". *Nature*, n.387, 1997, p.173-76.
27. Vrba, E.S. "Multiphasic growth models and the evolution of prolonged growth exemplified by human brain evolution". *Journal of Theoretical Biology*, n.190, 1998, p.227-39; Leigh, S.R. "Brain growth, life history, and cognition in primate and human evolution". *American Journal of Primatology*, n.62, 2004, p.139-64.
28. DeSilva, J. e J. Lesnik. "Chimpanzee neonatal brain size: Implications for brain growth in *Homo erectus*". *Journal of Human Evolution*, n.51, 2006, p.207-12.
29. O cérebro humano tem cerca de 11,5 bilhões de neurônios, ao passo que o do chimpanzé tem em média 6,5 bilhões. Haug, H. "Brain sizes, surfaces, and neuronal sizes of the cortex cerebri: A stereological investigation of man and his variability and a comparison with some mammals (primates, whales, marsupials, insectivores and on elephant)". *American Journal of Anatomy*, n.180, 1987, p.126-42.
30. Changizi, M.A. "Principles underlying mammalian neocortical scaling". *Biological Cybernetics*, n.84, 2001, p.207-15. Gibson, K.R., D. Rumbaugh e M. Beran. "Bigger is better: Primate brain size in relationship to cognition", in D. Falk e K.R. Gibson (orgs.). *Evolutionary Anatomy of the Primate Cortex*. Cambridge, Cambridge University Press, 2001, p.79-97.
31. Ela precisaria de cerca de 2 mil calorias mais um extra de 15% para o feto; uma típica criança de três anos que se exercita moderadamente precisa de 990 calorias,

e uma de sete anos precisa de 1.200 calorias, supondo-se níveis moderados de atividade física.

32. Uma maneira pela qual o cérebro humano se protege é com membranas extragrossas que o dividem em compartimentos (esquerdo e direito, de cima e de baixo). Essas faixas funcionam como divisões de papelão numa caixa de vinho, que impedem as garrafas de se chocar. O cérebro está abrigado numa grande banheira de fluido pressurizado que absorve impactos. Além disso, a caixa craniana humana tem paredes especialmente grossas.
33. Leutenegger, W. "Functional aspects of pelvic morphology in simian primates". *Journal of Human Evolution*, n.3, 1974, p.207-22.
34. Rosenberg, K.R. e W. Trewathan. "Bipedalism and human birth: The obstetrical dilemma revisited". *Evolutionary Anthropology*, n.4, 1996, p.161-68.
35. Tomasello, M. *Why We Cooperate*. Cambridge, MA, MIT Press, 2009.
36. A única exceção é a carne, que os machos compartilham algumas vezes com outros membros do grupo de caça. Muller, M.N. e J.C. Mitani. "Conflict and cooperation in wild chimpanzees". *Advances in the Study of Behavior*, n.35, 2005, p.275-331.
37. Dunbar, R.I.M. "The social brain hypothesis". *Evolutionary Anthropology*, n.6, 1998, p.178-90.
38. Liebenberg, L. *The art of Tracking: The Origin of Science*. Cidade do Cabo, David Philip, 1990.
39. Alguns especialistas consideram a adolescência um estágio humano único, definido principalmente pela arrancada no crescimento. No entanto, quase todos os grandes mamíferos têm uma arrancada no crescimento (especialmente em massa corporal) que precede em muito o fim do crescimento do esqueleto.
40. Bogin, B. *The Growth of Humanity*. Cambridge, Cambridge University Press, 2001.
41. Smith, T.M. et al. "First molar eruption, weaning, and the life history in living wild chimpanzees". *Proceedings of the National Academy of Sciences USA*, n.110, 2013, p.2.787-91.
42. Embora os seres humanos precisem de mais energia total para amadurecer que macacos antropoides, o custo de cada bebê é menor para mães humanas. Num importante e perspicaz artigo, Leslie Aiello e Cathy Key ressaltaram que produzir leite é especialmente dispendioso para mães com corpo grande, aumentando as necessidades de energia delas de 25% a 50%. Uma mãe humana primitiva que pesava cinquenta quilos e estava amamentando precisaria de uma média de 2.300 calorias por dia, 50% a mais do que uma mãe de 30 quilos que também estivesse amamentando. Pode-se portanto calcular que uma mãe humana de cinquenta quilos que desmama seus filhos como um macaco antropoide após cinco anos gastará assombrosos 4,2 milhões de calorias por filho, 1,7 milhão a mais do que se desmamar seus bebês com três anos. Portanto, qualquer mãe com acesso confiável a comida de alta qualidade como carne, tutano e plantas processadas ganharia um ponderável benefício reprodutivo se conseguisse desmamar seus bebês quando ainda fossem imaturos. Para mais, ver Aiello, L.C. e C. Key. "The energetic con-

sequences of being a *Homo erectus* female". *American Journal of Human Biology*, n.14, 2002, p.551-65.

43. Kramer, K.L. "The evolution of human parental care and recruitment of juvenile help". *Trends in Ecology and Evolution*, n.26, 2011, p.553-40.

44. Estas estimativas são possíveis porque em todos os mamíferos, inclusive seres humanos e outros primatas, o cérebro atinge o tamanho adulto mais ou menos na mesma idade em que o primeiro molar permanente irrompe. Além disso, como os dentes têm estruturas microscópicas como anéis de árvore que preservam um registro do tempo, anatomistas podem usá-los para avaliar em que idade o primeiro molar de um animal irrompeu, e por conseguinte quando seu cérebro parou de crescer. Para detalhes, ver Smith, B.H. "Dental development as a measure of life history in primates". *Evolution*, n.43, 1989, p.683-88; Dean, M.C. "Tooth microstructure tracks the pace of human life-history evolution". *Proceedings of the Royal Society B-Biological Sciences*, n.273, 2006, p.2.799-808.

45. Dean, M.C. et al. "Growth processes in teeth distinguish modern humans from *Homo erectus* and earlier hominins". *Nature*, n.414, 2001, p.628-31.

46. Smith, T.M. et al. "Rapid dental development in a Middle Paleolithic Belgian Neanderthal". *Proceedings of the National Academy of Sciences USA*, n.104, 2007, p.20.220-25.

47. Dean, M.C. e B.H. Smith. "Growth and development in the Nariokotome youth, KNM-WT 15000", in F.E. Grine, J.G. Fleagle e R.F. Leakey (orgs.). *The First Humans: Origin of the Genus Homo*. Nova York, Springer, 2009, p.101-20.

48. Smith, T.M. et al."Dental evidence of ontogenetic differences between modern humans and Neanderthals". *Proceedings of the National Academy of Sciences USA*, n.107, 2010, p.20.923-28.

49. Uma molécula de gordura é tecnicamente um triglicéride composto de três ácidos graxos mais um glicerol. Ácidos graxos são basicamente longas cadeias de átomos de carbono e hidrogênio; glicerol é uma forma de álcool incolor, inodora e doce.

50. Kuzawa, C.W. "Adipose tissue in human infancy and childhood: An evolutionary perspective". *Yearbook of Physical Anthropology*, n.41, 1998, p.177-209.

51. Pond, C.M. e C.A. Mattacks. "The anatomy of adipose tissue in captive *Macaca* monkeys and its implications for human biology". *Folia Primatologica*, n.48, 1987, p.164-85.

52. Clandinin, M.T. et al. "Extrauterine fatty acid accretion in infant brain: Implications for fatty acid requirements". *Early Human Development*, n.4, 1980, p.131-38.

53. Glicogênio (a forma de carboidrato que armazenamos nos músculos e no fígado) queima mais rapidamente que gordura, mas é muito mais pesado e denso, e o corpo só pode armazenar quantidades limitadas. A menos que corramos muito rápido, queimamos sobretudo gordura. Ver o capítulo 10 para mais detalhes.

54. Ellison, P.T. *On Fertile Ground*. Cambridge, MA, Harvard University Press, 2003.

55. Essa relação geral – a observação de que, à medida que organismos ficam maiores em massa, seu metabolismo aumenta ao expoente de 0,75 (TMB = massa corporal^{0,75}) – é conhecida como Lei de Kleiber.

56. Leonard, W.R. e M.L. Robertson. "Comparative primate energetics and hominoid evolution". *American Journal of Physical Anthropology*, n.102, 1997, p.265-81; Froehle, A.W. e M.J. Schoeninger. "Intraspecies variation in BMR does not affect estimates of earlyhominin total daily energy expenditure". *American Journal of Physical Anthropology*, n.131, 2006, p.552-59.
57. Para dados, ver Leonard W.R., e M.L. Robertson. "Comparative primate energetics and hominid evolution". *American Journal of Physical Anthropology*, n.102, 1997, p.265-81; Pontzer, H. et al. "Metabolic adaptation for low energy throughput in orangutans". *Proceedings of the National Academy of Sciences USA*, n.107, 2010, p.14.048-52; Dugas L.R. et al. "Energy expenditure in adults living in developing compared with industrialized countrie: A meta-analysis of doubly labeled water studies". *American Journal of Clinical Nutrition*, n.93, 2011, p.427-41; Pontzer, H. et al."Hunter-gatherer energetics and human obesity". *PLoS One*, v.7, n.7, 2012, p.e40503.
58. Kaplan, H.S. et al. "A theory of human life history evolution: diet, intelligence, and longevity". *Evolutionary Anthropology*, n.9, 2000, p.156-85.
59. Isto é verdade não apenas para seres humanos, mas para mamíferos em geral. Ver Pontzer, H. "Relating ranging ecology, limb length, and locomotor economy in terrestrial animals". *Journal of Theoretical Biology*, n.296, 2012, p.6-12.
60. Para uma revisão, ver capítulo 5 de Wrangham, R.E. *Catching Fire: How Cooking Made us Human*. Nova York, Basic Books, 2009.
61. Para algumas teorias e referências decisivas, ver Charnov, E.L. e D. Berrigan. "Why do female primates have such long lifespans and so few babies? Or life in the slow lane". *Evolutionary Anthropology*, n.1, 1993, p.191-94. Kaplan, H.S., J.B. Lancaster e A. Robson. "Embodied capital and the evolutionary economics of the human lifespan", in J.R. Carey e S. Tuljakapur (orgs.). *Lifespan: Evolutionary, Ecology and Demographic Perspective. Population and Development Review*, n.29, 2003, p.152-82; Isler, K. e C.P. van Schaik. "The expensive brain. A framework for explaining evolutionary changes in brain size". *Journal of Human Evolution*, n.57, 2009, p.392-400; Kramer, K.L. e P.T. Ellison. "Pooled energy budgets: Resituating human energy-allocation trade-offs". *Evolutionary Anthropology*, n.19, 2010,p.136-47.
62. Várias populações de pigmeus (povos cuja altura não excede 150 centímetros) evoluíram em lugares com energia limitada como florestas pluviais ou ilhas. Talvez o tamanho pequeno dos hominíneos de Dmanisi, na Geórgia, também reflita seleção para poupar energia entre os primeiros colonos da Eurásia.
63. Morwood, M.J. et al. "Fission track age of stone tools and fossils on the east Indonesian island of Flores". *Nature*, n.392, 1998, p.173-76.
64. Brown, P. et al. "A new small-bodied hominin from the Late Pleistocene of Flores, Indonesia". *Nature*, n.431, 2004, p.1.055-61.
65. Morwood, M.J. et al. "Further evidence for small-bodied hominins from the Late Pleistocene of Flores, Indonesia". *Nature*, n.437, 2005, p.1.012-17.
66. Falk, D. et al. "The brain of LB1, *Homo floresiensis*". *Science*, n.308, 2005, p.242-45; Baab, K.L. e K.P. McNulty. "Size, shape and asymmetry in fossil hominins: The

status of the LB1 cranium based on 3D morphometric analyses". *Journal of Human Evolution*, n.57, 2009, p.608-22; Gordon, A.D., L. Nevell e B. Wood. "The *Homo floresiensis* cranium (LB1): Size, scaling, and early *Homo* affinities". *Proceedings of the National Academy of Sciences USA*, n.105, 2008, p.4.650-55.
67. Martin, R.D. et al. "Flores hominid: new species of microcephalic dwarf?". *Anatomical Record A*, n.288, 2006, p.1.123-45.
68. Argue D. et al. "*Homo floresiensis*: Microcephalic, pygmoid, *Australopithecus* or *Homo*?". *Journal of Human Evolution*, n.51, 2006, p.360-74; Falk, D. et al."The type specimen (LB1) of *Homo floresiensis* did not have Laron syndrome". *American Journal of Physical Anthropology*, n.140, 2009, p.52-63.
69. Weston, E.M. e A.M. Lister. "Insular dwarfism in hippos and a model for brain size reduction in *Homo floresiensis*". *Nature*, n.459, 2009, p.85-88.

6. Uma espécie muito cultivada (p.148-78)

1. Sahlins, M.D. *Stone Age Economics*. Chicago, Aldine, 1972.
2. Scally, A. e R. Durbin. "Revising the human mutation rate: Implications for understanding human evolution". *Nature Reviews Genetics*, n.13, 2012, p.745-53.
3. Laval, G.E. et al. "Formulating a historical and demographic model of recent human evolution based on resequencing data from noncoding regions". *PLoS ONE*, v.5, n.4, 2010, p.e10284.
4. Lewontin, R.C. "The apportionment of human diversity". *Evolutionary Biology*, n.6, 1972, p.381-98; Jorde, L.B. et al. "The distribution of human genetic diversity: A comparison of mitochondrial, autosomal, and Y-chromosome data". *American Journal of Human Genetics*, n.66, 2000, p.979-88.
5. Gagneux, P. et al. "Mitochondrial sequences show diverse evolutionary histories of African hominoids". *Proceedings of the National Academy of Sciences USA*, n.96, 1999, p.5.077-82; Becquet, C. et al. "Genetic structure of chimpanzee populations". *PLoS Genetics*, v.3, n.4, 2007, p.e66.
6. Green, R.E. "A complete Neandertal mitochondrial genome sequence determined by high-throughput sequencing". *Cell*, n.134, 2008, p.416-26; Green, R.E. et al. "A draft sequence of the Neandertal genome". *Science*, n.328, 2010, p.710-22; Langergraber, K.E. et al. "Generation times in wild chimpanzees and gorillas suggest earlier divergence times in great ape and human evolution". *Proceedings of the National Academy of Sciences USA*, n.109, 2012, p.15.716-21.
7. Para estimativas dos dados, ver Sankararaman, S. "The date of interbreeding between neandertals and modern humans". *PLoS Genetics*, n.8, 2012, p.e1002947.
8. Reich D. et al. "Genetic history of an archaic hominin group form Denisova Cave in Siberia". *Nature*, n.468, 2010, p.1.053-60; Krause, J. "The complete mitochondrial DNA genome of an unknown hominin from southern Siberia". *Nature*, n.464, 2010, p.894-97.

9. O fóssil, denominado Omo I, é do sul da Etiópia. McDougall, I., F.H. Brown e J.G. Fleagle. "Stratigraphic placement and age of modern humans from Kibish, Ethiopia". *Nature*, n.433, 2005, p.733-36.
10. Por exemplo, a amostra Herto inclui três indivíduos datados de 160 mil anos atrás, o sítio Djebel Irhoud inclui vários fósseis também datados de 160 mil anos atrás, e o crânio Singa do Sudão tem 133 mil anos de idade. Alguns fósseis humanos modernos talvez sejam até um pouco mais antigos, tal como um crânio parcial de Florisbad, na África do Sul, que poderia ter 200 mil anos. Ver White, T.D. et al. "Pleistocene *Homo sapiens* from Middle Awash, Ethiopia". *Nature*, n.423, 2003, p.742-47; McDermott, F. et al. "New Late-Pleistocene uranium-thorium and ESR ages for the Singa hominid (Sudan)". *Journal of Human Evolution*, n.31, 1996, p.507-16.
11. Bar-Yosef, O. "Neanderthals and modern humans: A different interpretation", in N.J. Conrad (org.). *Neanderthals and Modern Humans Meet*. Tübingen, Tübingen Publications in Prehistory, Kern Verlag, 2006, p.165-87.
12. Bowler, J.M. et al. "New ages for human occupation and climatic change at Lake Mungo, Australia". *Nature*, n.421, 2003, p.837-40; Barker, G. et al. "The 'human evolution' in lowland tropical Southeast Asia: The antiquity and behavior of anatomically modern humans at Niah Cave (Sarawak, Borneo)". *Journal of Human Evolution*, n.52, 2007, p.243-61.
13. Dados genéticos e a maior parte das evidências arqueológicas mostram que a ocupação humana do Novo Mundo ocorreu menos de 30 mil anos atrás, provavelmente menos de 22 mil anos atrás. Para uma revisão geral meticulosa, ver Meltzer, D.J. *First Peoples in a New World: Colonizing Ice Age America*. Berkeley, CA, University of California Press, 2009. Para mais informação, ver Goebel, T., M.R. Waters e D.H. O'Rourke. "The Late Pleistocene dispersal of modern humans in the Americas". *Science*, n.319, 2008, p.1.497-1.502; Hamilton, M.J. e B. Buchanan. "Archaelogical support for the three-stage expansion of modern humans across northeastern Eurasia and into the Americas". *PLoS One*, v.5, n.8, 2010, p.e12472. Afirma-se que alguns sítios muito antigos, notavelmente Monte Verde, no Chile, suportaram uma colonização inicial mais antiga, mas as evidências são controversas. Ver Dillehay, T.D. e M.B. Collins. "Early cultural evidence from Monte Verde in Chile". *Nature*, n.332, 1998, p.150-52.
14. Hublin, J.J. et al. "The Mousterian site of Zafarraya (Granada, Spain): Dating and implications on the paleolithic peopling processes of Western Europe". *Comptes Rendus de l'Académie des Sciences*, Paris, n. 321, 1995, p.931-37.
15. Lieberman, D.E., C.F. Ross e M.J. Ravosa. "The primate cranial base: Ontogeny, function and integration". *Yearbook of Physical Anthropology*, n.43, 2000, p.117-69; Lieberman, D.E., B.M. McBratney e G.Krovitz. "The evolution and development of cranial form in *Homo sapiens*". *Proceedings of the National Academy of Sciences USA*, n.99, 2002, p.1.134-39.
16. Weidenreich, F. "The brain and its role in the phylogenetic transformation of the human skull". *Transactions of the American Philosophical Society*, n.31, 1941, p.328-442;

Lieberman, D.E. "Ontogeny, homology, and phylogeny in the Hominid craniofacial skeleton: The problem of the browridge", in P. O'Higgins e M. Cohn (orgs.). *Development, Growth and Evolution*. Londres, Academic Press, 2000, p.85-122.

17. Bastir, M. et al. "Middle cranial fossa anatomy and the origin of modern humans". *Anatomical Record*, n.291, 2008, p.130-40; Lieberman, D.E. "Speculations about the selective basis for modern human cranial form". *Evolutionary Anthropology*, n.17, 2008, p.22-37.
18. Uma ideia improvável é que queixos funcionem para fortalecer o maxilar, mas por que seres humanos, que cozinham seu alimento, precisam de fortalecimento extra? Outras especulações malsustentadas são que ajudam a orientar os dentes incisivos corretamente, ajudam a falar, ou são atraentes. Para uma revisão destas e outras ideias, ver Lieberman, D.E. *The Evolution of the Human Head*. Cambridge, MA, Harvard University Press, 2011.
19. Rak, Y. e B. Arensburg. "Kebara 2 Neanderthal pelvis: first look at a complete inlet". *American Journal of Physical Anthropology*, n.73, 1987, p.227-31; Arsuaga, J.L. et al. "A complete human pelvis from the Middle Pleistocene of Spain". *Nature*, n.399, 1999, p.255-58; Ruff, C.B. "Body size and body shape in early hominins: Implications of the Gona pelvis". *Journal of Human Evolution*, n.58, 2010, p.166-78.
20. Ruff, C.B. et al. "Postcranial robusticity in *Homo*. I: Temporal trends and mechanical interpretation". *American Journal of Physical Anthropology*, n.91, 1993, p.21-53.
21. McBrearty, S. e A.S. Brooks. "The revolution that wasn't: A new interpretation of the origin of modern human behavior". *Journal of Human Evolution*, n.39, 2000, p.453-563.
22. Brown, K.S. et al. "An early and enduring advanced technology originating 71,000 years ago in South Africa". *Nature*, n.491, 2012, p.590-93; Yellen, J.E. et al. "A middle stone age worked bone industry from Katanda, Upper Semliki Valley, Zaire". *Science*, n.268, 1995, n.553-56; Wadley L., T. Hodgskiss e M. Grant. "Implications for complex cognition from the hafting of tools with compound adhesives in the Middle Stone Age, South Africa". *Proceedings of the National Academy of Sciences USA*, n.106, 2009, p.9.590-94; Mourre, V., P. Villa e C.S. Henshilwood. "Early use of pressure flaking on lithic artifacts at Blombos Cave, South Africa". *Science*, n.330, 2010, p.659-62.
23. Henshilwood, C.S. et al. "An early bone tool industry from the Middle Stone Age at Blombos Cave, South Africa: Implications for the origins of modern human behaviour, symbolism and language". *Journal of Human Evolution*, p.41, 2001, n.631-78; Henshilwood, C.S., F. d'Errico e I. Wattas. "Engraved ochres from the Middle Stone Age levels at Blombo cave, South Africa". *Journal of Human Evolution*, n.57, 2009, p.27-47.
24. Para uma revisão desse debate, ver D'Errico, F. e C. Stringer. "Evolution, revolution, or saltation scenario for the emergence of modern cultures?". *Philosophical Transactions of the Royal Society, London, Part B, Biological Science*, n.566, 2011, p.1.060-69.

25. Jacobs, Z. et al. "Ages for the Middle Stone Age of Southern Africa: Implications for human behavior and dispersal". *Science*, n.322, 2008, p.733-35.
26. Por razões históricas, arqueólogos usam a expressão "Idade da Pedra Posterior" para o Paleolítico Superior na África subsaariana. Estou usando sempre "Paleolítico Superior".
27. Stiner, M.C., N.D. Munro e T.A. Surovell. "The tortoise and the hare. Small-game use, the broad-spectrum revolution, and paleolithic demography". *Current Anthropology*, n.41, 2000, p.39-79.
28. Weiss, E. et al. "Plant-food preparation on an Upper Paleolithic brush hut floor at Ohalo II, Israel". *Journal of Archaeological Science*, n.35, 2008, p.2.400-14; Revedin, A. et al. "Thirty-thousand-year-old evidence of plant food processing". *Proceedings of the National Academy of Sciences USA*, n.107, 2010, p.18.815-19.
29. Essa enigmática indústria, conhecida como châtelperroniana, é encontrada em apenas poucos sítios datados de entre 35 mil e 29 mil anos atrás. Contém algumas ferramentas típicas do Paleolítico Médio, mas também ferramentas do Paleolítico Superior e algumas peças decorativas, como pendentes entalhados e anéis feitos de marfim. Alguns acreditam que essa indústria é mista, mas outros pensam que é uma versão neandertal do Paleolítico Superior. Para mais informações e visões diferentes, ver Bar-Yosef, O. e J.G. Bordes. "Who were the makers of the Châtelperronian culture?". *Journal of Human Evolution*, n.59, 2010, p.586-93; Mellars, P. "Neanderthal symbolism and ornament manufacture: The bursting of a bubble?". *Proceedings of the National Academy of Sciences USA*, n.107, 2010, p.20.147-48; Zilhão, J. "Did Neandertals think like us?". *Scientific American*, n.302, 2010, p.72-75; Caron, F. et al. "The reality of Neandertal symbolic behavior at the Grotte du Renne, Arcy-sur-Cure, France". *PLoS One*, n.6, 2011, p.e21545.
30. Esta é uma questão complicada por várias razões. Primeiro, o tamanho do cérebro precisa ser ajustado ao tamanho do corpo (pessoas maiores tendem a ter cérebro maior), mas a relação não é muito rigorosa dentro das espécies, o que torna essas correlações imprecisas. Segundo, como podemos definir ou medir inteligência? A maioria dos estudos descobriu correlações ligeiras (de 0,3-0,4) entre tamanho do cérebro e medidas de inteligência baseadas em testes, mas precisamos ser cautelosos ao extrair conclusões fortes desses estudos, porque é impossível medir inteligência sem preconceitos sobre o que ela realmente é. É a habilidade de resolver problemas de matemática e usar gramática correta, ou é a habilidade de rastrear um cudo e descobrir o que os outros estão pensando? Além disso, não é possível corrigir todo o sem-número de efeitos do ambiente sobre medidas da inteligência. Mesmo assim, as pessoas tentam. Para um exemplo, ver Witelson, S.F., H. Beresh e D.L. Kigar. "Intelligence and brain size in 100 postmortem brains: Sex, lateralization and age factors". *Brain*, n.129, 2006, p.386-98.
31. Por favor, não pense que esses estudos têm alguma coisa a ver com frenologia, a pseudociência do século XIX que presumia que variações sutis na forma externa do crânio refletem diferenças significativas no cérebro pertinentes à personalidade, ao intelecto e a outras funções.

32. Lieberman, D.E., B.M. McBratney e G. Krovitz. "The evolution and development of cranial form in *Homo sapiens*". *Proceedings of the National Academy of Sciences USA*, n.99, 2002, p.1.134-39; Basti, M. et al. "Evolution of the base of the brain in highly encephalized human species". *Nature Communications*, n.2, 2011, p.588. Para estudos de escala, ver Rilling, J. e R. Seligman. "A quantitative morphometric comparative analysis of the primate temporal lobe". *Journal of Human Evolution*, n.42, 2002, p.505-34; Semendeferi, K. "Advances in the study of hominoid brain evolution: Magnetic resonance imaging (MRI) and 3-D imaging", in D. Falk e K. Gibson (orgs.). *Evolutionary Anatomy of the Primate Cerebral Cortex*. Cambridge, Cambridge University Press, 2001, p.257-89.
33. Dano numa região do lobo temporal conhecida como área de Wernicke torna de fato a linguagem sem sentido.
34. Persinger, M.A. "The neuropsychiatry of paranormal experiences". *Journal of Neuropsychiatry and Clinical Neurociences*, n.13, 2001, p.515-24.
35. Bruner, E. "Geometric morphometrics and paleoneurology: Brain shape evolution in the genus *Homo*". *Journal of Human Evolution*, n.47, 2004, p.279-303.
36. Culham, J.C. e K.F. Valyear. "Human parietal cortex in action". *Current Opinions in Neurobiology*, n.16, 2006, p.205-12.
37. Semendeferi, K. et al. "Prefrontal corte in humans and apes: A comparative study of area 10". *American Journal of Physical Anthropology*, n.114, 2001, p.224-41; Schenker, N.M., A.M. Desgouttes, e K. Semendeferi. "Neural connectivity and cortical substrates of cognition in hominoids". *Journal of Human Evolution*, n.49, 2005, p.547-69.
38. O mais famoso caso de lesão na região pré-frontal é o de Phineas Gage, um trabalhador ferroviário que foi ferido numa insólita explosão que arremessou uma barra de ferro como um bólido que lhe penetrou o globo ocular e o cérebro. Surpreendentemente, Gage sobreviveu, mas depois se tornou irascível e impaciente. Para mais informações, ver Damasio, A.R. *Descartes' Error: Emotion, Reason, and the Human Brain*. Nova York, Penguin, 2005.
39. Para uma explicação desses processos, ver Lieberman, D.E., K.M. Mowbray e O.M. Pearson. "Basicranial influences on overall cranial shape". *Journal of Human Evolution*, n.38, 2000, p.291-315. Para evidências de que isto acontece de maneira diferente em seres humanos modernos *versus* neandertais nos primeiros anos de vida, ver Gunz, P. et al. "A uniquely modern human pattern of endocranial development. Insights form a new cranial reconstruction of the Neandertal newborn form Mezmaiskaya". *Journal of Human Evolution*, n.62, 2012, p.300-13. Observe também que outro fator que leva a base craniana a ser mais flexível e o cérebro mais redondo é face menor. Assim como o cérebro cresce em cima da base craniana, a face cresce para baixo e para a frente a partir dela. Animais que têm face relativamente mais longa têm base do crânio mais chata, o que permite que uma parte maior da face se projete em frente à caixa craniana.
40. Miller, D.T. et al. "Prolonged myelination in human neocortical evolution". *Proceedings of the National Academy of Sciences USA*, n.109, 2012, p.16.480-85; Bianchi, S.

et al. "Dendritic morphology of pyramidal neurons in the chimpanzee neocortex: Regional specializations and comparisons to humans". *Cerebral Cortex*, 2012.

41. Para um resumo, ver Lieberman, P. *The Unpredictable Species: What Makes Humans Unique*. Princeton, NJ, Princeton University Press, 2013.
42. Kandel, E.R., J.H. Schwartz e T.M. Jessel. *Principles of Neural Science*, 4ª ed. Nova York, McGraw-Hill, 2000; Giedd, J.N. "The teen brain: Insights from neuroimaging". *Journal of Adolescence Health*, n.42, 2008, p.335-43.
43. Um estudo de Tanya Smith e colegas comparou dois neandertais juvenis que não eram crianças com uma grande amostra de seres humanos modernos juvenis. Um desses neandertais (do sítio belga de Scladina) morreu aos oitos anos, mas era tão maduro quanto um ser humano de dez. Outro neandertal (Le Moustier 1) tinha cerca de doze anos ao morrer, mas tinha o esqueleto de um ser humano moderno de dezesseis anos. Análises de mais fósseis são necessárias para confirmar essas diferenças, mas, se elas se mantiverem, isso significaria que seres humanos arcaicos tinham um período mais curto de crescimento juvenil antes de se tornar adultos. Ver Smith T. et al. "Dental evidente for ontogenetic differences between modern humans and Neandertals". *Proceedings of the National Academy of Sciences USA*, n.107, 2010, p.20.923-28.
44. Kaplan, H.S. et al. "The embodied capital theory of human evolution", in P.T. Ellison (org.). *Reproductive Ecology and Human Evolution*. Hawthorne, NY, Aldine de Gruyter, 2001; Yearman, J.D. et al. "Development of white matter and reading skills". *Proceedings of the National Academy of Sciences USA*, n.109, 2012, p.3.045-53; Shaw, P. et al. "Intellectual ability and cortical development in children and adolescents". *Nature*, n.44, 2005, p.676-79; Lieberman, P. *Human Language and Our Reptilian Brain*. Cambridge, MA, Harvard University Press, 2010.
45. Klein, R.G.e B. Edgar. *The Dawn of Human Culture*. Nova York, Nevreaumont Publishing, 2002.
46. Enard, W. et al. "A humanized version of *Foxp2* affects cortico-basal ganglia circuits in mice". *Cell*, n.137, 2009, p.961-71.
47. Krause, J. et al. "The derived *FOXP2* variant of modern humans was shared with Neandertals". *Current Biology*, n.17, 2007, p.1.908-12; Coop, G. et al. "The timing of selection at the human *FOXP2* gene". *Molecular Biology and Evolution*, n.25, 2008, p.1.257-59.
48. Lieberman, P. *Toward an Evolutionary Biology of Language*. Cambridge, MA, Harvard University Press, 2006.
49. Essa remodelação ocorre em grande parte porque o tamanho da língua tem uma correspondência muito estreita com a massa corporal em primatas, por isso quando a face humana se torna mais curta, isso não deixa a língua menor. Em vez disso, a língua humana torna-se mais curta e mais alta, com sua base posicionada mais abaixo na garganta humana que em outros primatas.
50. Esta propriedade da fala humana é conhecida como fala quântica. Isso foi proposto pela primeira vez por Kenneth Stevens e Arthur House. Ver "Development of a

quantitative description of vowel articulation". *Journal of the Acoustical Society of America*, n.27, 1995, p.401-93.

51. Hibridação com *Homo* arcaicos provavelmente também aconteceu na África. Ver Hammer, M.F. et al. "Genetic evidence for archaic admixture in Africa". *Proceedings of the National Academic of Sciences USA*, n.108, 2011, p.15.123-28; Harvarti, K. et al. "The Later Stone Age calvaria from Iwo Eleru, Nigeria: Morphology and chronology". *PlosOne*, n.6, 2011, p.e24024.
52. Se os caçadores-coletores na Europa da Idade do Gelo eram parecidos com caçadores-coletores subárticos que vivem em territórios de cem quilômetros quadrados por pessoa, um máximo de 3 mil pessoas teriam vivido em regiões como a Itália em qualquer momento. Ver Zubrow, E. "The demographic modeling of Neanderthal extinction", in P. Mellars e C.B. Stringer (orgs.). *The Human Revolution*. Edimburgo, Edinburgh University Press, 1989, p.212-31.
53. Caspari, R. e S.H. Lee. "Older age becomes common late in human evolution". *Proceedings of the National Academy of Sciences USA*, v.101, n.30, 2004, p.10.895-900.
54. Para resumos dessas teorias, ver Stringer, C. *Lone Survivor: How We Came to Be the Only Humans on Earth*. Nova York, Time Books, 2012; Klein, R.J. e B. Edgar. *The Dawn of Human Culture*. Nova York, Wiley, 2002. Você pode gostar também de Kuhn, S.L. e M.C. Stiner. "What's a mother to do? The division of labor among Neandertals and modern humans in Eurasia". *Current Anthropology*, n.47, 2006, p.953-81.
55. Shea, J.J. "Stone tool analysis and human origins research: Some advice from Uncle Screwtape. *Evolutionary Anthropology*, n.20, 2011, p.48-53.
56. A unidade básica de informação biológica transmitida é um gene, e a unidade cultural equivalente é o meme, em geral uma ideia, como um símbolo, um hábito, uma prática ou uma crença. A palavra vem do grego para "imitar". Como os genes, os memes são transmitidos de um indivíduo para outro, mas, diferentemente dos genes, não são passados unicamente de pais para filhos. Ver Dawkins, R. *The Selfish Gene*. Oxford, Oxford University Press, 1976.
57. Foram escritas muitas excelentes análises sobre evolução cultural e seleção, nas quais me baseei fortemente. Para mais, ver Cavalli-Sforza, L.L. e M.W. Feldman. *Cultural Transmission and Evolution: A Quantitative Approach*. Princeton, Princeton University Press, 1981; Boyd, R. e J.P. Richerson. *Culture and the Evolutionary Process*. Chicago, University of Chicago Press, 1985; Durham, W.H. *Co-evolution: Genes, Culture and Human Diversity*. Stanford, CA, Stanford University Press, 1991. Para explicações mais populares, recomendo Richerson, J.P. e R. Boyd. *Not by Genes Alone: How Culture Transformed Human Evolution*. Chicago, University of Chicago Press, 1995; e Ehrlich, P.R. *Human Natures: Genes, Cultures and the Human Prospect*. Washington, DC, Island Press, 2000.
58. Lactase é a enzima que nos permite digerir lactose, o açúcar presente no leite. Até recentemente, os seres humanos, como outros mamíferos, perdiam a capacidade de produzi-la depois do desmame, mas mutações que evoluíram no gene LCT per-

mitem a alguns deles continuar sintetizando a enzima como adultos. Tishkoff, S.A. et al. "Convergent adaptation of human lactase persistence in Africa and Europe". *Nature Genetics*, n.39, 2007, p.31-40; Enatth, N.S. et al. "Independent introduction of two lactase-persistence alleles into human populations reflects different history of adaptation to milk culture". *American Journal of Human Genetics*, n.82, 2008, p.57-72.

59. Wrangham, R.W. *Catching Fire: How Cooking Made Us Human*. Nova York, Basic Books, 2009.
60. Há dois princípios gerais. O primeiro (conhecido como Regra de Bergman) é que a massa corporal corresponde à potência de três, mas a área de superfície corresponde à potência de dois, por isso indivíduos maiores têm relativamente menos área de superfície. Portanto, animais em climas frios tendem a ser maiores. O segundo princípio (conhecido como Regra de Allen) é que membros mais longos ajudam a aumentar a área de superfície, por isso em climas frios é útil ter membros curtos.
61. Holliday, T.W. "Body proportions in Late Pleistocene Europe and modern human origins". *Journal of Human Evolution*, n.32, 1997, p.423-48; Trinkaus, E. "Neandertal limb proportions and cold adaptation", in C.B. Stringer (org.). *Aspects of Human Evolution*. Londres, Taylor and Francis, 1981, p.187-224.
62. Jablonski, N. *Skin*. Berkeley, University of California Press, 2008; Sturm, R.A. "Molecular genetics of human pigmentation diversity". *Human Molecular Genetics*, n.18, 2009, p.R9-17.
63. Landau, M. *Narratives of Human Evolution*. New Haven, CT, Yale University Presss, 1991.
64. Pontzer, H. et al. "Hunter-gatherer energetics and human obesity". *PLoS ONE*, v.7, n.7, 2012, p.e40503, doi:10.1371; Marlowe, F. "Hunter-gatherers and human evolution". *Evolutionary Anthropology*, n.14, 2005, p.54-67.
65. Há uma ligeira complicação com esta análise, pois não corrigi os efeitos de escala. À medida que os animais, inclusive seres humanos, ficam maiores, eles gastam relativamente menos energia fazendo trabalhos. Ainda assim, o importante é que ocidentais sedentários gastam menos energia por unidade de massa corporal para isso que caçadores-coletores.
66. Lee, R.B. *The !Kung San: Men, Women and Work in a Foraging Society*. Cambridge, Cambridge University Press, 1979.
67. Para um resumo de variação caçadora-coletora, ver Kelly, R.L. *The Foraging Spectrum: Diversity in Hunter-Gatherer Lifeways*. Clinton Corners, NY, Percheron Press, 2007; Lee, R.B. e R. Daly. *The Cambridge Encyclopedia of Hunters and Gatherers*. Cambridge, Cambridge University Press, 1999.

7. Progresso, desajuste e disevolução (p.181-205)

1. Floud, R. et al. *The Changing Body: Health Nutrition and Human Development in the Western Hemisphere Since 1700*. Cambridge, Cambridge University Press, 2011.

2. McGuire, M.T. e A. Troisi. *Darwinian Psychiatry*. Oxford, Oxford University Press, 1998; ver também Baron-Cohen, S. (org.). *The Mal-adapted Mind: Classic Readings in Evolutionary Psychopathology*. Hove, Sussex, Psychology Press; Mattson, M.P. "Energy intake and exercise as determinants of brain health and vulnerability to injury and disease". *Cell Metabolism*, n.16, 2012, p.706-22.
3. Há muitos livros excelentes sobre esse assunto. Alguns deles são: Odling-Smee, F.J., K.N. Laland e M.W. Feldman. *Niche Construction: The Neglected Process in Evolution*. Princeton, Princeton University Press, 2003; Richerson, P.J. e R. Boyd. *Not By Genes Alone: How Culture Transformed Human Evolution*. Chicago, University of Chicago Press, 2005; Erlich, P.R. *Human Natures: Genes, Cultures and the Human Prospect*. Washington, DC, Island Press, 2000; Cochran G. e H. Harpending. *The 10,000 Year Explosion*. Nova York, Basic Books, 2009.
4. Weeden, J. et al. "Do high-status people really have fewer children? Education, income, and fertility in the contemporary US". *Human Nature*, n.17, 2006, p.377-92; Byars, S.G. et al. "Natural selection in a contemporary human population". *Proceedings of the National Academy of Sciences USA*, n.107, 2010, p.1.787-92.
5. Williamson, S.H. et al. "Localizing recent adaptive evolution in the human genome". *PLoS Genetics*, n.3, 2007, p.e90. Sabeti, P.C. et al. "Genome-wide detection and characterization of positive selection in human populations". *Nature*, n.449, 2007, p.913-18; Kelley, J.L. e W.J. Swanson. "Positive selection in the human genome: From genome scans to biological significance". *Annual Review of Genomics and Human Genetics*, n.9, 2008, p.143-60; Laland, K.N., J. Odling-Smee e S. Myles. "How culture shaped the human genome: Bringing genetics and the human sciences together". *Nature Reviews Genetics*, n.11, 2010, p.137-48.
6. Brown, E.A., M. Ruvolo e P.C. Sabeti. "Many ways to die, one way to arrive: How selection acts through pregnancy". *Trends in Genetics*, 2013, S0168-9525.
7. Kamberov, Y.G. et al. "Modeling recent human evolution in mice by expression of a selected EDAR variant". *Cell*, n.152, 2013, p.691-702. A variante do gene tem outros efeitos, inclusive seios menores e dentes incisivos superiores com uma forma ligeiramente assemelhada a uma pá.
8. Você pode calcular quantas gerações são necessárias para que frequências de genes se alterem como $\Delta p = (spq2)/1 - sq2$, onde p e q são a frequência de dois alelos do mesmo gene, Δp é a mudança na frequência do alelo (p) por geração, e s é o coeficiente de seleção (0,0 sendo nada e 1,0 sendo 100%).
9. Para uma revisão, ver Tattersall, I. e R. DeSalle. *Race? Debunking a Scientific Myth*. College Station, Texas, A&M Press, 2011.
10. Corruccini, R.S. *How Anthropology Informs the Orthodontic Diagnosis of Malocclusion's Causes*. Lewiston, NY, Edwin Mellen Press, 1999; Lieberman, D.E. et al. "Effects of food processing on masticatory strain and craniofacial growth in a retrognathic face". *Journal of Human Evolution*, n.46, 2004, p.655-77.
11. Kuno, Y. *Human Perspiration*. Springfield, IL, Charles C. Thomas, 1956.
12. Para dados sobre essas mudanças, ver Bogin, B. *The Growth of Humanity*. Nova York, Wiley, 2001; Brace, C.L., K.R. Rosenberg e K.D. Hunt. "Gradual change in human

tooth size in the Late Pleistocene and Post-Pleistocene". *Evolution*, n.41, 1987, p.705-20; Ruff, C.B. et al. "Postcranial robuscity in *Homo*. I. Temporal trends and mechanical interpretation". *American Journal of Physical Anthropology*, n.91, 1993, p.21-53. Lieberman, D.E. "How and why humans grow thin skulls". *American Journal of Physical Anthropology*, n.101, 1996, p.217-36; Sachithanandam, V. e B. Joseph. "The influence of footwear on the prevalence of flat foot: A survey of 1846 skeletally mature persons". *Journal of Bone and Joint Surgery*, n.77, 1995, p.254-57; Hillson, S. *Dental Anthropology*. Cambridge, Cambridge University Press, 1996.

13. Wild, S. et al. "Global prevalence of diabetes". *Diabetes Care*, n.27, 2004, p.1.047-53.
14. Há vários bons livros sobre medicina evolutiva. O primeiro importante tratamento do tópico, que ainda merece ser lido, é Nesse, R. e G.C. Williams. *Why We Get Sick: The New Science of Darwinian Medicine*. Nova York, New York Times Books, 1994. Outros excelentes livros são Ewald, P. *Evolution of Infectious Diseases*. Oxford, Oxford University Press, 1994; Stearns, S.C. e J.C. Koella. *Evolution in Health and Disease*, 2ª ed., Oxford, Oxford University Press, 2008; Trevathan, W.R., E.O. Smith e J.J. McKenna. *Evolutionary Medicine and Health*. Oxford, Oxford University Press, 2008; Gluckman P., A. Beedle e M. Hanson. *Principles of Evolutionary Medicine*. Oxford, Oxford University Press, 2009; Trevathan, W.R. *Ancient Bodies, Modern Lives: How Evolution Has Shaped Women's Health*. Oxford, Oxford Universiy Press, 2010.
15. Greaves, M. *Cancer: The Evolutionary Legacy*. Oxford, Oxford University Press, 2000.
16. Para uma revisão desse complexo tópico, ver Dunn, R. *The Wild Life of Our Bodies*. Nova York, HarperCollins, 2011.
17. Este é um assunto contencioso para muitos tipos de câncer, inclusive de próstata. Para dois estudos diferentes publicados em menos de um ano na mesma revista, mas com conclusões diferentes, ver Wilt, T.J. et al. "Radical prostratectomy versus observation for localized prostate cancer". *New England Journal of Medicine*, n.367, 2012, p.203-13; Bill-Axelson, A. et al. "Radical prostatectomy versus watchful waiting in early prostate cancer". *New England Journal of Medicine*, n.364, 2011, p.1.708-17.
18. Para uma divertida revisão da história das dietas, ver Foxcroft, L. *Calories and Corsets: A History of Dieting over Two Thousand Years*. Londres, Profile Books, 2012.
19. Ver Gluckman, P. e M. Hanson. *Mismatch: The Lifestyle Diseases Timebomb*. Oxford, Oxford University Press, 2006.
20. Nesse, R.M. "Maladaptation and natural selection". *The Quarterly Review of Biology*, n.80, 2005, p.62-70.
21. Isso está bem estudado, mas para um artigo essencial que mostrou esse efeito, ver Colditz, G.A. "Epidemiology of breast cancer: Findings from the Nurse's Health Study". *Cancer*, n.71, 1993, p.1.480-89.
22. Baron-Cohen, S. *Autism and Asperger Syndrome: The Facts*. Oxford, Oxford University Press, 2008.
23. Price, W.A. *Nutrition and Physical Degeneration: A Comparison of Primitive and Modern Diets and Their Effects*. Redlands, CA, Paul B. Hoeber, Inc, 1939.

24. Ver, por exemplo, Mann, G.V. et al. "Cardiovascular disease in African Pygmies: A survey of the health status, serum lipids and diet of Pygmiesin Congo". *Journal of Chronic Disease*, n.15, 1962, p. 341-71; Mann, G.V. et al. "The health and nutritional status of Alaskan Eskimos". *American Journal of Clinical Nutrition*, n.11, 1962, p.31-76; Trustwell, A.S. e J.D.L. Hansen. "Medical research among the !Kung", in R.B. Lee e I. DeVore (orgs.). *Kalahari Hunter-Gatherers: Studies of the !Kung San and Their Neighbors*. Cambridge, Cambridge University Press, 1976, p.167-94; Trustwell, A.S. "Diet and nutrition of hunter-gatherers", in *Health and Disease in Tribal Societies*. Nova York, Elsevier, 1977, p.213-21; Howell, N. *Demography of the Dobe !Kung*. Nova York, Academic Press, 1979; Kronman, N. e A. Green. "Epidemiological studies in the Upernavik District, Greenland". *Acta Medica Scandinavica*, n.208, 1980, p.401-6; Trowell, H.C. e D.P. Burkitt. *Western Diseases: Their Emergence and Prevention*. Cambridge, MA., Harvard University Press, 1981; Rode, A. e R.J. Shephard. "Physiological consequences of acculturation: A 20-year study of fitness in an Inuit continuity". *European Journal of Applied Physiology and Occupational Physiology*, n.69, 1994, p.516-24.
25. Ver, por exemplo, Wilmsen, E. *Land Filled with Flies: A Political Economy of the Kalahari*. Chicago, University of Chicago Press, 1989.
26. Muitos animais sintetizam vitamina C, mas macacos comedores de frutas e macacos antropoides perderam a capacidade há milhões de anos. Modestas quantidades de vitamina C podem, portanto, ser encontradas nos órgãos de certos animais.
27. Carpenter, K.J. *The History of Scurvy and Vitamin C*. Cambridge, Cambridge University Press, 1988.
28. Para mais informação sobre o microbioma oral humano, visite o site mantido pelo Forsyth Dental Institute: http://www.homd.org.
29. Para uma revisão da história e evolução das cáries, ver Hillson, S. "The current state of dental decay", in J.D. Irish e G.C. Nelson (orgs.). *Technique and Application in Dental Anthropology*. Cambridge. Cambridge University Press, 2008, p.111-35. Para dados sobre cáries de chimpanzés, ver Lovell, N.C. *Patterns of Injury and Illness in Great Apes: A Skeletal Analysis*. Washington, DC, Smithsonian Press, 1990.
30. Vos, T. et al. "Years lived with disability (YLDs) for 160 sequelae of 289 diseases and injuries 1990-2010: A systematic analysis of the Global Burden of Disease Study 2010". *Lancet*, n.380, 2012, p.2.163-96.
31. *Oxford English Dictionary*, 3ª ed. Oxford, Oxford University Press, 2005. O sentido contemporâneo mais comum de "paliativo" é alívio do sofrimento de pacientes com doença terminal.
32. Boyd, R. e P.J. Richardson. *Culture and the Evolutionary Process*. Chicago, University of Chicago Press, 1985; Durham, W.H. *Co-evolution: Genes, Culture and Human Diversity*. Stanford, Stanford University Press, 1991; Erlich, P.R. *Human Natures: Genes, Cultures and the Human Prospect*. Washington, DC., Island Press, 2000; Odling-Smee, F.J.K., K.N. Laland e R. Boyd. *Not by Genes Alone: How Culture Transformed Human Evolution*. Chicago, University of Chicago Press, 2005.

33. Kearney, P.M. et al. "Global burden of hypertension: Analysis of worldwide data". *Lancet*, n.325, 2005, p.217-23.
34. Dickinson, H.O. et al. "Lifestyle interventions to reduce raised blood pressure: A systematic review of randomized controlled trials". *Journal of Hypertension*, n.24, 2006, p.215-33.
35. Hawkes, K. "Grandmother and the evolution of human longevity". *American Journal of Human Biology*, n.15, 2003, p.380-400.

8. Paraíso perdido? (p.206-37)

1. Diamond, J. "The worst mistake in the history of the human race". *Discover*, n.5, 1987, p.64-66.
2. Distlevsen, P.D., H. Svensmark e S. Johnsen. "Contrasting atmospheric and climate dynamics of the last-glacial and Holocene periods". *Nature*, n.379, 1996, p.810-12.
3. Cohen, M.N. *The Food Crisis in Prehistory*. New Haven, CT, Yale University Press, 1977. Ver também Cohen, M.N. e G.J. Armelagos. *Paleopathology at the Origins of Agriculture*. Orlando, FL, Academic Press, 1984.
4. Para uma revisão global das evidências, ver Mithen, S. *After the Ice: A Global Human History*. Cambridge, MA, Harvard University Press, 2003.
5. Doebley, J.F. "The genetics of maize evolution". *Annual Review of Genetics*, n.38, 2004, p.37-59.
6. Nadel, D. (org.). *Ohalo II – A 23,000 Year-Old Fisher-Hunter-Gatherer's Camp on the Shore of the Sea of Galilee*. Haifa, Hecht Museum, 2002.
7. Bar-Yosef, O. "The Natufian culture of the southern Levant". *Evolutionary Anthropology*, n.6, 1998, p.159-77.
8. Alley, R.B. et al. "Abrupt accumulation increase at the Younger Dryas termination in the GISP2 ice core". *Nature*, n.362, 1993, p.527-29.
9. O Dryas Recente foi um grande congelamento, mas recebeu o nome de uma flor silvestre alpina, *Dryas octopetala*, que se tornou muito mais abundante na época.
10. Essas pessoas são conhecidas como harifianos. Goring-Morris, A.N. "The Harifian at the southern Levant", in O. Bar-Yosef e F.R. Valla (orgs.). *The Natufian Culture in the Levant*. Ann Arbor, MI, International Monographs in Prehistory, p.173-216.
11. Ver Zeder, M.A. "The origins of agriculture in the Near East". *Current Anthropology*, v.52, n.S4, 2011, p.S221-35; Goring-Morris, N. e A. Belfer-Cohen. Neolithisation processes in the Levant. *Current Anthropology*, v.52, n.S4, 2011, p.S195-208.
12. Para revisões, ver Smith B.D. *The Emergence of Agriculture*. Nova York, Scientific American Press, 2001; Bellwood, P. *First Farmers: The Origins of Agricultural Societies*. Oxford, Blackwell Publishing, 2005.
13. Wu, X. et al. "Early pottery at 20,000 years ago in Xianrendong Cave, China". *Science*, n.336, 2012, p.1.696-700.
14. Clutton-Brock, J. *A Natural History of Domesticated Mammals*, 2ª ed. Cambridge, Cambridge University Press, 1999. Ver também Connelly, J. et al. "Meta-analysis

of zooarchaeological data from SW Asia and SE Europe provides insight into the origins and spread of animal husbandry". *Journal of Archaeological Sciences*, n.38, 2001, p.538-45.

15. Pennington, R. "Hunter-gatherer demography", in C. Panter-Brick, R. Layton e P. Rowley-Conwy. *Hunter-Gatherers: An Interdisciplinary Perspective*. Cambridge, Cambridge University Press, 2001, p. 170-204.

16. Para calcular a taxa de crescimento de uma população, a equação é $N_t = N_0{}^*e^{rt}$, onde N_t é o tamanho da população no ano t, N_0 é o tamanho da população do ano 0, r é a taxa de crescimento (1% é 0,01), t é o número de anos, e e é a base do logaritmo natural (2,718281828).

17. Bocquet-Appel, J.P. "When the world's population took off: the springboard of the Neolithic demographic transition". *Science*, n.333, 2011, p.560-61.

18. Price, T.D. e A.B. Gebauer. *Last Hunters, First Farmers: New Perspectives on the Prehistoric Transition to Agriculture*. Santa Fe, NM, School of American Research, 1996.

19. Não é fácil definir o que constitui uma língua separada, mas para listas abrangentes, ver Lewis, M.P. (org.). *Ethnologue: Languages of the World*, 16ª ed., Dallas, TX, SIL International, 2009; http://www.ethnologue.com.

20. Kramer, K.L. e P.T. Ellison. "Pooled energy budgets: Resituating human energy allocation trade-offs". *Evolutionary Anthropology*, n.19, 2010, p.136-47.

21. Para um interessante relato, ver Anderson, A. *Prodigious Birds*. Cambridge, Cambridge University Press, 1989.

22. Para uma revisão, ver Sée, H. *Economic and Social Conditions During Eighteenth Century France*. Kitchener, Ontário, Batoche Books, 2004. Para relatos contemporâneos, ver Young, A. *Travels in France*, 1792, disponível em http://www.econlib.org/library/YPD Books/Young/yngTFo.html.

Aqui está uma das muitas descrições que Young faz da pobreza que viu, muitas vezes agravada por um sistema de tributação brutal: "Ao subir caminhando por uma longa colina para dar alívio à minha égua, encontrei-me com uma pobre mulher que se queixou dos tempos, e de que este era um triste país. Quando lhe perguntei suas razões, ela disse que seu marido só tinha um pedaço de terra, uma vaca e um pobre cavalinho, mas apesar disso eles tinham de pagar [pesados] impostos. Ela tinha sete filhos... Essa mulher, a uma distância não muito grande, poderia ter sido tomada por alguém de sessenta ou setenta anos, seu corpo estava tão vergado e seu rosto tão enrugado e endurecido pelo trabalho, mas ela disse que tinha apenas 28."

23. Ver Bogaard, A. *Neolithic Farming in Central Europe*. Londres, Routledge, 2004.

24. Marlowe, F.W. "Hunter-gatherers and human evolution". *Evolutionary Anthropology*, n.14, 2005, p.54-67.

25. Gregg, S.A. *Foragers and Farmers: Population Interaction and Agricultural Expansion of Prehistoric Europe*. Chicago, University of Chicago Press, 1988.

26. Estudos etnográficos, que fornecem apenas estimativas mínimas, indicam que os boxímanes do sul da África comem regularmente pelo menos 69 diferentes

espécies de plantas, os aché do Paraguai comem pelo menos 44 espécies, os efes do Congo comem pelo menos 28, e os hadzas da Tanzânia comem pelo menos 62. Para dados, ver Lee, R.B. *The !Kung San: Men, Women and Work in a Foraging Society*. Cambridge e Nova York, Cambridge University Presss, 1979; Hill, K. et al. "Seasonal variance in the diet of Aché hunter-gatherers of eastern Paraguay". *Human Ecology*, n.12, 1984, p.145-80; Bailey, R.C. e N.R. Peacock. "Efe Pygmies of northeast Zaire: Subsistence strategies in the Iruri Forest", in I. Garine e G.A. Harrison (orgs.). *Coping with Uncertainty in Food Supply*. Oxford, Oxford University Press, 1988, p.88-117; Marlowe, F.W. *The Hazda Hunter-Gatherers of Tanzania*. Berkeley, University of California Press, 2002.

27. Milton, K. "Nutritional characteristics of wild primate foods: Do the diets of our closest living relatives have lessons for us?". *Nutrition*, n.15, 1999, p.488-98; Eaton, S.B., S.B. Eaton III e M.J. Konner. "Paleolithic nutrition revisited: A twelve-year retrospective on its nature and implications". *European Journal of Clinical Nutrition*, n.51, 1997, p.207-16.

28. Froment, A. "Evolutionary biology and health of hunter-gatherer populations", in Panter Brick, C.R.H. Layton e P. Rowley-Conwy (orgs.). *Hunter-Gatherers: An Interdisplinary Perspective*. Cambridge, Cambridge University Press, 2001, p.239-66.

29. Prentice, A.M. et al. "Long-term energy balance in child-bearing Gambian women". *American Journal of Clinical Nutrition*, n.34, 1981, p.279-99; Singh, J. et al. "Energy expenditure of Gambia women". *British Journal of Nutrition*, n.62, 1989, p.315-19.

30. Donnelly, J.S. *The Great Irish Potato Famine*. Norwich, VT, Sutton Books, 2001.

31. Para um excelente resumo da história e das causas da fome, ver Gráda, C.Ó. *Famine: A Short History*. Princeton, Princeton University Press, 2009.

32. Ver Hudler, G. *Magical Mushrooms, Mischievous Molds*. Princeton, Princeton University Press, 1998.

33. Hillson, S. "The current state of dental decay", in J.D. Irish e G.C. Nelson (orgs.). *Technique and Application in Dental Anthropology*. Cambridge, Cambridge University Press, 2008, p.111-35.

34. Smith, P., O. Bar-Yosef e A. Sillen. "Archaeological and skeletal evidence for dietary change during the late Pleistocene/early Holocene in the Levant", in M.N. Cohen e G.J. Armelagos (orgs.). *Paleopathology at the Origins of Agriculture*. Nova York, Academic Press, 1984, p.101-36.

35. Chang, C.L. et al. "Identification of metabolic modifiers that underlie phenotypic variations in energy-balance regulation". *Diabetes*, n.60, 2011, p.726-34.

36. Lee, R.B. *The !Kung San: Men, Women and Work in a Foraging Society*. Cambridge, Cambridge University Press, 1979; Marlowe, F.W. *The Hazda Hunter-Gatherers of Tanzania*. Berkeley, University of California Press, 2010.

37. Sand, G. *The Haunted Pool*, trad. F.H. Potter. Nova York, Dodd, Mean and Co., 1985, cap. 2.

38. Leonard, W.R. "Lifestyle, diet, and disease: Comparative perspective on the determinants of chronic health risks", in S.C. Stearns e J.C. Koella (orgs.). *Evolution in Health and Disease*. Oxford, Oxford University Press, 2008, p.265-76.

39. Kramer, K. "The evolution of human parental care and recruitment of juvenile help". *Trends in Ecology and Evolution*, n.26, 2011, p.533-40; Kramer, K. "Children's help and the pace of reproduction: Cooperative Breeding in humans". *Evolutionary Anthropology*, n.14, 2005, p.224-37. Das populações incluídas no estudo de Kramer, somente um grupo de caçadores-coletors, os hazdas, fazem as crianças trabalharem cinco ou seis horas por dia.
40. Malthus, T.R. *An Essay on the Principle of Population*. Londres, J. Johnson, 1789.
41. Para estimativas grosseiras, ver Haub, C. "How many people have ever lived on the Earth?". *Population Today*, n.23, 1995, p.4-5; Cochran, G. e H. Harpending. *The 10,000 Year Explosion*. Nova York, Basic Books, 2009.
42. Zimmermann, A., J. Hilpert e K.P. Wendt. "Estimations of population density for selected periods between the Neolithic and AD 1800". *Human Biology*, n.81, 2009, p.357-80.
43. Para uma revisão, ver Ewald, P. *The Evolution of Infectious Disease*. Oxford, Oxford University Press, 1994.
44. Para um sumário destas e de outras doenças, ver Barnes, E. *Diseases and Human Evolution*. Albuquerque, University of New Mexico Press, 2000.
45. Armelagos, G.J., A.H. Goodman e K. Jakobs. "The origins of agriculture: Population growth during a period of declining health", in W. Hern (org.). *Cultural Change and Population Growth: An Evolutionary Perspective. Population and Environment*, n.13, 1991, p.9-22.
46. Li Y. et al. "On the origin of smallpox: Correlating variola phylogenetics with historical smallpox records". *Proceedings of the National Academy of Sciences USA*, n.104, 2003, p.15.787-92.
47. Boursot, P. et al. "The evolution of house mice". *Annual Review of Ecology and Systematics*, n.24, 1993, p.119-52; Sullivan, R.A. *Rats: Observations on the History and Habitat of the City's Most Unwanted Inhabitants*. Nova York, Bloomsbury, 2004.
48. Ayala, F.J., A.A. Escalante e S.M. Rich. "Evolution of *Plasmodium* and the recent origin of the world populations of *Plasmodium falciparum*". *Parasitologia*, n.41, 1999, p.55-68.
49. Para duas interessantes revisões, ver Ewald, P. *The Evolution of Infectious Disease*. Oxford, Oxford University Press, 1993; Diamond, J. *Guns, Germs, and Steel*. Nova York, W.W. Norton, 1997.
50. A gripe se espalha mais rapidamente no inverno, não porque as pessoas passem mais tempo dentro de casa, mas porque o vírus sobrevive mais tempo no ar frio e seco após ser expelido no espirro ou na tosse. Ver Lowen, A.C. et al. "Influenza virus transmission is dependent on relative humidity and temperature". *PLoS Pathogens*, n.3, 2007, p.e151.
51. Potter, C.W. "Chronicle of influenza pandemics", in K.G. Nicholson, R.G. Webster e A.J. Hay, *Textbook of Influenza*. Oxford, Blackwell Science, 1998, p.395-412.
52. Um exemplo assustador é a varíola, que foi erradicada por vacinações, de modo que ninguém é mais vacinado. Caso ela reemergisse, as consequências poderiam

ser desastrosas num mundo em que poucos têm qualquer imunidade. Quando os europeus levaram a varíola para o Novo Mundo, onde as pessoas nunca tinham tido contato com o vírus, o contágio exterminou 90% dos nativos americanos.

53. Para os dados, ver Smith, P.H. e L.K. Horwitz. "Ancestors and inheritors: A biocultural perspective of the transition to agro-pastoralism in Southern Levant", in M.N. Cohen e G.M.M. Crane-Kramer (orgs.). *Ancient Health: Skeletal Indicators of Agricultural and Economic Intensification*. Gainesville, University Press of Florida, 2007, p.207-22; Eshed, V. et al. "Paleopathology and the origin of agriculture in the Levant". *American Journal of Physical Anthropology*, n.143, 2010, p.121-33.
54. Danforth, M.E. et al. "Health and the transition to horticulture in the South-Central U.S.", in M.N. Cohen e G.M.M. Crane-Kramer (orgs.). *Ancient Health: Skeletal Indicators of Agricultural and Economic Intensification*. Gainesville, University Press of Florida, 2007, p.65-79.
55. Mummert, A. et al. "Stature and robuscity during the agricultural transition: Evidence form the bioarchaeological record". *Economics and Human Biology*, n.9, 2011, p.284-301.
56. Pechenkina, E.A., R.A. Benfer Jr. e Ma Xiaolin. "Diet and health in the Neolithic of the Wei and Yellow River Basis, Northern China", in M.N. Cohen e G.M.M. Crane-Kramer (orgs.). *Ancient Health: Skeletal Indicators of Agricultural and Economic Intensification*. Gainesville, University Press of Florida, 2007, p.255-72; Temple, D.H. et al. "Variation in limb proportions between Jomon foragers and Yayoi agriculturalists form prehistoric Japan". *American Journal of Physical Anthropology*, n.137, 2008, p.164-74.
57. Marquez, M.L. et al. "Health and nutrition on some prehispanic Mesoamerican populations related with their way of life", in R. Steckel e J. Rose (orgs.). *The Backbone of History: Health and Nutrition in the Western Hemisphere*. Cambridge, Cambridge University Press, 2002, p.307-38.
58. Ver Cohen, M.N. e G.J. Armelagos. *Paleopathology at the Origins of Agriculture*. Orlando, FL, Academic Press, 1984; Seckel, R.H. e J.C. Rose. *The Backbone of History: Health and Nutrition in the Western Hemisphere*. Cambridge, Cambridge University Press, 2002; Cohen, M.N. e G.M.M. Crane-Kramer. *Ancient Health: Skeletal Indicators of Agricultural and Economic Intensification*. Gainesville, University Press of Florida, 2007.
59. Para revisões desta argumentação, ver Laland, K.N., J. Odling-Smee e S. Myles. "How culture shaped the human genome: Bringing genetics and the human sciences together". *Nature Reviews Genetics*, n.11, 2010, p.137-48; Cochran, G. e H. Harpending. *The 10,000 Year Explosion*. Nova York, Basic Books, 2009.
60. Hawks, J. et al. "Recent acceleration of human adaptive evolution". *Proceedings of the National Academy of Sciences USA*, n.104, 2007, p.20.753-88; Nelson, M.R. et al. "An abundance of rare functional variants in 202 drug target genes sequenced in 14,002 people". *Science*, n.337, 2012, p.100-104; Kienan, A. e A.G. Clark. "Recent explosive human population growth has resulted in an excess of rare genetic va-

riants". *Science*, n.336, 2012, p.740-43; Tennessen, J.A. et al. "Evolution and functional impact of rare coding variation from deep sequencing of human exomes". *Science*, n.337, 2012, p.64-69.

61. Fu, W. et al. "Analysis of 6,515 exomes reveals the recent origin of most human protein-coding variants". *Nature*, n.493, 2013, p.216-20.
62. Akey, J.M. "Constructing genomic maps of positive selection in humans: Where do we go from here?". *Genome Research*, n.19, 2009, p.711-22; Bustamante, C.D. et al. "Natural selection on protein-coding genes in the human genome". *Nature*, n.437, p.1.153-57; Frazer, K.A. et al. "A second generation human haplotype map of over 3.1 million SNPs". *Nature*, n.449, 2007, p.851-61; Sabeti, P.C. et al. "Genome-wide detection and characterization of positive selection in human populations". *Nature*, n.449, 2007, p.913-18; Voight, B.F. et al. "A map of recent positive selection in the human genome". *PLoS Biology*, n.4, 2006, p.e72; Williamson, S.H. et al. "Localizing recent adaptive evolution in the human genome". *PLoS Genetics*, n.3, 2007, p.e90; Grossman, S.R. et al. "Identifying recent adaptations in large-scale genomic data". *Cell*, n.152, 2013, p.703-13.
63. López, C. et al. "Mechanisms of genetically-based resistance to malaria". *Gene*, n.467, 2010, p.1-12.
64. Esta resposta, conhecida como deficiência de G6PD (glucose-6-fosfato desidrogenase), também ocorre depois que alguém com a mutação come favas.
65. Tishkoff, S.A. et al. "Convergent adaptation of human lactase persistence in Africa and Europe". *Nature Genetics*, n.39, 2007, p.31-40; Enattah, N.S. et al. "Independent introduction of two lactase-persistence alleles into human populations reflects different history of adaptation to milk culture". *American Journal of Human Genetics*, n.82, 2008, p.57-72.
66. Helgason, A. et al. "Refining the impact of *TCT7L2* gene variant on type 2 diabetes and adaptive evolution". *Nature Genetics*, n.39, 2007, p.218-25.
67. McGee, H. *On Food and Cooking*, 2ª ed. Nova York, Scribner, 2004.

9. Tempos modernos, corpos modernos (p.238-80)

1. Os ludistas foram opositores dos primeiros estágios da Revolução Industrial na Inglaterra. Adotaram esse nome em alusão a um personagem do folclore, Ned Ludd, uma espécie de Robin Hood moderno.
2. Wegman, M. "Infant mortality in the 20th century: Dramatic but uneven progress". *Journal of Nutrition*, n.131, 2001, p.401-8.
3. http://www.cdc.gov/nchs/data/nvsr/nvsr59/nvsr59_01.pdf.
4. Komlos, J. e B.F. Lauderdale. "The mysterious trend in American heights in the 20th century". *Annals of Human Biology*, n.34, 2007, p.206-15.
5. Ogden, C. e M. Carroll. *Prevalence of Obesity Among Children and Adolescents: United States, Trends 1963-1965 through 2007-2008*, 2010; http://www.cdc.gov/nchs/data/hestat/obesity_child_07_08/obesity_child_07_08.

6. Esportes para espectadores em massa foram outra invenção da era industrial. Segundo a FIFA, a organização que governa o futebol internacional, bilhões de pessoas assistem a esse esporte (o mais popular do mundo), mas apenas cerca de 2,5 milhões realmente o praticam; www.fifa.com/mm/document/fifafacts/.../emaga_9384.10704.pdf.
7. Para uma deliciosa descrição da primeira cervejaria industrial, ver Corcoran, T. *The Goodness of Guinness: The 250-Year Quest for the Perfect Pint*. Nova York, Skyhorse Publishing, 2009.
8. Para uma magistral e envolvente biografia do jovem Charles Darwin e da ciência vitoriana, ver Brown, J. *Charles Darwin: Voyaging*. Princeton, Princeton University, 2005.
9. Para uma história geral da Revolução Industrial, ver Stearns, P.N. *The Industrial Revolution in World History*, 3ª ed. Boulder, CO, Westview Press, 2007.
10. http://eh.net/encyclopedia/article/whaples.work.hours.us.
11. http://www.globallabourriights.org/reports?id=0034.
12. James, W.P.T. e E.C., Schofiled. *Human Energy Requirements: A Manual for Planners and Nutritionists*. Oxford, Oxford University Press, 1990.
13. Estou supondo jornadas de trabalho de oito horas e 260 dias de trabalho por ano. Para efeito de comparação, numa maratona de tamanho médio gastam-se cerca de 2.800 calorias para completar 26 quilômetros.
14. Bassett, Jr., D.R. et al. "Walking, cycling, and obesity rates in Europe, North America and Australia". *Journal of Physical Activity and Health*, n.5, 2008, p.795-814.
15. Kerr, J., F. Eves e D. Carroll. "Encouraging stair use: Stair-riser banners are better than posters". *American Journal of Public Health*, n.91, 2001, p.1.192-93.
16. Archrer, E. et al. "45-year trends in women's use of time and household management energy expenditure". *PLoS One*, n.8, 2013, p.e56620.
17. James, W.P.T. e E.C. Schofield. *Human Energy Requirements: A Manual for Planners and Nutritionists*. Oxford, Oxford University Press, 1990.
18. Leonard, W.R. "Lifestyle, diet and disease: Comparative perspectives on the determinants of chronic health risks", in S.C. Stearns e J.C. Koella (orgs.). *Evolution in Health and Disease*. Oxford, Oxford University Press, 2008, p.265-76; Pontzer, H. et al. "Hunter-gatherer energetics and human obesity". *PloS ONE*, n.7, 2012, p.e40503.
19. Para uma excelente história dessas mudanças, ver Hurt, R.D. *American Agriculture: A Brief History*, 2ª ed. West Lafayette, IN, Purdue University Press, 2002.
20. Abbott, E. *Sugar: A Bittersweet History*. Londres, Duckworth, 2009.
21. Num mercado, o açúcar custava doze centavos de dólar por libra em 1913 e 53 centavos de dólar por libra em 2010. Ajustados para a inflação, 12 centavos em 1913 seriam 2,74 dólares em 2010.
22. Haley, S. et al. "Sweetener Consumption in the United States. U.S. Department of Agriculture Electronic Outlook Report from the Economic Research Service", 2005; http//www.ers.usda/media/326278/sss24301_002.pdf.
23. Finkelstein, E.A., C.J. Ruhm e K.M. Kosa. "Economic and consequences of obesity". *Annual Review of Public Health*, n.26, 2005, p.239-57.

24. Newman, C. "Why are we so fat? The heavy cost of fat". *National Geographic*, n.206, 2004, p.46-61.
25. Bray, G.A. *The Metabolic Syndrome and Obesity*. Totowa, NJ, Humana Press, 2007.
26. http://www.cdc.gov/mmwr/ preview/mmwrhtml/mm5304a3.htm.
27. Pimentel, D. e M. H. Pimentel. *Food, Energy and Society*, 3ª ed. Boca Raton, FL, CRC Press, 2008.
28. Birch. L.L. "Development of food preferences". *Annual Review of Nutrition*, n.19, 1999, p.41-62.
29. Moss, M. *Salt Sugar Fat: How the Food Giants Hooked Us*. Nova York, Random House, 2013.
30. Boback, S.M. et al. "Cooking and grinding reduces the cost of meat digestion". *Comparative Biochemistry and Physiology Part A: Molecular and Integrative Physiology*, n.148, 2007, p.651-56.
31. Para uma excelente visão geral, ver Siraisi, N.G. *Medieval and Early Renaissance Medicine: An Introduction to Knowledge and Practice*. Chicago, University of Chicago Press, 1990.
32. Szreter, S.R.S. e G. Mooney. "Urbanisation, mortality and the standard of living debate: New estimates of the expectation of life at birth in nineteenth-century British cities". *Economic History Review*, n.51, 1998, p.84-112.
33. Levítico 13,45.
34. Pasteur tem muitos biógrafos, mas nenhum se elevou ao nível de Paul de Kruif em seu clássico de 1926, *The Microbe Hunters*. Nova York, Houghton Mifflin Harcourt.
35. Snow, S.J. *Blessed Days of Anaesthesia: How Anesthetics Changed the World*. Oxford, Oxford University Press, 2008.
36. Para uma divertida descrição romanceada do *sanitarium* de Kellogg, ver Boyle, T.C. *The Road to Wellville*. Nova York, Viking Press, 1993.
37. Ackroyd, P. *London Under*. Londres, Chatto and Windus, 2011.
38. Chernow, R. *Titan: The Life of John D. Rockefeller, Sr.* Nova York, Warner Books, 1998.
39. Muitos destes detalhes vêm de Gordon, R. *The Alarming History of Medicine*. Nova York, St. Martin's Press, 1993.
40. Lauderdale,, D.S. et al. "Objectively measured sleep characteristics among early-middle-aged adults: the CARDIA study". *American Journal of Epidemiology*, n.164, 2006, p.5-16. Ver também *Sleep in American Poll, 2001-2002*. Washington, DC, National Sleep Foundation.
41. Worthman, C.M. e M. Melby. *Toward a comparative developmental ecology of human sleep*, in M.S. Carskadon (org.). *Adolescent Sleep Patterns: Biological, Social, and Psychological Influences*. Nova York, Cambridge University Press, 2002, p.69-117.
42. Marlowe, F. *The Hazda Hunter-Gatherers of Tanzania*. Berkeley, University of California Press, 2010.
43. Ekirch, R.A. *At Day's Close: Night in Times Past*. Nova York, Norton, 2005.
44. A modernização do tempo é um assunto rico, coberto de maneira elegante e abrangente por Landes, D.S. *Revolution in Time: Clocks and the Making of the Modern Era*, 2ª ed., Cambridge, MA, Harvard University Press, 2000.

45. Silber, M.H. "Chronic Insomnia". *New England Journal of Medicine*, n.353, 2005, p.803-10.
46. Worthman, C.M. "After dark: The evolutionary ecology of human sleep", in W.R. Trevathan, E.O. Smith e J.J. McKenna (orgs.). *Evolutionary Medicine and Health*. Oxford, Oxford University Press, 2008, p.291-313.
47. Roth, T. e T. Roehrs. "Insomnia: Epidemiology, characteristics, and consequences". *Clinical Cornerstone*, n.5, 2003, p.5-15.
48. Spiegel, K., R. Leproult e E. Van Cauter. "Impact of sleep debt on metabolic and endorine function". *Lancet*, n.354, 1999, p.1435-39.
49. Taheri, S. et al. "Short sleep duration is associated with reduced leptin, elevated ghrelin, and increased body mass index (BMI)". *Sleep*, n.17, 2004, p.A146-47.
50. Lauderdale, D.S. et al. "Objectively measured sleep characteristics among early-aged adults: the CARDIA study". *American Journal of Epidemiology*, n.164, 2006, p.5-16.
51. Observe que isto não significa que nenhuma seleção ocorreu. Para uma boa revisão, ver Stearns, S.C. et al. "Measuring selection in contemporary human populations". *Nature Reviews Genetics*, n.11, 2010, p.611-22.
52. Hatton, T.J. e B.E. Bray. "Long run trends in the heights of European men, 19th-20th centuries". *Economics and Human Biology*, n.8, 2010, p.405-13.
53. Formicola, V. e M. Giannecchini. "Evolution trends of stature in upper Paleolithic and Mesolithic Europe". *Journal of Human Evolution*, n.36, 1999, p.319-33.
54. Bogin, B. *The Growth of Humanity*. Nova York, Wiley, 2001.
55. Floud, R. et al. *The Changing Body: Health, Nutrition, and Human Development in the Western World Since 1700*. Cambridge, Cambridge University Press, 2011.
56. Villar, J. et al. "Effect of fat and fat-free mass deposition during pregnancy on birth weight". *American Journal of Obstetrics and Gynecology*, n.167, 1992, p.1.344-52.
57. Floud, R. et al. *The Changing Body: Health, Nutrition, and Human Development in the Western World Since 1700*. Cambridge, Cambridge University Press, 2011.
58. Wang, H. et al. "Age-specific and sex-specific mortality in 187 countries, 1970-2010: A systematic analysis for the Global Burden of Disease Study 2010". *Lancet*, n.380, 2012, p.2.071-94.
59. Friedlander, D., B.S. Okun e S. Segal. "The demographic transition then and now: Process, perspectives and analyses". *Journal of Family History*, n.24, 1999, p.493-533.
60. http://www.census.gov/population/international/data/idb/worldpopinf.php.
61. Para dados de longo prazo sobre essa tendência na Inglaterra, na Europa e nos Estados Unidos, ver Floud, R. et al. *The Changing Body: Health, Nutrition, and Human Development in the Western World Since 1700*. Cambridge, Cambrige University Press, 2011. Para dados de mortalidade de 1970 a 2010, ver Lozano, R. et al. "Global and regional mortality from 235 causes of death for 20 age groups in 1990 and 2010: A systematic analysis for the Global Burden and Disease Study 2010". *Lancet*, n.380, 2012, p.2.095-128.

62. Aria, E. "United States Life Tables". *National Vital Statistics Reports*, v.52, n.14, 2004, p.1-40; http://www.cdc.gov/nchs/data/nvsr/nvsr52/nvsr52_14.pdf.
63. Para detalhes, ver http://www.cdc.gov/nchs/data/nvsr/nvsr59/nvsr59_08.pdf; Vos, T. et al. "Years lived with disability (YLDs) for 1160 sequelae of 289 diseases and injuries 1990-2010: A systematic analysis for the Global Budern of Disease Study 2010". *Lancet*, n.380, 2012, p.2.163-96.
64. A expressão vem de um artigo clássico de 1980 da autoria de James Fries, que cunhou a expressão "compressão de morbidade". A hipótese de Fries é que a carga de doenças do tempo de vida de uma pessoa está comprimida num período mais curto anterior à morte se a idade do início da primeira enfermidade crônica for adiada, mas que a morbidade se estende por um período mais longo se a pessoa adquire enfermidades crônicas numa idade mais jovem. Ver Fries, J.H. "Aging, natural death, and the compression of morbidity". *New England Journal of Medicine*, n.303, 1980, p.130-35.
65. Tecnicamente, um escore DALY soma o número de anos que as pessoas vivem com uma incapacidade com o número de anos de vida que elas perdem para essa incapacidade.
66. Murray, C.J. L. et al. "Disability-adjusted life years (DALYs) for 291 diseases and injuries in 21 regions, 1190-2010: A systematic analysis for the Global Burden of Disease Study 2010". *Lancet*, n.380, 2012, p.2.163-96.
67. Vos, T. et al. "Years lived with disability (YLDs) for 1160 sequelae of 289 diseases and injuries 1990-2010: A systematic analysis for the Global Burden of Disease Study 2010". *Lancet*, n.380, 2012, p.2163-96.
68. Vos, T. et al. "Years lived with disability (YLDs) for 1160 sequelae of 289 diseases and injuries 1990-2010: A systematic analysis for the Global Budern of Disease Study 2010". *Lancet*, n.380, 2012, p.2.163-96.
69. Salomon, J.A. et al. "Healthy life expectancy for 187 countries, 1990-2010: A systematic analysis for the Global Burden Diesease Study 2010". *Lancet*, n.380, 2012, p.2144-62.
70. Gurven, M. e H. Kaplan. "Longevity among hunter-gatherers. A cross-cultural examination". *Population and Development Review*, n.33, 2007, p.321-65.
71. Howell, N. *Demographic of the Dobe !Kung*. Nova York, Academic Press, 1979; Hill, K., A.M. Hurtado e R. Walker. "High adult mortality among Hiwi hunter-gatherers: Implications for human evolution". *Journal of Human Evolution*, n.52, 2007, p.443-54; Sugiyama, L.S. "Illness, injury, and disability among Shiwiar forager-horticulturalists: Implications of health-risk buffering for the evolution of human life history". *American Journal of Physical Anthropology*, n.123, 2004, p.371-89.
72. Mann, G.V. et al. "Cardiovascular disease in African Pygmies: A survey of the health status, serum lipids and diet of Pygmies in Congo". *Journal of Chronic Disease*, n.15, 1962, p.341-71; Trustwell, A.S. e J.D.I. Hansen. "Medical research among the !Kung", in R.B. Lee e I. DeVore (orgs.). *Kalahari Hunter-Gatherers Studies of the !Kung San and Their Neighbors*. Cambridge, MA, Harvard University Press, 1976, p.167-94; Howell, N.

Demography of the Dobe !Kung. Nova York, Academic Press, 1979; Kronman, N. e A. Green. "Epidemiological studies in the Upernavik District, Greenland". *Acta Medica Scandinavica*, n.208, 1980, p.401-6; Rode, A. e R.J. Shephard. "Physiological consequences of acculturation: A 20-year study of fitness in an Inuit community". *European Journal of Applied Physiology and Occupational Physiology*, n.69, 1994, p.516-24.

73. Dados sobre câncer: "Cancer Incidence Data, Office for National Statistics and Welsh Cancer Incidence and Surveillance Unit (WCISU)". Disponível em www.statistics.gov.uk e www.wcisu.wales.nhs.uk. Dados sobre expectativa de vida: http://www.parliament.uk/documents/commons/lib/research/rp99-111.pdf.
74. Ford, E.S. "Increasing prevalence of metabolic syndrome among U.S. adults". *Diabetes Care*, n.27, 2004, p.2.444-49.
75. Talley, N.J. et al. "An evidence-based systematic review on medical, therapies for inflammatory bowel disease". *American Journal of Gastroenterology*, n.106, 2011, p.2-25.
76. Lim, S.S. et al. "A comparative risk assessment of burden of disease and injury attributable to 67 risk factors and risk factor clusters in 21 regions, 1990-2010: A systematic analysis for the Global Burden of Disease Study 2010". *Lancet*, n.380, 2012, p.2.224-60; Ezzati, M. et al. *Comparative Quantification of Healh Risks: Global and Regional Burden of Diseases Attributable to Selected Major Risk Factors*. Genebra, Organização Mundial da Saúde, 2004; Mokdad, A.H. et al. "Actual causes of death in the United States, 2000". *Journal of the American Medical Association*, n.291, 2004, p.1.238-45.
77. Vita, A.J. et al. "Aging, health risks, and cumulative disability". *New England Journal of Medicine*, n.338, 1998, p.1.035-41.

10. O círculo vicioso do excesso (p.283-328)

1. A mais antiga dessas estatuetas, encontrada na Alemanha, foi datada de cerca de 35 mil anos atrás. Ver Conard, N.J. "A female figurine from the basal Aurignacian of Hohle Fels Cave in southwestern Germany". *Nature*, n.459, 2009, p.248-52.
2. Johnstone, A.M. et al. "Factors influencing variation in basal metabolic rate include fat-free mass, fat mass, age, and circulating thyroxine but not sex, circulating leptin, or triiodonthyronine". *American Journal of Clinical Nutrition*, n.82, 2005, p.941-48.
3. Spalding, K.L. et al. "Dynamics of fat cell turnover in humans". *Nature*, n.453, 2008, p.783-87.
4. O outro açúcar simples básico é a galactose, encontrada no leite e sempre emparelhada com a glicose.
5. Além disso, uma fração da glicose se associa a proteínas no corpo todo, onde danifica tecidos ao causar oxidação.
6. Simplifiquei aqui. Outros hormônios, inclusive o hormônio do crescimento (GH) e a epinefrina (também conhecida como adrenalina), recrutam energia de maneira semelhante.

7. Bray, G.A. *The Metabolic Syndrome and Obesity*. Totowa, NJ, Humana Press, 2007.
8. Tecnicamente, o IMC é calculado como sua massa em quilos dividida pelo quadrado de sua altura (kg/m^2). Em retrospecto, é uma maneira insensata de quantificar a obesidade, porque o peso é um parâmetro cúbico (eleva-se à potência três), ao passo que a altura é linear (eleva-se à potência um). Em consequência, milhões de pessoas altas julgam-se mais gordas do que são, e milhões de pessoas baixas julgam-se mais magras. Mais ainda, o IMC tem uma fraca correlação com a porcentagem de gordura corporal, e não mostra quanto dela é visceral ou subcutânea. Por continuar sendo facilmente medido, o IMC continua sendo amplamente usado.
9. Colditz, G.A. et al. "Weight gain as a risk factor for clinical diabetes mellitus in women". *Annals of Internal Medicine*, n.122, 1995, p. 481-86; Emberson, J.R. et al. "Lifestyle and cardiovascular disease in middle-aged British men: The effect of adjusting for within-person variation". *European Heart Journal*, n.26, 2005, p.1.774-82.
10. Pond, C.M. e C.A. Mattacks. "The anatomy of adipose tissue in captive *Macaca* monkeys and its implications for human biology". *Folia Primatologica*, n.48, 1987, p.164-85; Kuzawa, C.W. "Adipose tissue in human infancy and childhood: An evolutionary perspective". *Yearbook of Physical Anthropology*, n.41, 1998, p.177-209; Eaton, S.B., M. Shostak e M. Konner. *The Paleolithical Prescription: A Diet and Exercise and a Design for Living*. Nova York, Harper and Row, 1988.
11. Dufour, D.L. e M.L. Sauther. "Comparative and evolutionary dimensions of the energetics of human pregnancy and lactation". *American Journal of Human Biology*, n.14, 2002, p.584-602; Hinde, K. e L.A. Milligan. "Primate milk: Proximate mechanisms and ultimate perspectives". *Evolutionary Anthropology*, n.20, 2011, p.9-23.
12. Ellison, P.T. *On Fertile Ground. A Natural History of Human Reproduction*. Cambridge, MA, Harvard University Press, 2001.
13. A gordura influencia várias funções metabólicas produzindo um hormônio conhecido como leptina. Quanto mais gordura temos, maiores são nossos níveis de leptina, e vice-versa. A leptina tem vários efeitos, entre os quais a regulação do apetite. Em condições normais, quando o corpo tem muita gordura, seus níveis sobem e o cérebro reprime o apetite; o apetite retorna quando os níveis de leptina caem por falta de gordura. Seus níveis também ajudam a regular o momento em que as mulheres ovulam. Assim, níveis de gordura corporal em queda reduzem a capacidade de engravidar de uma mulher. Para mais detalhes, ver Donato J. et al. "Hypothalamic sites of leptin action linking metabolism and reproduction". *Neuroendocrinology*, n.93, 2011, p.9-18.
14. Neel, J.V. "Diabetes mellitus: A 'thrifty' genotype rendered detrimental by 'progress'?". *American Journal of Human Genetics*, n.14, 1962, p.353-52.
15. Knowler, W.C. et al. "Diabetes mellitus in the Pima Indians: Incidence, risk factors, and pathogenesis". *Diabetes Metabolism Review*, n.6, 1990, p.1-27.
16. Gluckman, P., A. Beedle e M. Hanson. *Principles of Evolutionary Medicine*. Oxford, Oxford University Press, 2009.

17. Speakman, J.R. "A nonadaptive scenario explaining the genetic predisposition to obesity: The 'predation release' hypothesis". *Cell Metabolism*, n.6, 2007, p.5-12.
18. Yu, C.H.Y. e B. Zinman. "Type 2 diabetes and impaired glucose tolerance in aboriginal populations: A global perspective". *Diabetes Research and Clinical Practice*, n.78, 2007, p.159-70.
19. Hales, C.N. e D.J. Baker. "Type 2 (non-insulin-dependent) diabetes mellitus: The thrifty phenotype hypothesis". *Diabetologia*, n.35, 1992, p.595-601.
20. Painter, R.C., T.J. Rosenbloom e O.P. Bleker. "Prenatal exposure to the Dutch famine and disease in later life: An overview". *Reproductive Toxicology*, n.20, 2005, p.345-52.
21. Kusawa, C.W. et al. "Evolution, developmental plasticity, and metabolic disease", in S.C. Stearns e J.C. Koella (orgs.). *Evolution in Health and Disease*, 2ª ed. Oxford, Oxford University Press, 2008, p.253-64.
22. Wells, J.C.K. "The thrifty phenotype: An adaptation in growth or metabolism". *American Journal of Human Biology*, n.23, 2011, p.65-75.
23. Eriksson, J.G. "Epidemiology, genes, and the environment: Lessons learned from the Helsinki Birth Cohort Study". *Journal of Internal Medicine*, n.261, 2007, p.418-25.
24. Eriksson, J.G. et al. "Pathways of infant and childhood growth that lead to type 2 diabetes". *Diabetes Care*, n.26, 2003, p.3.006-10.
25. Ibrahim, M. "Subcutaneous and visceral adipose tissue: Structural and functional differences". *Obesity Reviews*, n.11, 2010, p.11-18.
26. Coutinho, T. et al. "Central obesity and survival in subjects with coronary artery disease: A systematic review of the literature and collaborative analysis with individual subject data". *Journal of the American College of Cardiology*, n.57, 2011, p.1.877-86.
27. Para uma boa revisão destes e outros detalhes, ver Wood, P.A. *How Fat Works*. Cambridge, MA, Harvard University Press, 2009.
28. Rosenblum, A.L. "Age-adjusted analysis of insulin responses during normal and abnormal glucose tolerance tests in children and adolescents". *Diabetes*, n.24, 1975, p.820-28; Lustig, R.H. *Fat Chance: Beating the Odds Against Sugar, Processed Food, Obesity and Disease*. Nova York, Penguin, 2013.
29. Há duas maneiras comuns de medir esta propriedade. A primeira é o índice glicêmico (IG), que mede a rapidez com que cem gramas de um alimento elevam os níveis de açúcar no sangue relativamente a cem gramas de glicose pura. A carga glicêmica (CG) mede quanto uma porção de comida aumenta os níveis de glicose no sangue (o IG vezes os carboidratos disponíveis). Para uma maçã típica, o IG é 39 e a CG é 6; para uma barra de fruta, o IG é 99 e a CG é 24.
30. Weigle, D.S. et al. "A high-protein diet induces sustained reductions in appetite, ad libitum caloric intake, and body weight despite compensatory changes in diurnal plasma leption and ghrelin concentrations". *American Journal of Clinical Nutrition*, n.82, 2005, p.41-8.
31. Small, C.J. et al."Gut hormones and the control of appetite". *Trends in Endocrinology and Metabolism*, n.15, 2004, p.259-63.

32. Samuel, V.T. "Fructose-induced lipogenesis: From sugar to fat to insulin resistance". *Trends in Endocrinology and Metabolism*, n.22, 2011, p.60-65.
33. Vos, M.B. et al. "Dietary fructose consumption among U.S. children and adults: The Third National Health and Nutrition Examination Survey". *Medscape Journal of Medicine*, n.10, 2008, p.160.
34. Um estudo que testou esta hipótese foi publicado recentemente. Vinte pessoas (entre 18 e quarenta anos) foram levadas a perder de 10% a 15% de seu peso numa dieta e depois divididas aleatoriamente em três grupos que comeram uma de três dietas com igual número de calorias por três meses: 1) uma dieta com baixo teor de gordura; 2) uma dieta com baixo teor de carboidratos; 3) uma dieta com baixo índice glicêmico. Os que fizeram a dieta com pouca gordura tiveram o pior resultado; os que fizeram uma dieta com poucos carboidratos queimaram mais trezentas calorias por dias que os que comeram pouca gordura, mas exibiram elevados níveis de cortisol e marcadores inflamatórios; os que fizeram dietas com baixo índice glicêmico queimaram mais 150 calorias por dia que os que consumiram pouca gordura, mas não mostraram nenhum dos efeitos negativos dos que fizeram a dieta de baixo teor de carboidratos. Ver Ebbeling, C.B. et al. "Effects of dietary composition on energy expenditure during weight-loss maintenance". *Journal of the American Medical Association*, n.307, 2012, p.2627-34.
35. Esse é um tópico vasto, em rápida mutação. Para uma boa revisão, ver Walley, A.J., J.E. Asher e P. Froguel. "The genetic contribution to non-syndromic human obesity". *Nature Reviews Genetics*, n.10, 2009, p.431-42.
36. Fraylin, T.M. et al. "A common variant in the *FTO* gene is associated with body mass index and predisposes to childhood and adult obesity". *Science*, n.316, 2007, p.880-94; Povel, C.M. et al. "Genetic variants and the metabolic syndrome: A systematic review". *Obesity Reviews*, n.12, 2011, p.952-67.
37. Rampersaud, E. et al. "Physical activity and the association of common FTO gene variants with body mass index and obesity". *Archives of International Medicine*, n.168, 2008, p.1.791-97.
38. Adam, T.C. e E.S. Epel. "Stress, eating and the reward system". *Physiology and Behavior*, n.91, 2007, p.449-58.
39. Epel, E.S. et al. "Stress and body shape: Stress-induced cortisol secretion is consistently greater among women with central fat". *Psychosomatic Medicine*, n.62, 2000, p.623-32; Vicennati, V. et al. "Response of the hypothalamic-pituitary-adrenocortical axis to high-protein/fat and high carbohydrate meals in women with different obesity phenotypes". *Journal of Clinical Endocrinology and Metabolism*, n.87, 2002, p.3.984-88; Anagnostis, P. "Clinical review: The pathogenic role of cortisol in the metabolic syndrome: A hypothesis". *Journal of Clinical Endocrinology and Metabolism*, n.94, 2009, p.2.692-701.
40. Mietus-Snyder, M.L. et al. "Childhood obesity: Adrift in the 'Limbic Triangle'". *Annual Review of Medicine*, n.59, 2008, p.119-34.
41. Beccuti, G. e S. Pannain. "Sleep and obesity". *Current Opinions in Clinical Nutrition and Metabolic Care*, n.14, 2011, p.402-12.

42. Shaw, K. et al. "Exercise for overweight and obesity". Cochrane Database of Systematic Reviews, CD003817, 2006.
43. Cook, C.M. e D.A. Schoeller. "Physical activity and weight control: Conflicting findings". *Current Opinions in Clinical Nutrition and Metabolic Care*, n.14, 2011, p.419-24.
44. Blundell, J.E. e N.A. King. "Physical activity and regulation of food intake: Current evidence". *Medicine and Science in Sports and Exercise*, n.31, 1999, p.S73-83.
45. Poirier, P. e J.P. Després. "Exercise in weight management of obesity". *Cardiology Clinics*, n.19, 2001, p.459-70.
46. Turnbaugh, P.J. e J.I. Gordon. "The core gut microbiome, energy balance and obesity". *Journal of Physiology*, n.587, 2009, p.4.153-58.
47. Smyth, S. e A. Heron. "Diabetes and obesity: The twin epidemics". *Nature Medicine*, n.12, 2006, p.75-80.
48. Koyama, K. et al. "Tissue triglycerides, insulin resistance, and insulin production: Implications for hyperinsulinemia of obesity". *American Journal of Physiology*, n.273, 1997, p.E708-13; Samaha, F.F., G.D. Foster e A.P. Makris. "Low carbohydrate diets, obesity, and metabolic risk factors for cardiovascular disease". *Current Atherosclerosis Reports*, n.9, 2007, p.441-47. Kumashiro, N. et al. "Cellular mechanisms of insulin resistance in nonalcoholic fatty liver disease". *Proceedings of the National Academy of Sciences USA*, n.108, 2011, p.16.381-85.
49. Thomas, E.L. et al. "The missing risk: MRI and MRS phenotyping of abdominal adiposity and ectopic fat". *Obesity*, n.20, 2012, p.76-87.
50. Bray, G.A., S.J. Nielsen e B.M. Popkin. "Consumption of high-fructose corn syrup in beverages may play a role in the epidemic of obesity". *American Journal of Clinical Nutrition*, n.79, 2004, p.573-43.
51. Lim, E.L. et al. "Reversal of type 2 diabetes: Normalisation of beta cell function in association with decreased pancreas and liver triacyglycerol". *Diabetologia*, n.54, 2011, p.2.506-14.
52. Borghouts, L.B. e H.A. Keizer. "Exercise and insulin sensitivity: A review". *International Journal of Sports Medicine*, n.21, 2000, p.1-12.
53. Van der Heijden, G.J. et al. "Aerobic exercise increases peripheral and hepatic insulin sensitivity in sedentary adolescents". *Journal of Clinical Endocrinology and Metabolism*, n.94, 2009, p.4.292-99.
54. O'Dea, K. "Marked improvement in carbohydrate and lipid metabolism in diabetic Australian aborigines after temporary reversion to traditional lifestyle". *Diabetes*, n.33, 1984, p.596-603.
55. Basu, S. et al. "The relationship of sugar to population-level diabetes prevalence: An econometric analysis of repeated cross-sectional data". *PLoS One*, n.8, 2013, p.e57873.
56. Knowler, W.C. et al. "Reduction in the incidence of Type 2 diabetes with lifestyle intervention or metformin". *New England Journal of Medicine*, n.346, 2002, p.393-403.
57. HDLs também transportam colesterol para testículos, ovários e glândulas adrenais dos rins, onde o colesterol é transformado em hormônios, como o estrogênio, a testosterona e o cortisol. Observe também que nem HDL nem LDL são molé-

culas de colesterol (embora as contenham), o que torna enganosas as expressões populares "colesterol bom" e "colesterol ruim". Eu as utilizo por serem conhecidas e comumente usadas.

58. Thompson, R.C. et al. "Atherosclerosis across 4000 years of human history: The Horus study of four ancient populations". *Lancet*, n.381, 2013, p.1.211-22.
59. Mann, G.V. et al. "Cardiovascular disease in African Pygmies: A survey of the health status, serum lipids and diet of Pygmies in Congo". *Journal of Chronic Disease*, n.15, 1962, p.341-71; Mann, G.V. et al. "The health and nutritional status of Alaskan Eskimos". *American Journal of Clinical Nutrition*, n.11, 1962, p.31-76; Lee, K.T. et al. "Geographic pathology of myocardial infarction". *American Journal of Cardiology*, n.13, 1964, p.30-40; Meyer, B.J. "Atherosclerosis in Europeans and Bantu". *Circulation*, n.29, 1964, p.415-21; Woods, J.D. "The electrocardiogram of the Australian aboriginal". *Medical Journal of Australia*, n.1, 1966, p.238-41; Magarey, F.R., J. Kariks e L. Arnold. "Aortic atherosclerosis in Papua and New Guinea compared with Sydney". *Pathology*, n.1, 1969, p.185-91; Mann, G.V. et al. "Atherosclerosis in the Masai". *American Journal of Epidemiology*, n.95, 1972, p.26-37; Truswell, A.S. e J.D.L. Hansen. "Medical research among the !Kung", in R.B. Lee e I. DeVore (orgs.). *Kalahari Hunter-Gatherers: Studies of the !Kung San and Their Neighbors*. Cambridge, Harvard University Press, 1976, p.167-94; Kronman, N. e A. Green. "Epidemiological studies in the Upernavik District, Greenland". *Acta Medica Scandinavica*, n.208, 1980, p.401-6; Trowell, H.C. e D.P. Burkitt. *Western Diseases: Their Emergence and Prevention*. Cambridge, MA, Harvard University Press, 1981; Blackburn, H. e R. Prineas. "Diet and hypertension: Anthropology, epidemiology, and public health implications". *Progress in Biochemical Pharmacology*, n.19, 1983, p.31-79; Rode, A. e R.J. Shephard. "Physiological consequences of acculturation: A 20-year study of fitness in an Inuit community". *European Journal of Applied Physiology and Occupational Physiology*, n.69, 1994, p.516-24.
60. Durstine, J.L. "Blood lipid and lipoprotein adaptations to exercise: A quantitative analysis". *Sports Medicine*, n.31, 2001, p.1.033-62. Observe que exercício não reduz LDL, mas reduz a porcentagem das LDL menores, mais densas, ao queimar triglicérides.
61. Ford, E.S. "Does exercise reduce inflammation? Physical activity and C-reactive protein among U.S. adults". *Epidemiology*, n.13, 2002, p.561-68.
62. Tanasescu, M. et al. "Exercise type and intensity in relation to coronary heart disease in men". *Journal of the American Medical Association*, n.288, 2002, p.1.994-2.000.
63. Cater, N.B. e A. Garg. "Serum low-density lipoprotein response to modification of saturated fat intake: Recent insights". *Current Opinion in Lipidology*, n.8, 1997, p.332-36.
64. Para revisões, ver Willett, W. *Nutritional Epidemiology*, 2ª ed., Oxford, Oxford University Press, 1998; Hu, F.B. *Obesity Epidemiology*. Oxford, Oxford University Press, 2008.
65. Esses ácidos graxos são denominados N-3 ou ômega 3, porque sua ligação dupla é no antepenúltimo carbono na cadeia de ácidos graxos. Para um bom resumo

das evidências de seus benefícios para a saúde, ver McKenney, J.M. e D. Sica. "Prescription of omega-3 fatty acids for the treatment of hypertriglyceridemia". *American Journal of Health Systems Pharmacists*, n.64, 2007, p.595-605.

66. Mozaffarian, D., A. Aro e W.C. Willett. "Health effects of transfatty acids: Experimental and observational evidence". *European Journal of Clinical Nutrition*, n.63, supl. 2, 2009, p.S5-21.

67. Cordain, L. et al. "Fatty acid analysis of wild ruminant tissues: Evolutionary implications for reducing diet-related chronic disease". *European Journal of Clinical Nutrition*, n.56, 2002, p.181-91; Leheska, J.M. et al. "Effects of conventional and grass-feeding systems on the nutrient composition of beef". *Journal of American Science*, n.86, 2008, p.3.575-85.

68. Bjerregaard, P., M.E. Jørgensen e K. Borch-Johnsen. "Serum lipids of Greenland Inuit in relation to Inuit genetic heritage, westernisation and migration". *Atherosclerosis*, n.174, 2004, p.391-98.

69. Castelli, W.P. et al. "HDL cholesterol and other lipids in coronary heart disease: The cooperative lipoprotein phenotyping study". *Circulation*, n.55, 1977, p.767-72; Castelli, W.P. et al. "Lipids and risk of coronary heart disease: The Framingham Study". *Annals of Epidemiology*, n.2, 1992, p.23-28; Jeppersen, J. et al. "Triglycerides concentration and ischemic heart disease: An eight-year follow-up in the Copenhagen Male Study". *Circulation*, n.97, 1998, p.1.029-36; Da Luz, P.L. et al. "Comparison of serum lipid values in patients with coronary artery disease at <50, 50 to 59, 60 to 69, and >70 years of age". *American Journal of Cardiology*, n.96, 2005, p.1.640-43.

70. Gardner, C.D. et al. "Comparison of the Atkins, Zone, Ornish, and LEARN diets for change in weight and related risk factors among overweight premenopausal women: The A TO Z Weight Loss Study: A randomized trial". *Journal of the American Medical Association*, n.297, 2007, p.969-77; Foster, G.D. et al. "Weight and metabolic outcomes after 2 years on a low-carbohydrate versus low-fat diet: a randomized trial". *Annals of Internal Medicine*, n.153, 2010, p.147-57.

71. Stampfer, M.J. et al. "A prospective study of triglyceride level, low-density lipoprotein particle diameter, and risk of myocardial infarction". *Journal of the American Medical Association*, n.276, 1996, p.882-88; Guay, V. et al. "Effect of short-term low- and high-fat diets on low-density lipoprotein particle size in normolipidemic subjects". *Metabolism*, v.61, n.1, 2012, p.76-83.

72. Para uma revisão minuciosa da literatura, ver Hooper, L. et al. "Reduced or modified dietary fat for preventing cardiovascular disease". *Cochrane Database of Systematic Reviews*, n.5, 2012, p.CD002137; Hooper, L. et al. "Effect of reducing total fat intake on body weight: Systematic review and meta-analysis of randomized controlled trials and cohort studies". *British Medical Journal*, n.345, 2012, p.e7666.

73. Como um exemplo, um estudo de controle aleatório conduzido na Espanha submeteu 7.447 pessoas de 55 a oitenta anos que estavam acima do peso, fumavam ou tinham doença cardíaca a uma dieta de baixo teor de gordura ou a uma dieta

mediterrânea, com muito azeite de oliva, legumes frescos e peixe. Após cinco anos o estudo foi encerrado porque os indivíduos na dieta mediterrânea já tinham uma taxa 30% menor de ataques cardíacos, derrames e outras doenças cardíacas. Ver Estruch, R. et al. "Primary prevention of cardiovascular disease with a Mediterranean diet". *New England Journal of Medicine*, n.368, 2013, p.1.279-90.

74. Cordain, L. et al. "Origins and evolution of the Western diet: Health implications for the 21st century". *American Journal of Clinical Nutrition*, n.81, 2005, p.341-54.

75. Tropea, B.I. et al. "Reduction of aortic wall motion inhibits hypertension-mediated experimental atherosclerosis". *Arteriosclerosis, Trombosis, and Vascular Biology*, n.20, 2000, p.2.127-33.

76. Observe que a fibra também ajuda a controlar o apetite ao encher o estômago. Para um resumo clássico de seus benefícios, ver Anderson, J.W., B.M. Smith e N.J. Gustafson. "Health benefits and practical aspects of high-fiber diets". *American Journal of Clinical Nutrition*, n.59, 1994, p.1242S-47S.

77. Eaton, S.B. "Human lipids and evolution". *Lipids*, n.27, 1992, p.814-20.

78. Allam, A.H. et al. "Computed tomographic assessment of atherosclerosis in ancient Egyptian mummies". *Journal of the American Medical Association*, n.302, 2009, p.2091-94.

79. *Cancer Facts and Figures*. Atlanta, American Cancer Society, 2011.

80. Beniashvili, D.S. "An overview of the world literature on spontaneous tumors in nonhuman primates". *Journal of Medical Primatology*, n.18, 1989, p.423-37.

81. Rigoni-Stern, D.A. "Fatti statistici relativi alle mallatie cancrose". *Giovnali per servire al progressi della Patologia e della Terapeutica*, n.2, 1842, p.507-17.

82. Greaves, M. *Cancer: The Evolutionary Legacy*. Oxford, Oxford University Press, 2001.

83. Um exemplo bem-estudado é o gene *p53*, que ajuda células a iniciar o reparo do DNA e impede que células estressadas continuem se proliferando. Animais, inclusive seres humanos, com mutações nesse gene têm maiores taxas de câncer quando submetidos a estímulos indutores de mutação. Para uma revisão, ver Lane, P.D. "*p53*, guardian of the genome". *Nature*, n.358, 1992, p.15-16.

84. Eaton, S.B. et al. "Women's reproductive cancers in evolutionary context". *Quarterly Review of Biology*, n.69, 1994, p.353-56.

85. Biólogos costumavam pensar que a frequência da amamentação suprimia a ovulação, mas evidências recentes sugerem que o custo energético global de amamentar é a causa dominante desse efeito. Ver Valegia, C. e P.T. Ellison. "Interactions between metabolic and reproductive functions in the resumption of postpartum fecundity". *American Journal of Human Biology*, n.21, 2009, p.559-66.

86. Lipworth, L., L.R. Bailey e D. Trichopoulos. "History of breast-feeeding in relation to breast cancer risk: A review of the epidemiologic literature". *Journal of the National Cancer Institute*, n.92, 2000, p.302-12.

87. Para uma revisão abrangente dessa biologia a partir de uma perspectiva evolutiva e antropológica, recomendo Trevathan, W. *Ancient Bodies, Modern Lives: How Evolution Has Shaped Women's Health*. Oxford, Oxford University Press, 2010.

88. Austin, H. et al. "Endometrial cancer, obesity, and body fat distribution". *Cancer Research*, n.51, 1991, p.568-72.
89. Morimoto, L.M. et al. "Obesity, body size, and risk of postmenopausal breast cancer: The Women's Health Initiative (United States)". *Cancer Causes and Control*, n.13, 2002, p.741-51.
90. Calistro Alvarado, L. "Population differences in the testosterone levels in young men are associated with prostate cancer disparities in older men". *American Journal of Human Biology*, n.22, 2010, p.449-55; Chu, D.I. e S.J. Freedland. "Metabolic risk factors in prostate cancer". *Cancer*, n.117, 2011, p.2.020-23.
91. Jasienska, G. et al. "Habitual physical activity and estradiol levels in women of reproductive age". *European Journal of Cancer Prevention*, n.15, 2006, p.439-45.
92. Thune, I. e A.S. Furberg. "Physical activity and cancer risk: Dose-response and cancer, all sites and site-especif". *Medicine and Science in Sports and Exercise*, n.33, 2001, p.S530-50.
93. Peel, B. et al. "Cardiorespiratory fitness and breast cancer mortality: Findings from the Aerobics Center Longitudinal Study (ACLS)". *Medicine and Science in Sports and Exercise*, n.41, 2009, p.742-48; Ueji, M. et al. "Physical activity and the risk of breast cancer: A case-control study of Japanese women". *Journal of Epidemiology*, n.8, 1988, p.116-22.
94. Ellison, P.T. "Reproductive ecology and reproductive cancers", in C. Panter-Brick e C. Worthman (orgs.). *Hormones and Human Health*. Cambridge, Cambridge University Press, 1999.
95. Para mais, ver Merlo, L.M.F. et al. "Cancer as an evolutionary and ecological process". *Nature Reviews Cancer*, n.6, 2006, p.924-35; Ewald, P.W. "An evolutionary perspective on parasitism as a cause of cancer". *Advances in Parasitology*, n.68, 2008, p.21-43.
96. Para análises comparando taxas mundiais de morte e incapacidade por essas doenças em 2010 e em 1990, ver Lozano, R. et al. "Global and regional mortality form 235 causes of death for 20 age groups in 1990 and 2010: A systematic analysis for the Global Burden of Disease Study 2010". *Lancet*, n.380, p.2095-128; Vos, T. et al. "Years lived with disability (YLDs) for 1160 sequelae of 289 diseases and injuries 1990-2010: A systematic analysis for the Global Burden of Disease Study 2010". *Lancet*, n.380, 2012, p.2163-96.
97. http://seer.cancer.gov/csr/1975_2009_pops90/results_single/sect_01_table.11_2pgs.pdf.
98. Sobal, J. e A.J. Stunkard. "Socioeconomic status and obesity: A review of the literature". *Psychological Bulletin*, n.105, 1989, p.260-75.
99. Campos, P. et al. "The epidemiology of overweight and obesity: Public health crisis or moral panic?". *International Journal of Epidemiology*, n.35, 2006, p.55-60.
100. Widman, R.P. et al. "The obese without cardiometabolic risk factor clustering and the normal weight with cardiometabolic risk factor clustering: Prevalence and correlates of 2 phenotypes among the U.S. population (NHANES 1999-2004)". *Archives of Internal Medicine*, n.168, 2008, p.1.617-24.

101. McAuley, P.A. et al. "Obesity paradox and cardiorespiratory fitness in 12,417 male veterans aged 40 to 70 years". *Mayo Clinic Proceedings*, n.85, 2010, p.115-21; Habbu, A., N.M. Lakkis e H. Dokaininsh. "The obesity paradox: Fact or fiction?". *American Journal of Cardiology*, n.98, 2006, p.944-48; McAuley, P.A. e S.N. Blair. "Obesity paradoxes". *Journal of Sports Science*, n.29, 2011, p.773-82.
102. Lee, C.D., S.N. Blair e A.S. Jackson. "Cardiorespiratory fitness, body composition, and all-cause and cardiovascular disease mortality in men". *American Journal of Clinical Nutrition*, n.69, 1999, p.373-80.

11. **Desuso** (p.329-55)

1. Tecnicamente, um fator de segurança é resistência ou capacidade máxima de uma estrutura dividida por sua carga máxima.
2. Ver Horstman, J. *The Scientific American Healthy Aging Brain: The Neuroscience of Making the Most of Your Mature Mind*. São Francisco, Jossey-Bass, 2012.
3. Ao tentar compreender por que alguns soldados eram mais capazes que outros de se aclimatar às condições quentes e úmidas do Pacífico Sul, pesquisadores japoneses descobriram que as pessoas que experimentavam mais estresse de calor nos três primeiros anos de vida desenvolviam glândulas sudoríparas mais funcionais, que mantinham quando adultos. Ver Kuno, Y. *Human Perspiration*. Springfield, IL, Charles C. Thomas, 1956.
4. Répteis fornecem muitos excelentes exemplos. Se criamos lagartos em galhos mais finos, eles desenvolvem membros mais curtos, e, em algumas espécies, a mudança de temperatura de um ovo determina se o filhote é macho ou fêmea. Ver Losos, J.B. et al. "Evolutionary implications of phenotypic plasticity in the hindlimb of the lizard *Anolis sagrei*". *Evolution*, n.54, 2000, p.301-5; Shine, R. "Why is sex determined by nest temperature in many reptiles?". *Trends in Ecology and Evolution*, n.14, 1999, p.186-89.
5. Para uma formidável descrição dessa biologia, ver Jablonski, N. *Skin: A Natural History*. Berkeley, University of California Press, 2007.
6. A noção de que corpos adaptam suas estruturas para corresponder às demandas, mas não excedê-las, é conhecida como a hipótese da simorfose. Para mais, ver Weibel, E.R., C.R. Taylor e H. Hoppeler. "The concept of symmorpyhosis: A testable hypothesis of structure-function relationship". *Proceedings of the National Academy of Sciences USA*, n.88, 1991, p.10.357-61.
7. Jones, H.H. et al. "Humeral hypertrophy in response to exercise". *Journal of Bone and Joint Surgery*, n.59, 1977, p.204-8.
8. Para uma revisão, ver Lieberman, D.E. *The Evolution of the Human Head*. Cambridge, MA, Harvard University Press, 2011.
9. Para uma revisão, ver Carter, R.D. e G.S. Beaupré. *Skeletal Function and Form: Mechanobiology of Skeletal Development, Aging, and Regeneration*. Cambridge, Cambridge University Press, 2001.

10. Currey, J.D. *Bone: Structure and Mechanics*. Princeton, Princeton University Press, 2002.
11. Riggs, B.L. e L.J. Melton III. "The worldwide problem of osteoporosis: Insights afforded by epidemiology". *Bone*, n.17, supl. 5, 2005, p.505-11.
12. Roberts, C.A. e K. Manchester. *The Archaelogy of Disease*, 2ª ed., Ithaca, N.Y., Cornell University Press, 1995.
13. Martin, R.B., D.B. Burr e N.A. Sharkey. *Skeletal Tissue Mechanics*. Nova York, Springer, 1998.
14. Guadalupe-Grau, A. et al. "Exercise and bone mass in adults". *Sports Medicine*, v.39, 2009, p.439-68.
15. Devlin, M.J. "Estrogen, exercise, and the skeleton". *Evolutionary Anthropology*, n.20, 2011, p.54-61.
16. Ver http://www. ars.usda.gov/foodsurvey; Eaton, S.B., S.B. Eaton III e M.J. Konner. "Paleolithic nutrition revisited: A twelve-year retrospective on its nature and implications". *European Journal of Clinical Nutrition*, n.51, 1997, p.207-16.
17. Bonjour, J.P. "Dietary Protein: An essential nutrient for bone health". *Journal of the American College of Nutrition*, n.24, 2005, p.526S-36S.
18. Corruccini, R.S. *How Anthropology Informs the Orthodontic Diagnosis of Malocclusion's Causes*. Lewisnton, NY, Mellen Press, 1999.
19. Hagberg, C. "Assesment of bite force: A review". *Journal of Craniomandibular Disorders: Facial and Oral Pain*, n.1, 1987, p.162-69.
20. Essas forças foram medidas em primatas não humanos. Para um exemplo, ver Hylander, W.L., K.R. Johnson e A.W. Crompton. "Loading patterns and jaw movements during mastication in *Macaca fascicularis*: A bone-strain, electromyographic, and cineradiographic analysis". *American Journal of Physical Anthropology*, n.72, 1987, p.287-314.
21. Lieberman D.E. et al. "Effects of food processing on masticatory strain and craniofacial growth in a retrognathic face". *Journal of Human Evolution*, n.46, 2004, p.655-77.
22. Corruccini, R.S. e R.M. Beecher. "Occlusal variation related soft diet in nonhuman primate". *Science*, n.218, 1982, p.74-76; Ciochon, R.L., R.A. Nisbett e R.S. Corruccini. "Dietary consistency and craniofacial development related to masticatory function in minipigs". *Journal of Craniofacial Genetics and Developmental Biology*, n.17, 1997, p.96-102.
23. Corruccini, R.S. "An epidemiologic transition in dental occlusions in world population". *American Journal of Orthodontics and Dentofacial Orthopaedics*, n.86, 1984, p.419-26; Lukacs, J.R. "Dental paleopathology: Methods for reconstructing dietary patterns", in M.R. Iscan e K.A.R. Kennedy (orgs). *Reconstruction of Life from the Skeleton*. Nova York, Alan R. Liss, 1989, p.261-86.
24. Para mais detalhes, ver Lieberman, D.E. *The Evolution of the Human Head*. Cambridge, MA, Harvard University Press, 2011.
25. Twetman, S. "Consistent evidence to support the use of xylitol- and sorbitol-containing chewing gum to prevent dental caries". *Evidence Based Dentistry*, n.10, 2009, p.10-11.

26. Ingervall, B. e E. Bitsanis. "A pilot study of the effect of masticatory muscle training on facial growth in long-face children". *European Journal of Orthodontics*, n.9, 1987, p.15-23.
27. Savage, D.C. "Microbial ecology of the gastrointestinal tract". *Annual Review of Microbiology*, n.31, 1977, p.107-33.
28. Dethlefsen, L., M. McFall-Ngai e D.A. Relman. "An ecological and evolutionary perspective on human-microbe mutualism and disease". *Nature*, n.449, 2007, p.811-18.
29. Ruebush, M. *Why Dirt is Good*. Nova York, Kaplan, 2009.
30. Brantzaeg, P. "The mucosal immune system and its integration with the mammary glands". *Journal of Pediatrics*, n.156, 2010, p.S8-15.
31. Strachan, D.J. "Hay fever, hygiene, and household size". *British Medical Journal*, n.299, p.1.259-60.
32. Ver Correale, J. e M. Farez. "Association between parasite infection and immune responses in multiple sclerosis". *Annals of neurology*, n.61, p.97-108; Summers, R.W. et al. "Trichuris suis therapy in Chron's disease". *Gut*, n.54, 2005, p.87-90; Finegold, S.M. et al. "Pyrosequencing study of fecal microflora of autistic and control children". *Anaerobe*, n.16, 2010, p.444-53.
33. Bach, J.F. "The effect of infections on susceptibility to autoimmune and allergic diseases". *New England Journal of Medicine*, n.347, 2002, p.911-20.
34. Otsu, K. e S.C. Dreskin. "Peanut allergy: An evolving clinical challenge". *Discovery Medicine*, n.12, 2011, p.319-28.
35. Prescott, S.L. et al. "Development of allergen-specific T-cell memory in atopic and normal children". *Lancet*, n.353, 1999, p.196-200; Sheikh, A. e D.P. Strachan. "The hygiene theory: Fact or fiction?". *Current Opinions in Otolaryngology and Head and Neck Surgery*, n.12, 2004, p.232-36.
36. Hansen, G. et al. "Allergen-specific Th1 cells fail to counterbalance Th1 cell-induced airway hyperreactivity but cause severe airway inflammation". *Journal of Clinical Investigation*, n.103, 1999, p.175-83.
37. Benn, C.S. et al. "Cohort study of sibling effect, infectious diseases, and risk of atopic dermatitis during first 18 months of life". *British Medical Journal*, n.238, p.1.223-27.
38. Rook, G.A. "Review series on helminths, immune modulation and the hygiene hypohesis: The broader implications of the hygiene hypohesis". *Immunology*, n.126, 2009, p.3-11.
39. Braun-Fahrlander, C. et al. "Environmental exposure to endotoxin and its relation to asthma in school-age children". *New England Journal of Medicine*, n.347, 2002, p.869-77; Yazdanbakhsh, M., P.G. Kremsner e R. van Ree. "Allergy, parasites, and the hygiene hypothesis". *Science*, n.296, 2002, p.490-94.
40. Rook, G. A. "Hygiene hypothesis and autoimmune diseases". *Clinical Reviews in Allergy and Immunology*, n.42, 2012, p.5-15.
41. Van Nood, E. et al. "Duodenal infusion of donor feces for recurrent *Clostridium difficile*". *New England Journal of Medicine*, n.368, 2013, p.407-15.
42. Feijen, M., J. Gerritsen e D.S. Postma. "Genetics of allergic disease". *British Medical Bulletin*, n.56, 2000, p.94-907. Uma interessante advertência, no entanto, é que gê-

meos tendem a compartilhar o mesmo microbioma, o que infla as estimativas do papel de genes. Para mais, ver Turnbaugh, P.J. et al. "A core gut microbiome in obese and lean twins". *Nature*, n.457, 2009, p.480-84.

43. Entre os muitos estudos que examinaram esse efeito, um dos meus favoritos é o Stanford Runners Study, conduzido pelo dr. James Fries e colegas. Esse estudo acompanhou a partir de 1984 dois grupos de americanos acima dos cinquenta anos: um grupo incluía 538 corredores amadores, o outro incluía 423 controles saudáveis, não acima do peso, mas sedentários, que não se exercitavam muito. Depois de duas décadas, os corredores amadores tinham uma chance de morrer em dado ano 20% menor que os controles sedentários, e dos 225 participantes que haviam morrido, somente um terço eram corredores (uma diferença de duas vezes). Além disso, os corredores tinham níveis 50% mais baixos de incapacidade – o equivalente a corpos catorze anos mais jovens. Ver Cakravarty, E.F. et al. "Reduced disability and mortality among aging runners: a 21-year longitudinal study". *Archives of Internal Medicine*, n.168, 2008, p.1.638-46.

12. Os perigos ocultos da novidade e do conforto (p.356-86)

1. Paik, D.C. et al. "The epidemiological enigma of gastric cancer rates in the U.S.: Was grandmother's sausage the cause?". *International Journal of Epidemiology*, n.30, 2001, p.181-82; Jakszyn, P. e C.A. Gonzalez. "Nitrosamine and related food intake and gastric and oesophageal cancer risk: A systematic review of the epidemiological evidence". *World Journal of Gastroenterology*, n.12, 2006, p.4.296-303.
2. Suspeito que neandertais descobriram como enrolar peles nos pés durante o inverno, mas esses materiais não sobrevivem tanto tempo no registro arqueológico, e as primeiras evidências indiretas de sapatos vêm de estudos da grossura de dedos dos pés baseados em observações de que pessoas que andam calçadas têm ossos dos dedos dos pés relativamente mais finos que pessoas que andam descalças. Ver Trinkaus, E. e H. Shang. "Anatomical evidence for the antiquity of human footwear: Tianyan e Sunghir". *Journal of Archaeological Science*, n.35, 2008, p.1.928-33.
3. Pinhasi, R. et al. "First direct evidence of chalcolithic footwear from the Near Eastern Highlands". *PLoS ONE*, v.5, n.6, 2010, p.e10984; Bedwell, S.F. e L.S. Cressman. "Fort Rock Report: Prehistory and environment of the pluvial Fort Rock Lake area of South-Central Oregon", in M.C. Aikens (org.). *Great Basin Anthropological Conference*. Eugene, University of Oregon Anthropological Papers, 1971, p.1-25.
4. O site da Podiadric Medical Association afirma que "sapatos com sola acolchoada que dão bom suporte são essenciais para pessoas que passam a maior parte de seus dias de pé no trabalho". http://www.apma.org/MainMenu/FootHealth/Brochures/Footwear.aspx.
5. McDougall, C. *Born to Run: A Hidden Tribe, Superathletes, and the Greatest Race the World Has Never Seen*. Nova York, Knopf, 2009.

6. Lieberman, D.E. et al. "Foot strike patterns and collision forces in habitually barefoot versus shod runners". *Nature*, n.463, 2010, p.531-35.
7. Kirby, K.A. "Is barefoot running a growing trend or a passing fad?". *Podiatry Today*, n.23, 2010, p.73.
8. Chi, K.J. e D. Schmitt. "Mechanical energy and effective foot mass during impact loading of walking and running". *Journal of Biomechanics*, n.38, 2005, p.1.387-95.
9. Isto também pode ser dito do andar na ponta dos pés, mas essa não é uma marcha comum por ser tão ineficiente e em geral desnecessária.
10. Nigg, B.M. *Biomechanics of Sports Shoes*. Calgary, Topline Printing, 2010.
11. Variação está sempre presente, e embora muitos corredores descalços experientes prefiram batida da frente do pé, algumas pessoas que andam habitualmente descalças às vezes pousam primeiro o calcanhar no chão. Ainda não sabemos em que medida essa variação é afetada por fatores como habilidade, distância percorrida, dureza da superfície, velocidade e fadiga. Embora habitualmente corredores descalços da tribo kalenjin no Quênia, famosos corredores de longa distância, tipicamente usem a batida da frente do pé quando descalços, um estudo de pessoas que andam descalças do norte do Quênia, os daasenachs, descobriu que eles muitas vezes pousam primeiro o calcanhar, especialmente quando avançam devagar. Os daasenachs, contudo, são criadores de gado que vivem num deserto quente e arenoso e não correm muito. Ver Lieberman, D.E. et al. "Foot strike patterns and collision forces in habitually barefoot versus shod runners". *Nature*, n.463, 2010, p.531-35; Hatala, K.G. et al. "Variation in foot strike patterns during running among habitually barefoot populations". *PLoS One*, n.8, 2013, p.e52548.
12. Minha opinião é que correr *bem* por longas distâncias é uma habilidade, exatamente como outras habilidades atléticas como nadar, arremessar ou trepar em árvores, e que há muito a aprender com a maneira como corredores descalços experientes se movem. Mais pesquisa é necessária, mas muitos treinadores e especialistas acreditam que a boa corrida envolve em geral pousar suavemente sobre um pé quase chato, com passadas curtas, em que o pé pousa abaixo do joelho, usando uma cadência intensa de cerca de 170-80 passos por minuto, e não inclinando demais os quadris. Uma consideração importante, no entanto, é que esse estilo de corrida requer mais força nos pés e músculos da panturrilha. Além disso, se a pessoa não correu dessa maneira antes, é importante fazer a transição de forma lenta e cuidadosa para desenvolver força muscular e adaptar tendões, ligamentos e ossos. De outra maneira, pode sofrer lesões.
13. Milner, C.E. et al. "Biomechanical factors associated with tibial stress fracture in female runners". *Medicine and Science in Sports and Exercise*, n.38, 2006, p.323-28; Pohl, M.B., J. Hamil, e I.S. Davis. "Biomechanical and anatomical factors associated with a history of plantar fasciitis in female runners". *Clinical Journal of Sports Medicine*, n.19, 2009, p.372-76. Para uma hipótese contrária segundo a qual picos de impacto não são lesivos porque nosso corpo amortece as forças, ver Nigg, B.M. *Biomechanics of Sports Shoes*. Calgary, Topline Printing, 2010.

14. Daoud, A.I. et al. "Foot strike and injury rates in endurance runners: A Retrospective Study". *Medicine and Science in Sports and Exercise*, n.44, 2012, p.1.325-44.
15. Dunn, J.E. et al. "Prevalence of foot and ankle conditions in a multiethnic community sample of older adults". *American Journal of Epidemiology*, n.159, 2004, p.491-98.
16. Rao, U.B. e B. Joseph. "The influence of footwear on the prevalence of flat foot: A survey of 2300 children". *Journal of Bone and Joint Surgery*, n.74, 1992, p.525-27; D'Août, K. et al. "The effects of habitual footwear use: Foot shape and function in native barefoot walkers". *Footwear Science*, n.1, 2009, p.81-94.
17. Chandler, T.J. e W.B. Kibler. "A biomechanical approach to the prevention, treatment and rehabilitation of plantar fasciitis". *Sports Medicine*, n.15, 1993, p.344-52.
18. Ver Ryan, M.B. et al. "The effect of three different levels of footwear stability on pain outcomes in women runners: A randomized control trial". *British Journal of Sports Medicine*, n.45, 2011, p.715-21; Richards, C.E., P.J. Magin e R. Callister. "Is your prescription of distance running shoes evidence-based?". *British Journal of Sports Medicine*, n.43, 2009, p.159-62; Knapick, J.J. et al. "Injury reduction effectiveness of assigning running shoes based on plantar shape in Marine Corps basic training". *British Journal of Sports Medicine*, n.36, 2010, p.1469-75.
19. Marti, B. et al. "On the epidemiology of running injuries: The 1984 Bern Grand-Prix Study". *American Journal of Sports Medicine*, n.16, 1988, p.285-94.
20. Van Gent, R.M. et al. "Incidence and determinants of lower extremity running injuries in long distance runners: A systematic review". *British Journal of Sports Medicine*, n.41, 2007, p.469-80.
21. Nguyen, U.S. et al. "Factors associated with hallux valgus in a population-based study of older women and men: The MOBILIZE Boston Study". *Osteoarthritis Cartilage*, n.18, 2010, p.41-46; Goud, A. et al. "Women's musculoskeletal foot conditions exacerbated by shoe wear: An imaging perspective". *American Journal of Orthopedics*, n.40, 2011, p.183-91.
22. Kerrigan, D.C. et al. "Moderate-heeled shore and knee joint torques relevant to the development and progression of knee osteoarthritis". *Archives of Physical Medicine and Rehabilitation*, n.86, 2005, p.871-75.
23. Além disso, de onde tiramos a ideia de que sapatos são menos sujos que pés? Com que frequência você limpa seus sapatos comparada àquela com que limpa seus pés? Para uma revisão dessa e de outras questões, ver Howell, L.D. *The Barefoot Book*. Alameda, CA, Hunter House, 2010.
24. Zierold, N. *Moguls*. Nova York, Coward-McCann, 1969.
25. Au Eong, K.G., T.H. Tay e M.K. Lim. "Race, culture and myopia in 110.236 young Singaporean males". *Singapore Medical Journal*, n.34, 1993, p.29-32; Sperduto, R.D. et al. "Prevalence of myopia in the United States". *Archives of Ophthalmology*, n.101, 1983, p.405-7.
26. Holm, S. "The ocular refraction state of the Paleo-Negroids in Gabon, French Equatorial Africa". *Acta Ophthalmology*, n.13, supl., 1937, p.1-299. Saw, S.M. et al."Epidemiology of myopia". *Epidemiologic Reviews*, n.18, 1996, p.175-87.

27. Ware, J. "Observations relative to the near and distant sight of different persons". *Philosophical Transactions of the Royal Society*, Londres, n.103, 2813, p.32-50.
28. Tscherning, M. *Studier over Myopiers Aetiologi*. Copenhague, C. Myhre, 1882.
29. Young, F.A. et al. "The transmission of refractive errors within Eskimo families". *American Journal of Optometry and Archives of the American Academy of Optometry*, n.46, 1969, p.676-85.
30. Para excelentes revisões, ver Foulds, W.S. e C.D. Luu. "Physical factors in myopia and potential therapies", in R.W. Buerman et al. (orgs.). *Myopia: Animals Models to Clinical Trials*. Hackensak, NJ, *World Scientific*, 2010, p.361-86; Wojciechowski, R. "Nature and nurture: The complex genetics of myopia and refractive error". *Clinical Genetics*, n.79, 2011, p.301-20; Young, T.L. "Molecular genetics of human myopia. An update". *Optometry and Vision Science*, n.86, 2009, p.E8-E22.
31. Saw, S.M. et al. "Nearwork in early onset myopia". *Investigative Ophthalmology and Vision Science*, n.43, 2002, p.332-39.
32. Saw, S.M. et al. "Component dependent risk factors for ocular parameters in Singapore Chinese children". *Ophthalmology*, n.109, 2002, p.2.065-71.
33. Jones, L.A. "Parental history of myopia, sports and outdoor activities, and future myopia". *Investigative Ophthalmology and Vision Science*, n.48, 2007, p.3.524-32; Rose, K.A. et al. "Outdoor activity reduces the prevalence of myopia in children". *Ophthalmology*, n.115, 2008, p.1.279-85; Dirani, M. et al. "Outdoor activity and myopia in Singapore teenage children". *British Journal of Ophthalmology*, n.93, 2009, p.997-1.000.
34. O mecanismo dietético proposto é que refeições com alto teor de amido elevam os níveis de insulina, o que conduz a níveis mais altos de um fator de crescimento particular no sangue (conhecido como IGF-1), que age não apenas sobre placas de crescimento em ossos, mas também sobre as paredes do globo ocular. Esse mecanismo, se correto, poderia ajudar a explicar evidências de que pessoas míopes tendem a ser mais altas e crescer mais depressa que pessoas de visão normal, e que indivíduos com diabetes tipo 2 (que têm altos níveis de insulina) têm maior probabilidade de ser míopes. Para mais informações, ver Gardiner, P.A. "The relation of myopia to growth". *Lancet*, n.1, 1954, p.476-79; Cordain, L. et al. "An evolutionary analysis of the aetiology and pathogenesis of juvenile-onset myopia". *Acta Ophthalmologica Scandinavica*, n.80, 2002, p.125-35; Teikari, J.M. "Myopia and stature". *Acta Ophthalmologica Scandinavica*, n.65, 1987, p.673-76; Fledelius, H.C., J. Fuchs e A. Reck. "Refraction in diabetics during metabolic dysregulation, acute or chronic with special reference to the diabetic myopia concept". *Acta Ophthalmologica Scandinavica*, n.68, 1990, p.275-80.
35. Essas fibras são muitas vezes denominadas zonulares, e o nome antigo para elas é zônulas de Zinn, assim chamadas em homenagem ao naturalista alemão Johann Gottfried Zinn (que também dá seu nome às zínias).
36. Sorsby, A. et al. *Emmetropia and Its Aberrations*. Londres, Her Majesty's Stationery Office, 1957.

37. Grosvenor, T. *Primary Care Optometry*, 4ª ed. Boston, Butterworth-Heineman, 2002.
38. McBrien, N.A., A.I. Jobling e A. Gentle. "Biomechanics of the sclera in myopia: Extracellular and cellular factors". *Ophthalmology and Vision Science*, n.86, 2009, p.E23-30.
39. Young, F.A. "The nature and control of myopia". *Journal of the American Optometric Association*, n.48, 1977, p.451-57; Young, F.A. "Primate myopia". *American Journal of Optometry and Physiological Optics*, n.58, 1981, p.560-66.
40. Woodman, E.C. et al. "Axial elongation following prolonged near work in myopes and emmetropes". *British Journal of Ophthalmology*, n.5, 2011, p.652-56; Drexler, W. et al. "Eye elongation during accommodation in humans: Differences between emmetropes and myopes". *Investigative Ophthalmology and Vision Science*, n.39, 1998, p.2.140-47; Mallen, E.A., P. Kashyape e K.M. Jampson. "Transient axial length change during the accommodation response in young adults". *Investigative Ophthalmology and Vision Science*, n.47, 2006, p.2.151-54.
41. McBrien, N.A. e D.W. Adams. "A longitudinal investigation of adult-onset and adult-progression of myopia in an occupational group: Refractive and biometric findings". *Investigative Ophthalmology and Vision Science*, n.38, 1997, p.321-33.
42. Hubel, D., T.N. Wiesel e E. Raviola. "Myopia and eye enlargement after neonatal lid fusion in monkeys". *Nature*, n.266, 1977, p.485-88.
43. Raviola, E. e T.N. Weisel. "An animal model of myopia". *New England Journal of Medicine*, n.312, 1985, p.1.609-15.
44. Smith III, E.L., G.W. Maguire e J.T. Watson. "Axial lengths and refractive errors in kittens reared with an optically induced anisometropia". *Investigative Ophthalmology and Vision Science*, n.19, 1980, p.1.250-55; Wallman, J. et al. "Local retinal regions control local eye growth and myopia". *Science*, n.237, 1987, p.73-77.
45. Rose, K.A. et al. "Outdoor activity reduces the prevalence of myopia in children". *Ophthalmology*, n.115, 2008, p.1.279-85.
46. 2 Pedro 1,9.
47. Nadell, M.C. e M.J. Hirsch. "The relationship between intelligence and the refractive state in a selected high school sample". *American Journal of Optometry and Archives of American Academy of Optometry*, n.35, 1958, p.321-26; Czepita, D., E. Lodygowska e M. Czepita. "Are children with myopia more intelligent? A literature review". *Annales Academiae Medicae Stetinensis*, n.54, 2008, p.13-16.
48. Miller, E.M. "On the correlation of myopia and intelligence". *Genetic, Social, and General Psychology Monographs*, n.118, 1992, p.363-83.
49. Saw, S.M. et al. "IQ and the association with myopia in children". *Investigative Ophthalmology and Vision Science*, n.45, 2004, p.2.943-48.
50. Rehm, D. *The Myopia Myth*, 2001; http://www.myopia.org/ebook/index.htm.
51. Leung, J.T. e B. Brown. "Progression of myopia in Hong Kong Chinese schoolchildren is slowed by wearing progressive lenses". *Optometry and Vision Science*, n.76, 1999, p.346-54; Gwiazda, J. et al. "A randomized clinical trial of progressive addition lenses versus single vision lenses on the progression of myopia in children". *Investigative Ophthalmology and Vision Science*, n.44, 2003, p.1.492-1.500.

52. Rieff, C., K. Marlatte e D.R. Denge. "Difference in caloric expenditure in sitting versus standing desks". *Journal of Physical Activity and Health*, n.9, 2011, p.1.009-11.
53. Convertino, V.A., S.A. Bloomfield e J.E. Greenleaf. "An overview of the issues: Physiological effects of bed rest and restricted physical activity". *Medicine and Science in Sports and Exercise*, n.29, 1997, p.187-90.
54. O'Sullivan, P.B. et al. "Effect of different upright sitting postures on spinal-pelvic curvature and trunk muscle activation in a pain-free population". *Spine*, n.31, 2006, p.E707-12.
55. Lieber, R.I. *Skeletal Muscle Structure, Function and Plasticity: The Physiological Basis of Rehabilitation*. Filadélfia, Lippincott, Williams and Wilkins, 2002.
56. Nag, P.K. et al. "EMG analysis of sitting work postures in women". *Applied Ergonomics*, n.17, 1996, p.195-97.
57. Riley, D.A. e J.M. Van Dyke. "The effects of active and passive stretching on muscle length". *Physical Medicine and Rehabilitation Clinics of North America*, n.25, 2012, p.51-57.
58. Dunn, K.M. e P.R. Croft. "Epidemiology and natural history of lower back pain". *European Journal of Physical and Rehabilitation Medicine*, n.40, 2004, p.9-13.
59. Para uma esplêndida revisão, recomendo Waddell, G. *The Back Pain Revolution*, 2ª ed., Edimburgo, Churchill-Livingstone, 2004.
60. Violinn, E. "The epidemiology of low back pain in the rest of the world: A review of surveys in low- and middle-income countries". *Spine*, n.22, 1997, p.1.747-54.
61. Hoy, D. et al. "Low back pain in rural Tibet". *Lancet*, n.361, 2003, p.225-26; Nag, A., H. Desai e P.K. Nag. "Work stress of women in sewing machine operation". *Journal of Human Ergonomics*, n.21, 1992, p.47-55.
62. A mais antiga evidência de um colchão tem 77 mil anos de idade e veio da caverna de Sidubu na África do Sul. Ao que parece, os ocupantes dessa caverna dormiam numa cama de capim e folhas aromáticas (que repeliam os insetos). Ver Wadley, L. et al. "Middle Stone Age bedding construction and settlement patterns at Sibudu, South Africa". *Science*, n.334, 2011, p.1.388-91.
63. Adams, M.A. et al. *The Biomechanics of Back Pain*. Edimburgo, Churchill-Livingstone, 2002.
64. Mannion, A.F. "Fibre type characteristics and function of the human paraspinal muscles: Normal values and changes in association with low back pain". *Journal of Electromyography and Kinesiology*, n.9, 1999, p.363-77; Cassisi, J.E. et al. "Trunk strength and lumbar paraspinal muscle activity during isometric exercise in chronic low-back pain patients and controls". *Spine*, n.18, 1993, p.245-51; Marras, W.S. et al. "Functional impairment as a predictor of spine loading". *Spine*, n.30, 2005, p.729-37.
65. Mannion, A.F. et al. "Comparison of three active therapies for chronic low back pain: Results of a randomized clinical trial with one-year follow-up". *Rheumatology*, n.40, 2001, p.772-78.

13. Sobrevivência dos mais aptos (p.387-409)

1. May, A.L., E.V. Kuklina e P.W. Yoon. "Prevalence of cardiovascular disease risk factors among U.S. adolescents, 1999-2008". *Pediatrics*, n.129, 2012, p.1035-41.
2. Olshansky, S.J. et al. "A potencial decline in life expectancy in the United States in the 21st century". *New England Journal of Medicine*, n.352, 2005, p.1.138-45.
3. World Health Organization. *Global Status: Report on Noncommunicable Diseases 2010*. Genebra, WHO Press, 2011; http://whqlibdoc.who.int/publications/2011/9789240686458_eng.pdf.
4. Shetty, P. "Public health: India's diabetes time bomb". *Nature*, n.485, 2012, p.S14-S16.
5. Esse número é baseado num cálculo de 18,8 milhões de americanos com diabetes tipo 2 diagnosticados em 2011 (estima-se que outros 7 milhões de americanos não diagnosticados têm a doença), e em um custo direto total de 116 bilhões de dólares em 2007. Para mais, ver http://www.cdc.gov/chronic disease/resources/publications/AAG/ddt.htm.
6. Russo, P. "Population health", in A.R. Kovner e J.R. Knickman (orgs.). *Health Care Delivery in the United States*. Nova York, Springer, 2011, p.85-102.
7. Byars, S.G. et al. "Natural selection in a contemporary human population". *Proceedings of the National Academy of Science USA*, n.107, supl.1, 2009, p.1.787-92.
8. Elbers, C.C. "Low fertility and the risk of type 2 diabetes in women". *Human Reproduction*, n.26, 2011, p.3.472-78.
9. Pettygrew, R. e D. Hamilton-Fairley. "Obesity and female reproductive function". *British Medical Bulletin*, n.53, 1997, p.341-58.
10. De Condorcet, M.J.A. *Esquisse d'un Tableau Historique des Progrès de l'Esprit Humain*. Paris, Agasse, 1975. Para um futurista dos nossos dias, ver as previsões de Ray Kurzweil, http://www.kurzweilai.net/predictions/download/php.
11. TODAY Study Group. "A clinical trial to maintain glycemic control in youth with type 2 diabetes". *New England Journal of Medicine*, n.366, 2012, p.2247-56.
12. Você pode verificar os dados por si mesmo em http://www.cdc.gov/nchs/. Observe que as taxas de mortalidade estão ajustadas para dar conta de mudanças no tamanho e na idade da população, e não são distorcidas por mudanças no número de pessoas diagnosticadas com uma doença porque são unicamente taxas de mortalidade.
13. Pritchard, J.K. "Are rare variants responsible for susceptibility to common diseases?". *American Journal of Human Genetics*, n.69, 2001, p.124-37; Tennessen, J.A. "Evolution and functional impact of rare coding variations from deep sequencing of human exomes". *Science*, n.337, 2012, p.64-69; Nelson, M.R. "An abundance of rare functional variants in 202 drug target genes sequenced in 14,002 people". *Science*, n.337, 2012, p.100-4.
14. Yusuf, S. et al. "Effect of potentially modifiable risk factors associated with myocardial infarction in 52 countries (the INTERHEART study): Case control study". *Lancet*, n.364, 2004, p.937-52.

15. Blair, S.N. et al. "Changes in physical fitness and all-cause mortality: A prospective study of healthy and unhealthy men". *Journal of the American Medical Association*, n.273, 1995, p.1.093-98.
16. Este número é baseado apenas nos 13 milhões de americanos que sofreram um derrame cerebral ou um ataque cardíaco em 2011, mas esta é claramente uma subestimação, pois esses indivíduos são somente uma fração do número de pessoas com doença cardíaca. Para mais dados, ver Kovner, A.R. e J.R. Knickman. *Health Care Delivery in the United States*. Nova York, Springer, 2011.
17. Russo, P. "Population health", in A.R. Kovner e J.R. Knickman (orgs.). *Health Care Delivery in the United States*. Nova York, Springer, 2011, p.85-102; ver também http://report.nih.gov/award/.
18. Trust for America's Health. *Prevention for a Helthier America: Investments in Disease Prevention Yield Significant Savings, Stronger Communities*. Washington, DC, Trust for America's Health, 2008. Você pode ler o relatório em http://healthyamericans.org/reports /prevention08/.
19. Brandt, A.M. *The Cigarette Century*. Nova York, Basic Books, 2007.
20. McTigue, K.M. et al. "Screening and interventions for obesity in adults: Summary of the evidence for the U.S. Preventive Services Task Force". *Archives of Internal Medicine*, n.139, 2003, p.933-49; http://www.cdc.gov/nchs/data/hus/hus1.1.pdf#073.
21. Para uma crítica vigorosa da maneira como os fins lucrativos deformam a medicina, ver Bortz, W.M. *Next Medicine: The Science and Civics of Health*, Oxford, Oxford University Press, 2011.
22. Glanz, K., B.K. Rimer e K. Viswanath. "Theory, research and practice in health behavior and health education", in *Health Behavior in Education: Theory, Research and Practice*, 4ª ed., São Francisco, Jossey-Bass, 2008, p.23-41.
23. Institute of Medicine. *Promoting Health: Intervention Strategies from Social and Behavioral Research*. Washington, DC, National Academy Press, 2000.
24. Orleans, C.T. e E.F. Cassidy. "Health and behavior", in A.R. Rovner e J.R. Knickman (orgs.). *Health Care Delivery in the United States*. Nova York, Springer, 2011, p.135-49.
25. Gantz, W. et al. *Food for Thought: Television Food Advertising to Children in the United States*. Menlo Park, CA, Kaiser Family Foundation, 2007.
26. Hager, R. et al. "Evaluation of a university general education health and wellness course delivered by lecture or online". *American Journal of Health Promotion*, n.26, 2012, p.263-69.
27. Cardinal, B.J., K.M. Jacques e S.S. Levy. "Evaluation of a university course aimed at promoting exercise behavior". *Journal of Sports Medicine and Physical Fitness*, n.42, 2002, p.113-19; Wallace, L.S. e J. Buckworth. "Longitudinal shifts in exercise stages of change in college students". *Journal of Sports Medicine and Physical Fitness*, n.43, 2003, p.209-12; Sallis, J.F. et al. "Evaluation of a university course to promote physical activity: Project GRAD". *Research Quarterly for Exercise and Sport*, n.70, 1999, p.1-10.

28. Galef, Jr., B.G. "A contrarian view of the wisdom of the body as it relates to dietary self-selection". *Physiology Reviews*, n.98, 1991, p.218-23.
29. Ver Birch, L.L. "Development of food preferences". *Annual Review of Nutrition*, n.19, 1999, p.41-62; Popkin, B.M., K. Duffey e P. Gordon-Larsen. "Environmental influences on food choice, physical activity and energy balance". *Physiology and Behavior*, n.86, 2005, p.603-13.
30. Webb, O.J., F.F. Eves e J. Kerr. "A statistical summary of mall-based stair-climbing interventions". *Journal of Physical Activity and Health*, n.8, 2011, p.558-65.
31. Para dois livros acessíveis sobre economia comportamental que explicam como tomamos essas decisões, recomendo Kahneman, D. *Thinking Fast and Thinking Slow*. Nova York, Farrar, Straus and Giroux, 2011; e Ariely, D. *Predictably Irrational: The Hidden Forces that Shape Our Decisions*. Nova York, Harper, 2008.
32. Leis nacionais sobre o trabalho infantil nos Estados Unidos, que limitam as horas e os tipos de trabalho que crianças podem fazer, só foram aprovadas em 1938.
33. Ver Feinberg, J. *Harm to Self*. Oxford, Oxford University Press, 1986; Sunstein, C. e R. Thaler. *Nudge: Improving Decisions About Health, Wealth, and Happiness*. New Haven, CT, Yale University Press, 2008.
34. http://www.surgeongeneral.gov/initiatives/healthy-fit-nation/obesityvision2010.pdf.
35. Johnstone, L.D., J. Delva e P.M. O'Malley. "Sports participation and physical education in American secondary schools". *American Journal of Preventive Medicine*, v.33, n.4S, 2007, p.S195-S208.
36. Avena, N.M., R. Rada e B.G. Hoebel. "Evidence for sugar addiction; Behavioral and neurochemical effects of intermittent, excessive sugar intake". *Neuroscience Biobehavioral Reviews*, n.32, 2008, p.20-39.
37. Garber, A.K. e R.H. Lustig. "Is fast food addictive?". *Current Drug Abuse Reviews*, n.4, 2011, p.146-62.

Agradecimentos

Sou especialmente grato a minha mulher, Tonia, que leu cada página (com frequência muitas vezes) e a minha filha, Eleanor. As duas foram solidárias e tolerantes com minhas longas horas de trabalho, além de terem suportado conversas demais sobre australopitecos, exercício, dieta e uma porção de doenças (muitas das quais, felizmente, nunca chegaram a entrar neste livro). Vários amigos e colegas maravilhosos ajudaram-me a corrigir e revisar partes do livro. Agradeço especialmente a David Pilbeam, Carole Hooven, Alan Garber e Tucker Goodrich, que leram múltiplos capítulos. Recebi ajuda crítica de Ofer Bar-Yosef, Rachel Carmody, Steve Corbett, Irene Davis, Jeremy DeSilva, Peter Ellison, David Haig, Katie Hinde, Pam Johnson, Benjamin Lieberman, Charlie Nunn, David Raichlen e Cher Sherwood.

Por ajuda adicional, colaboração, conversas maravilhosas e outras formas de apoio, agradeço a Brian Addison, Meir Barak, Caroline Bleeke, Mark Blumenkrantz, Dennis Bramble, Eric Castillo, Fuzz Crompton, Adam Daoud, Chris Dean, Maureen Devlin, Pierre d'Hemecourt, Heather Dingwall, Carolyn Eng, Brenda Frazier, Michael e Dorothy Hintze, Jean-Jacques Hublin, Soumya James, Farish A. Jenkins Jr., Yana Kamberov, Karen Kramer, Kristi Lewton, Philip Lieberman, David Ludwig, Meg Lynch, Zarin Machanda, Michey Mahaffey, Chris McDougall, Richard Meadow, Bruce Morgan, Yannis Pitsiladis, John Polk, Herman Pontzer, Anne Prescott, Philip Rightmire, Neil Roach, Craig Rodgers, Campbell Rolian, Maryellen Ruvolo, Pardis Sabeti, Lee Saxby, John Shea, Tanya Smith, Cliff Tabin, Noreen Tuross, Madhusudhan Venkadesan, Anna Warrener, William Werbel, Katherine Whitcome, Richard Wrangham e Katie Zink. Peço desculpas a quem quer que eu tenha deixado de fora inadvertidamente.

Sou também grato a meu agente, Max Brockman, por seu incessante apoio e ajuda, e a meu extraordinário e muito prestativo editor, Erroll McDonald, com quem tive a sorte de trabalhar.

Por fim, agradeço a todos os muitos estudantes para quem tive o privilégio de lecionar e com quem muito aprendi.

Índice remissivo

Números de página em *itálico* referem-se a ilustrações

1ª EDIÇÃO [2015] 4 reimpressões

ESTA OBRA FOI COMPOSTA POR MARI TABOADA EM DANTE PRO
E IMPRESSA EM OFSETE PELA GEOGRÁFICA SOBRE PAPEL PÓLEN DA
SUZANO S.A. PARA A EDITORA SCHWARCZ EM JUNHO DE 2024

A marca FSC® é a garantia de que a madeira utilizada na fabricação do papel deste livro provém de florestas que foram gerenciadas de maneira ambientalmente correta, socialmente justa e economicamente viável, além de outras fontes de origem controlada.